中国科学院科学出版基金资助出版

中国变性土

吴珊眉 等 著

科学出版社

北京

内 容 简 介

变性土（又称膨缩土、膨转土），与地质学的膨胀土同义，唯服务对象有别，研究的土层深度有异。本书是一部土壤地理学基础专著，全书贯穿变性土发生基本理论、分布规律，依据《中国土壤系统分类检索》(2001)对数十个典型剖面再诊断鉴定和系统分类命名。借鉴《美国土壤系统分类检索》(2010)，发现我国除潮湿变性土、湿润变性土和干润变性土亚纲外，还具有寒性变性土、干旱变性土和夏旱变性土三个新亚纲，是基于对变性土形成条件、分布规律和土壤水热状况以及实地调查研究而产生的新认识和新观点。

全书共15章，第1章回顾我国变性土研究的成就并作展望；第2章论述变性土的地理分布规律、发生原理、诊断特征和性质的定量化标准；第3～11章分区论述成土条件、典型剖面的诊断和分类，涉及新亚纲和新亚类等论述；第12～15章介绍变性土的肥力、水分物理性质和利用改良措施，以及膨胀土与工程建设和修建梯地保土等。

本书对地学、农学、林学、土壤学、资源环境学、土地利用与规划以及岩土工程学等有关领域的科学研究、教育和生产实践等人员均有重要参考价值。

图书在版编目（CIP）数据

中国变性土/吴珊眉等著. —北京：科学出版社，2014.8
ISBN 978-7-03-041305-5

Ⅰ. ①中… Ⅱ. ①吴… Ⅲ. ①变性土-研究-中国 Ⅳ. ①S155.5

中国版本图书馆 CIP 数据核字（2014）第 140376 号

责任编辑：周 丹 胡 凯 魏昌龙／责任校对：韩 杨
责任印制：肖 兴／封面设计：许 瑞

科学出版社 出版
北京东黄城根北街 16 号
邮政编码：100717
http://www.sciencep.com

北京通州皇家印刷厂 印刷
科学出版社发行 各地新华书店经销

*

2014 年 8 月第 一 版 开本：787×1092 1/16
2014 年 8 月第一次印刷 印张：20 1/4 插页：2
字数：480 000

定价：158.00 元
（如有印装质量问题，我社负责调换）

《中国变性土》著者名单

主要著者： 吴珊眉　徐盛荣　马友华

　　　　　　潘剑君　邵东彦　熊德祥

著者成员：（按姓氏汉语拼音排序）

陈铭达　付建和　郭沂林　何传龙

胡宏祥　贾宏涛　龙显助　马友华

慕　兰　潘剑君　邵东彦　申　眺

王　斌　吴　洁　吴珊眉　熊德祥

徐盛荣　张文太　朱新萍

序

变性土（Vertisols）系一种含有多量膨胀性矿物的黏性土壤，湿时泥泞，干时产生大的裂隙。在农业生产上是一种低产土壤，且十分不利于工程建设，因而引起土壤、农业和工程建设人员的高度关注。

变性土纲首先由美国土壤分类第七次草案正式提出（Soil Survey Staff，1960）。但变性土的研究由来已久。20 世纪 30～40 年代各国土壤学文献中将此种土壤分别称为黑棉土（印度）、黑黏土（摩洛哥）、黑油土（南斯拉夫）、黑土（澳大利亚）和砂姜土（中国）等，并开始了一些研究。

根据我国土壤工作者，特别是黄瑞采等人的研究，在论文"中国土壤系统分类初拟"（1985）中正式确认变性土在我国分类中的位置。

世界上变性土约占全球土壤总面积的 2.4%。在我国，潮湿变性土主要分布在淮北平原；湿润变性土主要见于福建漳浦、龙海一带，广西右江及明江的河谷、广东雷州半岛也有分布；干润变性土主要见于云南金沙江及其支流河谷。

1985 年以来，中国土壤系统分类开展了对变性土的研究，研究工作主要限于华东、两广和云南地区，而且着重于变性土的形成分类、分布及其农业利用，研究工作有待扩展。特别是在研究地区上应予扩展，在工程上的应用要特别加强。吴珊眉、徐盛荣等所著《中国变性土》一书，非常符合我国变性土的研究方向和发展趋势。除论述全面外，该书主要有如下特点。

一、有长期的研究基础。早在 20 世纪 80 年代初吴珊眉和著名土壤学家黄瑞采即进行了变性土的研究，并在印度举行的第 12 届国际土壤学大会上作了介绍。20 世纪末，吴珊眉等一直在从事此项工作，近年来在国内各地进行调查研究，21 世纪初陆续有论文发表。

二、有较广泛的国际交流。吴珊眉长期在美国加州大学伯克利分校工作，有广泛的国际交流，十分了解研究的国际趋势，因此研究工作起点较高。

三、扩大了研究范围。原有变性土研究限于南方，吴珊眉等把变性土研究扩展至北方，如东北平原以及黄土高原等地。

四、研究变性土的工程特性和应用。这是该书的一大特点，书中论述了变性土在道路、桥梁、大型水利工程包括三峡大坝建设中的一些工程问题及其解决途径。不仅有学术价值，且有重要现实意义。

五、集体合作研究。除了吴珊眉、徐盛荣、熊德祥等年长的土壤学家外，还有中青年土壤学家马友华、潘剑君和胡宏祥等一起合作，更可以集中智慧增加新内容，提高该书的质量。

因此，我认为这是理论和实践相结合，是很有参考价值的一部专著。

中国科学院南京土壤研究所研究员

2011 年 3 月 1 日

前　言

变性土（Vertisols）是全球开发潜力较大的土壤资源之一，是土壤系统分类制的一个土纲，其名称源于拉丁文 Vetere（翻转），由美国土壤系统分类组将（verti）＋（sol）拼合而成，我国土壤学家席承藩将其译为变性土，台湾学者则译为膨转土。其与地质学称的膨胀土本质相同，任务相异。变性土富含黏粒和 2：1 型膨胀性黏土矿物，随着土壤水分含量的干湿季节变化，土壤收缩-膨胀循环周而复始，蒙皂石吸水膨胀产生很大压力，使土相互挤压、搅动和滑动，生成滑擦面和楔形结构，干旱季节土块坚硬，明显开裂，伤根漏风，是物理性质恶劣、适耕期短、农耕耗能大而整地质量差、土壤代换量高而有机质低的一种特殊土壤，农业上属中低产田，工程上属不稳定地基，又称"问题土"。

20 世纪 60 年代，美国设立了变性土纲，世界主要国家相继认同而建立了变性土纲。全球变性土分布的地理范围跨越南纬 45°～北纬 50°的各个气候带。面积首推澳大利亚、印度和苏丹，其次为乍得和埃塞俄比亚，还有美国和中国，等等。Dudal 于 1965 年估计全球暗色变性土约为 257Mhm²。1994 年美国农业部自然资源保护局（NRCS）估计的面积超过 320Mhm²，约占全球土地（非永冻）面积的 2.4％。世界土壤资源参比基础（WRB）的估计面积增加到 335Mhm²。变性土亚纲面积，以干润变性土最大，约占全球变性土总面积的 55.86％，其次为干旱变性土约占 28.14％，第三位为湿润变性土约占 12.88％，夏旱变性土约占 3.12％。我国变性土总面积有待填补。

1979 年，南京农业大学黄瑞采开始研究我国变性土。1985 年，龚子同主持建立变性土土纲，下设潮湿变性土和湿润变性土亚纲，1995 年又增加干润变性土亚纲。2006～2013 年，作者研究范围涉及东北寒性土壤温度地区、黄土高原、淮南丘岗、汉江流域和三峡库区、川西和西南山间盆地、内蒙古高原与新疆等空白地区，经过实地调查和系统研究，发现和证实我国还有寒性变性土、干旱变性土和夏旱变性土三个亚纲。

本书是论述我国变性土（包括变性的过渡性亚类）的成土条件、分布规律、发生、诊断与鉴定和系统分类命名及利用的专著，属于土壤地理学的基础研究，它在土壤合理利用、管理、改良和发挥其生产潜力及土壤制图方面具有重要意义。本书旨在前人成就和实地调查研究的基础上，多层次分析变性土的成土条件、分布规律和典型剖面的诊断特征和性质，并应用《中国土壤系统分类检索》（2001）和《美国土壤系统分类检索》（2010），作出从土纲到亚类的系统分类和命名。

本书共 15 章，第 1 章：回顾我国变性土研究的成就并做展望。第 2 章：综述成土条件、地理分布及其规律、发生原理、诊断特征和性质的标准。第 3～11 章：按流域为主的 8 个地理分布区，诊断和鉴定典型剖面的系统分类命名，从而揭示过去未认识的变性土，并作为设立新亚纲、新土类和亚类等的依据和参考。第 12～13 章：概论变性土的养分状况，水分物理性质和利用改良措施。第 14～15 章：概述膨胀土与工程建设以及修建梯地保土。书中呈现了多层次和多类型的内容，反映出我国变性土纲下，至少会有六个亚纲和若干新土类及过渡性亚类的新论点。

　　本书由吴珊眉、徐盛荣统稿，熊德祥主审。全书共 15 章，具体撰写分工如下：第 1 章，徐盛荣，吴珊眉；第 2 章，吴珊眉，陈铭达；第 3 章，吴珊眉，邵东彦，龙显助，付建和；第 4 章，吴珊眉，申眺，郭沂林，王斌；第 5 章，何传龙，吴珊眉；第 6 章，胡宏祥，马友华，吴珊眉；第 7 章，徐盛荣，吴珊眉，陈铭达；第 8 章，吴珊眉，熊德祥，吴洁；第 9 章，吴珊眉；第 10 章，吴珊眉，潘剑君；第 11 章，吴珊眉，贾宏涛，张文太，朱新萍；第 12 章，申眺，慕兰；第 13 章，何传龙，龙显助；第 14 章，徐盛荣，吴珊眉；第 15 章，徐盛荣，吴珊眉。中国变性土和变性亚类地理分布示意图编制者：吴珊眉和陈铭达。

　　致谢：谨对孙鸿烈院士、龚子同研究员，以及李忠佩、庄大方和张百平、曲永新和郭正堂等研究员；对沈其荣、胡锋、李辉信、潘根兴、盛建东、吴克宁、Zhang Hailin、L. C. Nordt、杨学明、丁瑞兴、韩高原、王立德、薛继承、孙维纶、高锡荣、仇荣亮、刘肇荣、王庆东、周勇和李玲等教授，以及刘友林、马艳兰、毛文友、迟凤琴、钱国平、马宏卫、金建松、俞小秋、王重廉、陈淑钦、陈红宇、王烨和 Mario Wash，北达微构测试中心庞小丽，中国科学院科学出版基金委员会和科学出版社南京分社对素材、野外考察和室内分析等方面给予诸多协助、支持及付出的辛勤劳动，特致以深切感谢！限于作者水平和条件，不妥和谬误之处，敬希读者予以批评指正。

　　　　　　　　　　　　　　　　　　　　　　　　　　　　　　吴珊眉

　　　　　　　　　　　　　　　　　　　　　　　　　　　　2012 年 3 月 29 日

目　录

Contents

第1章 中国变性土研究的历史回顾及今后任务

从 20 世纪 30 年代起，我国土壤学家偕同美国来华的土壤科学家们，即对中国的土壤开展了比较系统的调查研究，完成了 *The Soils of China—A Preliminary Survey*（Shaw，1931）和 *Geography of the Soils of China*（James Thorp，1936）等著作。书中虽然没有提出变性土的名称，但对中国具有变性特征的土壤的分布、成因、发生和分类有所触及，实际上对淮北地区变性土的描述，还是比较详细。其后，由南京土壤研究所完成的《中国土壤》（中国科学院南京土壤研究所，1978）和全国第二次土壤普查成就的《中国土壤》（1987）和各地方土种志都有比较详细的涉及，并阐述了中国广大区域的可能属于变性土的分布、成土条件、土壤特性以及土壤的利用改良，只是在土壤的分类系统中，是基于土壤发生分类的体系，没有正式提出"变性土"的名称，但实质上不乏同土异名者。在中国，正式提出变性土的名称，是基于南京农业大学黄瑞采和吴珊眉等的研究，他们对变性土在地理分布、成因、特性、利用改良等方面，均做了比较系统的研究和阐述。特别对 1977 年由 FAO/UNESCO 主持的世界土壤图（FAO/UNESCO，1977）有关中国变性土的分布图斑，做出了修正的建议。其后，中国科学院南京土壤研究所龚子同主持的中国土壤系统分类研究（2003），对中国的变性土作了进一步的阐明。

1.1　前人对中国变性土的研究

1.1.1　早期研究的情况

早在 1930 年，美国土壤学家——加利福尼亚大学教授 Charles F. Shaw 来华考察土壤，由于对安徽淮北的某些土壤，难以确定其分类地位和命名，便沿用当地农民的俗名——砂姜土（shachiang soils），包括砂姜黑土在内。该土在我国各地还有其他名称，如青黑土、鸡粪土（山东、云南）、黑黏土等，而典型黏质砂姜黑土符合现今变性土的中心概念。

Shaw 曾描述："从长江以北的山地到黄河和山东丘陵，从京广铁路以西的山地，东至大运河区域的十分平坦的、微向东南倾斜的平原（包括河南东部、安徽北部、江苏西北部以及山东的东南部的部分地区），分布有当地农民所称的砂姜土。其中，有'高地砂姜土'和'湖地砂姜土'之分。高地砂姜土在平坦而稍高的部位，其上部会有厚度大约 40~50cm 黄泛沉积物覆盖；湖地砂姜土分布在平坦而稍低的地形部位。两者缓慢过渡，相对高差 0.6m 左右。地表排水相当不良，高地砂姜土地区的排水河道弯曲，或漫流进入低地。地表径流很缓慢，大雨后积水难消，尤以低地为甚。土壤层次中含有石灰结核，在土层中的出现深度不一、形状和大小各异，表明形成环境和年龄的差别。"他将这些土壤（无论土层有无石灰反应，但有钙结核）都划归为钙成土。低地砂姜土表层暗灰色，黏重，多数年份潜水埋深在 0.9～1.8m，而高地砂姜土比低地深 1.2～2.7m。平原的表面和土壤内排水很差。平原南部和西部则为淮河及其支流的沉积物，由高地径流携带悬浮的黏粒沉积于低地，以及来自远方风力细尘的沉积，包括盐分在内。土壤发育有黏粒向下移动的现象，至于钙结核则不是现代土壤的形成物。

1936 年，梭颇（James Thorp）在山东和河南考察土壤，认为砂姜土的特征是在土层里有不同形状、大小各异和出现深度或厚度不同的石灰结核，有的仅距地表 30cm，有的深达 2m，常伴有圆形黑色的铁锰结核。碳酸钙的来源是含钙质的冲积物、页岩、黄土和石灰岩，富有钙质的水分进入平原，以及土体本身钙的淋溶和淀积。他在观察了山东兖州的湖地砂姜土的形态特征后，提出了"土壤自吞现象"，即旱季的耕作，使表层的细团粒落入，填充在宽达 3～4cm、深达 1m 以上的裂隙中，实际上达到土壤下层。并且他认为这种土壤有些像欧洲的潜育土和潜水灰化土，说明该土具有潜育特征。那一带的高地砂姜土与湖地砂姜土相对高差约为 2～3m，通常小于 1m，但不一定都是黏性土。

在山东潍县（现潍坊市），梭颇看到地形部位比高地砂姜土更高处，有一种排水良好的棕色土壤，含有类似砂姜土的石灰结核，其外表黄棕，他认为这种土壤并非山东棕壤，而可能是在过去排水不良的条件下形成的一种砂姜土，在高密也有大面积的分布，此与湖地砂姜土有发生上的联系。在河南许昌以西 10～15km，大约距地表 1.5～4m 深处有新近系红黏土，具有发育很好的棱柱状结构，上层 1m 以内的棱柱状结构之间的裂隙里聚集了石灰结核，以及圆形的黑色铁锰结核等。这些早期描述和所形成的概念，尤其是梭颇谈到的"土壤自吞现象"后来成为变性土形成的一种学说。至于那并非山东棕壤的黄棕色土壤，可能就是现在所谓的黄褐土，它具有一定的膨胀-收缩性能，值得重视。

20 世纪 50 年代，苏联土壤学家对这类土壤曾命名为"潜育原始褐色土""原始褐色土""褐色土型潜育土""褐色土型草甸土"等，也有称之为"具有坚实的石灰结核（'砂姜'）和石灰层的浅色草甸土"（Kovda，1960）。

1.1.2　全国土壤普查时期

1958 年，我国第一次土壤普查时将砂姜黑土命名为"黑土"。1978 年《中国土壤分类暂行草案》中，砂姜黑土归属到半水成土纲，砂姜黑土土类，续分出砂姜黑土、盐化砂姜黑土和碱化砂姜黑土 3 个亚类。第二次土壤普查时砂姜黑土的归属，与上述类似，但各省也有区别。这里需要说明的是还有一些具有变性特征的土壤，并未在这两次普查的出版物里区别出来，而本书的目的之一，是将这些"隐藏"者，发掘出来，并配合实地补查，加以诊断和鉴定，以作出适当分类和命名。

1981 年开始的全国第二次土壤普查是在国务院直接领导下，由全国土壤学家朱莲青、席承藩、朱克贵等老一辈专家和广大农民群众相结合的技术革命运动，其声势之浩大、动员力量之广泛、涉及土壤分布之广、土壤性状测试之数量，实为前所未有。不仅应用了土壤科学方面的所有经典技术，也动用了遥感技术等新手段。所获各地区的土壤资料极其丰富。在土壤分布的空间，已经深入到每类土壤的基本单元土种一级，对它们的分布、环境条件和成土因素，土壤的性质，不同土壤的优点和问题，农业利用改良措施等，均有较详细的述说，为以后的土壤工作者深入地研究诸如变性土等土壤，提供了十分宝贵的文献资料，如全国第二次土壤普查完成的《中国土壤》（1987）和有关省、县的土种志及土壤信息。

1.1.3　黄瑞采、吴珊眉等对变性土的研究

鉴于梭颇等在 1951 年将黑色石灰土、黑棉土、澳大利亚的黑土和摩洛哥黑黏土等归类为热带腐殖质黑黏土（Grumusols），而美国第七次土壤分类草案中（1975）将其纳入变性土土纲，黄瑞采于 1979 年对比了淮北老黑土（包括砂姜黑土）和美国得克萨斯州腐殖质黑黏土的特征和性质，确认它们同属于土壤系统分类中的变性土土纲，从而奠定了我国砂姜黑土的分类地位和基础。

1980 年黄瑞采、吴珊眉等就开始对我国变性土的分布、形成及分类等进行了系统研究，首先在南京召开的国际水稻土学术讨论会上，发表了淮北变性土的研究报告（Huang and Wu，1980）。继而，在第 12 届国际土壤科学大会上发表了"中国变性土和变性土性土壤的地理分布"，首次编制了中国变性土的分布示意图、中国东半壁变性土和变性土性土壤的分布图（比例尺为 1：2 500 000）。从而，为联合国粮农/教科文组织（FAO/UNESCO）1977 年绘制的 1/500 万世界土壤图第Ⅷ-3 幅中，有关中国变性土的分布提供了有力的修正依据，并得到国际上的认可予以改正（Huang and Wu，1981；席承藩，1996）。其他有关变性土的研究，涉及东南沿海的福建、广东雷州半岛和海南岛，淮北平原、南阳盆地（黄瑞采和吴珊眉，1987；潘根兴和黄瑞采，1986；高锡荣等，1989；黄瑞采等，1989），特别值得提及的是 1988 年，黄瑞采带领其研究成员，讨论中国科学院南京土壤研究所于 1987 年发表的标题为"中国土壤系统分类（二稿）"一文中，有关变性土的诊断特征、亚纲、土类和亚类的划分标准和依据，提出了新的见解和建议，对进一步拟定和健全中国变性土的系统分类，起到重要的推动作用（黄瑞采等，1988）。

1990 年以后，黄瑞采、仇荣亮和熊德祥等，对我国滇桂变性土做了比较系统的调查研究，证明该区具有半干润土壤水分状况下的干润变性土，并为土壤系统分类研究组所采纳（仇荣亮等，1994）。

2006 年，吴珊眉对 20 世纪的有关变性土研究加以总结（徐盛荣和吴珊眉，2007），在此基础上，对我国东北黑龙江省寒性土壤温度条件下的黏性均腐土的变性化问题进行了大量工作，发现该区有寒性变性土（Cryerts）（Wu et al.，2006；吴珊眉等，2011）。同时，吴珊眉对新疆维吾尔自治区的成土条件、图书文献和图件进行了详细分析和研究，2008 年对我国干旱气候条件下的变性土提出见解，参与当年的国际会议；2010 年相继确认新疆具有夏旱变性土（Xererts）的形成条件和物质基础。通过实地考察和室内研究，为我国系统分类制中尚未建立的干旱变性土纲（Torrerts）和夏旱变性土纲的存在提供科学依据（Wu et al.，2013）。我国幅员辽阔，有待研究的空白地区仍很多，不仅东疆、南疆和阿尔泰地区、内蒙古、西藏等，还有云南和贵州，甚至河南、山西等地，都有详细研究的空间。此外还需要对干旱变性土和夏旱变性土作进一步调查和研究。

1.1.4 中国科学院南京土壤研究所"中国土壤系统分类协作课题组"的研究

虽然，国际上早在 1956 年已开始应用"变性土"一词，但在我国土壤分类中，一直没有变性土的概念及其分类地位。1985 年开始的中国土壤系统分类研究中，中国科学院南京土壤研究所龚子同等及中国土壤系统分类研究课题组总结、分析了我国土壤工作者，特别是黄瑞采等人的研究，确认了变性土在我国土壤系统分类中的地位。在"初拟的中国土壤系统分类表（初稿）"（1985），设立了变性土纲。中国变性土纲的确立，在与世界先进的土壤分类系统相接轨等方面，是一个积极的开端，为继续理解和健全土壤分类系统作出重要贡献。

最初的中国土壤系统分类，变性土土纲下设 1 个湿润变性土亚纲（Uderts），2 个土类。1987 年，中国科学院南京土壤研究所土壤分类课题组，在"中国土壤系统分类（二稿）"中，增设了潮湿变性土亚纲（Aquerts）。因为原归属于湿润变性土（Uderts）亚纲的土壤中，实际上具有潮湿水分状况。1991 年，中国科学院南京土壤研究所土壤系统分类课题组出版了《中国土壤系统分类（首次方案）》。

1995 年，中国科学院南京土壤研究所土壤系统分类课题组、中国土壤系统分类课题研究协作组所列的"中国土壤系统分类修订方案"，又增设了干润变性土亚纲（Usters）。2001 年出版的《中国土壤系统分类检索（第三版）》，在我国的变性土土纲内，共有 3 个亚纲，即湿润变性土、潮湿变性土和干润变性土。

龚子同主持的"中国土壤系统分类"的研究成就，集中表述在《中国土壤系统分类——理论·方法·实践》（龚子同和陈志诚，1999），《中国土壤系统分类检索（第三版）》（中国科学院南京土壤研究所土壤系统分类课题组和中国土壤系统分类课题研究协作组，2001），以及《土壤发生和系统分类》（龚子同等，2007）等出版物，详述了诊断特征和诊断特性，鉴定和划分变性土的各项定量指标，例举主要剖面的描述和分类命名等，是土壤系统分类的重要著作。

中国科学院南京土壤研究所，以及其他高校和研究单位的土壤学家们，在 20 世纪 80 年代和以后的岁月里，对我国广西、福建、淮北平原、南阳盆地、山东半岛和云南省金沙江干热河谷变性土等的调查研究和成果，为进一步研究变性土打下了重要基础，迄今仍具有重要意义，诸如林世如和杨心仪（1986），张俊民（1988），刘良梧和茅昂江（1986），朱鹤健等（1989），张民和龚子同（1992），隋尧冰和曹升赓（1989），朱鹤健和江用锋（1994），李卫东和王庆云（1994），何毓蓉等（1995），徐盛荣等（1980）。

1.1.5 砂姜黑土综合治理的研究

变性土作为人类可利用的土地资源，被用做农业耕地的状况非常普遍，而前人对变性土的研究，也侧重于农业利用和土壤改良方面，如砂姜黑土综合治理研究组于 1986 年，在河南和安徽进行综合治理研究；南京农业大学陈淑钦（1991）对山东苍山县（现兰陵县）一带变性土大蒜土宜的研究；江苏省农业科学院黄东迈等（1997）在江苏省东海县进行变性土旱改水的研究，均取得了区域综合治理和土壤改良方面卓有成效的结果。在《砂姜黑土综合治理研究》专著中，张俊民、吴文荣等的论文表明，采取农、林、牧、水利和土壤改良等综合治理措施，首先使区域的生态环境明显改观，抗衡自然灾害的能力增强。若干典型试验区的观测对比表明，连续阴雨 30 天，甚或 4 天内降雨210mm，田里基本无积水，也无涝渍危害；反之，若出现 50 天未降雨，也未出现干旱性灾害。地表气温和湿度得到有效调节，土壤温度比未治理区平均增高 1～2℃，抗衡旱、热、低温等灾害的能力增强。与未治理区相比，土地生产力与农业劳动生产力，分别增长了 12.8％～17.3％和 11.3％～16.8％。其次是土壤肥力性状得到改善。与对照区比较，耕层厚度由平均 12cm 增加至 16cm；耕层有机质由平均 0.86％提高至 1.08％；土壤速效磷由平均 3mg/kg 增至 10mg/kg；土壤物理性状由表层即显现的裂隙漏风状况（块状、棱柱状），改良至粒状、碎块状，土壤漏水漏肥状况得到控制。再者，由于区域生态环境改善，土壤肥力提高，区域生产的经济效益也相应增长。粮食年单产平均增长255.6％；农民经济年收入平均增长 100％；农村的房舍建筑几乎全改成瓦屋，草房基本绝迹。

1.1.6　工程地质学界对膨胀土的研究

铁道、公路、城乡建设和水利等地基工程，经常遭遇工程上称为膨胀土（包括最上层称之为变性土的部分）的危害问题，由于其黏重并具有强烈的膨胀收缩特性，干时土体开大裂，湿时膨胀突起，极大地影响施工进程和工程质量，轻则使工程的稳定度降低，重则引起工程滑塌，桥梁破坏，道路难以正常使用，建筑物成危房等。为此，工程地质专家都非常注意观察这些土的分布、成因，研究其物理、化学和力学性质理论和改性措施，以求采取对症整治，保证工程顺利进行，缓解事故危机，增加各项建设的长期稳定性和降低营运费用等。20 世纪 90 年代以来，成果颇多，其治理膨胀土恶劣性质的任务非常艰巨，贡献也是非常巨大。因为，道路、建筑和水利等工程实施如果出现问题，会导致生命危险和财产损失。与农业上因土壤黏重、湿膨胀、干开裂等引起的耕作和管理困难、减产等危害相比，要严重许多。作者认为，今后对变性土的研究，应同时重视工程领域的土壤问题，拓宽土壤学科的眼界和范围，有助于相互间的学术交流和发展，建议在课程设置中，增加有关岩土工程学的内容。有兴趣的读者，请参考 *Soil Science Simplified*（Harpstead et al.，2001）。

1.2　今后研究任务

前已述及，前人在中国变性土的分布、诊断特征、理化性质、黏土矿物等方面积累的成果，为进一步深入研究打下了重要基础。然而，在我国仍有大量空白地区需要填补。作者认为，首先，需要在系统总结前人工作，包括文字、测试数据和图件等，在确认已有成果的基础上，确定哪些地区需要进一步做补缺工作，包括实地补查、采样和测试等方面，并制订出具体的工作计划。这样，有的放矢，工作目标就会更加明确，任务就会更趋具体，效率可以显著提高，有助于充实中国变性土的地理分布，改进其诊断、鉴定和分类标准。

其次，弄清变性土壤的面积很重要。在前言中已经说明，全球变性土和过渡的变性亚类面积，据 1965～2006 年以来的估计，呈增加趋势。其中的原因之一，是国际上土壤调查范围的扩大和变性土概念的发展。土壤是特殊的自然体，没有明显轮廓和边界，面积本就难以测量，加之，变性土多与其他土壤呈复区分布，所以，比较适于估计，而难以量度。据笔者的判断，我国变性土的面积，要比过去估计的增加。需要在对我国变性土的分布和类型有统一认识的基础上，部门和专业人员共同研究出估计的方针和方法。作者认为，当前仍可选择应用全国第二次土壤普查和土系调查和汇总资料，在有疑问的地方，重点实地核查、诊断和鉴定，并结合社区的访问资料，则有可能获得较为可靠的估计数据。另外，高校和研究部门还可结合遥感技术，以获得有关的面积。

再者是拓宽思路，跨出单纯土壤学科的研究领域，加强与工程地质等学科专家沟通，研究和借鉴他们对膨胀土的判断、鉴定和定量标准，将会有利于简化土壤学科对变性土的分类系统。例如，是否可能将过渡性的变性亚类，容纳到变性土土纲之中呢？这样，可以减少许多重复和模糊。能否在测定方法统一的基础上，将有助于诊断变性土纲的线膨胀系数的要求，加以研究和调整，以涵盖过渡性变性亚类的对线膨胀系数的要求。

最后，与盐碱土和风沙土等相比，作为土壤资源的变性土，其生产潜力较好而利于开发。建议针对小流域性的灌排和侵蚀状况，结合土壤本身的障碍因素，提出适于当地自然和经济状况的变性土利用和改良方案，以发挥其潜力。一般采用综合治理，改善小流域的环境条件，改变旱、涝、黏、胀、裂、贫瘠和缺素等，包括发展土宜性的经济作物和水稻等。还需要强调防治阶地和漫岗变性土壤的侵蚀问题，以及预防干旱、半干旱地区变性土的次生盐碱化等。综合治理是值得借鉴的，但必须是因地制宜，针对主要问题加以试验和实施。

第 2 章　中国变性土的地理分布、发生和分类

变性土是一种特殊的黏性土壤，因含有大量的 2∶1 型膨胀性黏土矿物，表面积巨大，具有强吸附能力和阳离子交换量，具有远高于一般黏土的膨胀和收缩潜力，随着土壤水分含量的增高而膨胀，土壤水分减少而开裂。周而复始，形成了特殊的形态特征，如自幂层、裂隙、楔形结构和滑擦面等。变性土是宝贵的土壤资源，自然肥力低-中等，适于栽培水稻和多种经济作物。但是，由于黏重，耕犁耗能大，适耕期短，耕作质量差，裂隙漏风和伤根，低地易涝，坡地易蚀，时有滑坡灾害。在工程建设上，是不稳定地基，施工营运难题多，轻型建筑物开裂，常造成重大经济损失，并危及生命安全。研究其地理分布和规律、发生原理、诊断特征和性质、鉴定标准和分类，是利用和改良实践的基础。

2.1　地理分布及规律性

变性土的分布受成土条件的综合影响，其中，母质类型和性质、干湿交替的气候及盆地条件很重要。古老出露的变性土和过渡性的变性亚类的分布有规律可循。第一，不同地质时期的火山活动有关的基性火山灰，基性玄武岩、凝灰岩，以及基性侵入岩等为主的矿物和风化物是最基本的物源。与之相关联的一系列沉积岩和河-湖相沉积物，含有丰富的 2∶1 型膨胀性黏土矿物，对变性土形成和分布起关键作用。第二，干湿交替的气候条件，在我国不同水平气候带是具备这个要求的，但年平均气温，距地表 50cm 处的多年平均地温，年均降水量和蒸发蒸腾量、降水季节性分配、月干燥度和年干燥度等有很大的差别，影响成土作用的表现程度。第三，盆地条件是接受随水流沉积的黏性颗粒中心，也是水分聚集的场所，利于基性矿物的蒙皂石化作用的进行。变性土及其过渡性的变性亚类，多分布于穿越盆地的河流两岸有规律排列的中-高位阶地（往往已演变为丘岗或漫岗）、河间相对低地、细土平原，以及已抬升成为高原，仍保持着古近系和新近系红黏土地层的古盆地等，还分布于盆地边缘具有膨胀性母质的地方。分水岭内的石灰岩风化物和水质有助于变性土的形成和保持。

黄瑞采和吴珊眉（1981）曾根据各种土壤研究报告和土壤图，首次编制出中国变性土及变性土性土的地理分布图，张民和龚子同（1992）编制了我国 3 个变性土亚纲的分布图，此外还有中国变性土土纲分布图（龚子同等，2007），都局限于我国东部和南部。我国变性土分布的状况存在比较集中和零散。比较集中分布的范围，大致在黑龙江省至云南省西北部之间的斜线下方，其中有太行山和燕山山麓、淮北平原和山东半岛、汉江流域诸盆地、淮南丘岗、东南沿海玄武岩台地、广西的西江和明江流域诸盆地、四川和川西南山地区的盆地，以及云南省等。零散分布见于黄土高原、东北平原、新疆维吾尔自治区，以及内蒙古高原等。行政上，河南、安徽、山东、江苏、湖北、浙江、福建、

广东、海南、台湾、四川、重庆市、云南、贵州、广西壮族自治区、江西、湖南、黑龙江、吉林、河北、北京市、山西、陕西、甘肃、宁夏回族自治区、新疆维吾尔自治区，以及内蒙古自治区等都有变性土分布的研究。

在广泛调查和深入分析我国不同流域地区有关变性土的成土条件、典型剖面的变性特征或现象，大量理化性质和膨胀性黏土矿物和和线膨胀系数等，包括地质学科的研究报道，以及相关图件等的基础上，作者编制出"中国变性土及变性亚类的地理分布示意图"（图 2-1）。涵盖了分布于 8 个地理区的变性土亚纲。无疑，该图的变性土亚纲的每一图斑，包含背景土壤（如均腐土、淋溶土、富铁土、雏形土、干旱土和人为土等），还包括过渡性的变性亚类，它们是与变性土呈复区分布的，也表明其间在发生上的联系。以下简述各变性土亚纲的地理分布状况。

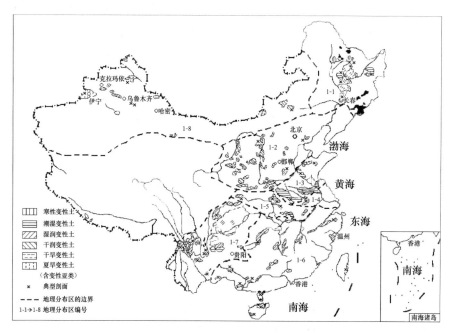

图 2-1　中国变性土及变性亚类地理分布示意图（吴珊眉和陈铭达编制，2012）
（图中全黑斑示玄武岩台地）

1-1 东北平原寒性变性土、湿润变性土和潮湿变性土散布区；1-2 黄土高原和黄河-海河平原干润变性土散布区；1-3 淮北平原和山东半岛潮湿变性土分布区；1-4 淮南丘岗和平原湿润变性土散布区；1-5 汉江盆地和丘岗潮湿变性土分布和湿润变性土散布区；1-6 东南沿海玄武岩台地和南方丘陵盆地湿润变性土分布和干润变性土散布区；1-7 四川和川西南山间盆地及云贵干润、湿润和潮湿变性土分布区；1-8 内蒙古高原干润变性土和新疆干旱和夏旱变性土散布区

2.1.1　东北平原寒性变性土、湿润变性土和潮湿变性土散布区

东北平原地质构造上属于沉降区，在松嫩断陷盆地的基础上由黏性河-湖相沉积物构成，阶地发育。大部属温带湿润季风气候，在嫩江平原北部地处北纬 46°30′～47°以北为温带寒性湿润季风气候，年干燥度<1。新近纪、第四纪和现代火山群以及基性玄武岩、中生代泥质岩和新生代红黏土散布于盆地边缘。发育于更新统（Qp²）

河湖相沉积物为主的寒性均腐土和湿润均腐土（黑土）是我国主要商品农业区。在北部漫岗阶地上散布有寒性变性土（吴珊眉等，2011）。南部漫岗阶地散布有湿润变性土。在开发利用的强烈影响下，黏性均腐土的变性土化作用的趋势较为显著，与母质、土壤侵蚀，以及腐殖质层变薄、黑土退化、富含膨胀性黏土矿物的心土层裸露或接近地表有关。嫩江平原西部的低平原和三江平原有苏打或碱化问题和小面积的变性镁质盐成土。平原水库和改稻必须重视防治次生盐碱化和沼泽化问题。变性土和分散土用作平原水库和渠道的坝体土料时，开裂明显，沿裂隙产生沟纹侵蚀和洞穴，故需换土补建坝体。

2.1.2　黄土高原和黄河-海河平原干润变性土散布区

黄土高原幅员辽阔，平均海拔 $1000 \sim 1500 \mathrm{m}$，是在盆地基础上沉积、堆积，和地势抬升作用下形成。自东南向西北，依次为暖温带半湿润气候、半干旱气候和干旱气候。基岩以上的地层，由下而上，基本上为古近系和新近系的一套砖红色砂砾岩、粉砂岩及泥岩互层，夹灰绿色泥岩薄层和透镜体，以三趾马红黏土（N_2）著名。上覆第四系红黄土层（三门组（Qp^1）、离石组（Qp^2）和马兰黄土层（Qp^3），深厚、疏松、易蚀；近代湖积物较少。黄河中游的渭河和汾河等流域体系对地层深雕细刻，土壤侵蚀和水土流失非常严重，土地破碎。古土壤零星而广泛地出露，变性特征最为明显的是三趾马红黏土和灰绿色黏土，其上发育为干润变性土或变性雏形土。某些第四系更新统的暗色黏化黑垆土，曾划为变性黏化干润软土（Vertic Argiustolls）。而古老厚熟黄土状垆土，划归为变性饱和厚熟始成土（Vertic Eutroplagepts）（黄瑞采和吴珊眉，1981）。山西高原汾河以东和大同火山群一带的河湖积物上形成具有变性特征的土壤，对其特征、性质和分布，有待研究。

黄河-海河平原是在盆地沉降带基底上由泥沙堆积而成。现海拔自西而东由 $100 \mathrm{m}$左右到沿海降到 $3 \mathrm{m}$，属于中温带-暖温带半湿润气候。基底有海底喷发形成的玄武岩等，在还原条件下形成深厚古老变性土层，上覆海河水系和黄河泛滥沉积的深厚土层。在燕山和太行山麓向平原交接地段发育成潮湿变性土，土地利用以水稻为主。山麓新近系红黏土和灰绿色黏土断续出露，称为古干润变性土。是南水北调中线自南而北遇到的问题土。平原的南端山东半岛的北部小平原的阶地更新统湖积物母质上，形成暗色干润变性土。

2.1.3　淮北平原和山东半岛潮湿变性土分布区

淮北平原处于暖温带季风气候的南缘。北与黄河以南的平原相连，是第四纪新构造运动期的沉降区，曾经密布古湖泊。晚更新世以来逐渐抬升，现代仍在上升中。河流两岸为阶地，两河流的阶地之间为低地。郯庐断裂带自安徽南部向北贯穿，经山东并向东北延伸；西北部河南境内的火山活动频繁，均为古湖区提供了形成膨胀性黏土矿物的物源。新形成作用也提供蒙皂石类黏土矿物，故而，低地是潮湿变性土集中分布区，一般具有潜育特征。岗地则散布有变性黏磐淋溶土和湿润变性土。由于历史上黄河泛滥沉积物掩埋了部分变性土，使淮北变性土呈交错分布状态。该区潮湿变性土有暗色和艳色之分，艳色变性土的分布范围要比暗色变性土大得多。在江苏省东海县境有黏粒含量大于70％的变性土，富含蒙皂石。山东苍山（现兰陵县）和临沂等地的变性土的黏粒含量低一些，主要种植旱作物如小麦、高粱、玉米，以及黍子、花生、绿豆等小杂粮；苍山和费县以栽培大蒜而闻名，其产量高、质量佳，具有香、辣、黏的风味，因经济效益高而对土壤培肥改良，土壤肥力要比淮北其他地区的变性土为优。水源条件优越的改种水稻，如苏北变性土地区早在 20 世纪 60 年代中期，即开始改旱地为水旱轮作而使产量大幅度稳定提高，旱改水的经验比较丰富。此外，潮湿变性土和碱化变性土还分布在山东半岛以胶莱平原为主的地区。

2.1.4 淮南丘岗和平原湿润变性土散布区

该区位于淮河主流和灌溉总渠以南，西起豫南、向东包括安徽合肥、苏北六合和里下河等地区，为方便起见，也涉及宜溧山丘阶地，向东延至太湖平原。地质时期是一般沉降区，母质有基性玄武岩残坡积物和邻近断裂带的火山喷发活动影响区的第四系下蜀黄土，或戚嘴黄土。暖温带向北亚热带过渡的季风气候。湿润变性土分布于玄武岩台地和较高位阶地。质地黏重，膨胀性混层黏土矿物为主，具变性特征，微形态薄片观察见光性定向黏粒胶膜等。江苏里下河和太湖盆地，全新世和近代河-湖积物为主。不同质地的沉积物，或沿土层而垂直变化，或随着微地形而发生水平差异。由于栽培水稻历史悠久，农民数千年的罱河泥客土和施用草塘泥等，加之圩田系统的建设使地势抬高，排水条件改善，低洼地的湿土逐渐脱潜，这些地区是变性水耕人为土广泛分布的地区。里下河洼地的沤改旱过程中，发现脱水后的黏性土壤，具有明显的斜向和交叉裂隙，以及棱柱状和棱形结构等。

2.1.5 汉江盆地潮湿变性土集中分布和湿润变性土散布区

汉江是长江流域的一大支流，蜿蜒于秦巴山区，有众多小型盆地散布，在较高位阶地分布有变性淋溶土，间有湿润变性土，雨季常有滑坡灾害。南阳盆地与淮北平原有分水岭相隔，未受到黄泛沉积物的影响，低地是潮湿变性土集中分布的地区，垅岗散布湿润变性土，而在其西部较高的地形部位有干润变性土。鄂北和鄂中以及江汉平原的土壤以黏磐淋溶土和变性黏磐淋溶土为主，并有湿润变性土散布其间。沿该区的南水北调中线断续出露的新近系红黏土和灰绿黏土严重危害工程建设。湖北的湿润和潮湿变性土还分布在江汉盆地外围的荆门一带，母质为第四系更新统沉积物，含有较多的伊利石/蒙皂石黏土矿物及蛭石。其中钟祥县膨胀土值得再进行全剖面的形态特征描述和室内研究。

该区淋溶土的变性土化作用，与更新统各个时期的黏性黄土母质所含的膨胀性黏土矿物含量有关，侵蚀和剥蚀作用使变性特征明显的土层出露。早在 20 世纪七八十年代对黏土矿物的分区研究中，从成都平原、沿嘉陵江河谷阶地，及至汉江流域的大片土壤为以蛭石为主的黏土矿物类型地区（熊毅和李庆逵，1978），按现今的 X 射线衍射方法测得的是以伊利石/蒙皂石混层为主，具有高代换量和膨胀收缩性能。膨胀性黏土矿物的物源，与地质时期的火山活动有关，如湖北丹江口和大洪山火山群等，后者在距今 1200～1000Ma、500～400Ma 和 50Ma 都曾有喷发活动，沉降的火山灰和基性玄武岩的蚀变产物，对发源于其南坡和北坡的河成阶地和河-湖相沉积物中蒙皂石含量是具有影响的。例如，在接近大洪山的随州塔湾乡的"黄褐土"的土样，在刘友兆（1991）研究的黄褐土剖面中，具有较明显的蒙脱石。而北坡襄阳一带变性化土壤也较多。因此，防治侵蚀、坡地梯级化、绿化、提高肥力，是预防土壤变性土化作用的主要措施。

2.1.6　东南沿海和南方丘陵盆地湿润变性土分布和干润变性土散布区

湿润变性土的分布与东南沿海的浙江、福建、广东和海南等的新生代基性玄武岩台地相符，地跨亚热带季风和北热带季风气候，黏土矿物受到炎热多雨气候影响，高岭石比例渐增。东南丘间盆地的湘赣处于北亚热带，众小型盆地边缘广布侏罗系和白垩系石灰性泥质岩风化物及其再沉积物，其上发现湿润变性土。种植旱作物并特产花生。广西境内百色等诸盆地处于南亚热带，出露的古近系泥岩风化物及其再沉积的湖积物上发育的多半是湿润变性土，种植剑麻等亚热带植物。这一带的变性土对交通和房舍等的危害是普遍和严重的。

干润变性土分布在海南岛西南角的背风区，雨量较少，荒地生长耐旱的仙人掌植被，沿海岸有潟湖相母质，虽然面积不大，但它是我国热带具有半干润和热性土壤水热状况下发育的变性土的代表。台湾东南部的台东一带有基性火成岩和泥岩风化物上发育的变性土。

潮湿变性土分布在海南岛北部台地之间的低地及小型集水区，并与变性水耕人为土共存，母质为玄武岩风化的残积物、坡积物，干旱季节的热带气候条件下，高岭石和蒙皂石共存。雷州湾的潮湿变性土的母质源于火山喷发地区海、湖相沉积物。

2.1.7　四川和川西南山间盆地及云贵干润、湿润和潮湿变性土分布区

该区自然和地质条件极其复杂，变性土分布面积较大、类型较多，有待进一步研究其分布规律等。除垂直气候带以外，属亚热带和北热带季风气候，年均温较高，干湿季节交替明显。干热河谷气候主要分布于金沙江、元江、怒江和南盘江等，受焚风影响，高温少雨。变性土发生的主要因素是二叠纪峨眉山火山活动持续时间长、规模大，涉及四川成都一带和川西南地区、云南省大部和贵州省西北角。母质有基性玄武岩等的风化残积物以及再沉积物等，后继形成的侏罗系和白垩系泥质岩，古近系、新近系以及第四系黏性沉积物等，一般都含有较多伊/蒙混层、蒙皂石或蛭石等膨胀性黏土矿物。

湿润变性土和变性黏磐淋溶土见于长江支流如嘉陵江、岷江等高位阶地，以及长江三峡库区的阶地等。母质有第四系更新统成都黏土、广汉黏土和巫山黏土等，呈黄褐和黄棕，以及受到泥灰岩风化物影响者。更新统不同时期的沉积物相叠而厚薄不同，膨胀性有异，一旦遇到膨胀性大的土层出露或浅埋，就有利于变性土的形成，对地面工程危害的严重性常有报道。农业利用上，如长期栽培水稻和水旱轮作，保持较稳定的潮湿和湿润的土壤水分状况，减少水分含量的干湿波动，能降低其膨胀和收缩性的危害。湿润

变性土还发现在四川盆地的某些紫色土旱地。该区长期水耕的农田土壤划归为水耕人为土、水耕雏形土或水耕变性土。

干润变性土分布在川西南山间盆地和云南干热河谷的阶地,如金沙江和元江流域一带,母质有下更新统黏性沉积物等。蒙自坝的膨胀土地基常构成危害。潮湿变性土发生在云南省洱海和宣威一带的低地,母质有全新统黏土。

在云南古气候条件下,古风化壳多与二叠纪基性玄武岩风化物的地理分布有关。据研究,风化壳的深层仍含有一定量的蒙皂石而具有强膨胀和收缩性,当风化壳上层被剥蚀后,深层出露地表,成为具有变性特性或变性现象的土壤,地方上称为"大土"。在丽江玄武岩风化壳膨胀土上建设的铁道,由于严重的危害而成为施工和营运的难题。

云南省有许多小坝子,有棕黄、紫色、红色的黏土分布,干开裂湿泥泞,可能误为是变性土,研究结果,少膨胀性黏土矿物,代换量和线膨胀系数较低,未达到变性土的标准,可称变性耕作始成土、变性耕作淋溶土和变性耕作老成土等。

2.1.8 　内蒙古高原干润变性土和新疆干旱和夏旱变性土散布区

干润变性土和变性栗均腐土分布在内蒙古高原中部锡林郭勒盟阿巴嘎地区,处于半干旱大陆性气候。散布 300 多座玄武质火山锥,主要形成于晚更新世和上新世火山活动。在勘察输气管道时,在草原植被保持较好的土状残垅,遇到发育于玄武岩残坡积黏土的膨胀土,起源于基性矿物通过温泉热液蚀变作用下的蒙皂石化作用,为干润变性土,而不同于该区玄武岩台地上形成的栗钙土。此外,岱海和赤峰一带火山活动的残迹,有可能发现变性土。

干旱(干热)变性土和变性亚类分布在干旱-荒漠大陆性气候条件下,如北疆准噶尔盆地北缘的剥蚀高平原、天山北麓老冲积平原等。母质为裸露的中生代侏罗系和白垩系沉积岩的夹黏层、新生代古近系和新近系未固结的红黏土和来源于上述物质的黏性沉积物等。漫长的干旱期,导致裂缝宽度很大,持续时期很长,裂隙闭合期短而不全,然而,人为引水、蓄水、灌溉、工业和生活排水、渗水等,使土壤水分含量增多。改变了固有的水分平衡状况,有利于活化和强化 2:1 型膨胀性黏土矿物的膨胀-收缩循环,使土壤的变性特征趋于明显而易于辨认。这些土体作为建筑物和水利工程的地基,具有危害性。

夏旱变性土有条件分布在具有地中海型气候和膨胀性黏性母质的伊犁盆地,与地质时期频繁的火山活动、中生代泥质岩,尤其是未固结的红黏土($N-Q_1$)和其再沉积物有关。

至于青藏高原,限于资料而未将之划为一个地理分布区。但早在 20 世纪 70 年代中期就发现多处三趾马动物群栖息地层含有蒙脱石(黄万波等,1976),有必要进一步研究其特征和性质,比较其与内地同一时代的红黏土断面的形态特征和膨胀-收缩性能的异同。此外,藏北高寒干旱地区的湖积高位阶地上的湖积物,有黏粒($<2\mu m$)含量达 70% 的剖面,地表裂隙发育,可能有变性特征或现象,需要进一步研究,获取变性的诊断性质数据。

综合以上对我国变性土的地理分布和规律的研究,初步表明我国有 6 个变性土亚纲，即潮湿变性土、湿润变性土、干润变性土、寒性变性土、干旱变性土和夏旱变性土[①]，以下是各个亚纲的地理分布的小结。

潮湿变性土：分布于 1-1～1-7 地理区的相对低地，其中以淮北平原、南阳盆地、汉江盆地较为集中。云南省某些湖区边缘的详情有待进一步研究。

湿润变性土：多分布于东南沿海的玄武岩台地、广西的西江流域盆地、淮南丘岗、鄂北和四川盆地等，东北平原也有所散布。

干润变性土：分布在内蒙古高原和黄土高原侵蚀严重、红黏土出露处，以及黄河-海河平原的边缘、四川西南山地间的盆地、金沙江干热河谷阶地、云贵高原元江河谷等地区，台湾东南和海南岛西南也有小面积的分布。

寒性变性土：零星散布在东北平原北部寒性均腐土侵蚀较严重地区，膨胀性强的土层接近或出露地表。

干旱变性土：零星散布在北疆准噶尔盆地以北的剥蚀高平原，天山北麓老冲积平原等，这些地区具有膨胀性黏粒的来源和聚积。

夏旱变性土：零星散布在新疆维吾尔自治区的西部边境的伊犁盆地等，具有地中海型气候和膨胀性黏性母质。

2.2　形成条件与发生过程

2.2.1　形成条件

18 世纪俄国道库恰耶夫（Dokuchaev）的土壤形成因素学说，是多因子成土模型，说明土壤自然体是气候、生物、母质、地形和年龄等五大成土因素的函数，是这些因素综合影响的产物。随着人口对土壤建设性和破坏性的活动引起生态系统和土壤性质的变化，人类活动也成为成土因素之一。变性土也不例外，但要求特殊的形成条件，主要是对成土母质的选择性，干湿季节交替气候和盆地条件。

变性土虽然在任何气候带都可能发生，但由于它对形成条件的特殊要求和独特的土壤性状，不是在任何成土母质、地形部位都能够形成变性土，只在某些地域，具有适宜其形成的条件时，才可能发生和存在。这样，研究者便可大大地缩小寻求的范围。变性土具有特殊性状的内在因素，是黏粒含量一般在 300g/kg，其黏土矿物以胀缩性能强烈的 2∶1 型矿物为主。在干、湿交替的气候条件下，随着土壤水分的干湿变化，而有明显膨胀和收缩循环，以致旱季可在地表看到裂隙，宽度达 0.5～1cm，或 >1cm，深可至数十厘米；裂隙间为棱角明显的棱块状/楔形结构。具有滑擦面的未垦的土地上可能见到微洼小地形。凡是能满足上述特征的成土条件，就可能形成变性土。

---

① 我国还没有干旱和夏旱变性土的诊断鉴定和分类检索，故参照《美国土壤系统分类检索》（第 11 版，2010）。在变性土纲中，新成（Entic）变性土亚类的标准是 "在 100cm 的土层内，有厚度 25cm 或更厚的土层，其黏粒量不到 270g/kg"。符合此一标准的土壤，在分类上属于新成变性土亚类，如新成钙积干旱变性土（Entic Calcitorrerts）。

1. 母质与变性土形成

母质是影响变性土形成和分布的主要因素。在干湿季节变化明显的热带、亚热带、温带、暖温带，能否形成变性土或具有变性现象的土壤，首先取决于土壤形成的母质条件。全球已知的形成变性土的母质，有残积型、沉积型和水热蚀变型。前者与火山灰、凝灰岩、玄武岩、橄榄岩、辉绿岩、粒玄岩、辉长岩、蛇纹岩等风化残积关联，后者如泥质岩、泥灰岩、石灰岩等，未固结古老红黏土和绿黏土、黄土性黏沉积物、河湖积物、海洋沉积物等，其膨胀性黏土矿物是通过沉积继承和新形成及转化等作用形成。

我国适宜形成变性土的母质，首推基性玄武岩和基性火山岩风化的黏性残积物和坡积物；其次是侏罗系（J）、白垩系（K）的成岩作用弱的中性和石灰性泥质岩风化残积和运积物、古近系（E）和新近系（N）红色或灰绿古老湖积物以及第四系更新统黏性洪-坡积物和冲-湖积物等。因为这些母质含有形成蒙皂石的基性矿物，或含有较丰富的蒙皂石类黏土矿物，最普遍的是蒙皂石、伊利石/蒙皂石、高岭石/蒙皂石混层黏土矿物，具有代换性能强，表面积巨大，吸水膨胀能力强和失水体积收缩明显的性能，是形成变性土的最基本的物质基础。所以，变性土的形成与上述的母质息息相关。例如，在我国南方基性玄武岩母质上可发育成变性土，而酸性的花岗岩类母质，大都发育成氧化土或老成土，呈现地带性土壤的特性。即使同样在玄武岩母质上，由于它们之间的时代和化学成分的差异，也可分别形成变性土和氧化土。在福建滨海玄武岩台地，出现两种不同的玄武岩，一种是红色致密状拉斑玄武岩，另一种是暗黑色气孔状橄榄玄武岩，由于化学成分和风化物的差别（表 2-1），前者发育成老成土（砖红壤性红壤），后者发育成变性土。

表 2-1　福建省两种玄武岩的矿物和化学组成（朱鹤健等，1989）

玄武岩	原生矿物	化学组成/（g/kg）									
		SiO$_2$	Fe$_2$O$_3$	Al$_2$O$_3$	TiO$_2$	CaO	MgO	K$_2$O	Na$_2$O	P$_2$O$_5$	MnO
发育成老成土的玄武岩	钠长石 55%～60% 基性玻璃 25%～30% 伊利石 10% 杏仁体 5%	472.7	131.0	159.0	18.6	95.3	50.2	5.3	23.5	2.5	1.4
发育成变性土的玄武岩	钠长石 65%～70% 辉石 10%～15% 伊利石 5% 基性玻璃 5% 杏仁体 5%	502.0	101.4	167.0	17.7	85.5	46.4	9.2	25.2	2.6	0.8

由表 2-1 可知，两种土壤母质的原生矿物组成及化学成分的差别，决定了土壤形成类别上的分异。这些土壤的分布多呈复区复域状况。

黏性沉积性母质分布在盆地的不同部位，然而，不是所有的黏性河湖相沉积物都可形成变性土。但含有较丰富的 2：1 型膨胀性黏土矿物，更新统等黏质河湖相沉积物，在富钙、镁的环境下，黏粒表面主要为钙、镁饱和，在有明显干湿交替的气候条件下，这类母质基础便可能发育为变性土或具有变性现象的土壤。

我国不少变性土的发生和分布具有沉降盆地的地质和地貌背景，如南阳盆地和淮北平原等地是新构造运动的沉降地区。分水岭范围内，由于有不同地质时期火山喷出物的蚀变作用，产生以蒙皂石为主的黏土矿物细粒，通过侵蚀作用汇入河流，顺势而下，在水流极缓慢的沉降地区沉积，参与了不同地质时期有膨胀性黏粒成分的侏罗系、白垩系泥质岩、古近系和新近系湖相红黏土的形成，其中，有具备相当明显的膨胀和收缩性能者。第四系更新统不同时期的黏性沉积物，有些也成为变性土的母质。

母质的另一条件是黏粒含量。变性土必须具有一定的黏粒含量，通常 $\geqslant 300\mathrm{g/kg}$，在土壤水分干湿变化过程中，呈现出强烈的膨胀收缩性能。湿时膨胀，其膨胀力增加；干时收缩，导致开裂是变性土特有的物理属性。上述曾提及的各种基性岩石，如玄武岩、泥质岩等的残积物、坡积物，或河湖相沉积物具备这种条件，而砂岩、砾岩风化物则无此物质基础。

2. 气候（包括古气候）

气候主宰温度状况的变化，干湿交替季节在年内的长短、降水量和土壤水分状况等，是变性土发生的重要因素。从热带、亚热带至暖温带、温带均可能存在变性土，年平均气温变化接近 $0\sim25℃$，属寒冷、中温和高温状况。变性土的水分状况变化也很大，从新疆超干旱和干旱土壤水分状况，到华北半干润土壤水分状况，以至华中的湿润土壤水分状况，和我国新疆的地中海型的夏旱土壤水分状况等都与气候条件有关，而低地潮湿水分状况则是地形因素所致。

气候的作用，还表现在对母质风化和土壤形成的强弱程度上。一般气候湿热，风化作用强烈，盐基淋失快，容易使蒙皂石受到破坏，对变性土形成不利。然而，在特定的母质条件下，仍会形成变性土，一经形成，由于富钙镁盐基、不良的孔隙性质和极差的渗水性能，在亚热带和热带地区，它们阻碍和延缓富铝化的发展，使之处于相当年轻的变性土阶段。但那些变性土的黏土矿物组成和化学性质等，仍有热带、亚热带气候作用赋予的特征，与温带变性土比较，如 pH 较低、黏土矿物组成中高岭石的相对含量增加等。我国的季风气候，干季和湿季交替，自然条件下，变性土控制层段水分状况的季节性变化和与之密切相关的裂隙宽度、深度和开裂的持续时间是土壤系统分类制确定亚纲的依据，但寒性变性土除外。在实践上，多以气象资料来判断，因此，会与实测结果有一定的差异，但沿用至今尚无正式的改进方案。变性土对水分状况的变化极其敏感，由于气候变化影响季节性干湿交替的规律，或在湿润地区异常性的长期干旱，土壤剧烈收缩，都会破坏该类土壤正常膨胀-收缩循环，达到异常膨胀-收缩规模，增加变性土的危害性。

古气候环境影响母质风化作用，在较温热的间冰期，若具有基性矿物来源和其他条件，蒙皂石类能在偏碱性介质和富钙镁的水湿环境下形成并长期保持，而后被土壤继承，以致在现高寒地区也可能发现变性土的存在。

3. 地形

地形影响土壤水分的再分配，导致土壤水热状况的局部差异和沉积物性状的差别等。盆地有形成蒙皂石的浅湖环境，也是接受富含膨胀性黏土矿物的沉积场所，故常见不同类型和年龄的变性土分布于盆地中的阶地和垄岗间的低地，以及已经脱离水湿的古湖地区。有些盆地因新构造运动而抬升成高原，加之第四系黄土层堆积，侵蚀严重，古膨胀性沉积物和古变性土壤依然可见。玄武岩台地，台坡地的中-下坡基性岩石的风化物积聚增厚，黏粒含量＞300g/kg，并含多量蒙皂石类黏土矿物，膨胀收缩性明显，发育成典型变性土。雨季变性土整体膨胀，而台面和坡面玄武岩基岩的透水性弱，因此，土体和基岩之间形成滑带，以致土体滑坡，农地滑落，危害极大。在玄武岩风化带处于地面坡度大的坡地，侵蚀强烈，土层浅薄，或基岩裸露便达不到变性土的要求。变性土还可能发生在火山喷发的死火山的缓坡，如内蒙古高原阿巴嘎火山群。

4. 新构造运动

新构造运动与土壤发生分布的也有关系（陆景岗，1997）。例如，河谷和湖盆的地势因新构造运动而缓慢抬升，沿岸形成了不同级次阶地。由于第四系不同时期的沉积物的质地和膨胀性黏土矿物的多寡的差异，变性土常出现在 2～3 级或更高位的阶地。

新构造运动会同剥蚀作用，使古盆地的红黏土和灰绿黏土（E、N）等地层出露，因此，在断陷或拗陷的盆地边缘，山麓地带和黄土高原会见到年龄古老的变性土壤。构造运动还使侏罗系（J）和白垩系（K）泥质岩以地势起伏的低丘广露地表，直接或间接发育为变性土和雏形土。这些出露的沉积物和它们的风化物，通过水的侵蚀和携带作用，是下游低地膨胀性黏土矿物的物源。

5. 年龄

年龄往往具有地貌景观、母质和土壤年龄的概念（Coulombe et al. ，1996；Wysocki et al. ，2000），它们之间有紧密的联系。以典型的沉积阶地地貌景观为例，便可判断高位阶地的年龄比低位阶地古老。而年龄不同的阶地上，沉积物（母质）年龄也因此相异，沉积性阶地上的母质年龄沿阶地自下而上增加，土壤年龄也是如此。如在南阳盆地，与河漫滩的土壤相比，地带性黏盘淋溶土处于阶地垄岗部位，母质为早更新统（Qp^1）和中更新统（Qp^2）的黏质沉积物，土壤年龄相应古老。垄岗间的低平地，母质是晚更新统（Qp^3）和全新统早期（Qh^1）的河湖相黏沉积物，形成的是变性土，其年龄相对较轻，但与河漫滩和泛滥沉积物相比，则其年龄大得多。

在温带，典型变性土发现于较为古老的，如新近系玄武岩的风化残积和坡积物上。在广西百色盆地的高位阶地上，古近系的河湖相沉积物的年龄比第四系沉积物古老，其上发育的变性土的年龄是很大的。在全新世，或近代已干枯的潟湖，其黏重而富含蒙皂石类膨胀性黏土矿物的沉积物上，也生成变性土。如海南岛西南角潟湖相沉积物上发现干润变性土，江苏省东海县以及里下河低洼地会有潮湿变性土。

6. 植被

一般认为植被对变性土的形成作用不大。但旱地植被或农业利用方式，影响变性土的水分蒸发和蒸腾作用，在水分过分消耗的情况下，会加大土壤的收缩作用，而使裂隙增多，宽、深加大，使临近的建筑物等变形，如在广西某地建筑物附近所植的桉树的巨大蒸腾作用，竟使房舍加速开裂。故在设计时，就要选择树种，并要在适当远离建筑物的地方植树。田间防护林如何配置是一个待研究的问题。盐基含量高的植被的生物小循环作用，使土壤处于富盐基状态，而有利于蒙脱石和变性土的保持。可选择适于中性土壤的树种。

7. 人为活动

（1）长期使用含土质多的"肥料"和人工垫高地面的影响：如淮北、华北、东北，以及江苏的某些低地，农民往往以施用河泥或垫土抬高地面，在变性土的上层逐渐形成新的耕作层；或因淤灌、泥沙淤积于原变性土表层等，一旦新层次过厚，则变性土处于埋藏状态，一般新层次厚度达到 50cm，在分类上就可以划归其他土壤类型。

（2）土壤水分过湿会阻碍变性土特征的表现：母质的黏土矿物类型和性质，黏粒含量、土壤盐基含量和土体厚度等条件，虽然都符合变性土形成的要求，但如果土壤长期淹水，土体过湿，则会使变性土的收缩开裂等特性受到抑制或减缓，变性土的特征便难以表现出来。然而，这类土壤一经排水落干，或自然脱水，变性特征便可很快发展，如土体收缩开裂，且可见楔形结构，江苏省里下河地区的沤田改旱地即是如此。

（3）土壤侵蚀：侵蚀作用严重到失去上层或全层土壤，而使黏性富膨胀性黏土矿物的心土层，或下伏的未固结的、但是具有膨胀性的母质影响层裸露地表，则在当地干湿季节交替的气候因素的作用下演变为变性土。

2.2.2　发生过程

在母质和干湿交替气候等多种成土因素的综合作用下，变性土可在基岩风化残坡积物上形成，在一定的黏性沉积物上形成，或通过基性矿物的热液蚀变作用下形成等。变性土也可由其他黏性土壤类型（如黏性淋溶土和软土）转变形成（Chadwick et al.，2000；Wu et al.，2006，吴珊眉等，2011）。如土壤剥蚀，富有膨胀性黏土矿物的层次出露地表，明显地显现变性特征而达到变性土的诊断标准。无论是哪种形成方式，共性是土体必须黏粒较多，含有丰富的蒙皂石和混层的膨胀性黏土矿物。这些变性土明显地异于相邻的地带性土壤，不符合地带性土壤的形成过程和物质组成，而是一类特殊的保持年轻状态的土壤。实质上，变性土的发生学与蒙皂石的形成总是联系在一起。蒙皂石通过土体继承、新形成和转化作用在土壤中累积，其稳定性的保持是变性土发生的关键，故认识和研究变性土发生学，务必了解蒙皂石形成和转化等作用，此关系到理解变性土的特殊性，其变性特征和理化性质的特点，以及其危害性的产生机制。

1. 主要黏土矿物类型

黏土矿物是颗粒细小，粒径相当于黏粒（$<2\mu m$）的次生矿物，具有胶体性质，属于层状含水铝硅酸盐类，基本单元为硅氧四面体和铝氢氧八面体。由 6 个硅氧四面体组成一个硅片，由 4 个铝氢氧八面体组成一个铝片。根据层状构造中的四面体和八面体片组合关系，黏土矿物分成两种基本层型，即 1∶1 层型和 2∶1 层型。蒙脱石、蛭石和伊利石是 2∶1 层型黏土矿物，由 2 层四面体片的中间夹 1 层八面体片构成（T-O-T）。高岭石是 1∶1 层型，由 1 层四面体片和 1 层八面体片构成（T-O）。由于层间物质，如阳离子、水分子、羟基和水络合物等的不同，不但 2∶1 型和 1∶1 型黏土矿物的膨胀性大有区别，就是同属 2∶1 型的黏土矿物也有差异，如伊利石膨胀性很弱，蒙皂石膨胀性极强。变性土中常见的主要黏土矿物成分以蒙皂石、膨胀性混层黏土矿物为主，也有蛭石，其他为伊利石、高岭石以及绿泥石等。

（1）高岭石 $Al_2Si_2O_5(OH)_4$：非膨胀性。

（2）伊利石 $K(Si_3Al)(AlMg)_2O_{10}(OH)_2$：2∶1 型黏土矿物。因其层间由 K^+ 强烈固定，膨胀性很小，是非膨胀性或膨胀性极弱的黏土矿物。

（3）蛭石 $Mg(SiAl)_4O_{10}(OH)$：是膨胀性黏土矿物。三八面体云母夹层中的 K^+ 被水化离子如 Na^+ 和 Mg^{2+} 取代，或绿泥石的水镁石层去除后，均形成蛭石。当晶层间的空间被水化交换阳离子占据时，晶层间距扩大为 $14\sim15\text{Å}$。当晶格边角卷曲膨胀时，K^+ 和 NH_4^+ 进入其间而被固定。

（4）蒙皂石 $Na(Si_4)(AlMg)_3O_{10}(OH)$，是膨胀性的 2∶1 型黏土矿物，包括蒙脱石、贝得石和蒙脱石，其中蒙脱石是形成变性土的关键黏土矿物。其层间键合弱，有水化度较高的 Mg^{2+}、Na^+ 和 Ca^{2+} 等交换性阳离子，土壤水分增多时，大量水分或其他极性分子进入层间，引起晶层间距沿 c 轴膨胀加大，尤其是 Na^+ 可达到使晶层完全分散的地步，而脱水时，层间距离则沿 c 轴收缩。蒙皂石通常为二八面体，按层间交换性阳离子的不同，又可分为钙型、钠型、钙钠过渡型和镁型。发育于基性岩石的变性土，多含富铁蒙皂石，可能来自富铁云母，或其他富铁层状硅酸盐矿物。

（5）混层黏土矿物：指蒙皂石与其他层状硅酸盐矿物构成的混层矿物。在温带常见的是伊利石/蒙皂石混层黏土矿物。在热带强淋溶的酸性条件下，常有高岭石/蒙皂石、埃洛石/蒙皂石混层矿物等。伊/蒙混层黏土矿物是伊利石和蒙皂石两个端源矿物之间的过渡形式，由蒙皂石晶层和伊利石晶层沿 c 轴或垂直于（001）方向组成的特殊类型的层状硅酸盐矿物。根据单元晶层沿 c 轴堆积的规律性，可以分为有序混层和无序混层黏土矿物。伊/蒙混层黏土矿物的有序度代表蒙皂石向伊利石转化的程度，有序度越大，说明蒙皂石的伊利石化程度越高。土壤中的混层黏土矿物以无序的为主。它们一般是在深埋的条件下由蒙皂石转化而成，也会由水热蚀变形成。在湿润地区的土壤中，可由云母风化形成。混层中的蒙皂石具有较高的层电荷，都属于膨胀性黏土矿物（徐博会和丁述理，2009），黏土矿物的有关性质见表 2-2。

表 2-2　黏土矿物的性质

种类	层型	层电荷（1/2 晶胞）	代换量（CEC）/(cmol(+)/kg)	表面积/(m²/g)
高岭石	1∶1	≈0	1～10	10～20
伊利石	2∶1	≈1	10～40	70～120
蛭石	2∶1	0.6～0.9	150～225	600～800
蒙皂石	2∶1	0.3～0.6	80～120	600～800
绿泥石	2∶2	≈1	10～40	70～150

我国变性土的黏土矿物组成，主要有蒙皂石（S）、伊利石（I）、高岭石（K）、蒙皂石/伊利石（S/I）、伊利石/蒙皂石（I/S）、蒙皂石/高岭石（S/K）和绿泥石（C 或 Ch）等组成，而绿泥石和蒙皂石等构成的不规则间层（混层）则少见。

2. 蒙皂石的形成作用

母质和土壤中直径<2μm 的黏粒几乎是由黏土矿物构成，在一定环境条件下，黏土矿物的类型和数量影响土壤的发生、形态和性质等。变性土的优势黏土矿物是具有明显膨胀性的，一般长江流域和以北的变性土，以蒙皂石和伊利石/蒙皂石混层占优势；在热带地区，蒙皂石/高岭石混层黏土矿物增多。以下简述蒙皂石的形成作用。

1）化学风化作用

岩石和土壤中的原生矿物通过化学风化作用（chemical weathering）形成成分简单和结构复杂的黏土矿物。富铁镁原生铝硅酸盐类矿物由于化学风化作用形成蒙皂石。水解作用使硅释放（脱硅作用），一部分硅淋失而离开了风化环境，另一部分在新形成作用中，重新组合而成蒙皂石。还有少部分的硅再结晶为次生二氧化硅沉淀，坡麓土壤多接受高处基性岩风化产物的排水，往往可见其存在于土壤中。凝灰岩或火山灰沉降累积，就地脱硅和化学蚀变形成蒙皂石等。黏土矿物形成过程中脱硅的程度是估计风化阶段的有用指标。通过比较黏土矿物和新鲜岩块的硅铝分子率（SiO_2/Al_2O_3）的差别来评估。新鲜岩块的硅铝分子率通常是 7，而含蒙皂石类的土壤黏粒（<2μm）则是 3～4。原生矿物过渡到黏土矿物的风化过程中，碱金属和碱土金属显著下降，但钾则减少得最小，可能是由于含长石矿物抵抗风化作用较强。在矿物水解过程中，微量元素的含量也在下降。基性矿物水解作用形成的蒙皂石类黏土矿物，虽然在不同的气候条件下也会有所变化，但具有相当的稳定性。

基性矿物在温泉条件下的水热蚀变作用，在碱性和中性溶液环境形成蒙皂石、伊利石和绿泥石等，而酸性热液导致高岭石形成。

2）黏土矿物的转化作用

蒙皂石由土壤中的其他铝硅酸盐类黏土矿物转化而成，如 1∶1 型和 2∶1 型的相互转化，在此过程中，未引起八面体和四面体的整体结构改变。此多发生在蒙皂石由母质转移到土壤层的过程中。蚀变作用（alteration）是蒙皂石由其他黏土矿物转变而成，

（Chesworth，2008）。

转化作用（transformation）又有退化性转化（degradational transformation）和加添性转化（aggradational transformation）。前者是黏土矿物在蚀变过程中，失去某些成分而形成另一类黏土矿物，如蒙皂石可形成于伊利石脱钾、绿泥石脱镁和铁，蛭石脱铝等，而蒙脱石脱硅形成高岭石。加添性转化是增加某些成分的转化作用，如蒙皂石加钾转化成伊利石，高岭石加硅形成蒙脱石，在土壤中最为普通的是退化性转化作用，涉及晶体结构开放或破损，伴随表面积、盐基代换量和水分含量的增加，如伊利→间层矿物（interstratified），或混层（mixed）黏土矿物→蛭石→蒙皂石等。

3）新形成作用

在成土过程中新形成的蒙皂石，一般颗粒较为细小，活性较高。新形成作用（neo-formation）是土壤黏土矿物形成于结构不同的其他黏土矿物，或形成于原本不是黏土矿物的物质，如硅酸盐、火山玻璃，溶液中的 Si、Fe、Mg 盐基离子，成分适宜的胶体（如可溶性硅）等。通过直接结晶，或由原黏土矿物分解的胶态和液态产物重新合成。一般形成于排水不良，富硅和盐基离子的浅湖沼或潮湿土壤环境，要求偏碱性的介质。某些不同结构的另类黏土矿物也可形成蒙皂石。

土壤蒙皂石的稳定性取决于许多因素。如要求高硅酸（H_4SiO_4）浓度，云母残体脱硅可提供其需要。稳定性还与土壤介质环境和交换性离子等有关。中性和微碱性的介质环境，含有钙、镁、铁和可溶硅等，以及土壤剖面具有弱透水层，可减少盐基离子淋溶，则有利于蒙皂石的新形成和稳定性的保持。暗色变性土中，蒙皂石的稳定性还与高分子结构腐殖质形成的复合体有关。

4）继承作用

在母质形成阶段，基性矿物的风化作用形成的蒙皂石，就地或通过侵蚀-沉积循环等过程，而由土壤继承。在此过程中，黏土矿物的晶体结构基本未发生变化。继承作用（inheritance）取决于黏土矿物的稳定性。蒙皂石在富有盐基、钙、镁和铁等离子的地球化学环境下，能够相对稳定地保存在母质中，继而被土壤继承。虽然，也可能或多或少地发生一些变化，但不致影响蒙皂石的基本晶层结构和性质。而蒙皂石在不具备使其稳定的环境中，则会转化为新形式的黏土矿物以维持其与新环境条件的平衡。

风化作用和其他各途径形成的蒙皂石，都会随水力和风力，通过侵蚀-搬运-沉积作用，保存在诸如侏罗系（J）和白垩系（K）泥质岩（包括泥岩）及其风化残积物、古近系（E）和新近系（N）红黏土、灰绿黏土等和第四系（Qp^1、Qp^2、Qp^3、Qh）的黏性沉积物，尤其是河-湖相中，构成我国变性土主要的成土母质。变性土形成过程中，在有利于蒙皂石的保存和合成的环境和介质条件下，仍有新形成作用和转化作用发生。但继承的蒙皂石的变化显得微弱和缓慢，气候因素的影响仍可不同程度地反映出来，如不同地带的变性土，具有不同的黏土矿物组合。热带海南岛北部发育在基性玄武岩上的变性土，以蒙皂石和高岭石为主；暖温带江苏盱眙的发育在基性玄武岩上的变性土，黏土矿物组成以蒙皂石为主，高岭石的比例降低。又如在第四系中更新世黄土性冲-湖积物上发育的变性土，含有相当比例的伊/蒙混层黏土矿物。除了黏土矿物的组成外，黏粒含量和蒙皂石等膨胀性黏土矿物的数量多寡，也影响变性土的变性特征的明显程度及土壤理化性质。

3. 变性土形成模型

土壤含有大量蒙皂石等膨胀性黏土矿物,随着其水分含量的增加和减少的周期性变化,导致土体的膨胀-收缩伴随着孔隙性的变化。土体膨胀压力的增大,在土壤水分潮湿状况下,土体相互挤压和移动而产生具有摩擦细痕的滑擦面;土壤水分减少,土体收缩而产生裂隙,棱角明显的结构体等变性特征。变性土化作用(vertisolization)(Duchaufour,1998)是指含有丰富的膨胀性黏土矿物的黏质土体,在季节性干湿交替的气候条件下,由于显著的膨胀-收缩循环,导致土壤搅动作用和土壤抗剪力断裂形成了变性土。变性土具有特征性形态,如滑擦面,楔形为典型的结构,周期性开闭的裂隙,以及相应的诊断性土壤性质。国际上,变性土的形成有三种学说或模型,可用以阐明变性土的发生原理(Coulombe et al.,1996;Wilding and Tessier,1988)和特殊形态特征的形成。

1)黏粒搅动模型

早在 1906 年,Hilgard 首先提出黏粒搅动模型(argillic-pedoturbation model)。后来,Buol 等(1980)等进一步描述黏粒搅动作用导致变性土剖面的形态特征。黏粒搅动作用是与季节性干湿循环导致的膨胀-收缩过程有关的土壤物质的位移和混合,从而变性土的土壤剖面层次化受到抑制,或者层次化速度变慢,是"黏粒搅动作用"和"自我混合"的干扰。旱季里,土壤蒙皂石失水,使土体收缩形成宽深裂隙,有的伸延到深1m 左右。因地面动物的活动、耕作、降雨、风力等原因,地表自冪层的土壤颗粒下落填充而占据了裂隙的空间;雨季到来时,裂隙中的填充物最先变得潮湿,蒙皂石的层间得以吸收大量的水分子,以及代换性阳离子对水分子的吸附,使土的体积猛烈增加而裂隙关闭。土体膨胀导致水平和垂直压力和移动,使土壤物质混合而产生单一体化的剖面,也导致变性特征的形成。扰动作用的影响既表现在大形态方面,也表现在微形态尺度的特征,如微剪(micro-shear)、应力胶膜、土块压力面、滑擦面及挤压微地形等,是程度不同的挤压和黏粒重新定向排列的形态特征(Mermut et al.,1996)。此模型与自我混合(self-mixing)、单一体化(haploidization)作用基本符合。

但是,Wilding 和 Tesster(1988)等认为黏粒搅动作用难以解释常见于变性土中的许多特性,诸如有机质、碳酸盐、可溶盐的垂直分布随深度表现出一定的函数关系,有机质的平均滞留时间随深度而增加等,与未受膨胀-收缩循环裂隙影响的土壤没有差别,以及变性土剖面也可能出现漂白层和淀积层(Bt)等发生层次,说明土壤搅动作用并不是使土壤混合和翻转的唯一机制,因而是一个不完全的发生模型。但至今仍用以解说变性土发生的一般机制和过程。图 2-2(a)是一经典图解,表明土壤膨胀迫使表面凸出发生在裂隙之间。图 2-2(b)因土壤膨胀迫使裂隙上方地表凸出。

2)差异荷载模型(differential loading model)

Paton(1974)陈述,由于黏粒处在塑性-黏滞流状态下,从围压(confining pressure)较高处向较低处的移动过程,导致挤压微地形的形成,即为差异荷载模型(differential loading model)。这个模型提示,荷载过重,超过了下垫物质的剪强度(shear strength)而发生移动流。这一模型仅是部分性的功能模型,不能解释变性土其他形

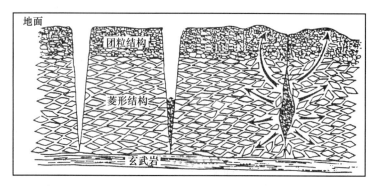

旱季裂隙开放　填充物落入裂隙　　雨季土壤膨胀将表层向上凸起

（a）

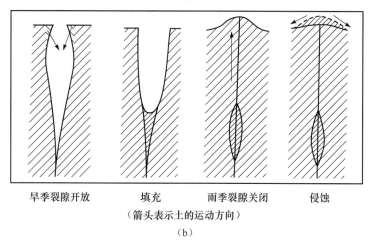

旱季裂隙开放　　　填充　　　雨季裂隙关闭　　　侵蚀

（箭头表示土的运动方向）

（b）

图 2-2　变性土发生的黏粒搅动模型示意图

（（a）Buol et al.，1980；（b）Duchaufour，1983；Knight，1980）

状，如滑擦面的形成，而滑擦面是剪切断裂的证据，下面以土壤力学模型来解说典型变性土及特征的发生原理。

3）土壤力学模型

1988 年，Wilding 和 Tessier 提出土壤力学模型（soil mechanics model），又称土壤剪切断裂模型（soil shear fracture model）。他们借助 Coulomb-Mohr 的关于剪切断裂的经验公式来解说变性土滑擦面等的形成机制。土壤剪切强度是指土承受剪切力的能力，剪切强度大则抵抗变形的能力强。按公式，剪切强度（shear strength）＝黏结力（cohesion）＋剪切强度的正常应力×内摩擦角，说明土壤剪切强度是黏结力及内摩擦角共同构成的强度。黏结力决定于土壤容重、黏粒含量、黏土矿物类型及水分含量，而内摩擦角则与骨骼颗粒的丰度、粗糙度及相互锁合性相关。

在一限定系统中，当应力超过剪切强度时，剪力断裂而形成滑擦面。如一土壤剖面，当水分含量增加到一定程度而膨胀时，土体物质受到三个方向的应力，即垂直，水平和侧向应力。为简化起见，仅考虑垂直和侧向应力（图 2-3）。当垂直的力量被限制，而侧向应力超过土壤的剪力强度时，就会发生土体物质沿剪切面的断裂。

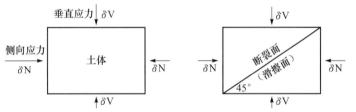

图 2-3　滑擦面形成作用的理论解说

（Wilding and Tessier，1988；龚子同和陈志诚，1999）

　　变性土是具有大量膨胀性黏土矿物的黏性土，干燥时，土壤黏结力和抗剪力很大，但随着含水量的增加而下降。因此，土壤水分状况与剪切强度密切相关。当剖面土壤水分增加，土体膨胀，一般体积增加 10%～15%。上层可以向上运动，但心土层受上层土壤压力，其向上膨胀运动受限。侧向的膨胀压力一般至少要比垂直膨胀压力大 4 倍，超过了土壤剪切强度，膨胀的土体就沿剪切面滑动，形成了有擦痕的剪切面。在作用的范围内，表现为楔形特征的结构体和滑擦面。理论上讲，断裂角度为 45°，但由于土壤的骨骼颗粒及其黏结作用的影响，实际上这个角度变动于 10°～60°。

　　值得注意的是，土壤含水量要求达到潮湿状况，才会发生土体沿剪切面断裂。换言之，干旱和湿润的土壤不致发生土壤剪力断裂，但土层里会有局部处于潮湿含水量，此情况下，只发生少量滑擦面。对于典型的变性土，此过程出现在较深的层次，通常在 50cm 以下，或至少在 30cm 处。近表层土壤承受的侧向和垂直压力都小，除裂隙之外，只有少许滑擦面。然而，土壤侵蚀使上层土壤变薄，滑擦面也可能在较浅的深度里出现。交叉裂隙之间形成楔形结构所需的侧向和垂直压力远低于滑擦面形成的压力，出现部位在裂隙层和具有滑擦面的土层之间（Coulombe et al.，1996）。

　　Wilding 和 Tessier（1988）应用 Coulomb-Mohr 剪力断裂理论提出了一个变性土的特征形成模型（图 2-4）。

　　图 2-4 说明：挤压微地形形成的阶段为 A 旱季土壤深裂→B 雨季干燥土壤重新变湿，潮湿前沿从裂隙底部向表面移动，裂隙闭合→C 推力锥和滑擦面形成→D 迫使土体向上运动，地表微凸→E 通过干湿循环和/或淋洗的差异，使挤压微地形扩增→F 最后形成微突和微凹相间的挤压微地形，其断面显示环状土层分异特征。

　　此模型适用解说诸如位于美国休斯敦的暗色变性土的滑擦面和挤压微地形的形成以及相应的土壤层次化机制。他们也认识到，实际上存在黏土搅动作用，但是，是非常缓慢的过程。Coulombe 等（1996）提出，有的变性土的滑擦面处于裂隙深度以下，说明滑擦面的形成并不一定要通过自吞作用使裂隙填充的过程。

　　除了上述的以膨胀-收缩循环为底线的模型外，其他认可的次要过程，如腐殖质-蒙皂石复合体、碳酸盐淀积、石膏或可溶盐的累积，潜育化作用，硅的溶解和淀积，以及淋溶导致的酸化过程等，它们是划分变性土的土类或亚类的依据。

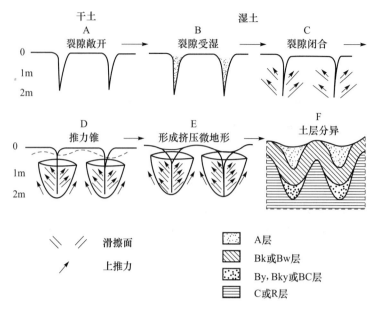

图 2-4　典型变性土滑擦面、挤压微地形和环状土层分异阶段（A—F）示意图

(Wilding and Tessier，1988)

4. 次要成土作用

1）孢粉鉴定对暗色变性土形成的意义

鲁豫鄂变性土黑色土层孢粉分析显示有水蕨属（*Ceratopteris*）、泥炭藓属（*Sphagnum*）植物，分属热带-亚热带沼生和温带草甸沼泽下的植物，表明母质形成于漫长的沼泽和浅湖沼相时期。大量植物残体，在水湿和富含钙、镁等盐基条件下，进行长期腐殖化过程，芳化度不断提高，形成了高度分散于淤泥中的富含芳香族结构的腐殖物质，且与蒙皂石等相互作用，形成各种牢度复合体，在其保护下，后来的成土过程中微生物降解作用受到抑制。蒙皂石-腐殖质复合体和土壤细粒的累积，是暗色变性土形成的基础物质。所以形成于古老湖积物上的变性土的形成过程是：细土静水沉积→湖沼植物生长，有潜育化作用→植物残体在嫌气体条件下腐殖化，并与蒙皂石形成复合体→脱沼泽化、不完全的脱潜过程→草甸化过程→变性土。所研究的变性土是全新世的产物。

2）土壤腐殖质-蒙皂石的复合作用

1949 年，Joffe 对变性土色暗而有机质很少高于 3％感到迷惑不解。后来，Singh 认为由于大量蒙皂类矿物的存在，增加了有机质的染色效应，黏粒-有机复合体的形成是暗色形成的主要因素。X 射线衍射图谱上蒙脱峰的加宽及位置的变化，表明了有机-无机复合体的存在。也有人认为，暗色很可能是由于硫化铁和氧化锰与有机质的复合，同时由于 Ca^{2+} 的存在，黏粒内部格状空间的有机质抗分解能力提高。

高锡荣等（1986，1989）研究了山东兖州和河南新野变性土剖面中黑土层的 A、B 和 C 组胡敏酸含量和元素组成成分，应用红外扫描等现代手段，从黑土层胡敏酸 A、

B、C 组含量，分子结构特点，以及胡敏酸的优势吸收基团等方面探求暗色的来源。

按胡敏酸的分组，A 组主要代表与钙结合的胡敏酸，B 组代表与土壤中较为稳定的矿质结合的胡敏酸，C 组代表更紧地与土壤稳定的矿质结合的胡敏素。结果证明，供试的土样 A 组占全部胡敏酸的 50％以上，B 组占 30％以上，C 组所占比例不足全部胡敏酸的 15％。黑土层的胡敏酸的胡富比（H/F）为 1.2～2.0，接近黑土，暗棕壤和暗栗钙土，表明黑土层胡敏酸的高芳构度。

各组胡敏酸的元素组成分析得到的 C/H 值，是复杂有机物质的芳构度指标。结果表明（表 2-3），与羟类有机化合物比较，黑土层胡敏酸，A 组和 B 组的 C/H 值和 C/N 值特别高，与角式稠环化合物接近，在羟类化合物中，处于芳构度程度最高的水平。各组胡敏酸的元素组成分析还说明氧的含量都较丰富，尤其是 A、B 组的 C/O 值为 2.3 和 2.1。高 C/O 值说明胡敏酸中的含氧基团的比例较高，尤其是羧基和酚羟基。综合以上研究结果，黑土层 A 和 B 组胡敏酸的分子骨架可能是以类似角式稠环的大型芳核网构成，配以较丰富的含氧基团，如羧基、酚羟基和甲氧基等，但含氮基团贫乏。

各组胡敏酸的红外扫描结果与元素分析的结果相符，来源于芳香族的吸收峰特别丰富，含氧基团的吸收峰主要来源于羧基、酚基和芳香族，此外，尚有蒙脱石峰与胡敏酸复合峰等。

表 2-3　各组胡敏酸的红外光谱主要吸收位置和相对强度

波数	3440～3400 /cm⁻¹ 氢键结合的（OH）	2925/cm⁻¹ 脂肪族中的（CH, CH2, CH3）	2650～2600 /cm⁻¹ 羧基中的（OH）	1710～1700 /cm⁻¹ 羧基中（C=O）	1620～1610 /cm⁻¹ 芳香族（C=C, C=O）	1400 /cm⁻¹ 离子化羧基等（COO—, C—H）	1240～1230 /cm⁻¹ 酚基等（C=O, C—O）	1050～1030 /cm⁻¹ 蒙脱石	880～875 /cm⁻¹ 蒙脱石
65～85cm									
（A组）	++++	++	++	++++	++++	+++	+++	++	++
（B组）	++++	++	++	+++	++++	+++	+++	++	++
（C组）	++++	+++	+	++	++++	++++	++	++++	+++
21～34cm									
（A组）	++++	++	++	+++	++++	++	+++	++	+++
（B组）	++++	++	++	+++	++++	+++	++	++	++
（C组）	++++	+++	+	++	++++	++++	++	++	++

注：根据红外光谱判读强度，++++表示强峰，+++表示中强峰，++表示明显峰，+表示可见峰

关于暗色的根源，通常认为是胡敏酸结构中的酚单元具有明显侵染效应。这可以从黑土层的胡敏酸具有大量酚单元的高芳构化度等得到证实。在实验中，A、B、C 三组胡敏酸提取物都呈暗色，即使三组胡敏酸都提取以后，土壤仍保持一定的暗色，则与残留的胡敏素类物质有关。暗色主要与高度芳构化的松结合形态胡敏酸，以及与土粒牢固结合的胡敏素类物质，两者的包蔽或缔合；以及胡敏酸与蒙脱石以不同牢固度的结合形成有机-无机复合体，保护腐殖质免遭微生物的分解，共同构成土壤呈现暗色的物质基础。

变性土黑土层有机质放射性碳断代的研究说明（刘良梧，1995），黑土层有机质年

齿，淮北湖黑土脱离湖沼草甸环境较迟，要比岗黑土年代短。如安徽省涡阳县洼地底部的黑土层年龄距今（1705±80）年、江苏省新沂市和山东省临沂市湖黑土的黑土层年龄分别为 1830 年和 1850 年。而地形部位较高的"岗黑土"具有较淡的"黑土层"，成土年龄则大得多，如江苏省新沂市的岗黑土的"黑土层"[14]C 年龄为 4130 年、安徽省蒙城县的年龄为 4865 年。这说明岗黑土是发育在地貌景观和母质年龄较大的残留阶地上，其有机碳年龄比湖黑土平均大 2700 多年。某些亚热带河湖相沉积物上发育的变性土，表层有机碳含量 25.5g/kg，随着深度的增加有机碳量有所减少，1m 左右深处有机碳量减到 3.4～8.6g/kg。[14]C 测定（*n*=9）按回归方程得到的年龄为 18 000 年。

3）碳酸钙结核的成因

某些变性土剖面一定深处含有硬度不同和大小形状各异的以碳酸钙为主（还含有碳酸镁和碳酸锶）的聚积层，呈雏型、完型和钙磐等，而且，成型结核的年龄大于上部土层，包括黑土层。剖面中钙结核存在的深度和密度影响土壤利用和生产力，也是续分变性土的土类，或亚类的依据之一。钙结核的存在，主要是土壤形成过程淋溶和淀积的产物，可以看到，土壤剖面的碳酸钙淋溶殆尽，或稍有残存，但剖面中钙结核分散，或成层分布。二是富含碳酸氢钙的潜水参与结核层的形成。变性土分布地区的分水岭范围内，多有石灰岩分布，其风化物为潜水补给大量碳酸氢钙。水化学说明，潜水的水质是以重碳酸钙为主，饱和指数为正值，在 0.1～0.7，随着潜水位的升降变化而沉淀。三是继承了前期土壤形成的钙结核或盘层，它们是更早地质时期的残留物，即形成时期早于变性土。四是某些钙结核是从别处搬运再沉积。

刘良梧（1995）对雏型、完型和磐层三种结核做过碳酸盐放射性碳断代研究。在剖面中，它们分布的深度是硬磐＞完型＞雏型。随着出现深度的增加，[14]C 年龄加大，雏型钙结核形成于全新世中期，完型形成于晚更新世后期，磐层的年龄最大。我国湖北的艳色变性土和印度的钙结核，有的含有铁锰氧化物而显黑色。中国和印度变性土钙结核形成时代相当（表 2-4），可见，雏型钙结核是变性土成土过程的产物。

表 2-4　中国安徽淮北和印度变性土钙结核的年龄比较（刘良梧，1995）

剖面	深度/cm	钙结核类型	无机碳/(g/kg)	[14]C 年龄/BP（MRT）	地质时期
中国安徽（R83-2）	50～90	雏型	38.3	6 220±200	全新世中期
	90～170	完型	76.5	17 280±380	晚更新世后期
	170～250	完型	74.9	18 190±380	晚更新世后期
	330～355	硬磐	82.6	＞40 000	早更新世
中国安徽（R83-9）	76～106	完型	71.6	6 890±170	全新世中期
	106～155	完型	72.9	15 250±645	晚更新世后期
	＞260	完型	51.9	27 850±180	晚更新世后期
印度 Sultanpur	79～130	白色	—	7 705±210	全新世中期
印度 Bijapur	35～55	黑色	—	27 050±1500	晚更新世后期

隋尧冰和曹升赓（1992）对河南淮北变性土的黑土层的中、小型直立钙结核进行了薄片观察，从所见到的碳酸盐凝团、凝块和凝核判断，可能是土壤形成过程的产物。完型和

硬磐多半是前期土壤，或母质形成过程的残留，但也不能排除是土壤形成的产物，因为，有些变性土是形成于中更新世。分水岭范围里石灰岩风化作用继续不断地提供重碳酸钙型水，为钙结核形成提供源源不断的钙源，并有助于维持变性土中蒙皂石的稳定性。

4）铁、锰化合物

变性土剖面中常有铁锰斑点、小型软铁锰结核和锈斑等，说明土壤具有还原与氧化的交替过程，与土壤周期性上层滞水或潜水位的季节性升降，以及土壤局部环境的氧化-还原作用密切有关。薄片观察见铁质凝团，锈斑表现为铁质侵染物斑块，铁锰斑表现为锰质凝团，铁质侵染物共聚斑等（隋尧冰和曹升赓，1992）。难以分辨的是，哪些是现代产物，抑或混有古土壤的残留。

亚铁反应是潮湿变性土亚纲（Aquerts）的重要特征和依据，反映土壤空气和水分的矛盾状况，是影响作物正常生长的重要因素。亚铁反应可能在土壤剖面下层、中层和表层出现，相应说明潜水使土壤低层滞水，或是形成的上层滞水，或是表层的水分经常处于饱和状态。长期处于还原状态的土层导致高铁还原为低价铁，而显现灰蓝色。

5）盐化层、碱化层、石膏淀积层

盐化层、碱化层、石膏淀积层是划归变性土土类和亚类的次要依据，具有重要的生产意义。在淮北平原和胶莱平原具有盐化层和碱化层的土壤的黏粒含量，一般少于300g/kg。松嫩和三江平原有小面积的苏打盐化和碱化变性土和过渡性变性亚类。在干旱地区，如新疆，盐化层、碱化层和石膏淀积层普遍。内蒙古高原基性玄武岩母质上发育的变性土的下层是强碱性。

2.3　黏粒含量和诊断性形态特征

2.3.1　黏粒含量

黏粒（<2μm）是变性土颗粒的主要组分，是由膨胀性黏土矿物构成的活性黏粒，比表面积大，分散性好，亲水性强，膨胀性大。一般规定变性土的黏粒含量（<2μm）全剖面要求≥300g/kg，但是，表层 0～18cm 的含量可以按规定调整，而新成性变性土亚类的黏粒含量则有不同的规定（Soil Survey Staff，2010）（参见 13 页的脚注）。变性土黏粒含量一般表层稍低，心土层稍高。

2.3.2　诊断性形态特征

形态特征是土壤形成过程的反映，至今仍是认识土壤和分类的主要依据。对变性土的判别和鉴定十分重要，无论是美国土壤系统分类（ST）、中国土壤系统分类（CST），还是世界土壤资源参比基础（WRB）的分类系统，都无例外。地质学界在判别膨胀土时，也特别重视形态特征的观察和描述。因此，在野外选择代表性剖面，应认真观察和描述，尤其要注意形态上"变性特征"，结合速测和室内土壤理化性质分析，以及黏土矿物的鉴定等，进一步对资料加以综合分析判断，按土壤系统分类检索的规定标准加以鉴定，明确其分类归属等。

变性土诊断性形态特征的发生，是与富有膨胀性黏土矿物的黏粒含量、土壤水分状况、膨胀和收缩循环及强度密切相关的。诊断意义的形态特征有：①结构以楔形为主，而全国第二次土壤普查的剖面描述，如是棱块和棱柱状结构，则结合理化性质加以判断应用；②滑擦面；③周期性开闭的裂隙，还有地表自幂层，裂隙填充等。有条件的研究，则配合微形态特征作进一步判断之需。此外，土层厚度、颜色、钙积、铁锰结核、可溶盐含量、碱化度等，也具有诊断意义。

黏粒和黏土矿物含量影响形态学特征的表现程度，不同母质和成因的变性土，大凡黏粒含量高，其中，膨胀性黏土矿物的含量达到要求的一定比例时，则会表现出很明显的变性特征。如东北平原变性土的蒙皂石相对含量可达到70.2%，华北的古红黏土的蒙皂石含量达到30%，都有良好的特征，如地表自幂层，具楔形结构的心土层、显著的滑擦面，以及周期性开闭的裂隙。而在同地区，膨胀性黏粒含量较低的变性土，上述特征的发育则较差，如表面没有自幂层，而是2～3cm厚的结壳层。心土层是大棱块状结构，而且滑擦面较少（Lal，2002）。

1. 裂隙

土壤系统分类制对变性土亚纲的鉴定方面，周期性开闭的裂隙是一个重要的诊断性形态特征。多数年份中，除了受灌溉者外，裂隙在年内开裂和关闭持续时期（天）的规定为标准，是降水量及其季节性分配、土壤蒸发蒸腾量之间的平衡。

裂隙的形成是由于土壤水分干燥过程中，土壤拉伸力超过土壤黏结力引起的。开放的裂隙宽度和深度，与发生裂隙的土层和其下层的土壤水分状况有关。地面裂隙宽一般为0.5～1cm或大于1cm，呈多边形，最典型的为近六角形，其轮廓与其下的棱状结构相适应。深度可达数十厘米。在地表以下裂隙斜向伸展，一般角度与地平面交角在10°～60°。耕地裂隙还有与垄沟平行发展的长条形，或呈分叉型。裂隙还与2∶1型黏土矿物的代换阳离子种类有关，钙饱和黏土的裂缝较宽，钠饱和土壤裂隙较密。

随着图像分析技术的进展，对任何变性土的裂隙都可以做出二维的量度。而单位面积里裂隙的体积，如在田间测定，可将已知体积的砂粒直接填入裂隙（Dasog and Shashidhara，1993）确定之。

2. 土壤结构

变性土表面的土壤结构一般有两种，一种是地表有2～6cm厚度的自幂层，结构呈碎屑状或小核状（小型（<2mm）和中型（2～5mm）），疏松而易落入裂隙之中。它们并非是腐殖质胶结而成，而是地表土壤反复经受膨胀和收缩循环和冻融交替，由土体碎裂而成。有利于整地和减少水分蒸发损失。另一种是地表裂隙为中-强度的多面体的结壳层，坚硬、紧实，无结构或棱块状结构，被认为是土壤退化的象征，或由于膨胀性黏粒含量较少之故。苏丹有些变性土的表层是坚硬紧实层，我国也有这种状况。

表层和犁底层以下的心土层（subsoil）的结构具有诊断意义。心土层上部结构，一般可破裂为小-中型的棱柱状、棱块状、楔形结构，属于"平行"六面体型（parallelepiped）（Blokhuis，1982；McGarry，1996）结构。变性土的典型结构是楔形，多出现在心土层的下端，与棱块状结构易于混淆。另一特点是其长轴与水平面交角在 $10°\sim60°$，与裂隙相符，所谓交叉裂隙间的结构呈轴较短的楔形，否则呈棱块状和棱柱状，似六面体型，上宽下窄。

3. 滑擦面

滑擦面是指土壤结构体、裂隙和新生体表面光滑而有细槽痕。地质学家们首先鉴定出此特征。一般以发育于基性玄武岩黏性残坡积物的变性土最为显著，如我国漳浦变性土以及淮北发育于黏重湖积物的变性土和澳大利亚变性土等。苏丹某些变性土的心土层是棱柱状或扁豆形的楔形结构具有发育良好的滑擦面。其成因与土壤水分增加，其膨胀压使土体相互挤压和产生位移作用有关。

剖面中滑擦面出现的深度变化很大，有人观察到在雨量丰富的地区，出现部位低；气候较干旱，或寒冷地区出现部位高。美国得克萨斯州休斯敦变性土的挤压微地形发达，滑擦面沿其地下半圆形的断面的底部和斜部分布。

由于过去对变性土的结构和滑擦面认识不够，无论国际和国内的剖面观察和记录，对结构和滑擦面未能作出适当的描述。所以，在应用过去的资料时，综合其他方面的数据，参阅邻近学科对膨胀土形态描述和属性的研究是重要的参考。一般认为滑擦面是变性土统一的形态发生的标志，变性土都有滑擦面，但明显程度会因土壤膨胀性黏粒含量而异。

野外观察土壤剖面时，特别要注意心土层具有棱角明显的楔形、棱块结构等和滑擦面。然而，在变性土纲的诊断标准中，则可以任选滑擦面，或楔形结构，这就要在其他方面也有可靠的旁证，如膨胀性的指标、裂隙开闭状况、黏土矿物类型、低有机碳和高代换量等。

4. 微形态特征

用偏光显微镜和扫描电镜观察的土壤薄片，可见到与大形态相应的微形态特征而有助于诊断。微形态表明，变性土的结构、孔隙、根孔、钙结核，以及铁锰结核等的表面，具有纤维状和亮线状的黏粒光性定向排列，是土壤膨胀力的挤压，使黏粒重新排列所致。然而，也发现有的微形态特征反映伴有淋溶黏粒胶膜。

薄片观察到土壤裂隙和裂纹的宽度在 $0.005\sim5mm$，呈交叉、斜向或平行分布，以发育在基性玄武岩上的漳浦变性土最为明显，其土体被裂隙分割为初级结构体，再逐级分割呈二级和准三级结构体，散开呈半棱块状（隋尧冰等，1996）或楔形（高锡荣，1988；仇荣亮，1992）。腐殖质分散侵染以砂姜黑土的黑土层最好，形成腐殖质絮凝基质，并有大量不规则的腐殖质浓聚斑和条带等。

使用扫描或透射电镜可提高分辨率，形象地看到黏土矿物的亚微结构的面貌，进一步揭示了膨胀-收缩现象的机制。Tessier（1984）观察到，土壤微结构（microstructure）有微晶单颗粒体（crystallites），独立单元如石英；黏粒微聚集体（domains）如伊利石，以及网络晶格（或准晶 quasicrystals）如蒙皂石。这些单元的堆叠体中含有大量微孔隙，有颗粒间的孔隙、黏粒微聚集体内部孔隙，和网络晶格内部孔隙（intraparticle porosity）等。以蒙皂石而言，内部孔隙相当于网络晶格内部和层间（interlayer）间隙。在一定的条件下，层间膨胀对膨胀-收缩现象起到一定的作用。亚微结构的研究说明，在大多数田间土壤条件下，微结构和微孔隙性的变化，以及黏土矿物的表面积，主宰着土壤膨胀-收缩潜力。微结构和微孔隙度调节黏土-水系统中水分含量的变化和膨胀潜力。所以，微结构和微孔隙度，以及土壤达到塑性含水量所引起的土壤运动，在宏观和微观的分辨尺度上都能直接观察得到（Coulombe et al.，1996）。

5. 颜色

变性土的颜色变化较大，全剖面会呈黑（暗色）、棕、黄褐、褐和红色等。颜色曾是划分变性土的土类的依据。世界土壤图的图例划分出暗色变性土和艳色变性土（Soil Survey Staff，1975；FAO/UNESCO，1974）。自 1992 年始，美国将暗色变性土列为变性土土类（great group），艳色变性土则处于亚类（subgroup）的地位。

颜色差异主要反映了母质、地貌部位和排水状况。艳色（棕或红）主要来源于不同形态的铁氧化物和氢氧化铁。与颜色有关的一些因素还有地势，在相对高的环境下，淋溶和氧化条件较好；土壤继承的母质含有较多的铁质；富铁蒙皂石在弱酸环境下溶出的铁质；以及母质本身的颗粒表面和结构表面存在铁氧化胶膜等的特征和性质。

6. 厚度

变性土要求的土层厚度的规定，一般是 100cm。如果，遇到剖面下伏石质或准石质接触面等，土层厚度要求 50cm。但是，最小厚度的要求，有的认为可以是 30cm。没有最大厚度的规定。虽然对土层厚度要求有所规定，为了探求某变性土的发生和发育程度，和对其膨胀性能的进一步了解，观察 100cm 以下，如达到 200cm 或更深是很有意义的，宜尽量利用自然剖面或工程上开挖的断面。

2.4　土壤系统分类原则、诊断和鉴定

2.4.1　原则

土壤系统分类与过去广泛借鉴于苏联的地理发生学分类有很大的区别，过去惯用的以形成因素来分类或依土壤地带性规律来推测某土壤的分类归属和地位，主观臆断难以避免。系统分类是基于定量化的土壤属性的异同性，将类似的土壤划归在一起并加以系统分类，把不相似的土壤划归另类。但是，实践土壤系统分类，仍要强调的是对成土因素的分析研究，对成土过程的认识和判断，依旧是重要、不可忽视的基础。由于美国1938 年以马伯特为主建立的美国土壤分类制，深受苏联学派的影响，20 世纪 50 年代，有些美国土壤学家就试图改变地理发生学分类的指导思想、原则和分类系统。1960 年美国土壤系统分类的第七初级版（7th Approximation）问世，土壤分类从长期以来的地理发生学分类的原则和系统，进展到土壤系统分类制，已有 50 多年的推广和实践历史，经不断修改和补充的《美国土壤系统分类检索》（*Keys to Soil Taxonomy*），在 2010

年出版了第十一版。土壤系统分类制的重要的原则（Eswaran et al.，2002）如下。

（1）精确定义某土壤诊断特征和诊断性质，以利于使用者应用和作为依据来定义土壤单元。

（2）多层次的系统分类，即土纲（soil order）、亚纲（suborder）、土类（great group）、亚类（subgroup）、土属（family）和土系（series），随分类层次的下降，含有的土壤信息增加，以易于按目的选择和使用分类系统的任一分类层次。长期应用的土系名称，则一直保留。

（3）已定义的土壤单元，必须是在地球上确实存在的土壤实体。

（4）为了便于土壤学家对某土壤做出初步评估，必须分析其所在地的成土因素，即地质条件、气候、地形、地貌和植被等方面的特点。然后，再根据诊断层或诊断特征的标准，以及诊断性质的标准（以速测和统一规定的方法测定诊断性质），以认识和判断土壤的分类归属和命名。

（5）土壤系统分类要做到模块化（modular），当需要有所变更时，不至于打乱整个系统。

（6）选用的诊断性质，要不易被耕作管理措施所改变。

（7）土壤系统分类最好能将某景观下的一切土壤都加以区分和鉴定，并要提供出适当的分类地位。此外，选用的诊断性质的定量化指标，应是简单而易于应用的。

2.4.2　建立和应用诊断层和诊断特征

诊断层是美国土壤系统分类用以诊断高级土壤分类级次的重要依据，是土壤系统分类制有别于其他分类制的重要内容，已被世界土壤资源参比基础（FAO/WRB）和许多国家采用。诊断层是剖面中具有一定特征和属性的控制层段，用以鉴别某土壤在分类系统中的归属和系统组件（building blocks）。不同土壤类别可能有不同的诊断层和特征。某些诊断层和诊断特征用以定义土纲，如软土具有"软性表层"（mollic epipedon）。在软土土纲内，"湿润水分状况"用以定义亚纲。"黏化层"（argillic horizon）用以定义土类。诊断层和特征的相对重要性因土壤而易，具体应用宜适当选择。某些土纲并未建立诊断层，则用规定的诊断特征，即一系列规定的定量化形态特征和理化性质等，作为鉴定标准。对于变性土土纲的诊断，美国和我国尚未明确建立诊断层，而 FAO/WRB 等则有"变性层（vertic horizon）"具体指标的规定。

1. 变性土纲的诊断标准

1）美国和中国土壤系统分类，依据"变性特征"对变性土土纲诊断

（1）中国土壤系统分类认为变性特征是富含蒙皂石等膨胀性黏土矿物、高胀缩性黏质土壤的开裂、翻转、搅动特征。包括黏粒含量：要求 0～18cm 的黏粒含量的加权平均需≥300g/kg、往下各个亚层均需≥300g/kg。裂隙：大多数年份一年中某时期，在0～50cm 深度范围内，至少有连续厚度为 25cm 土层具有裂隙，宽度≥0.5cm；和滑擦面以及自吞特征（中国科学院南京土壤研究所土壤系统分类课题组和中国土壤系统分类课题研究协作组，2001）。没有谈到对土壤结构类型的要求。

（2）美国土壤系统分类检索显示的变性特征是，在 100cm 厚度的土层中，有厚度 25cm 或大于 25cm 的土层，具有滑擦面或楔形结构，其长轴与水平面交角呈 10°～60°。还有周期性开闭的裂隙，黏粒含量的规定与（1）相同。

2）WRB 对变性土纲的诊断标准

WRB 设有"变性层（vertic horizon）"作为变性土纲的诊断层。变性层的黏粒含量的标准，与美国和中国的相同，还要有滑擦面和具有棱角的平行六面结构体的规定。2006 年世界土壤资源参比基础（WRB）出版物中，仍使用 FAO/UNESCO 诊断鉴定变性土纲的变性层（vertic horizon）。所谓的"变性层"是一厚度≥25cm 的黏性的表下层（又称心土层，subsurface layer）。由于膨胀和收缩作用，该层具有滑擦面和楔形结构团聚体，线膨胀系数（COLE）≥0.06。

所以，中国、美国和联合国粮农/教科文组织（FAO/UNESCO）以及世界土壤资源参比基础（WRB）对变性土纲诊断特征基本相同，但又有所差异，如我国未涉及特征性的结构，而应用自吞特征。美国具体诊断变性土时，要求任选滑擦面或楔形结构。世界土壤资源参比基础（WRB）的"变性层"列出了线膨胀系数的具体规定，值得参考。

2. 变性土纲的诊断性质（或特性、属性）和膨胀性黏土矿物含量

主要有线膨胀系数（coefficient of linear extensibility，COLE）、线胀度（linear extensibility，LE）、阳离子代换量（CEC）、土壤膨胀性黏土矿物，尤其是蒙皂石和伊/蒙混层的相对含量（包括 X 射线衍射法和估计法）等。其他如土壤水分状况和土壤温度状况等。

1）线膨胀系数（COLE）

土壤系统分类制中以线膨胀系数作为判断土壤胀缩潜力的参考指标。线膨胀系数＝土块或土条的湿长度（cm）与干长度（cm）之差/干长度（cm），即 COLE＝$(Lm-Ld)/Ld$，式中 Lm 是土块或土条，在 33kPa 水分张力时的长度（cm），Ld 是指干长度（cm）。在 1975 年的美国土壤系统分类制中，未将其作为变性土纲的诊断依据，仅对过渡的变性亚类，提出定量指标≥0.06cm/cm。Wilding 和 Tessier（1988）在引用他人的资料时，注意到富含蒙皂石等膨胀性黏土矿物的变性土，其线膨胀系数可达到 0.1～0.2 甚至更高。在湿润和潮湿状况下，鉴定变性土一般应用 COLE≥0.09（针管法），在干旱和夏旱水分状况下，则要求较低。统一测定线膨胀系数的方法很重要，因为方法不同影响测得的结果。部分研究表明，用莎纶树脂包膜土块法测得变性土线膨胀系数约为 0.085～0.105（张民等，1992）。同一土样，以针管法（Schafer and Singer，1976）和莎纶树脂包膜土块法的结果比较，前者 COLE 值要高一些（仇荣亮等，1994）。故有研究认为，依莎纶树脂包膜土块法，变性土要求暂以≥0.07 为准，依针管法则以≥0.09 为准。操作 Schafer and Singer（1976）的针管法时，要严格控制土壤水分含量达到田间持水量的规定，必要时需对结果进行修正。

2) 线胀度 (LE)

指一定厚度土壤随水分从湿润到烘干的长度变化。LE＝COLE×100，其值可判断土的膨胀-收缩潜力。美国土壤系统分类划分变性亚类的标准为 LE≥6.0。

3) 阳离子代换量 (CEC)

变性土通常都具有较高的阳离子代换量，我国目前在 $20\sim70$ cmol(＋)/kg 或更高，视黏土矿物类型、含量和黏粒含量而异。其数据可以作为诊断的一个依据，如我国铁道、建筑等部门建立的膨胀土判定的标准，其中重视 CEC 的指标。在设备和经济条件有限时，应用钼兰法速测，也能反映膨胀性黏土矿物的影响。土壤膨胀性黏土矿物与 CEC 之间关系密切，在整理现有资料过程中，发现变性土纲心土层（有机质含量极低）的 CEC 的低限为 20cmol(＋)/kg 左右。土壤有机胶体也影响代换量，但由于含量低，其代换性能可以忽略，高代换量主要是 2∶1 型膨胀性黏土矿物本身的贡献。

4) 土壤膨胀性黏土矿物的测定和相对含量

变性土的心土层中蒙皂石占黏土矿物总量的百分数（％），可作为鉴定变性土的一个重要参考。蒙皂石的相对含量（％）因母质、土壤黏粒含量和其性质，以及气候带而异。按常规处理（Mg-甘油饱和）的 X 射线衍射峰计算，变性土的蒙皂石含量（％）的低限是 30％左右（吴珊眉等，1988）。仇荣亮（1992）研究滇桂古红黏土时，也认同此数据。作者近期在研究河南的古红黏土时，土样实测的蒙皂石含量在 30％，这些土壤具有发育良好的变性特征。

通常使用的 X 射线衍射分析方法的缺陷，是不能测出土壤中的混层膨胀性黏土矿物的衍射峰，也不能提供混层比。我国石油部规定的方法（6YT 6210-1966 等），虽然也有需要改进的地方，但却是当前较好的方法。应用日本 Rigaku 的 D/max-A 或 D/max-2000 系列测得自然片、乙二醇饱和片和 550℃加热片的 X 射线衍射图谱，以电子计算机模型进行分析统计，可以得到土样的三方面的资料，即黏土矿物的组成和相对百分比、混层黏土矿物的种类和混层比（即蒙皂石层在混层矿物中所占的百分比，是一个统计平均值）、结构分析得到混层矿物的有序度（R-Reichweite）（即成分层沿 C 轴堆垛是规则的，或不规则的情况）。有序度具有统计的含义（林西生，1997）。实践证明，正是使用这个方法，才测得松嫩平原变性土和变性亚类具有大量的伊/蒙混层和单蒙皂石。而按 Mg-甘油饱和法处理的常规法，同样的土样，居然没有测出这些膨胀性黏土矿物（吴珊眉等，2011）。

5) 黏土矿物类型的估计

在缺乏直接测定的黏土矿物的资料时，可用下列指标大致估计，这个方法实际也应用了阳离子代换量数据。

一是 CEC/黏粒％的值，用以估计黏粒的活性，而黏粒活性又与黏土矿物组成有紧密联系。蒙皂石、蛭石为高活性黏粒，高岭石和绿泥石为低活性黏粒，伊利石和云母则为中活性黏粒。

CEC/黏粒％值　　　　　　相当于土族一级的黏土矿物类型（Soil Taxonomy）

＞0.7　　　　　　　　　　蒙皂型

0.5～0.7　　　　　　　　蒙皂型，或混合型

0.3～0.5　　　　　　　　混合型

0.2～0.3　　　　　　　　高岭型或混合型

＜0.2　　　　　　　　　　高岭型

其中伊利型处于混合型的下端，蛭石型比值与蒙皂型相似，绿泥石比值在高岭型范围内。

二是（COLE×100）/黏粒的比值，实际上是"线膨胀系数"的另一种表示方式。与上一计算结果的本质是一致的。

（COLE×100）/黏粒的比值　　　　　黏土矿物类型

＞0.15　　　　　　　　　　　　　　蒙皂石

0.05～0.15　　　　　　　　　　　伊利石、绿泥石

＜0.05　　　　　　　　　　　　　　高岭石

笔者认为，变性土的诊断属性比较少，所以，需要增加稳定性较好的项目，以便按实际条件来选择应用，如塑限和液限，以及表面积是简单易行的，但需要定出定量化指标，就可以应用于变性土土纲的鉴定之中。

2.5　变性土不同分类级别的诊断鉴定标准

2.5.1　土纲（soil order）

1. 中国土壤系统分类制对变性土纲的鉴定

按《中国土壤系统分类检索（第三版）》（中国科学院南京土壤研究所土壤系统分类课题组和中国土壤系统分类课题研究协作组，2001），具有以下四个条件。

（1）耕作影响层（耕作层和犁底层）或土表至18cm范围内，土层中黏粒（＜2μm）含量的加权平均值≥300g/kg；耕作影响层下界至50～100cm，或18cm至50～100cm范围内，各亚层黏粒含量均≥300g/kg。

（2）除耕翻和灌溉外，大多数年份一年中某一时期，在土表至50cm范围内，连续厚度至少为25cm的土层中，有宽度≥0.5cm的裂隙；若地面开裂，≥50％的地表裂隙宽度应≥1cm。

（3）在土表至100cm范围内，上界厚度≥25cm的土层中，具密集相交、发亮且有槽痕的滑擦面。

（4）腐殖质表层或耕作层之下至100cm范围内有自吞特征；前者的裂隙壁填充有自A层落下的暗色腐殖质土体或土膜；后者的颜色则因耕作层有机质含量不同而异。

2. 美国变性土土纲的鉴定标准（《土壤系统分类检索》，Soil Suvery Staff，2010）

（1）矿质土壤0～100cm土层的上界和内部有厚度为≥25cm的土层，具有滑擦面，

或具有楔形结构，其长轴与地平面呈 10°～60°交角。

（2）0～18cm（或 Ap 层）和 18～100cm 厚度的土层的黏粒（<2μm）含量要≥300g/kg。如果是遇到某种硬质接触面等，则在 18cm 和 50cm（或更薄一些）之间土层的黏粒含量要≥300g/kg。

（3）周期性开闭的裂隙。

3. 世界土壤资源参比基础对变性土土纲的鉴定标准

（1）在 0～100cm 的土层中具有"变性层（vertic horizon）"。

（2）在表层 20cm 已被混合后，全土层的黏粒含量≥30%。

（3）有周期性开放和关闭的裂隙。

2.5.2　亚纲（suborder）

亚纲的划归是按土壤水分状况，或土壤温度状况。

（1）《中国土壤系统分类检索（第三版）》（中国科学院南京土壤研究所土壤系统分类课题组和中国土壤系统分类课题研究协作组，2001）：按土壤水分状况划分出三个亚纲，即干润变性土、湿润变性土和潮湿变性土（详见该检索）。

（2）美国土壤系统分类制中，亚纲划分的依据是按土壤水分状况划分的，但寒性变性土是按土壤温度状况。变性土有六个亚纲，即干旱变性土（Torrerts）、夏旱变性土（Xererts）、干润变性土（Usterts）、湿润变性土（Uderts）、潮湿变性土（Aquerts）和寒性变性土（Cryerts）。变性土现有的亚纲以及诊断鉴定标准，尚较稳定。在土壤系统分类检索中土壤水分状况的变化，反映在年内裂隙开闭的持续时期。以下是具体划分的要求，比较难于掌握（Soil Survey Staff，2010）。

潮湿变性土：在正常年份，变性土自表层向下 50cm 以内，有 1 或 1 层以上具有水湿状况，土壤氧化还原浓度低，或即使未进行灌溉仍有亚铁反应。

湿润变性土：在矿质土表至 50cm 范围内，厚度 25cm 的土层中有宽度≥5mm 的裂隙，大多数年份的年累计开放<90 天。

干润变性土：除灌溉外，在矿质土表至 50cm 范围内，厚度≥25cm 的土层中有宽度≥5mm 的裂隙，大多数年份，年内中累计开放 90 天或更长时间。此同《中国土壤系统分类检索（第三版）》（中国科学院南京土壤研究所土壤系统分类课题组和中国土壤系统分类课题研究协作组，2001）的标准。

干旱变性土：除灌溉外，大多数正常年份 50cm 深处土壤温度在>8℃期间，土表至 50cm 的土层范围内，有厚度 25cm 的土层具有宽度≥5mm 的裂隙，年累积关闭≤60 天。

夏旱变性土：除灌溉外，夏至（6 月 21 日）后的 3 个月里，土表至 50cm 的土层范围内，有厚度 25cm 的土层裂隙宽度≥5mm，累积开放≥60 天；冬至（12 月 21 日）后的 90 天里裂隙闭合累积≥60 天。

寒变性土：按寒性土壤温度状况划出，具有变性土的诊断特征和性质。

土壤水分状况的确定，需要有土壤水分变化的长期定位观察的数据（建议读者参考有关检索和出版物，可以进一步认识有关土壤水分和温度状况的具体区分和规定）。在缺乏实测资料情况下，参考年干燥度和月干燥度的数据来判断。干燥度一般定义是可能蒸散量与同期降水量之比。可参考 Penman 经验公式或可能蒸散量的动力学模型计算的年干燥度来估计（表 2-5）。

表 2-5　年干燥度估计相当的土壤水分状况（龚子同等，2007）

方法	年干燥度	相当土壤水分状况
Penman 经验公式	<1	湿润
	1～3.5	半干润
	≥3.5	干旱
可能蒸散量的动力学模型	<1	湿润和常湿润
	1～3.5	半干润
	其中 1～2	偏湿润半干润
	和 2～3.5	偏干旱半干润
	≥3.5	干旱
	其中 3.5～11	一般干旱
	≥11	极干的干旱

美国自然资源和水土保持服务（USDA-NRCS）对美国变性土的 6 个亚纲的描述如下。

潮湿变性土：是水湿的变性土。年内相当长的时间里，土壤表面或近表层处于水湿（aquic）状况，但在正常年份的一些时期，也会有足够的干旱而使土壤开裂。

湿润变性土：处于气候湿润地区，裂隙开裂和闭合取决于雨量和年分配情况，但有些年份也许并不开裂。

干润变性土：春、秋季雨量低，在正常年份土壤每年开裂一到二次。

干旱变性土：是干旱气候下的变性土。在多数年份里，这些土壤的裂隙持续张开，在正常年份，至少在雨季的部分期间会闭合。

夏旱变性土：冬季冷而多雨，夏季温而而干旱的地中海型气候的变性土，每年有正常的土壤开裂和闭合。由于这些土壤在漫长无雨的夏季里变得干燥，冬季多雨季节里，严重危及建筑物和道路。

寒性变性土：具有寒性土壤温度状况的变性土，它们是冷的，但周期性膨胀和收缩，具有变性土的诊断特征。

2.5.3　土类（great group）

美国和联合国粮农组织原先以"暗色"和"艳色"作为土类分级标准（暗色的彩度＜1.5，艳色的彩度≥1.5），反映土壤排水状况引起土壤颜色的差异。暗色和艳色的差异也往往反映母质的不同，有的全剖面表现出红、棕、黄褐等。

1992 年以来，美国变性土的土类鉴定，主要依据土壤次要形成过程和与之相应诊断层，反映盐化、碱化、钙积/硬钙积、石膏、二氧化硅等的聚积作用，建有相应诊断层，以及上滞水、底饱水（潜水影响）、高有机质含量和简育等。

2.5.4　亚类（subgroup）

我国变性土亚类的区分，按裂隙特点、表蚀情况、有无钙积以及排水情况等划分（表 2-6）。

表 2-6　我国土壤系统分类中变性土亚纲、土类和亚类前缀一览表（2001）

亚纲	土类前缀	亚类前缀
潮湿变性土	钙积	多裂，砂姜，普通
	简育	多裂，潜育，普通
干润变性土	钙积	强裂，表蚀，普通
	简育	强裂-表蚀，表蚀，普通
湿润变性土	腐殖质	弱钙积，普通
	钙积	斑纹钙积，普通
	简育	石质，普通

美国土壤系统分类制中，变性土土纲以下的分类级别的区分依据和命名，以其土壤系统分类中的亚纲、土类和亚类一览表来表述（表 2-7）。

表 2-7　美国土壤系统分类中主要变性土亚纲、土类、亚类前缀一览表（2003）

亚纲	土类前缀（其中有按诊断层者）	亚类前缀（依水分状况，颜色，质地，符合中心概念等）
潮湿变性土	硫积或含硫酸物质	盐积，含硫，典型
	盐积	干旱，干润，硅磐（硬磐），新成，艳色，典型
	硬磐	干旱，夏旱，干润，硅磐（硬磐），有氧的（Aeric），艳色，典型
	碱积	典型
	钙积	有氧的，典型
	酸性（pH≤4，1∶1 水提取，黄钾铁钒浓聚）	酸性，硫酸盐，潮湿，始成的，含硫，干旱，干润，有氧的，硅磐，新成，艳色，典型
	上滞水	钠质，苏打，干旱，夏旱，干润，通气，硅磐，新成，艳色，典型
	底饱水	钠质，苏打，干旱，夏旱，干润，有氧的，硅盘，新成，艳色，典型
寒性变性土	腐殖质	苏打，典型
	简育	苏打，艳色，典型
干旱变性土	盐积	潮湿，硬磐，新成，艳色，典型
	石膏积	艳色，典型
	钙积	石化钙积，硅磐，新成，艳色，典型
	简育	盐积，苏打，硅磐，新成，艳色，典型
湿润变性土	酸性	石质，盐积，干旱，湿润，潮湿，硅磐，新成，艳色，典型
	简育	石质，潮湿，含氧潮湿，硅磐，新成，艳色，典型

续表

亚纲	土类前缀（其中有按诊断层者）	亚类前缀（依水分状况，颜色，质地，符合中心概念等）
干润变性土	酸性	石质，潮湿，干旱，湿润，硅磐，新成，艳色，典型
	盐积	石质，苏打，潮湿，干旱，硅磐，新成，艳色，典型
	石膏积	石质，钠积，苏打，干旱，湿润，硅磐，新成，艳色，典型
	钙积	石质，钠积，苏打，硬钙层，干旱，湿润，硅磐，新成，艳色，典型
	简育	石质，钠积，苏打，硬钙层，干旱，硅磐-湿润，新成-湿润，艳色-湿润，湿润，新成，艳色，典型

在土壤系统分类检索中，都提供了各分类级次系统的具体检索，是鉴定和分类必备的重要依据。在应用时，还会出现问题，有时需要检索的土壤，难于定位其在分类上的归属，这样就可以参考表 2-7 和表 2-8，再详查有关检索，以便暂时应用，或建议成立新的变性亚类。

2.5.5 土属（family）

土属是亚类以下的分类层次。同一亚类中，按土壤质地、主要黏土矿物类型、土壤温度状况和土壤深度的差异加以区分。其命名可直接提供对植物生长的有关信息，命名原则上是质地＋主要黏土矿物类型＋温度，或再加土壤厚度及亚类名称。例如，细、蒙皂石、中温、普通钙积潮湿变性土。本书的土壤分类和命名中，未包括土属在内。

2.5.6 过渡性变性亚类的鉴定条件

过渡性变性亚类是指某土壤的变性特征和属性，未完全达到变性土的全部标准，而可划归为过渡到另一土纲，成为该土纲的一个亚类，即作为该土纲的变性亚类，又称为变性土性土，或称为变性现象的土壤。在命名上冠以"变性"，如变性简育湿润淋溶土等，要求实际厚度如 100cm 的土层的线胀度（LE）达到 6.0cm，其潜在的膨胀-收缩能力可对工程建设表现出一定危害。中国建立了"变性现象"的详细的条件，以供鉴别之需，希参考《中国土壤系统分类检索（第三版）》（中国科学院南京土壤研究所土壤系统分类课题组和中国土壤系统分类课题研究协作组，2001）一书。美国土壤系统分类制对变性亚类的鉴别标准如下（任选以下两项之一）：

（1）土壤表面至 125cm 范围内，在多数正常年份里，在厚度≥30cm 土层中，一段时期里具有宽≥5mm 的裂隙和滑擦面；或在 125cm 的土层内，≥15cm 厚度具有楔形结构。

（2）土壤表面至 100cm 范围内，或遇到硬质接触面，在较薄土层范围里，线胀度（LE）≥6.0cm。以下是中、美两国具有变性亚类的土纲（表 2-8）。

表 2-8　中国和美国具有变性亚类的土纲

国家	土纲	亚纲	土类	亚类
中国	人为土	水耕人为土	潜育水耕人为土	变性潜育水耕人为土
	人为土	水耕人为土	铁渗水耕人为土	变性铁渗水耕人为土
	人为土	水耕人为土	铁聚水耕人为土	变性铁聚水耕人为土
	人为土	水耕人为土	简育水耕人为土	变性简育水耕人为土
	雏形土	湿润雏形土	铝质湿润雏形土	变性铝质湿润雏形土
美国	淋溶土	干润淋溶土	简育干润淋溶土	变性简育干润淋溶土
	软土	湿润软土	简育湿润软土	变性简育湿润软土
	老成土	湿润老成土	简育湿润老成土	变性简育湿润老成土
	干旱土	黏化干旱土	脆磐黏化干旱土	变性脆磐黏化干旱土

可见，中国和美国的某些变性亚类，在土纲层次上的分布不同。我国大都是人为土纲和雏形土纲出现变性亚类。美国具有变性亚类的土纲，有淋溶土、软土、老成土和干旱土等，某些钠质和低 pH 土壤，也有符合变性亚类诊断标准的。笔者在研究我国的现有资料时，认为不仅人为土纲和雏形土纲，而且淋溶土纲、均腐土纲和发育于基性玄武岩的老成土纲中都有变性亚类存在。建议今后能进一步研究变性亚类的危害性，对那些具有一定变性特征和性质，又具有实际上的危害性者，划归到变性土纲较好，因为划归为变性亚类，在实际应用时，易于混淆并忽略其危害性。

2.5.7　膨胀土的判定

岩土工程地质界对于膨胀土的概念和膨胀机理，与我们对变性土的诠释和理解是一致的。由于要满足工、矿、交通、水利水电、建筑等的建设，保证施工和建设质量和营运的安全以及经济效益，膨胀土勘探的深度，大致在 2～5m 或更深。一般超过大气影响深度，判别鉴定依靠的项目和指标规定，值得我们参考，以增加变性土诊断性质。

判别膨胀土的要素有：宏观特征、土的性质指标以及蒙皂石含量，可采用快速而经济染色法。

1. 宏观特征

要点是质地黏重，湿膨胀，干收缩显著；多斜向和交叉裂隙发育；平行六面结构体，棱角明显；结构表面具有膨胀时土体滑动形成的有擦痕的滑擦面；裂隙中可见灰白色和灰绿色黏土填充，可有浅色条纹或透镜体。土的颜色有黄褐、黄棕、灰褐、棕红、红、灰绿和棕紫等。多分布在 2 级阶地以上和盆地边缘的山麓地区，雨季阶地坡麓常发生浅层滑坡危害，也有分布在低平地的。

2. 土的性质指标

(1) 黏粒（或称胶粒，粒径<2μm）含量≥300g/kg。
(2) 自由膨胀率。自由膨胀率（Fs）是由人工制备的烘干土，在水中增加的体积

与原体积之比，以百分数表示。膨胀土的自由膨胀率低限 $Fs \geqslant 40\%$。按下式计算

$$Fs = \frac{V_w - V_0}{V_0}$$

式中，V_w 为土样在水中膨胀稳定后的体积（mL）；V_0 为土样原有体积（mL）。

（3）界限含水量（atterberg limits）。界限含水量是反映土粒与水相互作用的灵敏指标之一，即液限、塑限、塑性指数和缩限的定量指标。其值与土的颗粒组成、黏土矿物成分、阳离子交换性能、土的分散度和比表面积，以及水溶液的性质等有着十分密切的关系。膨胀土是具有高塑性与高收缩性的黏性土，液限越高，缩限越低，则土的膨胀潜势就越大（刘特洪，1996）。膨胀土的液限 $>50\%$，塑限 >18。

液限（WL）是土样从液态和可塑态分界处的含水量百分数，塑限（Wp）是土样可塑态和半固态分界处的含水量百分数，缩限（Ws）是土样从半固态和固态分界处的含水量百分数，塑性指数（Ip）是液限和塑限含水量之差。由于土样的不同状态变化是渐变的，在实验中，将给定的方法所得到的含水量称作界限含水量（王保田，2005）。

（4）膨胀潜势（膨胀势）：在室内按 AASHO 标准压密实验，把一受侧限的土样，在最佳含水量时压密到最大容重后，在一定附加荷载下浸水后膨胀的百分率（％）。

间接的方法是应用 Seed 和 Wood 等建立的塑性指数与膨胀潜势之间的简化关系，求得膨胀潜势（陈孚华，1975）。要注意，高膨胀土有高塑性指数是正确的，而低膨胀土就不一定是低塑性指数见表 2-9。

计算的方程式如下

$$S = 60K(Ip)^{2.44}$$

式中，S 为膨胀潜势；K 为常数，取用 3.6×10^{-3}；Ip 为塑性指数。

表 2-9　塑性指数（Ip）和膨胀潜势（S）的关系（陈孚华，1975）

塑性指数	膨胀潜势
0～15	低
10～35	中
20～55	高
≥35	很高

（5）塑性图：由供试土样的塑性指数为纵坐标，$<2\mu m$ 黏粒含量为横坐标构成（图 2-5）。按我国的国家标准（土的分类标准）塑性图（GBJ 14590）和按国际上塑性图来判别膨胀势的等级相比，后者的结果较高于我国通用的标准（张永双等，2002）。

（6）初始含水量：膨胀土的膨胀势与其含水量大小及其变化有关。初始含水量越小，一旦水分增加，膨胀性特别大。含水量如能够保持不变，则土的体积不会因膨胀-收缩而变化。但含水量增加则会产生垂直和水平方向的膨胀，故控制含水量是膨胀土施工中的要点。

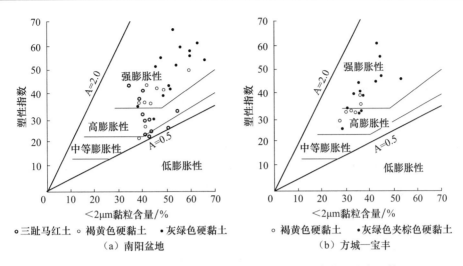

图 2-5　按国际上的塑性图判断南阳盆地不同膨胀土的膨胀势（张永双等，2002）

（7）干容重：反映单位体积的土体的重量。

（8）比表面积：可以大致反映膨胀土中蒙脱石近似含量。

（9）阳离子交换量（CEC）是判别土体膨胀性的参数之一。采用 EDTA 铵盐速测法，膨胀土的 CEC 要达到 $\geqslant$ 17cmol（+）/kg。

3. 蒙脱石临界含量

曲永新（2000）提出蒙脱石临界含量的概念和指标，以其在天然土中蒙脱石的总含量百分比表示。蒙脱石低于临界含量者，对膨胀不起控制作用，而大于此临界含量时，随蒙脱石含量的增加，其膨胀势显著增大。据研究，采用二氯化锡滴定法-染色法测得的有效蒙脱石含量临界值为 8%～10%（燕守勋等，2004）。有资料说明，工程上，土的蒙脱石含量达到 5% 时，即可能对胀缩性和抗剪强度产生明显的影响。

4. 膨胀潜势等级

综合宏观形态、土的自由膨胀率、蒙脱石含量和阳离子代换量数据，参照我国有关部门的技术规范，可判定该膨胀土的膨胀等级（表 2-10）。

表 2-10　膨胀土的膨胀潜势分类表

| 膨胀潜势 | 指标范围（铁路工程地质膨胀土勘测规范） | | | （建筑技术规范） |
	自由膨胀率 F_s /%	蒙脱石 M /%	代换量 CEC /(cmol（+）/kg)	自由膨胀率 F_s /%
弱	40$\leqslant$$F_s$<60	7$\leqslant$M<17	17$\leqslant$CEC<26	40$\leqslant$$F_s$<65
中	60$\leqslant$$F_s$<90	17$\leqslant$M<27	26$\leqslant$CEC<36	65$\leqslant$$F_s$<90
强	$F_s$$\geqslant$90	M$\geqslant$27	CEC$\geqslant$36	$F_s$$\geqslant$90

以上介绍了工程地质学界对判定膨胀土与变性性质的关系比较密切的测试项目，其中，有许多共性的问题，选择简单实用的项目，可作为诊断和鉴定变性土的重要补充。

2.6 本 章 小 结

（1）我国变性土的形成和分布规律，受成土因素中的母质、干湿交替的气候和盆地环境影响较为显著。不同地质时期的火山活动、基性玄武岩和超基性岩石和矿物的风化蚀变作用，是母质和变性土中的膨胀性黏土矿物的原始来源。我国能形成变性土的母质，主要有基性火山岩风化的黏性残、坡积物、中生代（J，K）的砂泥质岩、古近系泥岩风化物和湖积物（E）、古近系（E）及新近系（N）红黏性土、灰绿色黏性土、第四系更新统（Qp^1、Qp^2 和 Qp^3）和全新统的洪积物、湖积物等。古盆地和盆地是这些母质形成的环境。变性土不但形成于盆地中的低地，因新构造运动抬升作用出现在较高位河、湖阶地和盆地边缘的低丘也有其踪迹。石灰岩风化物常伴随变性土的形成。变性土亚纲的分布，取决于气候条件和地方性地势和有关的土壤水热状况。

（2）以我国变性土的地理分布规律研究为基础，编制了中国变性土和变性亚类地理分布示意图。与过去变性土分布的图件比较，其分布扩展至东北平原、黄土高原、淮南丘岗、汉水流域陕南和湖北境内盆地和丘岗、湘赣丘岗盆地、四川西南山地区盆地和云贵高原，内蒙古高原和新疆维吾尔自治区等地区，此与变性土诊断鉴定标准的发展，以及 20 世纪 90 年代中期以来的许多新发现和研究报道有关。

（3）对我国变性土亚纲的建立作了新探索，在实地考察和参考现有成果的基础上，分析研究了东北松嫩平原高纬度典型地区、新疆干旱和夏旱地区的成土条件，土壤的变性特征和属性等，认为我国潜在的变性土亚纲，还包括寒性变性土，干旱变性土和夏旱变性土，供读者进一步实地调查研究的参考、补充和更正。对于干旱变性土和夏旱变性土的鉴定和命名，建议应用美国土壤系统分类检索中的关于新成变性土亚类的标准等。

（4）对于变性土纲的诊断特征和诊断性质，中、美和世界机构的诊断特征的共同处和不同处作了初步比较和建议；对中、美变性土亚纲和亚类的异同也列表比较。对岩土工程地质学科对膨胀土的判定要素、项目和指标作了介绍，以作为借鉴之需。

第3章 东北平原变性土和变性亚类

松嫩平原和三江平原是东北平原的主体。松嫩平原西起大兴安岭东麓，北边为小兴安岭，南有松辽分水岭。境内大兴安岭和小兴安岭具有不同地质年代的火山喷发活动，规模大，影响范围广。三江平原位于黑龙江省东部，由松花江、黑龙江与乌苏里江沉积物构成，有完达山等低山丘陵分布，面积约 4.5 万 km²，60％以上为低平原，排水出路不良，适种水稻，农垦已深刻改变其原面貌。本区土壤自然肥力良好，是我国主要的商品粮农业区。潜在问题之一是随着某些黑土的退化，变性土化特征渐趋明显而散布于均腐土分布地区（图 3-1）。曾对零星分布的变性土壤有所研究和报道（黄瑞采和吴珊眉，1987；Yang and Jia，1992；Wu et al.，2006；吴珊眉等，2011）。工程地质学界曾报道膨胀土对黑北公路和北安发电厂的危害。本章未涉及辽河平原。

图 3-1 松嫩平原变性土和变性亚类的分布示意图（吴珊眉和陈铭达编制，2012）

3.1 成 土 条 件

3.1.1 气候

气候是土壤主要形成因素之一。特别是气温和降水量以及其季节分配影响土壤形成过程，物质的转化、迁移、聚集和土壤剖面形态特征等。本区除北部呼玛、漠河一带属于寒温带外，松嫩平原东部为中温带湿润季风气候，向西过渡至半干润季风气候，特点是夏季温暖、湿润,冬季严寒、干燥,具有明显的干湿季节交替。

年平均气温在−5～4℃,从东南向西北递减。≥10℃积温也由南向北递减,南部积温达2400～2800℃,北部为2100～2500℃。大致在北纬46.5°以北,明水—铁力一线以北至寒温带南限,生长期为100～105天,一季大豆,春麦为主,土壤属寒性温度状况。该线以南为冷性土壤温度状况,种植玉米、大豆和高粱等。

多年平均降水量值为370～670mm,降水量由东向西逐渐减少。西部不足500mm,东部在500～670mm,中部长春年降水量592mm,三江平原550～600mm。4～5月是旱季。雨季东部在5～9月,西部在6～8月,降水量约占全年的65%～70%。中部降水集中在6～8月,约占全年的60%～68%。年降水基本可满足一年一熟作物生长的需要。

潜在蒸发蒸腾量是指在水分充分供应下的农田土壤水分蒸发和作物蒸腾之和。春季风大、干旱,蒸发量大而出现严重程度不同的春旱,最大值出现在松嫩平原的西部。中部地区的小兴安岭及通河、尚志、延寿一带,而位于三江平原的虎林、饶河、绥芬河地区较小。松嫩平原东部和北部的干燥度一般<1,哈尔滨、绥化、海伦、讷河一线的西南,干燥度为1～1.2;齐齐哈尔和泰来以西,干燥度>1.2;长春一带干燥度为1左右。

土壤冻结期一般为4～6个月。冻层厚度东南不足1m,松嫩平原为1.5～2.0m。地表开始冻结日期,松嫩平原和三江平原在11月上旬,长白山地和本区南部平原在11月中、下旬。冻层融化日期一般始于3月中、下旬,自南向北逐渐消融。土壤冻结期间无淋溶作用,春融时有临时上层滞水,可以缓解春旱的威胁,但在坡地也可能引起土体的滑溜。本区主要气候要素见表3-1。

表3-1　主要气候要素和土壤水热状况

项目	北安	依安	肇东	安达	肇源	长春
地理位置	47.53°N, 126.16°E	47.45°N, 125.13°E	46.70°N, 125.98°E	46.42°N, 125.33°E	45.53°N, 125.07°E	43.55°N, 125.18°E
年均温/℃	1.0	1.4	3.9	3.8	5.1	4.6
年均降水量/mm	522.6	472.2	466.7	383.6	380.0	592.0
土壤水分状况	湿润	干润	湿润/干润	干润	干润	湿润
土壤温度状况	寒性	寒性	冷性	冷性	冷性	冷性

3.1.2　构造运动和地层

本区中生代燕山期以断裂运动为主,山地隆起,伴有岩浆活动,同时,平原沉降运动堆积了深厚的陆相侏罗系(J)和白垩系(K)地层,在大兴安岭和盆地边缘都有出露,影响变性土的发生分布。新生代第三纪中期开始,地壳运动以挠曲和断裂为主。大兴安岭挠曲上升,东南部隆起形成长白山地,成为第二松花江水系和牡丹江等发源地。松嫩平原和三江平原沿断裂继续下沉形成广阔的凹陷地带,接受高处侵蚀搬运的泥沙和黏粒,形成深厚的河湖相堆积层。其中,古近系(E)的未固结红色地层出露在盆地边缘；新近系（N）河湖相沉积，在平原西部厚 200 余米，在东北部黑河市广泛出露，在三江平原厚度为 200～1000m。

第四纪新构造运动的基本形式是升降运动。早更新世中期，小兴安岭沿北西西向升起，成为黑龙江与松花江的分水岭。东南部山地和大兴安岭继续间歇性上升，普遍存在 3 级阶地。早更新世（Qp^1）末或中更新世（Qp^2）初，松辽分水岭隆起，而松嫩和三江平原是沉降地区，河湖沉积物厚达 20～140m，最大厚度达 200m 以上，在平原边缘约 50m。

不同地质时期火山活动期间，弥漫的火山灰沉降以及基性玄武岩和辉绿岩、辉长岩等的风化物，随水流搬运和沉积，提供形成蒙皂石的物源。东北的火山活动期，有新生代古近纪的始新世、渐新世，和新近纪的中新世和上新世；以及第四纪的早更新世、中更新世、晚更新世和全新世四期（陈宏洲等，2007）。黑龙江省分布在小兴安岭北部库尔滨、沾河，依兰—伊通、同江—富锦—双鸭山—林口，以及敦化—密山等断裂带，直到全新世还有多期火山喷发。玄武岩和火山锥的展布与断裂方向一致。长白山火山群从新近纪末到第四纪的更新世和全新世都有喷发，玄武岩流广泛分布于张广才岭以东、白头山周边，在广大范围内熔岩台地的玄武岩厚约 500～600m，不仅覆盖了长白高原，而且充填了牡丹江、穆棱河谷地。此外，松辽分水岭两侧有双辽和公主岭火山群等火山口残留，这些火山活动对土壤发生的影响是不可忽视的。

3.1.3　地形和地貌

松嫩平原是在中新生代拗陷盆地的基础上发育起来的河湖积平原，地势的特征是东、北、西三面为海拔 500～1200m 的山脉环绕，沿江除河漫滩外，山麓和嫩江之间大致有 3 级阶地，在内外营力作用下演变成漫岗，总体由东北向西南方向倾斜。三江平原是河湖积低平原，海拔一般为 50～60m，最低仅 34m，许多地区比降仅 1/10 000，内外排水不畅。

1. 松嫩高平原

发源于小兴安岭的河流，如乌裕尔河等，流向东至西南。阶地河-湖相和洪积相一般厚度为 30～50m，上部为黄土状亚黏土。潜水埋深在枯水期（3～5 月）一般为 5～10m 以上，矿化度在 0.2～0.7g/L，水化学类型大部分地区为重碳酸钙型水。阶地是黑土（均腐土）地区，间有变性现象和少数变性土分布。大兴安岭南麓的破碎阶地区以黑钙土为主。高平原已辟为耕地。但面蚀普遍存在，沟谷侵蚀在发展之中，土壤处于退化过程中。

2. 松嫩低平原

在松嫩平原西部，呈微波状，微地貌极为发育。乌裕尔河尖灭处形成常年或季节性积水的闭流凹地。低平原过去的潜水埋深，在枯水期一般为 2.5～6.0m，丰水期为 1～4m 或更浅。潜水矿化度由北向南逐渐增高，一般在 1.0～5.0g/L，水化学类型多为碳酸氢钠型水，个别低洼地分布少量氯化钠型水，散布苏打碱土和碱化草甸土，间有变性土。

3. 松嫩河谷平原

地形低平，为近代河流沉积物，沉积层次较明显，如乌裕尔河河漫滩上部有较稳定的（2～8m）亚黏土层，沼泽土较多。

4. 松辽分水岭

位于松嫩平原南端，海拔 200～300m，仅仅高出松嫩平原数十米，大致沿长春、公主岭至长岭、通榆排布，东西长约 200km，南北宽约 150km，有火山口散布。

5. 三江平原

以河湖积低平原为主，多沼泽湿地，内排水不良，外排水受阻。20 世纪 50 年代初期就大面积开垦。境内有西南—东北走向的完达山，长 400km，最高海拔 831m，是乌苏里江支流挠力河和穆棱河的分水岭。河流两岸河漫滩以上有 3 级阶地，1、2 级阶地分别高出河床平水位 5～15m 和 15～25m，而 3 级阶地局部分布在残丘周围。

3.1.4　成土母质

1. 中、基性岩残积物

中、基性岩残积物主要包括玄武岩、辉绿岩、辉长岩等岩石的风化物，大多是新生代火山活动的产物，分布在小兴安岭北部库尔滨，沾河一带的中位玄武岩台地，和大兴安岭中部伊勒呼里山以东地区，以及东南部老爷岭高位玄武岩台地等。岩石 pH 近中性，盐基饱和度在 80% 以上。三江平原有中-基性火成岩分布。

2. 泥页岩残积物

泥页岩残积物由灰色、灰绿色、灰黑色、紫色、砖红色的泥岩和泥质粉砂岩、页岩组成，其中侏罗系（J）的泥页岩构成大兴安岭的主要岩体，白垩系（K）泥质岩在小新安岭山麓及一些山间盆地边缘出露。常见的主要黏土矿物为蒙皂石、水云母、蒙皂石/伊利石混层矿物和高岭石等，岩体软弱易于风化为膨胀性黏性土。

3. 新近系（N）红黏土

新近系红黏土是未固结的古湖积物，为猪肝色和砖红色黏土，下夹砂砾石层。分布在黑河市地区，厚约 5m。大兴安岭东麓白土山台地向北至黑龙江边的丘陵斜坡上，以及三江平原密山、宝清、饶河、852 农场的台地等，上覆第四系地层或完全出露，以伊/蒙混层黏土矿物为主。黏粒含量高，并含较多的伊/蒙混合膨胀性黏土矿物，故而渗水性差，侵蚀严重。

4. 第四系黏性沉积物

应用遥感、古生物、断代等科学手段，方洪宾等（2009）断定，黑龙江中更新统

（Qp^2）原称上荒山组和下荒山组和吉林省和辽宁省原称中更新统冲-洪积物等，是同一地质时期的沉积物，分布稳定，含铁锰结核，都形成黑土，反映了沉积物质的同源性。而黏土颗粒具有均匀悬浮的特点，表明蒙皂石等膨胀性黏土矿物的作用。故而，统划为中更新统冲-湖积物单元，首次实现了松辽平原区大区域的统一。总体物质来源是沉积在统一的湖泊环境，接受冲积作用改造的黏性土质，有水平韵律痕迹，但主体反映了湖相沉积环境的特征。它们广泛出露于松嫩高平原区，范围北起嫩江县，南至昌图，东到伊舒地堑、安庆县、北安市一线，西达油河、依龙、八面城一线。此一判断为解说母质和土壤富含膨胀性黏粒提供了依据。因为，蒙皂石的形成与处于湖积的条件下的火山灰等基性物源的蚀变作用密切有关。

松嫩平原第四纪中更新统沉积物（Qp^2）主要是均腐土的成土母质，厚 5~20m，为黄褐色或棕黄色。晚更新统地层（Qp^3）厚 4~10m，分布于松嫩平原中部，色较浅，灰黄色为主，较疏松，含较多铁锰结核，有泡沫反应，其上多发育钙积均腐土。全新统沉积物（Qh）和现代沉积物分布在松嫩低平原、三江低地以及河漫滩地段。

三江平原堆积有厚度在 1000m 以上的新近系（N）和第四系（Qp^2）黏土层，后者厚 3~17m；穆棱-兴凯湖平原地表有 1~4m 厚的黏性冲-湖沉积物。在高阶地上散布黑土。在低地形成草甸土和沼泽土，尚有小面积的盐碱化土壤，母质为全新统（Qh）河湖沉积物和现代沉积物。

3.1.5 植被和人为活动

本区阶地上的土地已大部垦殖为农地，但在松嫩平原东北部，从北安到哈尔滨一带漫岗上，尚有森林与草甸草原之间的过渡性植被，如兔毛蒿（*Tanacetum sibiricum*）和大针茅（*Stipa laicalensis*）等植物，覆盖度已下降。

本区经历了 100~200 年的垦殖历史，大量砍伐林木，开垦草原，从游牧生活过渡为定居的农业生产。由于经营的方式欠佳，近 100~200 年来植被的变化，几乎跨越了我国中原地区 3000 年的演替过程。其次是环境的不稳定性和农业生产技术的变化。随着人口迅速的增长，尤其是 20 世纪 50 年代以后，林地和草地生态系统，大面积成为农田，改变了原有生态系统的平衡，而农田生态系统的稳定性就较低了。如在不利的土壤水分条件下，发展大型机械耕作，使土壤结构恶化，土壤压板，裂隙发育。加之，长期顺坡耕犁作垄，在某些地区土壤面蚀和沟蚀，导致的土壤肥力退化，已有许多报道，早已引起了社会的重视。

早在 20 世纪 60 年代，为解决引嫩工程的排水出路，兴建了安肇新河和肇兰新河两条排水骨干河道。1974 年以来，为石油工业用水和发展灌溉，相继在嫩江主流的讷河附近和富裕截拉镇，及杜尔伯特蒙古自治区的拉哈山等三处无坝引水和引洪，建设了北部引嫩工程。1994 年修建中部引嫩工程和 1977 年南部引洪蓄水工程等。总面积约 5 万 km^2，覆盖了 $45°5'~48°2'$W、$124°5'~125°5'$E 的广大地区，基本上是引、蓄、灌、排等网络体系，打破了原自然条件下的闭流状态，为区内农牧业、石油开采和化工企业的生产，以及生活用水，防治地方大骨节病等方面发挥了巨大的作用。然而，大量的引水和蓄水，从根本上改变了地区的水分平衡，旱季的潜水埋深过去约为 5m，现今大致为 3m，滞水问题突出；

而春旱季，由于土壤湿度过高，上层土壤的蒸发量增加，土壤次生盐渍化面积在中南部地区有所扩大，引起草甸草原牧地的退化；而工业污染导致水、土环境的污染等问题。

本区各级水利工程灌排渠系、水库、土坝等均是就地取土建筑，而工程承载基础的土地，多具有变性特性，黏重，含有 2∶1 型的胀缩性较高的黏土矿物，湿时膨胀、闭塞，渗透性能差，干时收缩开裂，漏水严重，导致渠道、水库的堤坝等，难以达到既紧实又稳固的优质工程质量标准。因此需对承载的土地和土壤加以选择和整治（田壮飞等，2000）。

3.2　土　　壤

3.2.1　寒性变性土和变性亚类

1. 概况

寒性变性土发生在 46°30′～47°N 以北，永冻地区以南的地段。笔者在松嫩平原北部乌裕尔河的阶地（相当嫩江二、三级阶地）的北安市区，深入现场调查研究，综合当地环境条件、剖面形态特征、理化性质以及前人的研究，在寒均腐土（黑土）地区，首次鉴定了散布的寒性变性土和变性寒性湿润均腐土亚类（Wu et al.，2006；吴珊眉等，2011）。该区气候寒冷，按我国气象部门对地下 40cm 处的长期的土温观察资料，属于寒性土壤温度状况。地面坡度 2°～3°。研究地区地基不稳定，面蚀普遍，下伏红黏土的阶地边缘蚀沟发育（图 3-3）。以下是典型剖面的形态特征。

2. 典型剖面和形态特征

1）典型剖面

(1) 剖面 1（图 3-4）：位于北安市偏南 0.5km，乌裕尔河北的阶地，相当于嫩江二、三级阶地。海拔 280～290m，母质是中更新统（Qp²）冲-湖积物。地边荒草生长、无人干预地段，可见挤压微地形（gilgai）。地缘侵蚀沟壁内缘裂隙宽度大于 5cm。附近的发电厂为稳定膨胀土的地基而进行了特殊的处理。民房围墙群体开裂（图 3-2）。

(2) 剖面 2（图 3-5）：位于北安市以东 7km 左右，乌裕尔河北阶地漫坡，弃荒地，面蚀和沟蚀。母质为冲-湖积物（Qp²），下伏白垩系半风化泥页岩。附近老仓库山墙和后墙均有裂隙。自然断面显示泥页岩碎片有位移上升现象，主要是由于土体膨胀应力和冻结共同导致的挤移所致。

(3) 剖面 3：耕地，位于北安市北 4km 左右，海拔 300m 以上，侵蚀明显。母质是冲-湖积物（Qp²），剖面土层厚度 50cm，下伏半风化白垩系泥页岩。

(4) 剖面 4：采自北安以东 18km，海拔 340m，地形部位较高，稍缓的漫岗，开垦历史 80 年。二元母质，上部是冲-湖积物，质地较轻，中下部是新近系红黏土层，黏重紧实，侵蚀严重。

(5) 剖面 5：位于依安县向前村南，乌裕河南岸一级阶地缓坡中下部，海拔约 190m，未见侵蚀现象。母质黏性冲-湖积物。种植玉米、杂豆、小麦等。干燥的自然剖面有斜向裂隙，深达 50cm 左右，乔木根沿裂隙下伸，但在土层没有裂隙的部位则水平伸展。

图 3-2　民房矮墙群体开裂　　　　　　　图 3-3　红黏土的侵蚀状况

（吴珊眉摄于北安市郊，2008）　　　　（邵东彦摄于北安，2008）

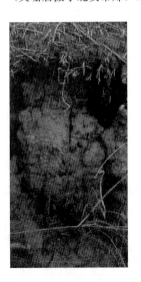

图 3-4　寒性变性土，暗色　　　　　　　图 3-5　寒性变性土，艳色

（吴珊眉摄，2008）　　　　　　　　　（吴珊眉摄，2008）

2）典型剖面形态特征（表 3-2）

表 3-2　土壤剖面形态特征

剖面号/地点	发生层次	深度/cm	质地	*颜色（润）	结构	其他特征
1/北安城郊	Ap	0～12	粉砂黏土	黑 5Y 2/1	粒状	裂隙宽 0.5～1cm
	A1	12～25	黏壤	黑 5Y 2/1	片状	—
	（B）ss	25～42	粉砂黏土	棕 7.5YR 4/1	棱柱/棱块	裂隙宽 1cm
	（B）Css	42～70	粉砂黏土	棕 7.5YR 4/1	棱块/楔形	裂隙，滑擦面
	C	70～100	黏性黄土状母质	—	—	—

剖面号/ 地点	发生层次	深度 /cm	质地	*颜色（润）	结构	其他特征
2/北安 胜利	A	0～10	粉砂黏土	暗棕 7.5YR 3/4	团粒	裂隙宽 1cm
	A1	10～17	黏壤	暗棕 7.5YR 4/3	片状	裂隙宽 1cm
	Ass1	17～52	粉砂黏土	棕 7.5YR 4/3	棱块/楔形	裂隙
	ACss2	52～70	粉砂黏土	暗红棕 5YR 2/4	棱块/楔形	裂隙，滑擦面
	C	>70	半风化泥页岩	—	—	—
3/北安 东利	Ap	0～10	黏壤	暗棕 7.5YR 3/4	粒状	裂隙宽 1cm
	A1	10～25	黏壤	暗棕 7.5YR 3/4	片状	裂隙宽 1cm
	ACss	25～50	粉砂黏土	棕 7.5YR 4/4	棱柱/棱块/楔形	裂隙，滑擦面
	C	>50	半风化泥页岩	—	—	—
4/北安 东胜	Ap	0～12	黏壤	黑 5Y 2/1	团粒-小核状	裂隙
	A1	12～25	黏壤	暗棕 7.5YR 3/4	团块	裂隙、紧实
	Ac	25～70	黏土	暗棕红 2.5YR 3/6	棱块	结构表面暗胶膜， 内部呈红色
	C	>70	黏土	暗红 10R 3/4	核块	灰白条纹
5/*依安 向前	Ap	0～21	黏壤	暗棕 10YR 3/1	粒-团块	灌溉旱地 裂隙>1cm
	A1	21～51	黏壤	暗棕 10YR 3/2	粒-团块	裂隙宽 1cm，胶膜
	AC	51～136	黏土	灰黄棕 10YR 5/2	棱块	胶膜
	C	136～200	黏土	浊黄橙 10YR 4/3	—	中泡沫反应

* 黑龙江土壤普查办公室，1990。说明：Ap 耕作层；A1 犁底层；ACss，(B)ss 变性特征层；Ah 腐殖质层 AhC，AC 过渡层，C 母质影响层。土壤颜色判断见门赛尔土色卡（华中农学院）

由表 3-2 可见剖面的形态诊断特征是：①剖面 1、剖面 2、剖面 3：腐殖质层厚度只有 10～25cm，心土层接近或几乎出露地表。裂隙宽度为 0.5～1cm 或更宽，深达心土层；棱块状-楔形或棱柱，见滑擦面，符合变性土形态诊断特征。②剖面 4 腐殖质层为 25cm，下为新近系红黏土层。③剖面 5 腐殖质层厚达 51cm，裂隙、心土层棱块状。这两个剖面的结构表面有腐殖质、黏粒淀积胶膜以及应力胶膜。

3）土壤黏粒含量（表 3-3）

表 3-3　供试土壤小于 2μm 的黏粒含量（北安、依安）

剖面 1/北安		剖面 2/北安		剖面 3/北安		剖面 4/北安		剖面 5/依安	
深度 /cm	黏粒含量 /(g/kg)	深度 /cm	黏粒含量 /(g/kg)	深度 /cm	黏粒含量 /(g/kg)	深度 /cm	黏粒含量 /(g/kg)	深度 /cm	黏粒含量 /(g/kg)
0～12	413	0～10	436	0～10	407	0～12	287	0～21	—
12～25	359	10～17	422	10～25	432	12～25	362	21～51	376
25～42	483	17～52	435	25～50	486	25～70	667	51～136	418
42～70	476	52～70	446	>50	—	>70	608	136～200	575

由表 3-3 可知，剖面 1、2 和 3 的黏粒含量在 330～480g/kg，黏粒比<1.0。但剖面 4 的黏粒含量表层为 287.9g/kg，其下为新近系红黏土层，黏粒含量为 667g/kg；剖面 5

（依安）地处北安下游，表层黏粒含量变化较大，但心土层达 418～575g/kg。从黏粒含量看，除剖面 4 的表层外，全剖面的黏粒含量都≥300g/kg。

3. 土壤化学性质（表 3-4）

表 3-4　土壤化学性质（南京市土肥站马宏卫负责化验，2009）

剖面号/地点	采样深度/cm	pH	有机碳/(g/kg)	腐殖质/(g/kg)	代换盐基总量/(cmol(+)/kg)	代换 Ca^{2+}/(cmol(+)/kg)	代换 Mg^{2+}/(cmol(+)/kg)	代换 K^+/(cmol(+)/kg)	代换 Na^+/(cmol(+)/kg)
2/北安胜利	0～10	6.58	38.72	6.15	37.16	27.67	7.75	1.44	0.31
	10～17	6.38	21.10	4.05	34.55	24.64	8.61	0.95	0.35
	52～70	6.86	9.60	—	36.50	28.94	6.53	0.72	0.31
4/北安东胜	0～12	6.62	30.16	6	32.59	24.93	6.63	0.68	0.38
	12～25	6.10	14.32	4.2	24.41	18.16	5.37	0.46	0.42
	25～70	5.95	9.40	—	25.74	19.17	5.51	0.58	0.49
5/依安向前	0～21	6.97	21.42	4.05	37.55	29.28	7.02	0.98	0.29
	21～51	6.62	10.38	—	34.34	26.72	6.63	0.62	0.38
哈尔滨	20～40	7.21	5.19	1.35	24.25	17.27	6.04	0.42	0.53

表 3-4 表明，土壤 pH 为 6.5 左右，但剖面 4（东胜）红黏土层 pH 为 6.10，土壤表层有机碳含量北安大于依安。有机碳比腐殖质碳大 3～6 倍。哈尔滨土样的 pH 为 7.21，有机碳最低。

心土层代换量具有诊断意义。一般在 34～36cmol（+）/kg。剖面 4（东胜）为 25.74cmol（+）/kg，是新近系红黏土的影响。而哈尔滨均腐土为 24.25cmol（+）/kg。代换性盐基以 Ca^{2+} 占优势，Mg^{2+} 次之，K^+ 占第三位，Na^+ 最少，说明主要以 Ca-蒙皂石为主。表层土壤代换性盐基总量的变化受土壤有机碳含量和活性黏粒含量的影响，而心土层有机碳含量低，其代换量主要是蒙皂石和伊/蒙混层黏土矿物的贡献。

4. 土壤线膨胀系数（COLE）

COLE 值用于鉴定变性土的膨胀潜势，变性土的 COLE 值一般≥0.09cm/cm。这一数值仍可进一步商磋。供试土壤的线膨胀系数，见表 3-5。

表 3-5　供试土壤的线膨胀系数

剖面 2 北安胜利		剖面 4 北安东胜		剖面 5 依安向前		哈尔滨	
深度/cm	COLE/(cm/cm)	深度/cm	COLE/(cm/cm)	深度/cm	COLE/(cm/cm)	深度/cm	COLE/(cm/cm)
0～10	0.19	0～12	0.082	0～21	0.094	20～40	0.063
10～17	0.11	12～25	0.094	21～51	0.082	80～100	0.060
52～70	0.12	25～70	0.150	51～80	0.110	200～250	0.051
半风化泥页岩	—	＞70	0.120	80～100	0.100	350～400	0.041

注：付建和、白乌云娜和苑亚茹测定

由表 3-5 可知，土壤剖面的 COLE 值有随着深度增加的趋势。心土层剖面 2（北安）的 COLE 值在 0.11～0.12cm/cm，全剖面平均 0.14cm/cm，高于山东省变性土的

COLE 的平均值 0.13cm/cm（高锡荣和吴珊眉等，1989）。剖面 4 的红黏土层（25～70cm）黏粒含量特别高，COLE 达到 0.15cm/cm，相比之下依安剖面稍低，哈尔滨剖面最低。国际上已发表的变性土的 COLE 值在 0.07～0.20cm/cm（Coulombe et al.，1996）。COLE 值大小主要取决于膨胀性黏土矿物和黏粒含量。供试土壤的 COLE 值这么高，证明其含有较丰富的蒙皂石和/或伊/蒙混层黏粒。

5. 黏土矿物含量的半定量研究

为进一步弄清引起供试土壤膨胀性的根源，对其<2μm 黏粒进行了 X 射线衍射分析。本研究应用的测定法标准是 SY/T 5163—1995（林西生，1997），由北京北达燕园微构分析测试中心具体测定，获得供试土样代表性层次的黏土矿物组成和蒙皂石的相对含量，为松嫩平原北部寒性变性土的判断提供了基础性的科学依据。详见 X 射线衍射图谱 3-1（剖面 1）、图谱 3-2（剖面 2）和图谱 3-3（剖面 3）。

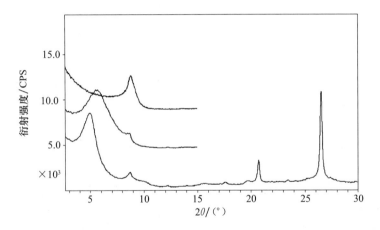

图谱 3-1　X 射线衍射图谱（090820S05F008）剖面 1，北安城郊，42～70cm

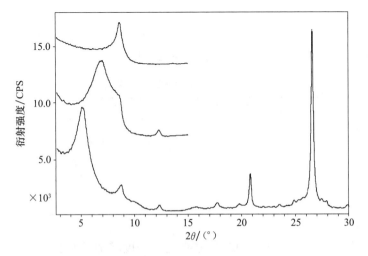

图谱 3-2　X 射线衍射图谱（091214S03F003）剖面 2，北安胜利，0～10cm

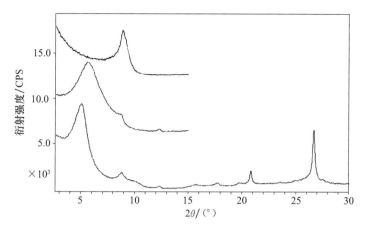

图谱 3-3　X 射线衍射图谱（090820S05F002）剖面 3，北安东利，25～50cm

注：自上而下三条图谱所示，第 1 条是自然片，第 2 条是 550℃加热片，第 3 条是乙二醇饱和片

1）变性土的黏土矿物组成和蒙皂石总量

测试结果表明，供试变性土以蒙皂石和伊/蒙混层黏土矿物为主。伊/蒙混层黏土矿物是膨胀性黏土矿物，其混层比是指蒙皂石在混层矿物中所占的比例。测试结果显示，这些混层黏土矿物多属无序型，混层比越高，活性越大，膨缩性越显著。按混层比可计算蒙皂石总量，结果与国际上认可的数量一致（Kovda et al.，2003；Duchaufour，1998），见表 3-6。

表 3-6　寒性变性土黏土矿物的组成与蒙皂石总量

剖面号	深度/cm	混层比/%	高岭石（K）/%	蒙皂石（S）/%	伊利石（I）/%	伊/蒙混层（I/S）/%	蒙皂石总含量/%
1	0～12	50	1	19	13	67	52.5
1	25～42	65	1	28	12	59	66.4
1	42～70	65	<1	28	14	58	65.7
2	0～10	70	4	42	19	35	65.3
3	25～50	70	1	32	11	56	70.2
2 和 3	半风化泥页岩	55	1	26	11	62	60.1

（1）剖面 1（北安城郊）：表层的黏土矿物组成是蒙皂石-伊利石-高岭石，蒙皂石总量相当高，达 52.5%；在 25cm 以下，出现了厚度约为 50cm 的层次，其蒙皂石总量平均高达 66.05%。因此，土壤膨胀-收缩性能会导致棱块/楔形结构、滑擦面、裂隙等变性特征。

（2）剖面 2（北安胜利）：黏土矿物为蒙皂石-伊/蒙混层-伊利石-高岭石组合，以非混层的蒙皂石为主，含量达 42%，是所研究的土壤中含量最高、结晶最好的。剖面 2 的蒙皂石总量高达 65.3%。该土是在原土壤的心土层的基础上发育而成的，下伏半风化泥页岩（K）。现为次生荒地，植被覆盖较好，表层未受现代耕作和化肥施用的影响。

（3）剖面 3（北安东利）：表层黏土矿物组合为伊/蒙混层-伊利石-蒙皂石-高岭石。心土层的是伊/蒙混层-蒙皂石-伊利石-高岭石。蒙皂石含量受下伏半风化泥页岩（K）的影响，总量高达 70.2%，居供试土壤的首位。

2）变性寒均腐土的黏土矿物组成和蒙皂石总量（表 3-7）

由表 3-7 说明，剖面 4 红黏土的黏粒以伊/蒙混层为主，混层比达 65%，蒙皂石总量达 50%，是相当高的数值。剖面 5 的黏土矿物组成，表层和亚表层变化较大。依安表层 0～30cm 的黏土矿物组合为伊利石-伊/蒙混层-蒙皂石-高岭石，以伊利石为主，含少量绿泥石，与张之一等的结果一致（张之一等，2006）。该 0～30cm 含 4% 的绿泥石，在供试的中更新统（Qp^2）土层中未出现过，估计此层上覆较年轻的沉积物。30～60cm 的心土层的伊/蒙混层黏土矿物为主，混层比达 60%，还含非混层蒙皂石 25%，总含量达 56.2%，该层属于中更新统的沉积物。

表 3-7　变性寒均腐土的黏土矿物的组成及蒙皂石总量

剖面	深度/cm	混层比/%	绿泥石(C)/%	高岭石(K)/%	蒙皂石(S)/%	伊利石(I)/%	伊/蒙混层(I/S)/%	蒙皂石总量/%
剖面 4 北安红土	25～70	65	无	11	20	23	46	49.9
剖面 5 依安表土	0～30	45	4	5	13	54	24	23.5
剖面 5 依安	30～60	60	无	11	25	12	52	56.2

以上研究表明，剖面 1、2、3 和剖面 4、5 相比，表层除了土壤质地不同以外，黏土矿物的组成和蒙皂石的总量也有区别；前三个剖面（变性土）心土层的蒙皂石含量为 65.7%～70.2%，而剖面 4 和 5 的为 49.9%～56.2%，与该地区的普通寒性均腐土测得为 43.05% 相比，居于中位。说明蒙皂石含量是变性土＞变性寒性均腐土＞普通寒性均腐土。但是总的来说，松嫩平原北部的寒性均腐土的心土层的蒙皂石含量仍是较高的，划归为变性均腐土者，会由于土壤侵蚀和肥力退化等因素而转变为变性土。变性土湿时黏滞、干时开裂加速土壤水分蒸发和断根，加剧了早春干旱和晚秋冻害。

6. 土壤系统分类和命名

按寒性土壤温度状况，湿润土壤水分状况，变性特征和相应诊断性理化性质如黏粒含量≥300g/kg，心土层阳离子代换量达 36.50cmol（＋）/kg，COLE 值≥0.09cm/cm 以及黏土矿物的研究结果，认为供试土壤剖面 1、2、3 符合变性土的诊断标准。具有大量伊/蒙混层，或蒙皂石黏土矿物是寒性变性土得以形成和发育的根本因素。剖面 4（北安）表层黏粒为 287g/kg，剖面 5 的 0～30cm 以伊利石为主，而且此剖面具有 51cm 厚的腐殖质层，故划归为变性寒性湿润均腐土。建议今后对寒性变性土的分布和发生进一步研究，作者推断，在依安、嫩江、纳河、克东、拜泉、海伦等地侵蚀较明显的寒性均腐土地区会有寒性变性土的散布。

本章按《美国土壤系统分类检索》（Soil Survey Staff，2010），对寒性变性土分类的续分和命名。按中国土壤系统分类检索和原则，对均腐土纲划分出变性亚类，见表 3-8。

表 3-8 供试土壤的分类和命名

剖面号	地点	土纲	亚纲	土类	亚类
1	北安城郊	变性土	寒性变性土	简育寒性变性土	典型简育寒性变性土
2	北安胜利	变性土	寒性变性土	简育寒性变性土	艳色简育寒性变性土
3	北安东利	变性土	寒性变性土	简育寒性变性土	艳色简育寒性变性土
4*	北安东胜	均腐土	湿润均腐土	寒性湿润均腐土	变性寒性湿润均腐土
5*	依安向前	均腐土	干润均腐土	寒性干润均腐土	变性寒性干润均腐土

＊按《中国土壤系统分类检索》（2001）

3.2.2 湿润变性土和变性亚类

1. 概况

散布在寒性均腐土以南的均腐土地区，即松嫩平原中部、南部和周边松花江支流的阶地。属温带湿润季风气候，干湿季节分明，冬季和土壤冻结期较短，冻层较浅。较寒变性土分布地区而言，年均温度较高，年降水量增加（表 3-1）。属冷性土壤温度状况和湿润土壤水分状况。前人的研究表明在吉林阶地漫岗和临近平地，有变性土的分布，如在长春附近吉林农业大学实验站，母质为更新统河湖相沉积物（Yang and Jia，1992）。

2. 典型土壤剖面形态特征（表 3-9）

1）剖面 1（吉林土壤肥料总站，1997）

位于吉林省延边朝鲜族自治州和龙县气象站西 150m，阶地低平处，海拔 440m。年均温 4.8℃，≥10℃积温 2534℃，年降水量 518mm，无霜期 135 天，年干燥度＜1，旱地。

2）剖面 2（Yang and Jia，1992）

位于长春东南 7.5km，吉林农业大学实验站，处于阶地坡下的平地。年均温 4.6℃，年降水量 592mm，年干燥度＜1，旱作。

表 3-9 土壤剖面的形态特征（吉林）

剖面号/地点	地形	深度/cm	颜色（干）	质地	结构	其他特征
剖面 1/和龙	阶地低平处	0~13	棕灰，7.5YR 4/1	黏土	小团粒状	耕层
		14~30	棕黑，7.5YR 3/1	黏土	块状	腐殖质层
		30~80	棕，7.5YR 4/3	黏土	块状	过渡层
		80~100	棕，7.5YR 4/4	黏土	棱块状	胶膜，仅少量锈斑和铁锰结核
剖面 2/长春	阶地坡下的平坦地	0~25	10YR 3/2	粉砂壤土	团粒	旱季裂隙宽 3~5cm，深 50cm
		25~110	10YR 2/1	粉砂黏土	团块	有表层土粒填充裂隙
		110~170	10YR 2/2	粉砂黏土	大棱块状	滑擦面

表 3-9 中剖面 1 的质地为黏土，棱块结构，干旱季节有裂隙。剖面 2 的表层 25cm 的质地是粉砂壤土，25cm 以下为黏土，旱季裂隙宽且深，有自吞作用，有大棱块结构和滑擦面。

3. 土壤化学性质和黏粒含量（表 3-10）

表 3-10　土壤基本理化性质和黏土矿物估算

剖面号/地点	深度/cm	pH	有机碳/(g/kg)	黏粒含量/(g/kg)	代换量/(cmol(＋)/kg)	代换量/黏粒%	黏土矿物类型
1/吉林和龙	0～14	6.70	16.80	549	39.63	0.72	蒙皂型
	14～30	6.20	15.80	618	39.97	0.65	蒙皂混合型
	30～80	6.40	7.95	477	40.97	0.86	蒙皂型
	80～100	6.40	3.00	467	46.10	0.99	蒙皂型
2/长春	0～25	6.69	14.30	240	14.57	0.61	蒙皂混合型
	25～110	6.55	20.20	404	20.50	0.51	混合型
	110～170	6.26	10.00	350	28.16	0.80	蒙皂型

注：剖面1引自吉林土壤肥料总站，1997；剖面2引自 Yang and Jia，1992

表 3-10 显示，剖面 1 黏粒含量大于 300g/kg，无黏化层。黏粒含量符合变性土的诊断标准。剖面 2 的 0～25cm 的黏粒为 240g/kg，低于 270g/kg，加之底层 110～170cm 的代换量达到 28.16cmol(＋)/kg，如果按美国土壤系统分类，可划归新成性变性土亚类。

土壤代换量，剖面 1 心土层高达 41～46cmol(＋)/kg，其中有腐殖质的贡献，但主要是蒙皂石的功能，以 80～100cm 有机碳含量只有 3.00g/kg，代换量仍高达 46.10cmol(＋)/kg 加以判断；剖面 2 的代换量稍低（表 3-10）。

土壤 pH 总体呈微酸-中性，表层稍高，pH 为 6.70，是盐基离子的自然富集的影响。有机碳含量表层较高，向下逐渐减少；但剖面 2 的有机碳以第二层最高，显示是埋藏的老表层。

4. 土壤分类和命名（表 3-11）

（1）剖面 1：按剖面宏观诊断特征和诊断性质，依照《中国土壤系统分类检索（第三版）》（中国科学院南京土壤研究所土壤系统分类课题组和中国土壤系统分类课题研究协作组，2001），划归变性土土纲，湿润变性土亚纲，简育湿润变性土土类，典型简育湿润变性土亚类。土族是细、冷、蒙皂型，典型简育湿润变性土。

（2）剖面 2：表层厚度 25cm 的黏粒含量为 240g/kg。但旱季土壤的裂隙很宽，有自吞现象。按《中国土壤系统分类检索》（中国科学院南京土壤研究所土壤系统分类课题组和中国土壤系统分类课题研究协作组，2001）的原则和标准，暂划归均腐土土纲，湿润均腐土亚纲，简育湿润均腐土土类，变性简育湿润均腐土亚类（新亚类），按美国土壤系统分类制度可划归新成简育湿润变性土亚类。

表 3-11　供试土壤的分类命名

剖面号	地点	土纲	亚纲	土类	亚类
1	和龙	变性土	湿润变性土	简育湿润变性土	典型简育湿润变性土
2	长春	均腐土	湿润均腐土	简育湿润均腐土	变性简育湿润均腐土

3.2.3 干润均腐土

1. 概况

变性干润均腐土散布在松嫩平原中西部漫岗的缓坡，坡度为 $2°\sim5°$。母质是黏性河湖积物。分散在有黑龙江省依安、杜蒙、富裕、肇州、肇东、兰西以及吉林中部偏西的市县。

2. 典型剖面土壤形态特征

剖面采自肇东市新城乡宏伟大队（$46°37'34''$N，$125°58'13''$E），海拔 150m。成土母质为冲-湖积物。年平均气温 3.2℃，≥10℃积温 2772.6℃，年平均降水量 478.0mm，$6\sim9$ 月降水占全年的 84.7%，无霜期 143 天，旱作一年一熟制。土壤具有冷性土壤温度状况和半干润土壤水分状况，年干燥度 1.2 以上（张之一等，2007）。

采样者：刘焕一、邓宗明等。形态特征如下：①$0\sim8$cm：黑棕色（10YR 3/2，润），粉黏壤土，粒状团块状，疏松，多根系，中泡沫反应，层次过渡较明显。②$8\sim16$cm：黑棕色（10YR 3/2，润），粉黏壤土，块状，稍紧，少量根，中泡沫反应，层次过渡明显。③$16\sim42$cm：灰黄棕色（10YR 4/2，润），粉黏壤土，棱块状，稍紧，少根系，有石灰假菌丝体和钙积斑，中泡沫反应，层次过渡不明显。④$42\sim100$cm：棕色（10YR 4/4，润），粉黏壤土，大棱块状，紧实，石灰假菌丝体较多，有少量钙积斑，强泡沫反应，层次过渡不明显。⑤$100\sim150$cm：浊黄棕色（10YR 5/3，润），粉砂黏壤土，棱块状，紧实，有极少量石灰假菌丝体和锈纹锈斑，无根，中泡沫反应，层次过渡不明显。⑥$150\sim200$cm：浊黄棕色（10YR 5/4，润），粉砂黏壤土，无结构，紧实，有少量石灰假菌丝体，中泡沫反应。

该土壤剖面的腐殖质层仅 16cm，以下的土层有棱块状结构和碳酸钙沉淀物。

3. 土壤化学性质和黏粒含量（表 3-12）

表 3-12 土壤基本理化性质（张之一等，2007）

剖面地点	深度/cm	pH	有机碳 /(g/kg)	黏粒含量 /(g/kg)	黏粒比	碳酸钙相当物 /(g/kg)	黏粒 SiO_2/Al_2O_3 分子率
	$0\sim8$	8.1	23.5	333	—	131.3	4.31
	$8\sim16$	8.4	19.7	376	1.13	145.0	4.35
肇东宏伟	$16\sim42$	8.8	7.3	363	0.97	174.8	4.28
	$42\sim100$	8.8	3.5	452	1.26	195.1	4.18
	$100\sim150$	8.8	2.0	311	—	95.6	4.55
	$150\sim200$	8.9	2.6	362	—	71.9	4.66

该剖面心土层的 pH 为 8.8，显然比高平原上的寒性变性土和湿润变性土大得多。黏粒含量$>$300g/kg，具有黏化作用。碳酸钙达到钙积标准，全剖面的黏粒 SiO_2/Al_2O_3

分子率在 4.00 以上，说明黏土矿物以蒙皂石和伊/蒙混层为主。

笔者和龙显助、付建和等于 2007 年在肇东县以西的一个砖厂取土坑观察了一土壤断面，心土层具有棱块/棱柱结构，其表面光滑，结构间裂隙十分发育，并有表层暗色土填充的所谓自吞现象；有石灰假菌丝体，下部有钙积斑。该剖面相当于第二次土壤普查时，按地理发生学分类命名的"碳酸盐黑钙土"。现场对心土层采样，室内测定的线膨胀系数（COLE）为 0.09cm/cm。2006 年对肇东的另一个剖面的 60～90cm 土层，测得线膨胀系数是 0.094cm/cm（Wu et al.，2006），都达到变性土的对 COLE 值的要求，也证实含有多量的膨胀性黏土矿物。

4. 土壤分类和命名

按土壤发生分类，属黑钙土土类、碳酸盐黑钙土亚类、薄层碳酸盐黑钙土土种。

综合宏观形态特征，理化性质等，按《中国土壤系统分类检索》划归为均腐土土纲、干润均腐土亚纲、钙积干润均腐土土类、变性钙积干润均腐土亚类（新亚类）。

3.2.4　潮湿变性土和变性亚类

1. 松嫩低平原

1）概况

在松嫩平原西部低阶地和碟形及条形低平地和盆地等，分布有草甸黑土、碱化草甸土、盐化草甸土、石灰性草甸土和潜育草甸土等，都具有潮湿土壤水分状况，某些土壤符合划归变性土土纲，或雏形土过渡性的变性亚类。

该区分布有"分散黏土"。一般是指土壤碱化度＞7％的黏性土，包括弱碱化、强碱化黏土、碱土和苏打盐土等。碱化度越大，分散性越强，引起的工程问题越大。按《中国土壤系统分类检索（第三版）》碱化或盐化土的碱化度在 5％～29％，盐成土的碱化度＞29％，与分散黏土的要求重合。由于代换性钠是被蒙皂石、伊/蒙混层等膨胀性黏土矿物所吸附，钠-蒙皂石具有强分散性和膨胀-收缩性，故盐碱化土壤中，有达到潮湿变性土和变性雏形土的分类标准的土壤。在松嫩低平原，成土母质是全新统黏性河-湖积物（Qh）夹有现代沉积物。在草甸土和苏打盐碱土斑之间的过渡地区，可以遇到碱化的潮湿变性土和变性的潮湿雏形土。散布在龙江、富裕、林甸、泰来、青岗、安达和大庆一带。

该区水利工程的坝体历经湿膨胀-干收缩循环而产生裂隙，加之难以夯实，在棱形土块之间留下的大间隙，使土坝侵蚀严重而需换土再建。

2）典型剖面形态特征描述（黑龙江土壤普查办公室，1990）

(1) 剖面 1 采自安达市卧里屯乡保国村南，海拔 146m，处于低地中微地形稍高处。母质为黏性河-湖积物（Qh）。年均温 3.2℃，年降水量 475mm，集中于 6～8 月，≥10℃积温 2753.7℃，无霜期 138 天。自然植被以碱草为主，混生寸草苔、西伯利亚蒿等，主要分布在黑龙江省安达、龙江、富裕、林甸、青冈、明水和大庆等县（市）境，多半是天然草地，面积 10.39 万 hm²，潮湿土壤水分状况，冷性土壤温度状况。

形态特征如下：

0～13cm，棕黑色（润，10YR 3/1），黏壤，屑粒状结构，疏松，有少量石灰斑点，潮，多根系，强泡沫反应。

13～31cm，棕灰色（润，10YR 6/1），黏壤，块状结构，紧，有大量石灰斑块，潮，少根系，强泡沫反应。

31～84cm，灰黄棕色（润，10YR 5/2），壤黏土，小块状结构，紧，有少量锈斑，湿，强泡沫反应。

84～163cm，灰黄棕色（润，10YR 6/2），壤黏土，紧，有较多锈斑，湿，强泡沫反应。

以上全剖面质地黏性土。腐殖质层厚度13cm。底层潮湿有较多锈斑。泡沫反应强。

（2）剖面 2（黑龙江土壤普查办公室，1990）采自安达市卧里屯乡保国村南。海拔146m，母质和气候特征同剖面1。自然植被也以碱草为主，混生碱茅、星星草等耐盐碱植物。主要分布在黑龙江省安达市、齐齐哈尔市郊区、肇州县及林甸县境内。半天然草地多，面积6.97万 hm²。

0～5cm，棕灰色（润，10YR 5/1），砂质黏壤，屑粒状结构，疏松，润，有较多根系，弱泡沫反应。

5～37cm，棕灰色（润，10YR 4/1），砂质黏土，弱棱柱状结构，可见胶膜。紧，润，根系很少，强泡沫反应，向下层次过渡明显。

37～79cm，黄棕色（润，10YR 5/6），黏土，块状结构，紧，有少量锈纹斑和石灰假菌丝体，潮、强泡沫反应。

79～122cm，亮黄棕色（润，10YR 6/6），砂质黏土，块状结构，紧，锈斑较多，有少量石灰假菌丝体，潮，强泡沫反应。

此剖面除表面有5cm砂质黏壤外，各层质地为黏土。有交叉裂隙和滑擦面，底层锈斑较多。全剖面强泡沫反应，艳色为主。

3）土壤化学和物理性质以及黏土矿物估计（表 3-13）

表 3-13　土壤化学和物理性质以及黏土矿物估计（黑龙江土壤普查办公室，1990）

剖面号/地点	深度/cm	pH	有机碳/(g/kg)	代换量/(cmol(+)/kg)	黏粒<2μm/(g/kg)	代换量/黏粒%	黏土矿物类型	碱化度/%	容重/(g/cm³)
1/安达卧里屯	0～13	8.40	—	35.47	270	1.00	蒙皂石型	3.80	1.2
	13～31	9.50	8.8	30.63	295	1.00	蒙皂石型	17.60	1.3
	31～84	9.10	4.1	33.23	360	0.92	蒙皂石型	8.70	1.5
	84～163	8.80	2.7	—	361	—	—	—	—
2/安达卧里屯	0～5	8.24	—	38.46	215	1.00	蒙皂石型	1.00	1.3
	5～37	8.91	14.6	41.04	400	1.00	蒙皂石型	25.80	1.4
	37～79	9.19	4.2	32.97	496	0.66	蒙皂混合型	21.00	1.6
	79～122	9.00	2.8	34.78	425	0.82	蒙皂石型	8.80	—

按上表的黏粒含量数据，剖面 1 表层 0～18cm 黏粒含量难以达到变性土的要求。剖面 2 按 0～18cm 黏粒含量加权平均达到＞300g/kg 的要求。两者心土层代换量在 33～41cmol(＋)/kg，即使在表层以下有机质含量明显低的层次，仍以蒙皂石类型的黏土矿物为主，说明黏粒本身的贡献。线膨胀系数达 0.12cm/cm。

4) 土壤分类与命名

按全国第二次土壤普查的发生学分类：剖面 1 属于草甸土土类，盐化草甸土亚类；剖面 2 属于草甸土土类，碱化草甸土亚类。

按《中国土壤系统分类检索（第三版）》的分类和命名：剖面 1 属雏形土土纲，潮湿雏形土亚纲，钙积潮湿雏形土土类（新土类），变性-碱化钙积潮湿雏形土亚类（新亚类）。剖面 2：可划归变性土土纲，潮湿变性土亚纲，钙积潮湿变性土土类，碱化钙积潮湿变性土亚类（新亚类）。

2. 三江平原

1) 概况

该区除棕壤和小部分黑土外，草甸黑土、草甸土都存在暗涝问题。外因是区域性的自然排水出路不畅，雨季高度集中的降水和径流汇集，区域的水分平衡是来水多过于失水。在连续降雨期，土壤长期或季节性水分饱和、闭气、黏滞，严重影响作物生长发育和耕作管理等。内因是土壤黏重，丰富的土壤腐殖质，多量的膨胀性黏土矿物，导致强大的土壤持水性，但渗透性微弱。而春旱期间，尤其是春季没有覆盖物的耕地地面发生裂隙（图 3-6）。

图 3-6　春季沿垄沟斜面的长条形裂隙（付建和摄于富锦，2006）

2) 典型剖面形态特征描述

(1) 剖面 1（黑龙江土壤普查办公室，1990）位于黑龙江省富锦市头林乡新胜大队北，132°157′26″E，47°03′18″N。地形为低平地，海拔 150m。母质为河湖沉积亚黏土。年平均气温 2.5℃，≥10℃积温 2562.3℃，年平均降水量 588.4mm，6～9 月降水占全年的 72.6%，年平均 4.8℃，属冷性土壤温度状况和潮湿土壤水分状况。无霜期 136 天，自然植被为莎草、小叶樟群落，混生杂类草、覆盖度 98%。内外排水均较差，季节性土壤过湿。

Ah 0~49cm黑棕色（10YR 3/1，润），黏壤，粒状，根很多，表层有很多植物根交织在一起，疏松，层次过渡不明显；

AB 49~78cm，棕灰色（10YR 5/1，润），黏壤，小棱块状，稍紧，根少，层次过渡不明显；

BCr 78~120cm浊黄棕色（10YR 4/3，润），黏壤，棱块状，紧实，根很少，有少量锈纹锈斑，层次过渡不明显；

BCg 120~150cm浊黄棕色（10YR 5/3，润），粉黏壤质，棱块状，极少细根，大量锈斑和少量潜育斑，紧实，层次过渡较明显；

G 150~180cm灰色（5Y 6/1，润），粉黏壤质，无结构，无根系，大量潜育斑和少量锈斑，紧实。

以上剖面腐殖质层达50cm，全剖面黏性土，棱块状结构，底层具有大量锈斑和潜育斑，无泡沫反应。

（2）剖面2（王春裕，2004）采自黑龙江省完达山麓北部，松花江以南，三江平原腹地，集贤县红兴隆农垦分局291农场6队，处于46°52′51″N，131°33′58″E。属中温带大陆性季风气候，年均温3.7℃，年均降水量509.8mm。母质为黏性河-湖积物，有明显层次韵律变化。冷性土壤温度状况，潮湿土壤水分状况。无霜期147天，种水稻5年，一年一熟。

0~24cm暗棕灰（10YR 3/2，润），砂质黏土，潮，松散，细粒状，根多，逐渐过渡，强泡沫反应；

24~48cm暗灰棕（10YR 5/1，润），砂壤，潮，棱块状，较硬，根多，强泡沫反应；

48~92cm暗棕灰（10YR 5/4，润），黏土，潮，块状，较松，强泡沫反应，逐渐过渡；

92~115cm棕灰色（10YR 5/8，润），黏土，潮，粒状，根极少，侧渗明显。

该土24~48cm质地沙壤，棱块状结构。其他层次是黏土，底土层侧渗明显，估计是裂隙发育。全剖面泡沫反应强。种稻5年，一年一作，尚无水耕特征的层次。

3）土壤理化性质和黏土矿物类型（表3-14和表3-15）

表3-14 代表剖面土壤理化性质（黑龙江土壤普查办公室，1990；王春裕，2004）

剖面号/地点	深度/cm	pH	有机碳/(g/kg)	代换量/(cmol(+)/kg)	黏粒含量/(g/kg)	代换量/黏粒%	代换性 Ca^{2+}/Mg^{2+}比	黏土矿物类型
	0~49	6.50	37.5	38.58	354.0	1.10	1.09	蒙皂石型
	49~78	6.50	8.8	33.56	365.0	0.92	1.04	蒙皂石型
1/富锦	78~120	7.00	5.1	29.63	305.0	0.97	1.30	蒙皂石型
	120~150	6.50	3.9	23.68	387.0	0.61	1.33	蒙皂石型
	0~24	9.05	24.6	31.63	445.4	0.71	0.60	蒙皂石型
2/集贤	24~48	9.48	9.6	30.94	159.8	1.00	0.23	蒙皂石型
	48~92	9.44	10.2	34.42	476.3	0.72	0.29	蒙皂石型
	92~115	9.28	3.0	28.55	474.5	0.60	0.70	蒙皂混合型

表 3-15　土壤代换性能和盐碱化程度（集贤）

地点	深度/cm	pH	代换性Ca²⁺	代换性Mg²⁺	代换性K⁺	代换性Na⁺	总量	全盐量/(g/kg)	钠碱化度/%	镁碱化度/%
					/(cmol(＋)/kg)					
集贤	0～24	9.05	10.70	17.87	0.85	2.21	31.63	1.2	6.99	56.50
	24～48	9.48	4.82	20.96	0.77	4.39	30.94	1.4	14.89	67.74
	48～92	9.44	6.32	21.85	0.68	5.57	34.42	1.4	16.18	63.48
	92～115	9.28	10.15	14.47	0.60	3.33	28.55	1.2	11.66	50.68

　　表 3-14 说明，剖面 1 的 pH 为 6.5 左右。阳离子代换量心土层达 33.56cmol（＋）/kg，按代换量/黏粒%值估计以蒙皂石型为主。上层主要是腐殖质和蒙皂石共同贡献，底层的代换量主要来源于蒙皂石黏粒。

　　剖面 2 的 pH 达 9.05～9.48，强碱性，心土层代换量最高为 34.42cmol（＋）/kg，从钠碱化度和全盐量判断未达到盐成土纲的标准。但是，镁碱化度达到 63%～67%，而土层易溶性盐含量小于 2g/kg，从代换镁含量看，心土层代换 Ca²⁺/Mg²⁺ 比仅为 0.2～0.3，故是一种镁质碱土。

　　4）土壤分类和命名

　　剖面 1：按《中国土壤系统分类检索（第三版）》，属于雏形土土纲，潮湿雏形土亚纲，简育潮湿雏形土土类，变性-腐殖简育潮湿雏形土亚类。

　　剖面 2：按《中国土壤系统分类检索（第三版）》的原则，属盐成土土纲，镁碱积盐成土亚纲，潮湿镁碱积盐成土土类，变性潮湿镁碱积盐成土亚类（新亚类）。

　　或可划归为盐成土土纲，潮湿盐成土亚纲，镁碱积潮湿盐成土土类，变性镁碱积潮湿盐成土亚类。因为，亚纲反映土壤水分状况，盐成土亚纲也不例外，故设立潮湿盐成土亚纲；因土壤的附加过程有别于钠碱化，而设立"镁碱积"潮湿盐成土土类；由于蒙皂石为主要黏土矿物，镁-蒙皂石的土壤膨胀-收缩性能强，而为"变性镁碱积潮湿盐成土亚类"。

3.3　区域治理和土壤改良

　　松嫩高平原：预防均腐土（黑土）的变性土化趋势，实现科学技术与领导和社区群众相结合，大力预防加速土壤侵蚀带来的水土流失，黏性均腐土（黑土）的腐殖质层进一步变薄或消失的问题，宜以小流域为单位，进行全面规划，综合治理，山坡栽树种草，漫岗修梯地，地埂栽胡枝子，紫穗槐灌木；改顺坡垄为横坡垄。提倡栽种匍匐性作物，以增加地面覆盖，减少裂隙程度，同时保水保土和肥力；冲刷沟宜修谷坊、插柳护坡和修截留沟，防治沟头进一步向源侵蚀，蚕食土地，危及村庄。

　　松嫩低平原：进一步完善排水系统，引优质嫩江水发展水田灌溉。盐渍化土壤发展水稻生产，必须坚持以排定灌，排灌结合。旱田作物灌溉应进行膜下滴灌和喷灌等节水型灌溉措施。本区是工业发达地区，必须做到厂内进行工业废水处理达标排放，严禁工业废水、废气废渣污染水土资源。采取轮牧、发展草库伦、严禁过度放牧，推行草田轮作。

三江平原区域排水不畅，大部分农田的地势低洼，易受洪涝灾害，必须提高工程标准，进一步通畅排水出路，完善排水系统。充分利用水土资源尚无污染的优势，发展有机农业，以持续生产优质无公害的绿色有机食品，增加农民收入。充分利用秸秆资源，还田改土，培肥地力。深入开展测土配方施肥，推行科学轮作耕作制，提高化肥和农药利用率，杜绝滥用对人畜和土水资源的污染危害。

对于土壤质地黏重，通透性能差，地势低则易涝，否则易旱；pH 在 8.0～8.9，表层稍低，越往下越高的地区。宜种植一些耐干旱和抗盐碱的作物；并退耕还牧，发展人工草场。在有水源的地方，如发展水稻，应特别注意平整土地，增施有机肥料，掺砂改土，引淡灌溉，重视预防次生盐碱化。

松嫩和三江平原低地处在有利于发生苏打/碱化的地球化学环境。据松嫩平原西部低地的草甸土，虽然含可溶性盐总量<1.0g/kg，但亚表层和 100～150cm 土层的含盐量大一些。而石灰性草甸土剖面各土层含盐量的统计（$n=41$）表明，表土层含盐量都小于<1.0g/kg。上部土层的含盐量多在 0.5～0.8g/kg；土壤下层的最大值超过 1.0g/kg。因此，需要重视预防次生盐碱化。

对于碱化度在 5%～29%，pH 高于 9 的土壤，宜选种耐碱牧草，提高放牧地或割草场的质量。已垦耕地，控制土壤盐分和碱化度的增加，一是灌排系统配套，二要可种植耐盐碱作物品种，三是因地制宜，以有机和无机相结合的方法，改良土壤，培肥地力。某些盐碱稍重的，可考虑退耕还草。有水源保证的地方，发展水稻，但必须防止盐渍化的进一步发展。

3.4　本 章 小 结

（1）首次发现松嫩平原中温带北纬 47°左右的乌裕尔河阶地漫岗均腐土区，散布有寒性变性土，经鉴定为艳色普通寒性变性土和典型普通寒性变性土。蒙皂石含量为 66.5%～70%，线膨胀系数平均为 0.14，与我国山东和南阳盆地的变性土相当，因地处高纬度寒性土壤温度而归属于寒性变性土亚纲。此外，还鉴定了散布的变性湿润均腐土和干润均腐土，以及湿润变性土。

（2）研究表明，东北平原黏性均腐土具有变性土化的趋势。根源是母质形成的地质时期，受到火山灰沉降于湖区和低地、玄武岩风化残积物及其再沉积的物质的影响。加之，漫长成土过程中蒙皂石新形成作用，使东北土壤富蒙皂石和伊/蒙混层黏土矿物。有利的一面是保肥保水能力强，成为自然肥力很高的土壤。但是，在自然和加速侵蚀作用影响下，固有土壤腐殖质层处于浅薄化过程，有的地方，含有大量蒙皂石的黏性土层，以及泥岩风化影响的土层裸露，或接近地面，在大气直接影响下逐步使黏性均腐土具有变性现象，进一步发展成变性土。目前，变性现象的土壤较为普遍，达到变性土标准的仅是零星分布，但认识土壤变性土化作用发生的内外因素，有助于合理利用、耕作和管理土壤，以利长期而有效地控制水土流失，维持和提高均腐土的腐殖质层和肥力，预防土壤变性土化的发展，为食品安全提供优质土壤条件需加强关注。

（3）松嫩和三江低平原具有苏打累积的地球化学环境，以苏打盐化和碱化土壤著称。草甸土、盐化和碱化草甸土，以及盐碱土，一般也富有膨胀性黏土矿物，线膨胀系数较大，嫩江西部低地有碱化钙积潮湿变性土（安达）。在三江平原则有变性镁碱积盐成土（集贤）。预防次生盐碱化扩大，改良利用盐成土，对土地资源的保护和农牧业生产的发展都具有重要意义。

第4章　黄土高原与黄河-海河平原变性土和变性亚类

本区是古近系和新近系未固结的红黏土和灰绿黏土出露地区，其中，具有三趾马动物群化石的土层，称为三趾马红土，频繁而零散地分布在较高的地形部位，在青海东部、甘肃、宁夏、陕中和陕北、山西、河南西部三门峡市等和黄河-海河平原的边缘太行山东麓和冀北、辽宁省等地醒目可见。全国第二次土壤普查时，估计总面积约为182.63万hm²（包括浙江沿海岛屿的复盐基红黏土）。不包括内蒙古自治区、黑龙江省、吉林省、新疆和西藏自治区的分布在内。北美、欧洲大陆和地中海等也发现三趾马化石的红层。埋藏的红黏土上部覆盖着第四系红黄土和马兰黄土。新构造运动和剥蚀作用以及人为挖方等，都可使之出露地表，成为农林用地、荒地或工程建设的地基。地质部门认为其为膨胀土，雨季里陡坡频发滑坡灾害、也是南水北调中线渠道和轻型建筑物等的不稳定地基，膨胀-收缩过程导致房屋开裂（图4-1和图4-2）。某些红黏土是变性土的母质和膨胀性黏土矿物的物源，红黏土发育的土壤继承了母质赋予的外貌和基本理化性质。同时，它也受当地的环境、气候等条件以及人为因素的影响而有所差异。此外，黄土高原的第四系更新统黄土层具有多层红褐、褐色和红黄土层也具有一些变性现象。

图4-1　裂缝从窗角延向屋檐

（吴珊眉摄于河南渑池，2012）

图4-2　室内裂缝起自地基向左上角延伸

（吴珊眉摄于河南渑池，2012）

4.1　黄土高原

黄土高原位于太行山以西、秦岭以北、长城以南、祁连山以东地区，处于32°～40°N，102°～116°E，在地貌成因上属盆地型高原，面积40万～50万km²，耕地面积大约占全国的5%。高原上的第三系和第四系沉积物深厚，抗蚀性弱，加之，农耕历史悠久，地面自然植物覆盖度低，在暴雨集中的季节，水土流失极为严重。黄河中游流经黄土高原，在河口镇至潼关河段，众多支流汇入，是黄河泥沙的主要来源。泥沙在黄河下游沉积，造就了广阔的黄河和海河平原。

早在 20 世纪 80 年代，我国科研工作者就对黄土高原变性土壤的地理分布做过初步研究。当时，将黏性黑垆土划归为变性黏化干润软土（Vertic Argiustolls）（黄瑞采和吴珊眉，1987）。随着交通、水利建设的迅速发展，地质学界认定保德红土（N₂）和中更新世（Qp²）形成的某些古土壤是为膨胀土。本章简述和探讨相关的变性土的特征、特性和分类，供进一步调查研究时参考。

4.1.1 成土条件

1. 地貌

黄土高原地势西北高，东南低。西部海拔 1500～2000m，东部下降到 1000m 左右，而到山西东部与东南部的小盆地，海拔在 400～600m。高原上的石质山地一般为海拔 2000m 以上，如陇中的六盘山，山脊海拔 2500m 以上，最高峰米缸山 2942m，上覆厚达 2000m 以上的陆相红层。按地貌成因和特点，可分为陇中高原、陕北高原、陕中盆地、山西高原。

（1）陇中高原位于六盘山以西，是一个新生代的拗陷盆地，属盆地型高原，海拔 1500～2000m。在黄土沉积前的地质时期，是一个大型盆地，接受了总厚度可达 1500m 的一套含石膏的紫红色黏土、砂质黏土、砂岩和砂砾岩，称为甘肃群。上覆黄土层，但有紫红色黏土出露地段。

（2）陕北高原包括六盘山以东，吕梁山以西，渭河北山以北，长城以南的大片地区，海拔 800～1200m，也是一个盆地型高原。在未抬升为高原前，接受黏性湖相沉积，据化石的鉴定，是新近纪的三趾马动物群栖息的环境。更新统黄土沉积将其掩埋，但断续出露于地表。本区侵蚀强烈，除残存塬地，大部地区是破碎梁峁丘陵。

（3）陕中盆地（渭河盆地）介于秦岭、陕北高原之间，是三面环山，向东敞开的盆地，在宝鸡以西逐渐闭合成峡谷。故而地势西高东低，海拔 325～900m。渭河两岸地貌变化规律为河滩地—阶地—阶梯状黄土台塬—山前洪积扇。一般大致有 3～5 级台塬，属基座阶地类型。各级台塬均覆有不同时期的黄土，下部基座由低台塬到高台塬，分别为河流冲积、河湖相沉积和基岩，顶部覆盖着厚度和地质年龄不一的黄土层，主要为老黄土，其所含的古土壤层数很有规律性，最低的台塬一般只有一层古土壤，向高台塬过渡逐渐增至 3～5 层、6～8 层，最高一级台塬往往含有 10 余层。秦岭北麓还有一群古老的山前洪积扇和坡积裙，以及狭长的黄土梁与浑圆状的黄土丘陵地形，低地夹于其间。

（4）山西高原位于太行山以西、吕梁山以东、恒山以南、伏牛山以北的地区。由一系列的断陷盆地组成，自东北而西南分布有大同、忻州、太原、临汾和运城等盆地。山地有吕梁山、恒山、五台山、中条山及太行山等。地质时期里山西高原火山活动频繁，如发生于元古代的五台山、吕梁山和中条山以及新生代的大同火山群等。在大同盆地的东北部，高阳县与大同县相邻地带和桑干河中游河谷地区，火山地貌显著，在约 900km² 范围里分布着 4 群约 30 多座死火山锥，是上新世末和晚更新世之间多次火山活动的产物，故有火山灰沉降和玄武岩风化残积物分布和对土壤的影响。本区黄土层分布范围约占全省面积的 40%，马兰黄土层下也有多层更新统古土壤埋藏层和第三系三趾马红土层，出露的地面开发为农林用地或荒芜。

山西高原南部延至河南西部山地，有嵩山火山群（元古代）喷发活动的遗留影响。境内洛河流域河谷和阶地海拔降至 500m 以下，新近系红土裸露的面积大。行政上跨河南省洛阳、南阳、三门峡等市。

2. 气候

本区年平均气温为 10～12℃，年降雨量为 350～600mm，降雨主要集中在 7、8、9 三个月，大约占全年降雨量的 50%～70%，且多为暴雨。降雨年际变化大，丰水年的降水量为枯水年的 3～4 倍。年水面蒸发量为降雨量的 3 倍，早春干旱。作物生长期为 200～270 天。季风气候大致从西北部向东南变化，以 400mm 降雨量等值线为界，西北部为干旱区，中部为半干旱区，东南部为半湿润区。

（1）温带干旱气候：长城沿线，陕西定边—宁夏同心、海原以西的地区，年均温为 2～8℃，年降雨量为 100～300mm，干燥度为 2.0～6.0。气温年较差、月较差、日较差均较大，大陆性气候特征显著。风沙活动频繁，风蚀沙化作用剧烈，有荒漠草原的气候特征。

（2）温带半干旱气候：如晋中、陕北、陇东和陇西南部等地区，年均温为 4～12℃，年降雨量为 400～600mm，干燥度为 1.5～2.0，该区范围大体相当干草原地带。

（3）暖温带半湿润气候：主要位于河南西部、陕西中部、山西南部，年均气温为 8～14℃，年降雨量为 600～800mm，干燥度为 1.0～1.5，该区的范围与落叶阔叶林带大体一致。

3. 成土母质

（1）玄武岩残坡积物：基性玄武岩分布在山西省大同、左云和平定等地。矿物组成主要是辉石、角闪石、黑云母和磁铁矿等。残积物上生成的土壤较厚，呈黑色或深灰色，质地细黏，通气性差，过渡层不明显，是变性土的特征。玄武岩含有一定的磷灰石，故土壤富含磷素（山西土壤，1992）。

（2）新近系红黏土：1920 年，瑞典安特生等在山西省忻州市西北角保德县的红土层中，发现三趾马动物群化石而得名为三趾马红土。在此之前，他在 1918 年和 1919 年，分别在河南省新安县上印沟和内蒙古化德地区的红黏土中发现过三趾马化石。同一时期，法国神父桑志华在甘肃庆阳地区发现三趾马动物群化石（钱迎倩和王亚辉，2004）。据土力学和岩石力学的试验结果，鉴定是一类膨胀性硬黏土。在地层学上，山西将上新统红土划分为保德红土和静乐红土；在陕中盆地，划分为蓝田组和漏河组，在甘肃称为甘肃群，在陇南称为临夏组。在很多地质文献和区测报告中，称其为泥岩或黏土岩（曲永新等，1999）。保德红土形成的地质时代是上新世（N_2）蓬蒂早期，但在中新世（N_1）也有三趾马的存在。据研究，在上新世近三百万年期间，中国北方处于相对稳定近似亚热带的古气候环境，三趾马红土是氧化环境湖相沉积物。此外，古近系（E）红黏土也具有膨胀-收缩性。

本区三趾马红黏土的厚度从数米至数百米不等，主要为棕红黏土，夹砂和砂砾层的红色地层，其物源来自盆地边缘高地上的基性火山岩和沉积岩的黏性风化物。因构造运动和侵蚀作用，上覆的厚层黄土被侵蚀殆尽的地方，红土层断续出露在河谷两侧，尤其是沟谷上游地段，同时也发现在大河之间的分水岭上。出露的红黏土，具有变性特征或变性现象。

（3）更新统黄土沉积物：在原来地面基础上，更新世时又沉积了 60～200m 厚的黄土层，以早更新世的午城黄土较黏，中更新世的离石黄土最厚，晚更新世的马兰黄土分布最广。午城和离石黄土又称红黄土、老黄土，质地一般为黏壤-黏土，土体中含有石灰结核。由于侵蚀作用，裸露地表者较普遍，分布在陕西省渭北和黄土高原沟坡和低山丘陵坡地，山西省晋中和临汾地区的低山丘陵。其中，秦岭北缘和山前带某些缓坡段分布有中更新统的褐色黏土层，据研究是源于秦岭褐色古风化壳的坡面流堆积，厚度大致在 30m 左右，在陕西省长安、户县、周至、眉县一带的发育程度不同，但在周至县马召镇南仙游寺一带，不但厚度大，而且出露较好，统称为"仙游寺黏土"，通过鉴定是膨胀土（张永双等，2004）。

（4）湖积物：在山西的大同盆地分布有第四系河湖相沉积物，运城盆地等有古老湖积物，质地黏重（山西省土壤普查办公室，1992）。

4. 人为活动

本区的自然植被早已被砍伐殆尽，破碎的黄土坡以种植业为主，西北部为春麦，东南部以冬麦为主，占播种面积的 80% 以上，夏种棉花、玉米、甘薯等一年一熟或二年三熟轮作。而黄土和第四系古土壤因下垫新近系红黏土抵抗侵蚀能力弱，是侵蚀最为严重农业区。还由于某些工程建设的需要，深挖方移去黄土层，以避免其松陷，但带来的是露出地表的新近系红黏土，在自然条件下，往返膨胀-收缩而显现出地基不稳，轻型房屋开裂和道路的边坡滑塌等危害问题。需要长期坚持实施有效的综合措施来防治面蚀和坡蚀，进一步控制水土流失是持久而艰巨的重要任务。

4.1.2　前人对本区三趾马红黏土的研究

曲永新、薛祥煦、罗静兰等人，对新近系三趾马红黏土主要形态特征和性质以及黏土矿物等的研究结果，证明湖积的三趾马红土属于膨胀土。

1. 形态特征

陕西省府谷县西北 60km 老高川乡王大夫梁的三趾马红黏土出露的地质垂直断面，由 18 个古土壤剖面组成，各剖面几乎均由棕红-褐红色黏土层与钙淀积层组成。黏土层无层理，有裂隙填充物，有褐红色铁锰胶膜。钙淀积层的颜色土黄-灰白，厚度 20～

70cm，认为是我国北方典型的中新世晚期地层，直接覆于侏罗纪砂页岩系以上。

西安和延安的红土断面，一般呈棕红-深红，碳酸钙结核或结核层多者达数十层，有些结核出露于地表；裂隙较多，裂隙面常分布有黑褐色的铁质胶膜和斑点。

陕甘宁地区的盐池和内蒙古赤峰的红黏土色深红、棕红、紫红，含不规则钙结核，有聚积成层的。红黏土干时收缩开裂严重，湿则膨胀，水分难以下渗，在黄土高原是黄土滑坡的滑床。

2. 黏粒含量

陕甘宁地区和内蒙赤峰等地的三趾马红黏土，质地黏重，全剖面 $<2\mu m$ 的颗粒400g/kg，比表面积大。西安和延安的黏粒含量为 29%～38%。

3. 黏土矿物含量和代换量

盐池土样含蒙皂石和伊/蒙混层黏土矿物为主，土壤代换量大，以代换性钙为主，代换镁含量高（曲永新等，1990）；西安和延安土样的主要黏土矿物是蒙/伊混层矿物，相对含量占 67%～72%，混层比为 40% 左右，单矿物蒙皂石和伊利石次之；阳离子代换量高，大致为 34.72～51.41cmol（＋）/kg。陕西府谷的红黏土以蒙皂石为主，平均含量在 36.3%～56%，伊利石平均含量为 14%，最高为 22%。

4. 膨胀-收缩性能

自由膨胀率为 50%～80%，可塑性指标：液限 40%～68%，塑性指数在 17～33。在塑性图上主要位于 A 线以上，B 线右侧，因此，属于高塑性黏性土，从而确定三趾马红土是膨胀土，见表 4-1、表 4-2 和图 4-3。

表 4-1　三趾马红土（埋藏）的理化性质（曲永新等，1990；肖荣久等，1992）

地点	pH	液限/%	塑限/%	比表面/(m²/g)	代换量/(cmol(＋)/kg)	代换性 Ca²⁺	代换性 Mg²⁺	代换性 K⁺	代换性 Na⁺	蒙皂石/%
						/(cmol(＋)/kg)				
内蒙古赤峰	8.7	57.5	31.34	383.98	44.95	26.76	13.94	1.53	2.72	34.41
宁夏盐池	8.8	67.8	32.00	423.00	47.13	20.96	23.28	1.28	1.66	31.78
陕西西安	8.1～8.7	—	—	388.14～425.14	34.72～50.41					
陕西延安	8.1～8.6	—	—	369.46～496.71	38.17～51.38					

表 4-2　三趾马红土（埋藏）的理化性质-续（肖荣久等，1992）

地区	pH	SiO₂/Al₂O₃ 分子率	Fe₂O₃/(g/kg)	钙积层 CaCO₃ 相当物/(g/kg)	$<2\mu m$ 黏粒/(g/kg)
西安	8.1～8.7	3.81～4.27	55.8～63.1	109.3～119.6	290～360
延安	—	3.88～4.20	55.0～66.2	106.8～121.3	316～382

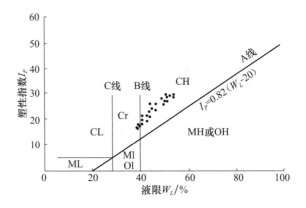

图 4-3　三趾马红土在塑性图上的占位（地矿部 DT-82）

肖荣久等认为，三趾马红土含 Fe_2O_3 较多，呈游离状态，易风化，因此，基本上不影响黏粒的活性。

5. 薄片观察

大部分红黏土具有良好的光性定向黏粒（图 4-4），沿孔隙及裂缝壁的黏粒定向性更明显（图 4-5），也具有淀积黏粒胶膜（罗静兰和张云翔，1999）。对陕西旬邑红黏土（古地磁测年龄距今 5.3～4.2Ma B.P.）微形态观察，发现 80% 的土样显示出黏粒和粉砂的定向排列，黏粒胶膜发育，以淋溶淀积为主，常含有发育极好的流胶状和块状黏粒胶膜（薛祥煦和赵景波，2003）。

图 4-4　黏粒的定向性，扭曲状，
×13.2，单偏光
（罗静兰和张去翔，1999）

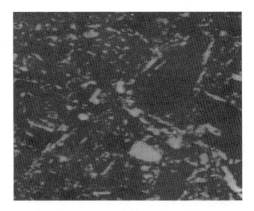

图 4-5　沿裂隙的光性定向排列，
×33，正交偏光
（罗静兰和张去翔，1999）

以上说明，新近系三趾马红黏土，与半湿润-半干旱的亚热带的古气候条件和低湿富钙、镁、硅等基性离子的地球化学环境有关。在缓慢抬升的漫长过程，土壤具有氧化条件为主的半淋溶过程，铁锰和碳酸盐淀积作用，蒙皂石和伊/蒙混层矿物的转化和继承作用，黏粒定向排列作用，土体裂隙化及结构棱角化等，说明是一类具有变性土化作用的黏性的特殊古土壤，原表层有机质层在侵蚀-沉积轮回中失去。由于新近系的古土壤的成土年龄太古老，"黏粒胶膜"受到土壤搅动和土壤动物以及根系的干扰，也会变得模糊（Smith，1980，1981）。土壤 pH 呈中-碱性，或许还有石灰岩提供的碳酸钙、镁源。黏粒的 SiO_2/Al_2O_3 分子率在 $3.45\sim3.59$，SiO_2/R_2O_3 在 2.8 以上，说明该黏粒富铝作用受到抑制，土体发育弱，没有"铁铝层"，"胶膜"由应力作用形成的。

　　由于新近系是一漫长的地质时期，古气候的温度和干湿程度处在变化中，例如陕西府谷高老川的具有 18 层的古土壤垂直断面，因经历了四次的气候旋回，有干旱、半干旱和半湿润的草原森林环境，也有湿润和半湿润的森林环境（罗静兰和张云翔，1999），因此，古土壤剖面特征有垂直上相异性。另外，新近系红黏土分布跨越了不同的纬度和经度，古自然条件不尽相同，故也会有水平地理上的差异，如在干旱地区的黏粒含量较低。但是，它们的基本形态和性质相似。某些三趾马红土受第四纪和现代的半干旱-干旱气候条件和水文地质状况及人类活动的影响，具有碱化现象；而第四系沉积物覆盖，包括风沙、戈壁和黄土等，保护其裸露于地表。处于埋藏状态的新近系红黏土，因成岩作用的趋势，尤其物理压实而改变其厚度和一些形态、还使有机质氧化、颜色强化。后者与水化矿物，如 $Fe(OH)_3$，脱水和再结晶作用有关以及土壤蒙皂石向伊利石转化等（Retallack，1991），所以，埋藏的红黏土的性状已有所改变。但是，由于埋藏不深，受到的成岩和压实作用相对较小。出露后，在大气降水量、气温、自然动植物和人畜活动等的长期影响，也不可能与埋藏时完全相同，如表层质地和结构优化或恶化，加速侵蚀使钙积层出露等。第四纪石灰性黄土层覆盖而有复钙作用和次生假菌丝体出现、质地的改变等。从土壤普查和学界研究看，出露的红黏土还是有可以辨认的、用以诊断的变性形态特征和性质，如裂隙、滑擦面、高的盐基代换量和膨胀-收缩性能等，是否能达到变性土纲的诊断标准，因地而异，还有红黏土分布的下游冲积平原往往有变性土分布。

4.1.3　土壤

1. 干润变性土和变性亚类

1）剖面 1

（1）概况：分布在甘肃省和陕北丘陵沟壑和沟坡侵蚀严重地段。土壤呈红棕-棕红，全剖面黏性土，块状-棱块状结构，通透性极差，可缩性和膨胀性强，遇水膨胀，干后开裂严重（陕西省土壤普查办公室，1992）。土性凉，易板结，"干时一把刀，湿时一团糟"。土壤有机质和养分含量低下，农作物以冬小麦、春小麦、大麦、玉米、青稞、马铃薯和蚕豆为主，产量低，以下是甘肃省华亭县的剖面。

（2）典型剖面形态特征（中国土壤普查办公室，1996）：采自甘肃省华亭县西华乡西华村张家山阴山坡地，海拔 1780m，年均温 7.9℃，年降水量 622mm，$\geqslant$10℃积温 2634℃，无霜期 160 天。母质为新近系红黏土，农地，多种冬小麦和玉米。

　　形态特征如下：

Ap 0～18cm 烛红棕（干，5YR 5/4），壤质黏土，粒状，疏松，根多，泡沫反应强；

AC 18～110cm 亮红棕（干，5YR 5/6），粉砂质黏土，块状，稍紧实，根较多，有蚯蚓粪，有石灰粉末，泡沫反应强；

C 110～150cm 亮红棕（干，5YR 6/6），粉砂质黏土，块状，紧实，根少，泡沫反应强。

该剖面构型为 Ap-AC-C，全剖面质地为壤质黏土和粉砂质黏土，红棕，土壤基质色调为 5YR，符合铁质特征。全剖面泡沫反应强，可能是上层已被剥蚀，具有碳酸钙的土层裸露之故；或由于地处第四系石灰性黄土广布地区，复钙作用使剖面有次生碳酸钙假菌丝体。

（3）土壤基本理化性质和黏土矿物类型：表 4-3 说明，该土 pH 为 8.5，有机碳低，较高的代换量是蒙皂石胶体的贡献，是新近系三趾马红土本身所赋有的。表层以下的黏粒含量基本上为 300g/kg，但表层 0～18cm 的黏粒含量为 255.0g/kg，未达到变性土的诊断标准。碳酸钙含量 0～18cm 为 82g/kg，18～110cm 为 92g/kg，110～150cm 为 108g/kg，基本符合钙积现象（中国科学院南京土壤研究所土壤系统分类课题组和中国土壤系统分类课题研究协作组，2001）。

表 4-3　土壤基本理化性质和黏土矿物类型（甘肃省华亭县）

地点	层次	深度 /cm	pH	有机碳 /(g/kg)	代换量 /(cmol(+)/kg)	<2μm 黏粒 /(g/kg)	代换量 /黏粒%
甘肃华亭	Ap	0～18	8.4	6.30	22.8	255.0	0.89
	AC	18～110	8.5	4.00	27.5	300.0	0.93
	C	110～150	8.5	2.32	28.1	300.0	0.95

（4）土壤分类与命名：按全国第二次土壤普查的地理发生分类，属于初育土土纲，红黏土土类，积钙红黏土亚类，火红土土属。

参照《中国土壤系统分类检索（第三版）》的原则划归雏形土土纲，干润雏形土亚纲，古干润雏形土土类（新土类），变性-弱钙古干润雏形土亚类（新亚类）。

2）剖面 2

（1）概况：在河南新安和新乡均发现埋葬的三趾马化石群。新近系红黏土分布在河南省西部三门峡、渑池、洛阳、南阳、新乡等地的丘陵和阶地，过去多为荒地。出露的三趾马红土面积为 15.57hm²，次于甘肃。2012 年 9 月，吴珊眉和申眺曾到现场复查并采样。

（2）典型剖面形态特征（魏克循，1995）：采自河南省新安县城关乡王庄村北 100m（图 4-6 和图 4-7），形态特征如下：

Ap 0～15cm 红棕（5YR 4/6），中黏土，屑粒状结构，松，植物根系多，弱石灰反应；

A1 15～60cm 红（2.5YR 4/8），中黏土，块状结构，紧，植物根系中等，有中量胶膜与铁锰条纹和小结核，并有少量较大的砂姜，土体弱泡沫反应，pH 为 8.26；

　　ACss 60～100cm，暗红（2.5YR 3/6），轻黏土，棱块状结构，植物根系少，有中量胶膜与暗色铁锰条纹和中量砂姜，土体弱泡沫反应，pH 为 8.29（图 4-6 和图 4-7）。

图 4-6　红黏土自然剖面（河南新安）　　　　图 4-7　红黏土剖面（河南新安）
（吴珊眉摄，2012）　　　　　　　　　　　（魏克循，1995）

　　以上全剖面质地黏重，60～100cm 棱块状结构，微形态薄片观察显示兼有定向黏粒胶膜和扩散胶膜（图 4-8 和图 4-9）。该剖面的碳酸钙淋溶，残余砂姜出现部位较高（图 4-7），旱季全剖面明显开裂（图 4-6）。

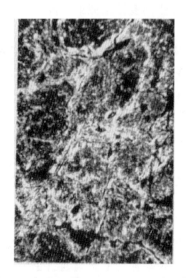

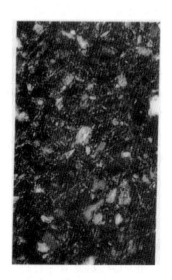

图 4-8　新安红黏土（15～62cm）沿裂隙　　　图 4-9　新安红黏土（15～60cm）示光性
的扩散黏粒胶膜（正交×160，魏克循，1995）　　　定向黏粒（魏克循，1995）

（3）土壤基本理化性质（表 4-4）：由表 4-4 说明，土壤 pH 在 8.29～8.45。全剖面黏粒含量超过 300g/kg，表土层（0～15cm）稍低，是由于长期使用土杂肥的缘故，因此，难以判断是否具有黏化层。有机碳表层稍高，其他层段很低，但代换量达 30cmol（＋）/kg，显示蒙皂石和伊/蒙混层膨胀性黏粒的贡献。代换性盐基以钙为主，盐基饱和度为 91％～93％。线膨胀系数为 0.091～0.096。黏粒的 X 射线衍射分析表明，以伊/蒙混层黏土矿物为主，相对含量占黏土矿物总量的 75％～80％。单蒙皂石占 8％～9％。单伊利石含量只有 7％～9％，高岭石占 3％。从黏粒含量、阳离子代换量、线膨胀系数，以及膨胀性黏土矿物的结果，都说明符合变性土的指标。全剖面土壤含碳酸钙相当物低，但是有中量砂姜，影响根系生长。游离铁达到《中国土壤系统分类检索（第三版）》规定的铁质特性标准（$Fe_2O_3 \geqslant 20\%$），主要是古气候环境的成土作用，也是诊断这类古土壤的一个参数。铁胶结有降低膨胀性的作用，但据张永双等（2002）的研究，三趾马红土的自由膨胀率平均达到 82.14％。与线膨胀系数之值相呼应。

表 4-4　土壤的主要理化性质（河南省新安县）

地点	发生层	深度/cm	pH	有机碳/(g/kg)	代换量/(cmol(＋)/kg)	黏粒<1μm/(g/kg)	代换量/黏粒%	线膨胀系数	游离铁/铁游离度(g/kg)/%	碳酸钙相当物/(g/kg)
河南新安	Ap	0～15	8.45	4.47	31.48	477.0	0.66	—	32.6/46.6	5.4
	A1	15～60	8.26	1.97	30.00	584.9	0.51	0.091	30.1/46.7	5.0
	ACss	60～100	8.29	1.74	30.82	501.4	0.61	0.096	24.6/35.7	2.3

（4）土壤分类和命名：按河南省第二次土壤普查的发生分类，划归初育土土纲，红黏土类，普通红黏土亚类。

按中国土壤系统分类原则，划归为变性土土纲，干润变性土亚纲，古干润变性土土类，铁质-砂姜简育古干润变性土亚类（新亚类）。

因为，砂姜体积已影响作物根系生长，而土层碳酸钙含量又小于中国土壤系统分类检索规定指标，为此，则有铁质-砂姜简育古干润变性土亚类的思考，类似情况，在淮北等地的砂姜黑土也很普遍，希望作进一步研究和讨论。

燕守勋等（2004）研究河南九重的红黏土（N_2）风化土层（即土壤层），从塑性指数、自由膨胀率、比表面以及黏土矿物组成以伊/蒙混层为主，混层比 55％～75％，总蒙皂石含量 37％～47％，伊利石次之，少量高岭石等来判断，都是属于强膨胀势的黏土。此支持我们的分类，而河南九重的土壤全剖面，则值得进一步研究。

根据九重土样黏粒含量大于 300g/kg、楔形棱块状结构、裂隙和结构面显现定向胶膜，旱季开裂明显等变性特征，以及变性性质，说明达到变性土诊断标准，可以认为是变性土。国际上，如美国等有将三叠系未固结红黏土母质演变的土壤划归变性土。它们实际上是一种更古老的土壤（距今 23.3Ma B.P.），建议按古土壤学的原则来定义古变性土等和诊断特征及性质，从而设立古干润变性土土类（在澳大利亚、印度等都也有古干润变性土等）。对于第四纪的古土壤，如某些褐土、黑垆土等，在实用分类上可以暂缓考虑其为"古土壤"。

3）剖面3

（1）概况：张永双等（2004）在秦岭北缘周至县马召镇仙游寺一带发现了中更新统厚层褐色黏土，命名为"仙游寺黏土"，是中更新世晚期湿润-半湿热气候环境下形成的坡面流堆积，其物质来源于秦岭山地表层的褐色古风化壳。应用铀系全溶样品的等时线技术对褐色黏土中的钙结核进行了年代学测试测得钙结核的年龄为（133.1±9.1）Ka。为便于今后调查研究的参考，对仙游黏土的断面特征、黏土矿物组成和理化性质加以叙述。

室内试验结果表明：它是一种典型的富含膨胀性黏土矿物的膨胀土，是渭河盆地从未发现的膨胀土新类型。仙游寺黏土不良的物理特性导致仙游寺周边和108国道秦岭北缘一带的天然斜坡和人工边坡的不稳定，在强降雨条件下，频繁发生大量的土体滑坡。

（2）特征：观察的断面处于秦岭北坡和山前带的长安、户县、周至、眉县一带，是发育程度不同的褐色黏土。观察研究的两个剖面，位于周至县马召镇南，高于渭河平原200~300m的仙游寺台地（残丘）一带，其厚度较大，出露较好，从山脚至缓丘顶部堆积高差约300m。仙游寺黏土处于坡积裙，估计厚度大于30m，除局部有黄土覆盖外，有褐色黏土的出露。现以位于陕西省周至县马召镇南108国道东侧的仙游寺附近（34°03′42″N，108°11′55″E）和马召砖厂取土坑（34°03′56″N，108°11′03″E）加以说明。

该仙游寺黏土出露厚度为15m左右，倾角10%~25%，总体北倾。褐色黏土，除中部夹有0.5~1.0m的棕黄色粉质黏土外，呈褐色、深褐色，夹有极少量的粗颗粒及含直径5~8cm的圆形钙质结核，部分地段形成稳定的钙盘，厚度0.3~0.5m。含游离的 Fe_2O_3，但远低于新近系三趾马红黏土，有较多的风化裂隙，处于断裂带的黏土层中有构造成因的裂隙。

（3）土壤基本化学性质：土壤pH为7.10~7.66，有机质在4.4~16.2g/kg；土体的碳酸钙含量低，游离 Fe_2O_3 为6.0g/kg（表4-5）。

表4-5　土壤某些基本化学性质（陕西周至仙游寺）（张永双等，2004）

地点	颜色和质地	pH	有机碳/(g/kg)	CaCO₃/(g/kg)	游离 Fe₂O₃/(g/kg)
仙游寺	黄褐色/黏土	7.66	2.55	13.4	6.2
仙游寺	褐色/黏土	7.02	6.20	7.6	6.0
马召砖厂取土坑	深褐色/黏土	7.10	9.40	6.9	6.2

（4）黏土矿物半定量：研究表明仙游寺黏土的矿物是蒙/伊混层矿物、伊利石和高岭石的共生组合，以膨胀性的蒙/伊混层矿物为主，其相对含量为73%~84%，混层比为40%~45%，蒙皂石总含量达32.85%~34.20%。

（5）土壤基本物理性质（表 4-6）：根据吸管法颗粒分析结果，＜2μm 黏粒含量为 34.88%～43.40%；塑性指数为 18.49～24.65，按地质学界判断膨胀势大小的塑性图，仙游寺土样具有强膨胀势，马召砖厂土样为中膨胀势，均为膨胀土，因而，这两地的地基属于不稳定类型，公路边坡有不稳定隐患，在暴雨期间容易发生大面积滑坡。

表 4-6　土壤基本物理性质（张永双等，2004）

地点	颜色和质地	＜2μm 黏粒 /(g/kg)	比表面 /(m²/g)	容重 /(g/cm)	塑性指数	膨胀势	自由膨胀率
仙游寺	黄褐色/黏土	434.0	194.95	2.1	24.65	强	75
仙游寺	褐色/黏土	407.0	189.75	—	22.82	强	45
马召砖厂取土坑	深褐色/黏土	348.8	129.52	1.99	18.49	中	32

（6）分类：综合上述形态特征，诸如褐色、裂隙、黏粒（＜2μm）含量＞300g/kg、膨胀性黏土矿物含量较高、具有中-强膨胀势等。出露的土层或属于变性简育干润淋溶土（变性亚类），或归为与褐土呈复区分布的"干润变性土"。希望进一步研究黄土高原的古土壤变性特征、现象和性质。

2. 潮湿变性土

（1）概况：潮湿变性土分布在山西省汾阳、交城、文水、孝义洪积扇缘交接洼地，海拔 738～960m。晋城、晋中也有少量分布，面积 0.97 万 hm²。

（2）典型剖面形态特征（山西省土壤普查办公室，1992）：观察地点在山西省交城县义堂乡夏家营东四眼桥，海拔 757m 的扇间洼地，潜水埋藏深度 1.5～2.0m，种植高粱、玉米，产量低而不稳。

0～16cm 淡棕色（7.5YR 6/3），壤黏土。碎块状结构，疏松，润，根多；

16～34cm 橙色（7.5YR 6/6），黏土，块状结构，紧实，潮，根多；

34～71cm 橙色（7.5YR 6/6），壤黏土，棱块状结构，紧实，潮，有中量斑纹状铁锰氧化物，根中量；

71～105cm 橙色（7.5YR 6/6），黏土，棱块状结构，紧实，潮，有少量斑纹状铁锰氧化物，根少量；

105～150cm 橙色（7.5YR 6/6），黏土，棱块状结构，紧实，潮，根少。

该剖面 0～150cm 均为黏土，34～150cm 紧实、橙色（7.5YR 6/6）为主，棱块状结构，旱季有裂隙，说明土体膨胀-收缩性能较大。30～105cm 层段有铁锰斑纹，说明存在氧化-还原过程。全剖面中等泡沫反应。

（3）土壤理化性质：全剖面土壤有机质含量 0～34cm 稍高，从表层向下缓慢减少，至 105～150cm 含 4.00g/kg，显示在漫长的成土过程中，在浅湖积环境下，有机质的生物累积与黏粒的沉积同时进行，与淮北变性土类似。全剖面黏粒含量为 388～506g/kg；表层以下的阳离子代换量在 28～30cmol（+）/kg，代换量/黏粒% 以 0.68 为主，说明黏土矿物组成中，主要是蒙皂型（表 4-7）。

表 4-7　土壤主要理化性质（山西省土壤普查办公室，1992）

地点	深度/cm	pH	有机碳/(g/kg)	代换量/(cmol(+)/kg)	碳酸钙/(g/kg)	<2μm黏粒/(g/kg)	代换量/黏粒%
山西交城	0～16	7.45	5.22	26.4	22.9	388	0.68
	16～34	7.65	7.83	30.5	41.1	471	0.68
	34～71	7.55	5.74	28.2	36.3	415	0.68
	71～105	7.60	4.29	30.8	20.0	484	0.64
	105～150	7.60	4.00	27.7	22.2	506	0.55

（4）土壤分类和命名：按全国第二次土壤普查，划归潮土亚类。

按《土壤系统分类检索（第三版）》，划归变性土土纲，潮湿变性土亚纲，弱钙潮湿变性土土类，普通弱钙潮湿变性土亚类（新亚类）。

4.2　黄河-海河平原

西为太行山，东临黄海，北与辽宁相连，南与淮河及其支流毗邻，包括北京、天津全部、河北省和河南省北部、山东北部。变性土主要分布在广大平原的边缘，如新近系红黏土出露的燕山和太行山山麓浅丘，山东半岛北部第四系黏性沉积物阶地，以及平原中的相对低的黏土淤积地段等。黄瑞采和吴珊眉（1987）曾将海河平原的胶泥土划归为"变性冲积潮湿新成土"，将砂姜黑土划归"潮湿变性土"。水利部门称海河平原的胶泥土为"裂隙黏土"（欧钊元等，2008）。黄河-海河平原是全国粮食生产潜力最大的地区之一，然而，克服洪涝、旱、盐碱、风沙和平原边缘的土壤侵蚀等为害，实施土壤肥力提高，则具有更大的生产潜力。

4.2.1　成土条件

1. 气候

位于黄河-海河平原中心部位的河北平原中、北部，年均温中部为 12℃左右，属暖温带湿润-半湿润气候。冀南平原南端邯郸地区具备弱亚热带积温指标，年均温 13～14℃，无霜期 170～220 天，农作物可一年二熟或二年三熟。春季干旱多风，夏季雨量集中；年平均降水量为 500～800mm，地区分布极不均匀。燕山南麓，太行山东麓为夏季风迎风坡，多地形雨，是全省降水量最高的地带。燕山南麓可达 700mm 以上，太行山麓也超过 600mm，河北平原的束鹿、宁晋、南宫一带则降水量不足 500mm。干湿交替的季风气候是变性土形成的要素之一，它直接影响土壤水分状况的变化，继而影响土壤的膨胀-收缩循环。本区年干燥度为 1.31～1.72，如北京是 1.31，天津是 1.57，石家庄是 1.54。

2. 地质背景

在构造上属沉降地带。古生代以前是一片汪洋大海，元古代经历两次较强烈的地壳运动（即吕梁运动和蓟县运动），伴有中性火山岩喷发，下震旦纪也有喷发岩的地层。古生代继承了元古代末期的沉积特点，形成一套浅海至深海相沉积岩地层，以碎屑岩及各种灰岩为主，广泛出露于太行山两翼和北京西山及燕山南麓。中奥陶纪末期受加里东运动影响，本区普遍抬升成陆地。古生代中后期的燕山运动十分强烈，形成一系列大型隆起与凹陷。在强烈的褶皱、断裂活动中伴随着规模巨大的岩浆活动。同时太行山北段以至燕山山地，形成了一系列断陷盆地。这些盆地中堆积了一套侏罗系陆相沉积与喷出岩交替的地层。

新生代在喜马拉雅运动影响下，北部、西部山地相对上升，山地高原继续隆起而遭受剥蚀，平原相对下降而强烈凹陷，沉积了具有强膨胀性能的巨厚的上新近系陆相地层，构成了今日平原的雏形。第四系沉积物广泛分布于平原和河谷。新生代的断裂活动仍然强烈，大量玄武岩沿裂隙流出，尤其在坝头一带形成"汉诺坝"玄武岩台地；新生代玄武岩在太行山东麓和渤海之滨的海兴县有零星出露。

可见，此平原在地质时期，不乏火山喷发的影响，留下了诸如玄武岩等喷发岩的风化残积物，还影响河流搬运的再沉积物的黏土矿物组成。本区固有的新近膨胀土层深埋于黄河和海河的泛滥冲积-沉积的深厚土层之下。但在平原的北、西和南部边缘，大凡未被黄泛掩埋的地方保留有强膨缩性的膨胀土/变性土。

3. 地貌

可分为燕山山麓平原、太行山山麓平原、低平原和滨海平原，以及黄河以南的山东半岛北部小平原等。

（1）燕山山麓平原：位于燕山以南，滨海平原以北，北京—山海关铁路两侧，包括唐山、秦皇岛和廊坊地区所属县，占河北省总面积的 4.42%，境内潮白河和滦河流经大量玄武岩等岩层分布地区，在与平原交接的低洼地形部位，分布有潮湿变性土。

（2）太行山山麓平原：位于太行山东麓，京广线两侧，包括石家庄、保定、邢台、邯郸市及所属县的全部或一部分，占河北省总面积的 11.09%。由太行山流出的 10 多条河流，在山麓地带形成的一系列冲积扇、洪积裙联合组成的主体。该区从山麓向平原缓缓倾斜，与平原交接处形成洼地（如宁晋泊洼，大陆泽等）。东麓有火山遗迹、古近系和新近系膨胀性硬黏土出露，其上土壤具有变性特征或现象。

（3）冲积平原：在太行山山麓平原以东，滨海平原以西，燕山山麓以南的地域，占河北省总面积的 19.16%。黄河以北全区为历代改道泛滥和海河水系沉积形成的冲积平原，海拔 5～50m，由西南向东北倾斜，比降较小，内夹湖积洼地，构成低洼和平地相间的，起伏不大的平原，其间有盐碱化和变性现象的土壤分布。

（4）山东半岛北部小平原：位于山东半岛北部，由阶地和冲积-湖积平原组成，小清河东偏北向流入莱州湾。

4. 成土母质

（1）玄武岩类风化残坡积物。基性玄武岩的风化残坡积物细粒是形成变性土壤的物质基础，太行山、燕山和坝上，诸如汉诺坝、阳原、井陉、汤阴和承德等地有大面积玄武岩的风化残-坡积物，张家口北神威台玄武岩非黏性的母质上发育的土壤肥沃，植被茂密。在玄武岩黏性风化残积物上形成变性土，也比其他土壤的肥力高，其富含蒙皂石的细粒再沉积，成为变性土形成的沉积性母质。

（2）泥页岩类残坡积物。泥页岩是一种硬化的黏土岩（颗粒<5μm），薄层或页状，常含有大量膨胀性黏土矿物。含有丰富的蒙皂石的泥页岩风化物形成的土壤质地黏细，具较高的膨胀-收缩性能。

（3）新近系膨胀性硬黏土。黄河-海河平原深埋有巨厚的新近系膨胀性硬黏土（图4-10），原是古变性土物质，颜色有棕黄、灰绿、灰白等，有时夹褐紫色条纹（张永双等，2004），在太行山东麓和南麓都有出露。

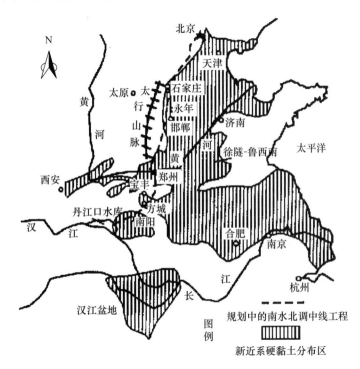

图 4-10　新近系膨胀性硬黏土的分布示意图（张永双等，2002）（注意：范围超过黄-海平原）

新近系红黏土。如保德红土为上新统（N₂）湖积物，因构造运动和侵蚀作用，或人为的深挖方而露出地表，在冀北丘陵和太行山麓都有出露，分布广泛而零星，其质地黏重、呈棕红、红或暗红色，具有湿膨胀和干收缩特性，干坚硬而多裂隙，棱块状或柱状结构，有的夹小砂姜。沿南水北调中线断续地经过此地层，危害水利工程的稳定性。

（4）黏性沉积物和湖积物。湖积物分布在湖泊和大洼淀周围，由湖岸向湖盆中心，沉积物变细。质地黏重，颜色灰暗，或有泥炭的累积，夹有淡水螺壳。大陆泽、宁晋洼都有大片黏土沉积，沿滏阳河的衡水和大清河一带，在静水沉积的河间洼地，有黏土沉积，如临漳、肥乡、广平和曲周等地。在古河道及缓岗之间的低洼地段，常发现黏质沉积。黏粒多源于黄土高原的第四系的古土壤层次和新近系红黏土。这些黏性的沉积物形成具有变性现象的土壤或变性土。河北省境内海河流域的主要成土母质的机械组成和化学性质（表 4-8 和表 4-9）。

表 4-8　海河流域的主要成土母质的机械组成（李承绪，1990）

母质类型	采样地点	颗粒含量/(g/kg)				质地（国际制）
		2.0~0.2mm	0.2~0.02mm	0.02~0.002mm	<0.002mm	
玄武岩风化物	围场沙坟湖旁	130.0	580.0	100.0	190.0	黏壤土
红黏土（N）	井陉微水	100.0	200.0	178.7	521.3	黏土
红黄土（Q）	滦县下五岭	100.0	107.9	369.2	422.9	壤黏土
大清河沉积物（Qh）	保定南大园	29.9	109.2	541.5	319.4	粉砂黏土
湖积物	霸县东淀	—	401.5	33.5	565.0	黏土

表 4-9　海河流域主要成土母质的化学性质（李承绪，1990）

母质类型	采样地点	pH	有机碳/(g/kg)	全磷/(g/kg)	全钾/(g/kg)	速效磷/(mg/kg)	速效钾/(mg/kg)	代换量/(cmol(+)/kg)	碳酸钙/(g/kg)	代换量/黏粒%
玄武岩风化物	张北神合台	7.1	3.25	1.51	11.5	1	17	20.71	2.9	1.00
玄武岩风化物	围场沙坟湖旁	7.9	6.09	0.34	22.4	1	96	24.74	12.0	1.30
红黏土（N）	井陉微水	7.1	0.81	0.39	21.0	1	123	39.00	0	0.75
红黄土（Q）	滦县下五岭	7.5	3.36	0.23	18.7	4	128	21.20	0	0.50
大清河水系沉积物（Qh）	保定南大园	8.0	4.41	0.57	17.8	2	216	23.50	56.0	0.74
湖积物	霸县东淀	8.2	8.35	0.56	19.0	2	193	27.63	143.0	0.49

4.2.2　土壤

1. 干润变性土

1) 剖面 1

（1）概况：分布在太行山麓京广铁路以西的低丘和冲积扇地区，地势高于平原，在河北省南起邯郸、沙河、永年、邢台、石家庄、井陉，直至冀东低山丘陵，都有新近系红黏土母质裸露，其上土壤俗称"老红黏土"，面积 0.087 万 hm^2。此外，有新近系灰绿为主的黏土出露。本地区年干燥度为 1.54，土壤温度状况为温性，南部为热性（龚子同等，2007）。地带性土壤是褐土，观察的剖面位于邢台沙河县的丘陵岗台地中较低处。

（2）剖面形态特征：采自河北省邢台沙河县如高庄一带，处于山麓较低地，地下水埋深 30m。具体形态特征如下：

0~11cm 浅棕红（2.5YR 5/8），壤黏土，碎块状结构，坚实，弱泡沫反应；

11~28cm 淡红棕（5YR 5/8），粉砂壤黏土，块状结构，紧实，弱泡沫反应；

28～75cm 淡红棕（5YR 5/8），黏土，棱块状结构，紧实，结构面有假菌丝体和胶膜；

75～130cm 淡红棕（5YR 5/8），黏土，大棱块状结构，结构面上有胶膜和假菌丝体，少量锈纹。

主要形态特征：全剖面黏性土，心土层棱块状结构，结构面有应力胶膜。对于 CaCO$_3$ 含量，0～28cm 高于以下各层，是人为和风尘来源。按《中国土壤系统分类检索（第三版）》，碳酸钙含量尚不足以称"钙积"。

（3）土壤主要理化性质（表 4-10）：由表 4-10 可见，＜2μm 黏粒表层 0～11cm 低于 270g/kg，11～75cm 达到 322.2g/kg。从上表看，全剖面有机碳含量越往下越低，但代换量往下反而增加到 38～41cmol（＋）/kg，说明此土含有大量活性黏粒，来源于伊/蒙混层和蒙皂石类黏土矿物，具有显著的膨胀性。

表 4-10　土壤主要理化性质（杨晋臣，1990；丁鼎治，1992）

地点	深度 /cm	pH	有机碳 /(g/kg)	代换量 /(cmol(＋)/kg)	碳酸钙 /(g/kg)	＜2μm 黏粒 /(g/kg)	黏土矿物 类型
河北沙河	0～11	7.80	8.64	28.20	23.90	212.90	蒙皂型
	11～28	7.05	4.41	30.60	23.30	322.20	蒙皂型
	28～75	7.81	2.32	38.40	17.70	322.22	蒙皂型
	75～130	7.90	2.26	41.70	16.00	—	—

土壤基质色调为 5YR；Fe$_2$O$_3$ 含量在 95.8～112.9g/kg，均达到"铁质"的要求。硅铁铝率在 2.7～2.9，硅铝率在 3.42～3.78，说明这类土的发育弱，色红但无富铝化作用，黏土矿物依代换量/黏粒％来判断，属于蒙皂石和伊/蒙混层黏土矿物型。

王秀艳和王成敏（2004）在石家庄市市区西部，地处太行山东麓嬅沱河冲洪积扇上部丘陵与海河平原交界地带，海拔 91.75～110.89m 处，在面积约 18.67hm^2 范围内，研究了红黏土的形态和膨胀势，可供参考。该区的母质为厚度 2.6m 的坡积物，其顶部 0.4m 为耕植土。土色以棕红为主，也有砖红、浅黄、灰黄、豆绿色和杂色。质地主要为粉质黏土，细腻，有滑感。有垂向或斜向裂隙发育，下垫岩石碎块，底层局部含钙结核和铁锰结核。试样中自由膨胀率大于 65％的土样占 13.6％，按工程地质界的国际标准，属于中膨胀势的膨胀土，是吸水膨胀失水收缩导致建筑物变形的不稳定地基。笔者在石家庄以西的低丘地区的井陉县实地考察，见到红黏土分布于高阶地，有出露也有埋在黄土和红黄土层之下的，显现变性特征。

（4）土壤分类和命名：按全国第二次土壤普查的地理发生学分类，划归初育土土纲，红黏土土类，老红黏土土属。

参考《中国土壤系统分类检索（第三版）》的标准，划归雏形土土纲，干润雏形土亚纲，古干润雏形土土类（新土类），变性铁质古干润雏形土亚类（新亚类）。

参考《美国土壤系统分类检索》，划归变性土土纲，干润变性土亚纲，弱钙干润变性土土类，新成性弱钙干润变性土亚类。

2）剖面 2

（1）概况：分布于华北平原南端的山东半岛北部阶地，属于小清河流域。行政上在山东潍坊地区，面积约 1.42hm^2。

（2）典型剖面形态特征描述（高锡荣，1986）：剖面采自山东省益都县猕河山前低平原，地理位置 35°28′N，116°22′E。年均温 12.6℃，年降水量 710.7mm，降水集中在 6 月下旬～8 月初，年潜在蒸发蒸腾量 1294.2mm，年干燥度＞1.2，母质为 Qp^3 暗色湖积物。耕种历史达 2000 年以上。土壤主要形态特征见表 4-11。

表 4-11　土壤的诊断性形态特征（高锡荣，1986）

地点	层次	深度/cm	质地	颜色（润）	结构	其他特征
	Ap	0～26	粉黏土	10YR 3/2	团粒-块状	裂隙 1cm
山东益都	Alss	26～67	粉黏土	极暗灰 10YR 3/1	棱块-楔形	滑擦面，裂隙
	AC	67～110	粉黏土	10YR 3.5/1	棱块	泡沫反应强有面砂姜

土壤剖面的宏观形态特征：暗色，具有裂隙，宽度至少 1cm，深度 67cm，裂隙于春旱 4～6 月雨季来临以前开放，6 月 24 日观察田间生长冬小麦，是土壤水分很干旱的时期，见到上层土粒填充于裂隙。心土层棱块/楔形结构，具有滑擦面，67cm 以下有面砂姜。微形态学观察到，在裂隙、孔洞、骨骼颗粒附近基质中，有应力胶膜和扩散胶膜裂隙夹角 20°～80°。以上都说明该土变性特征明显，土壤膨胀-收缩性能强，与其 COLE 值达 0.17 相符。

（3）土壤的基本化学性质：表 4-12 说明全剖面的 pH 为 7.64～7.84。有机碳含量低，表层为 8.8g/kg，向下减少。但盐基代换量并不低，表层 0～26cm 为 31.1cmol（＋）/kg，心土层增加到 35.06cmol（＋）/kg，代换性钙为主，占盐基代换量的 82%～84%。说明土壤含有相当数量的钙蒙皂石。此与代换量/黏粒%值 0.91 和 0.85 相符。该土的黏土矿物属蒙皂石型。心土层的 X 射线衍射分析说明，蒙皂石含量 45% 左右，并含有伊/蒙混层黏土矿物。

表 4-12　土壤的基本化学性质（高锡荣，1986）

剖面号/地点	深度/cm	pH	有机碳/(g/kg)	代换量/(cmol(＋)/kg)	代换性 Ca^{2+}/(cmol(＋)/kg)	代换性 Mg^{2+}/(cmol(＋)/kg)	代换性 K$^+$/(cmol(＋)/kg)	代换性 Na$^+$/(cmol(＋)/kg)	代换量/黏粒%
	0～26	7.76	8.8	31.10	26.11	3.82	0.31	0.17	0.91
4/山东益都	26～67	7.64	7.9	35.06	28.59	3.94	0.44	0.62	0.85
	67～110	7.84	8.1	—	—	5.50	0.25	0.22	

（4）土壤颗粒分析和线膨胀系数见表 4-13：

表 4-13　土壤的黏粒含量和线膨胀系数

地点	深度/cm	＜2μm 黏粒/(g/kg)	COLE/(cm/cm)
	0～26	341.9	0.07
山东益都	26～67	414.2	0.17
	67～110	360.2	0.11

综上所述,该剖面在诊断特性上具有以下几个特点:①土壤黏粒含量大于 300g/kg;②具有棱块/楔形结构裂隙和滑擦面;③土壤的线膨胀系数高达 0.17,说明黏土矿物以伊/蒙混层和蒙皂石为主,具有明显的膨胀-收缩性;④土壤代换性能高,黏粒的活性大,代换量/黏粒% 在 0.85 以上,以上变性特征和性质,根本上是由于富有蒙皂石和伊/蒙混层膨胀性黏土矿物。

(5) 土壤系统分类与命名:按《中国土壤系统分类检索(第三版)》规定,划归变性土土纲,干润变性土亚纲,钙积干润变性土土类,典型钙积干润变性土亚类。

3)"剖面"3

(1) 概况:燕守勋等(2004)详细研究了南水北调中线工程沿线的膨胀土。在邯郸—永年地区的太行山麓与平原交接的丘陵地带,分布有出露的新近系湖相灰绿、带棕红和杂色硬黏土层,上部风化层多为灰白色,当地群众用以黏合成煤球,而称为"煤土"。工程地质界认为是膨胀-收缩性很强的膨胀土,对水分变化敏感,其膨胀-收缩性能使地基和建筑物变形,是南水北调水利工程难度最大的不稳定渠基。

(2) 黏土矿物组成和含量:对采集的 28 个表层和 2m 以内的土样,进行了黏粒和X 射线衍射测定,有关土样数据见表 4-14。

表 4-14　南水北调中线膨胀土的黏土矿物组合和含量(燕守勋等,2004)

地点	土样	混层比/%	高岭石/%	蒙皂石/%	伊利石/%	绿泥石/%	伊/蒙混层矿物/%	蒙皂石总含量/%	黏粒含量/(g/kg)
邯郸种畜场	灰绿黄褐杂色风化黏土	85	11	17	19	5	48	57.8	474.0
邯郸李三陵	灰绿色硬黏土风化层	65	2	19	6	2	71	48.05	595.2
邯郸曹庄	灰绿色夹白色团块风化层	95	1	85	9	1	4	88.8	374.2
邯郸曹庄	灰绿-粉红色黏土风化层	90	1	49	7	1	42	86.8	389.6

南水北调中线河北省邯郸和永年段出露地表的灰绿古风化层,主要是在古还原环境下形成,间有氧化环境,具裂隙性,土层上部以高角度裂隙为主,向下往往以低角度剪切裂隙(交叉裂隙)为主。裂隙面在新鲜时有明显蜡状光泽和擦痕,即滑擦面。具高分散性,小于 $2\mu m$ 黏粒含量 370～590g/kg,比表面 $282.9m^2/g$。黏土矿物以蒙皂石和蒙/伊混层矿物为主,蒙皂石总含量高达 57.8%～88.8%。自由膨胀率在 75%～120%,液限为 58.65%,塑限为 20.68%,塑性指数为 37.97。按国家标准的膨胀势来判别的属中-强膨胀势黏土,按国际膨胀势判别图,属于极强膨胀性黏土。以上充分表明,这些土样具备明显变性特征,对其全剖面特征、性质及分布规律等值得进一步研究。

2. 潮湿变性土

1）概况

全国第二次土壤普查划归的砂姜黑土，零星散布在海河平原西部和北部扇缘洼地和湖积低地。面积 57 万 hm²，占河北省总土壤面积的 0.40%，主要分布在唐山市、任县、隆尧、柏乡、宁晋、容城、安新、徐水、新城、定兴、博野、三河、大厂、香河、玉田、丰润和丰南等地的扇缘洼地。年均降雨量为 500～700mm，海拔低于 5m，多数低于 2.5m，地势低，排水条件差，地下水埋深一般在 0.5～1.5m，大多为重碳酸钙镁型水质。成土母质为黏性河湖相和湖相沉积物，自然植被有芦草、蒲草和三棱草等。

该类变性土质地黏重，结构不良，通透性差，心土层以下出现锈纹锈斑，并有灰蓝色的潜育层。pH 为 7.5～8.1。表层土壤碳含量低。速效钾含量均较高为 200mg/kg。碳酸钙相当物，表土层一般在 20g/kg 以下，心土和底土层有所增加，一般在 60cm 深度左右出现钙结核。

2）典型剖面（丁鼎治，1992）

（1）剖面 1：分布在河北省玉田、丰润和丰南等县的冲积平原的低洼地，母质为静水沉积物，面积 0.62 万 hm²。剖面发育于晚更新统湖积物（Qp³），构型为 Ap-Cg-Cgk。通体小于 2μm 的黏粒含量为 400～500g/kg，底土层含量较高。土壤颜色以灰棕为主。40cm 以下有锈纹锈斑和铁锰结核，埋藏黑土层（67～80cm）有灰蓝色潜育特征。钙结核一般在 60～80cm 出现，底土层含量较高，然而，土体碳酸钙相当物 20g/kg 左右。全剖面泡沫反应无-微弱。

剖面位于丰南侉子庄乡翟一村西，属冲积平原的低洼地，地形平坦。年平均 10.5℃，年降水量 640.8mm，≥10℃积温 3221℃，无霜期 182 天。母质为静水沉积物，地下水位 1m，种植小麦、玉米，一年二熟。

（2）剖面 2：分布在唐山、秦皇岛、承德等市冀东冲积平原的碟形洼地或浅平洼地，在承德地区河川平地上也有分布，面积为 5.55 万 hm²。剖面发育于非石灰性淤积物，A—C 型，壤质黏土，下部土体有锈纹斑。剖面采自滦南县候各庄乡港北村，年均温 10.5℃，年降水量 682.5mm，≥10℃积温 3966.2℃，无霜期 181 天。地势低洼、平坦，海拔 7.2m。种植小麦、玉米、高粱。

以上两个土壤剖面的土壤形态特征见表 4-15。

表 4-15　典型剖面的土壤主要形态特征（河北省土壤普查办公室，1992）

剖面号/地点	层次	深度/cm	颜色	质地	结构	其他特征
	Ap	0～17	灰棕 5YR 5/2	黏土	块状	弱泡沫反应
	A1	17～38	灰棕 5YR 5/2	黏土	块状	弱泡沫反应
	AC	38～67	黄棕 10YR 5/8	壤黏土	块状	锈纹锈斑
1/丰南	Cg	67～80	暗灰 5Y 4/1	黏土	块状	弱泡沫反应蓝灰潜育 少量钙结核
	Cgk	80～100	淡黄棕 10YR 7/6	黏土	块状	弱泡沫反应、潜育，大量钙结核

续表

剖面号/地点	层次	深度/cm	颜色	质地	结构	其他特征
2/滦南	Ap	0~30	灰棕 5YR 5/2	壤黏土	小核状	紧实
	AC	30~70	灰棕 5YR 5/2	壤黏土	小核状	—
	C	70~120	暗灰棕 5YR 4/2	壤黏土	块状	锈斑

3）土壤基本化学性质

土壤有机碳含量表层为 7.6~10.4g/kg，往下缓慢减少，但有起伏，是由于表层多次被埋藏的缘故。土壤 pH 为 7.7~8.3，全剖面土壤碳酸钙为 18~30g/kg，剖面 1 有钙结核层。土壤代换性盐基总量高，尤其是心土层在 30~39cmol（＋）/kg。有机碳含量只有 6.55g/kg 的土层，代换量却高达 39cmol（＋）/kg，表明蒙皂石的贡献，这可从河北省主要成土母质的化学性质得到印证。

据 7 个土壤剖面表层土样分析结果的养分统计（$n=7$）：剖面 1 和剖面 2 的有机碳含量相近；剖面 1 的全磷远低于剖面 2，速效磷高于剖面 2，全钾也低于剖面 2，速效钾远高于剖面 2，见表 4-16。说明两者土壤的母质来源和管理上的差异。

表 4-16　土壤基本化学性质

剖面号/地点	深度/cm	pH	有机碳/(g/kg)	代换盐基总量/(cmol(＋)/kg)	全磷(P)/(g/kg)	全钾(K)/(g/kg)	速效磷(P)/(mg/kg)	速效钾(K)/(mg/kg)	碳酸钙相当物/(g/kg)
1/丰南	0~17	7.5	7.60	30.90	0.85	18.6	10	494	20.8
	17~38	7.7	10.50	33.50	0.49	12.5	8	226	22.3
	38~67	7.8	6.55	39.00	0.43	16.3	6	214	22.0
	67~80	8.0	9.51	31.90	0.51	18.3	7	174	27.3
	80~100	8.1	5.05	22.30	0.45	13.8	10	252	28.5
2/滦南	0~30	8.3	10.44	29.09	0.68	18.0	8	145	18.8
	30~70	8.2	9.90	30.63	0.58	15.0	3	150	28.8
	70~120	8.3	4.81	17.26	0.57	14.6	5	89	30.7

4）土壤颗粒分析

结果表明黏粒含量在 300g/kg 以上；从代换量/黏粒％估计，黏土矿物为蒙皂石型。土壤具有较强的膨胀-收缩性能，见表 4-17。

表 4-17　供试土壤的颗粒分析（河北省土壤普查办公室，1992）

剖面号/地点	深度/cm	颗粒含量/(g/kg)				质地	代换量/黏粒%
		2~0.2mm	0.2~0.02mm	0.02~0.002mm	<0.002mm		
1/丰南	0~17	88.0	232.0	225.0	455.0	黏土	0.68
	17~38	88.0	226.0	231.0	455.0	黏土	0.73
	38~67	156.0	212.0	228.0	404.0	壤黏土	0.98
2/滦南	0~30	32.5	396.3	271.2	300.0	壤黏土	0.97
	30~70	56.0	341.1	251.7	351.2	壤黏土	0.87
	70~120	5.2	312.3	241.3	441.2	壤黏土	0.39

5) 土壤分类和命名

按第二次土壤普查土壤分类：剖面 1 划归半水成土土纲，砂姜黑土土类，石灰性砂姜黑土亚类。剖面 2 划归半水成土土纲，潮土土类。

按《中国土壤系统分类检索（第三版）》（中国科学院南京土壤研究所土壤系统分类课题组和中国土壤系统分类课题研究协作组，2001），①剖面 1 划归变性土土纲，潮湿变性土亚纲，潜育潮湿变性土土类，砂姜-潜育潮湿变性土亚类（据中国土壤系统分类检索，全剖面碳酸钙相当物未达钙积标准，但 80cm 以下是有大量砂姜）；②剖面 2 划归变性土土纲，潮湿变性土亚纲，简育潮湿变性土土类，普通简育潮湿变性土亚类。

4.3　土壤改良利用

对于古红黏土而言，侵蚀、干旱、膨胀黏重和贫瘠是主要限制因素。水土流失的控制，涵养水源是保持土壤水分基本措施。以小流域为单位，平整土地，修固地埂，留槎少耕，植耐旱耐瘠的多年生草本和木本植物（乔、灌、草结合），发展农林牧业综合生产。合理使用化肥和有机肥，用地养地，沟谷绿化和建设生物-工程坝以拦截泥沙淤地等综合治理，改变各个小流域为单位的总体生态环境，以逐渐产生效果。据河南经验，旱生油瓜是肥田、保水的理想植物。夏季旺盛季节可形成 30cm 厚的植物层，能有效地减少土壤水分蒸发，防裂隙，保持水土和减少地面径流。此外，适合种植烟草。

南水北调中线渠道通过太行山麓的地段，问题十分复杂，由于那些出露的变性土和埋藏的膨胀土层的特殊性质，在施工中已发生许多险情，工程界为克服施工和营运问题，进行大量的工作。事实上，一切工程都应选择非膨胀土地区进行设计和施工，故调查研究欲开发渠系的地区的土基情况，"回避"是最重要、最安全和最经济的手段。此外，交通要道也要尽量选择非红黏土分布区，尤其是深挖方反而使其出露，边坡陡，滑坡频，以致防滑坡、保安全的工程艰巨，而且耗资庞大。

对于低洼变性土，主张开辟水源以发展水稻，适应黏性、膨胀性和避涝防旱。在不具备灌溉条件的地区，可以适当抬高地面，从事土特产的栽培，如山东大葱和大蒜的产地多在变性土地区。

4.4　本章小结

（1）新的进展是将发育在红黏土和灰绿黏土上的土壤中，达变性土诊断标准划为古干润变性土，否则为古干润雏形土。出露的新近系红黏土，表层有耕作"熟化"作用，但心土层有滑擦面，膨胀性明显，具有危害地面工程和轻型建筑物的能力。灰绿黏土的膨胀性能最强。虽然，面积不大，也值得定义和设立"古干润变性土"（Paleusterts）土类，丰富土壤系统分类的内容，具有学术上和实践上的意义，建议进一步研究。对于出露的第四系更新世形成的某些褐土、黑垆土等，则与现代环境反差不大，在分类上可暂不包括在古干润雏形土以内。

（2）陕中秦岭北坡发现仙游寺膨胀土，据土壤学界对第四系黄土层中古土壤的研究资料，也说明有变性现象。此外，估计在秦岭北坡和渭河平原交接地区，可能还有潮湿变性土分布。

（3）山西高原是火山活动较多的地区，玄武岩残-坡积物及低地的河-湖相沉积物等，有利于变性土的形成，进一步调查研究，填补空白的可能性是较大的。

（4）海河流域河北平原交接洼地分布的潮湿变性土与淮北的类似，种植水稻为主。

第 5 章　淮北平原与山东半岛变性土和变性亚类

　　淮北平原北为黄河干流和山东沂蒙山地，南以淮河主流和灌溉总渠为界，豫西北为山地丘陵，东与山东半岛接壤。流域分水岭西北有河南嵩山，西有桐柏山和伏牛山，西南有大别山，山东境内有沂蒙山地等。主要支流有沙河、洪河、汝河、沙颍河、涡河、浍河、新汴河、濉河、汶河、泗河、沂河和沭河等，而胶莱河为山东半岛水系。淮河流域长期受黄河南泛的影响，最早距今约 3 万年，历史上文字记载见于"史记"。公元 1194～1899 年黄河主流南迁夺淮入海，其泛滥沉积物将淮北平原分隔成相对独立性的两部分。西部是豫、皖淮北平原，苏鲁境内称为沂沭泗平原。未被黄泛掩埋的变性土，在安徽大致分布在沙颍流域的临泉、涡阳、宿州、泗县一带（33°05′～33°38′N 以南），河南境内的洪河、汝河和沙河以南的项城、汝南、新蔡等地；以及鲁西南和鲁南，江苏灌溉总渠以北的地形相对低洼的部位。本区农业历史悠久，人口众多。如安徽淮北平原耕地占全省耕地面积的 47.8%，人均占有耕地 0.14hm²，也是安徽省旱涝灾害频繁的地区。

　　变性土的地理分布和面积的确切数据，仍是一个有待进一步研究的问题（黄瑞采和吴珊眉，1981；黄瑞采和吴珊眉，1987）。李德成等（2011）依据《中国土壤系统分类检索（第三版）》诊断和鉴定变性土的标准，对安徽、河南、山东和江苏的全国第二次土壤普查划归为砂姜黑土的所有土种，进行了再判别，以区分哪些属于变性土的土种。最后得到的符合变性土标准的土壤面积，安徽省为 131 万 hm²、河南省为 59 万 hm²、江苏省为 14 万 hm² 和山东省 24 万 hm²，合计面积 228 万 hm²。淮北平原和山东半岛变性土和变性亚类分布示意图如图 5-1 所示。

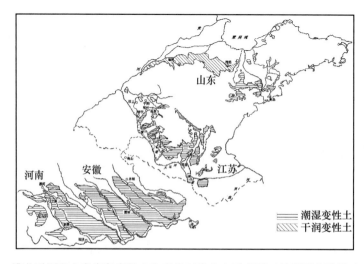

图 5-1　淮北平原和山东半岛变性土和变性亚类分布示意图（吴珊眉和陈铭达，2012）

5.1　成土因素分析

5.1.1　气候

淮北平原在河南和安徽境内部分处于暖温带南部，年平均气温为 14～15℃，年平均降水量为 750～900mm，全年雨量分配很不均匀，60％～70％集中在 6 月下旬至 9 月中上旬降落。若以四季而论，则夏季降水最多，约占全年的一半以上，春季、秋季和冬季较少。年蒸发量在 1500mm 左右，几乎大于年降水量的一倍。干湿交替和暖温带湿润、半湿润过渡气候特点，对变性土的形成具有重大影响。年干燥度<1，热性土壤温度，由于地势较低，排水不畅，主要是潮湿土壤水分状况，少数为湿润土壤水分状况。

山东境内汶河和泗河平原，属暖温带半湿润季风气候，年平均气温在 11.0～14.0℃。雨量较低，以山东兖州为例，年均温 13.5℃，年均降水量 723mm，年干燥度为 1.0～1.5。临郯苍平原属于暖温带湿润季风气候，以山东临沂为例，年均温 13.2℃，年均降水量 850～900mm，干燥度为 0.8～1.0。苏北地区属暖温带湿润季风气候，以江苏东海为例，年均温 13.7℃，年均降水量 910mm，年干燥度<1.0。胶东半岛的胶莱平原以高密为例，年均温 11.9℃，年均降水量 700mm，干燥度<1.0。上述各地也具有干湿交替的气候特点。

5.1.2　成土母质

1. 玄武岩等风化残-坡积物

玄武岩等含有的基性矿物及其风化产物，是黏性沉积物中的膨胀性黏土矿物的前身和物源，是变性土形成的物质基础。其根源与火山喷发活动关系密切。河南省淮北有嵩山大规模火山喷发和后继的影响。境内郯庐断裂带两侧火山活动频繁，安徽嘉山、来安、凤阳等地分布橄榄玄武岩等基性和超基性岩类。在淮河的分水岭大别山，伏牛山地区也有所分布，长探河流域有气孔状和流纹状火山熔岩等。此外，基性侵入岩在各地多有分布，如蚌埠地区的晚太古代侵入岩，以基性、超基性的橄榄岩、辉闪岩、辉长岩和混合花岗岩类为主。淮北的北部晚侏罗纪侵入岩的类型多样，超基性、基性、中性岩，如辉橄岩、辉长岩、闪长岩和花岗闪长岩均有。出露的白垩纪侵入岩，在大别山区和其他一些地区广有分布，其中的基性、中性岩类以石英闪长岩、石英二长岩和正长岩为主。

山东境内沂河、沭河流域的沂水、郯城等地，火山喷出岩和酸性-超基性的岩浆岩都有发育。胶莱盆地及其周缘地区的岩浆活动非常活跃，白垩纪基性、中基性火山岩的岩性为橄榄玄武岩、斜长玄武岩和玄武安山岩等，主要出露于即墨的大桥与中华埠一带，夹于王氏组地层中。新近纪中新世至第四纪早期的新生代火山活动，基性、超基性的岩浆喷溢地表，形成相应的火山岩及其火山碎屑岩，主要为碱性橄榄玄武岩和霞石苦橄岩，其次为碱玄岩与玻基辉橄岩，岩石的同位素年龄值平均为 0.73Ma～16.40Ma，主要分布于临朐、昌乐、沂水、安丘、栖霞、福山、蓬莱、黄县和无棣大山，在周村的尚庄和泗水柘沟也有少量分布。此外，青岛和泰安基性岩石分布在丘陵坡麓，有辉长岩和玄武岩（李洪奎等，1996）。江苏省东海和连云港一带，也有基性玄武岩的分布，如安峰山等。这些膨胀性黏土矿物因侵蚀而随水搬运、分选和沉积，参与后继地质时期沉积岩和古近系、新近系和第四系黏性沉积物的形成。

2. 泥质岩和石灰岩残-坡积物

侏罗纪和白垩系页岩在淮河流域的分水岭范围的低山坡麓和丘陵广泛出露，多与凝灰岩、安山岩等火山岩系或玄武岩共存。其风化残积物本身可以作为母质，并为沉积物提供膨胀性黏粒。在沂沭的郯庐断裂带内、鲁西邹平拗陷和蒙阴拗陷等。在胶莱拗陷盆地，中，下白垩统莱阳组主要为一套内陆湖泊和河流相为主的碎屑沉积，夹酸性-中基性火山岩夹层，其上为一套复成分火山岩和火山碎屑岩系，夹少量正常碎屑沉积岩（李洪奎等，1996）。泥质岩和红色碎屑岩等的风化物易受侵蚀，细粒随水搬运沉积，这些岩层的组合含有的基性矿物，是母质和土壤 2∶1 型膨胀性黏土矿物形成的物源。此外，石灰岩和白云岩分布广泛，如寒武系碳酸岩和浅海相汝阳群泥沙碎屑岩。石灰岩山丘在安徽淮北的萧县、濉溪、宿县和灵璧，以及山东的山地等地散布，是母质和地下水碳酸钙来源。

3. 古近纪和新近纪黏性沉积物

新生代以来，本区强烈沉降，古近纪和新近纪时，气候干燥炎热，在各盆地中沉积了很厚的红黏土和灰绿色黏土（E，N），或深埋，或出露地表。如在安徽淮北分布最广的有以湖相为主，局部为河流相、海侵湖泊相、海漫河湖相，如定远组（E^{1-2d}）、明光组、下草湾组和桂五组等（吴跃东等，2002）。在鲁西南微山湖畔晚古生代煤系地层与第四系之间，古近系馆陶组地层广泛分布，其中的湖相硬黏土，在岩相、成因和层位等方面与安徽和江苏省徐淮地区的中新统的下草湾组相当，具膨胀性、裂隙性、高蒙皂石含量和高盐基代换量等。古近系的黏质膨胀性沉积物的埋深变化很大，有距地面 165m 者，也有出露于地表的，还可能因地势抬升，使古湖沉积系统解体。黏粒参与第四系的沉积层。在胶莱盆地白垩系地层之上，覆有古近系（E）和第四系地层。古近纪和新近纪解体后，部分沉积物的膨胀性黏土矿物参与形成第四系沉积物。

4. 第四系黏性沉积物

淮河流域和支流各阶地沉积物的形态和性质有所不同。例如，平顶山地区的第四系地层的研究（杨长秀等，2004）表明，分布于第 4 级阶地的下汤组（$Q_{P_1}^x$），形成于早更新世中期（640kaB.P.），沉积物具有较高的风化及固结性，色调较深，呈褐色-红褐色，显示出温度较高的气候条件。0～40cm 为红褐色黏土，土质黏性大，节理发育，干结易碎。40～80cm 含钙质结核褐色黏土，结核含量 5% 左右，局部富集，呈团块或条带状出现，浑圆状，大小一般在 3cm 以下；80～200cm 为褐色含粉砂质黏土，略见到粒序的变化，下部粉砂质较多，向上以黏土质为主。

分布在第 3 阶地的社旗组（$Q_{P_2}^s$），根据地层接触关系判断形成时代应为中更新世，以棕黄色、黄棕色为主，少量褐色、褐黑色，黏土层，有较多钙结核及铁锰质薄膜，表明其形成于相对温暖湿润的古气候条件。代表剖面 0～90cm 褐色黏土，90～110cm 黄棕色黏土，含钙质结核，110～135cm 黄棕色黏土，含钙质结核、铁锰质薄膜，垂直节理发育。

晚更新世的马塘组（$Q_{P_3}^m$），根据石英砂热释光测年为 20kaB. P. 。以棕黄色、褐色为主，部分为灰黄色，黏土层致密坚硬，垂直节理发育，虫孔、根孔、铁锰质较多。远离河流的平原区为黏土，局部见黑色黏土层。代表剖面的 0～30cm 为褐色黏土层，常见铁锰质结核、虫孔、根孔；30～50cm 为黄棕色黏土层，含铁锰质结核及钙质结核；50～130cm 为褐色黏土层，节理发育，局部见钙质结核，130～190cm 为褐色粉土层。淮北平原低地的变性土的母质为晚更新统（Qp^3）和全新统早期（Qh）的黏性沉积物为主。黏粒沉积于远离河流的相对低地，因古地面排水不良，或季节性积水而成为浅湖，经过了自然的湿生草本植物的有机残余物的改造，形成了一种富有蒙皂石和腐殖质的复合体，底部有钙质结核的暗色土层。经地势抬升，或人为排水而出露水面。钙结核是由于周边环境提供大量可溶态的钙镁物质，和地下水中重碳酸的作用形成。这类母质具有明显的变性特征和性质，而被变性土继承。由于地势的高低变化与母质年龄的差异等，淮北变性土有艳色和暗色之分，第二次土壤普查时，安徽省划分出黄姜土（艳色变性土）和黑姜土（暗色变性土），前者分布在相对高的部位，面积大于后者。

公元 1128 年，南宋为阻金兵，使黄河在滑县上游李故渡以西决口，分为数股入淮，从此黄河下游屡次南泛夺淮，连主流也移到南面，1855 年又北迁至现黄河河道，但那废黄河道至今还保留着。最近的一次是抗日战争时期的 1938 年 6 月 2 日，在花园口炸开黄河南堤，全部黄河水向东南泛滥于颍河和涡河流域长达 10 年之久。黄河南泛的沉积物，对更新世（Qp^1，Qp^2，Qp^3）沉积物和地形进行了侵蚀和覆盖，尤其是淮北平原北部，覆盖层既广且厚，使不少变性土埋藏在地面以下，而成为近代的冲积土和盐碱化土壤。

5.1.3　地形

山东自然地理库（山东人民政府网）说明，泗河平原由鲁中南山地西部的泗河冲积扇及滕-枣冲积扇过渡到平原，与南四湖相接，是鲁南泰沂低山丘陵与鲁西南黄河冲积平原交接地带，自东向西倾斜，地面海拔 60～35m，起伏稍大，地面坡降为 1/1000～1/3000。地质构造上属华北地区鲁西南断块凹陷区。地形以平原洼地为主，它的东部，山峦绵亘，丘陵起伏，京沪铁路以东，海拔在 50～100m 以上，山地海拔 344～582m。各山之间分布有许多小型盆地和谷地。鲁南沂沭河流域有临郯苍平原和洼地，其东部为沂沭断裂带，为低缓丘陵和剥蚀准平原，以及沂沭河谷地。该区的山间平原、盆地，地形平坦，水源丰富，土层深厚，土壤养分较高于其他地区的类似土壤，是山东重要的粮仓，也有变性土的分布。

苏北沂沭河平原位于鲁南低山丘陵和江苏废黄河沉积之间，海拔从西北部的 45m，缓慢降低 6～7m，个别 2～3m。从徐州至连云港一带有不连续的丘陵和岗地以及低洼湖地的分布，尚有火山活动遗留的地貌。大致在郯庐断裂带以西，中生代以来，以隆升为主，经过长期的剥蚀和风化作用，山地大都被夷平，残留低丘和古老的基岩面上，由第四纪黄土性亚黏土沉积物覆盖，形成准平原。阶地形成于更新世。郯庐断裂带以东地区，中生代以来，以沉降为主。大约据今 7500 年，最大的海侵达到本区的沭阳以东，地面由浅海湾演替为潟湖，再由潟湖演替为淡水湖（单树模等，1980）。历经沧桑，那一带的古湖区的黏性沉积物上发育的是变性土。

山东半岛东部的胶莱平原，介于鲁中山丘区与胶东丘陵区之间，是白垩纪残留叠合陆相沉积盆地。胶莱平原海拔在 10～50m，由剥蚀准平原、冲积平原与河湖积平原组成，后者由全新统（Qh）湖淤积而成，如高密以西的九穴泊、北部的百脉湖、夷安泽和都泺湖等。

5.1.4　人为活动

本区山地、丘陵、阶地和岗地上，曾经生长着暖温带落叶阔叶林（夏绿林）为主的植被。然而，长期以来，由于自然因素和人类的砍伐破坏，垦殖务农，这些夏绿林已不复存在，土壤侵蚀是相对高地的土壤性质和变化的主要影响因素。而人类耕垦的活动对变性土壤的形成与演变有着明显影响。本区是古老的农业区，耕垦历史长达 2000～3000 年以上。在耕作活动中，人们通过开沟排水，耕作施肥等农事活动，使土壤脱离自然季节性积水及湿生草本植物条件逐渐向着旱耕土壤的方向发展。土壤出现了脱潜育化为特点的旱耕熟化过程。特别是原来的暗色自然土层在长期耕作的影响下分化为耕作层、犁底层和残余黑土层。耕层的理化性状得到明显的改善。耕作层的质地变轻，黏粒含量和线膨胀系数明显低于黑土层。因此耕性得到明显改善，容重降低，通气透水性增强。土壤养分含量，尤其是速效养分的含量随着熟化程度的提高而显著增加。耕作层的全氮、碱解氮、速效磷和有效锌含量都明显高于残余黑土层。从有机质含量来看，虽然耕作层颜色变淡，但其含量仍高于黑土层，并且活性腐殖质含量增加，不乏优化变性土生产力的实例，另外也有一部分土壤的熟化程度低，但其有机质含量并不低，且有较高的阳离子交换量和潜在养分，只是由于地势低洼，季节性排水不良，以致土壤潜在肥力得不到发挥。

5.2　形成过程概述

淮北平原是我国较典型的变性土分布地区之一，与我国的地理发生学的土壤分类划分出"黏性砂姜黑土"土类大致相当。它是在古地理环境条件下，发育在河湖相沉积物上的半水成土壤。由于它处于扇缘洼地、平原里的低阶地和低地，大量富含 $Ca(HCO_3)_2$ 水的补给，而且排泄不畅，又有季节性积水，因而早期有草甸潜育化及 $CaCO_3$ 的淀积过程，形成砂姜（石灰结核），后期又经历着耕作熟化，底层脱潜，或仍有潜育化过程，视所在地形部位、自然和人为排水程度而异。

5.2.1　草甸潜育化

由于全新世（Qh）气候转暖，河水量充沛，现暗色变性土分布区当时为一片湖沼草甸景观，低洼处形成大面积黏质河湖相沉积物，耐湿性植物周而复始生长死亡，有机质在干湿季的嫌气与好气条件下，腐烂与分解交替进行，高度分散的腐殖质胶体与矿物质细粒复合，使土壤染成黑色，形成黑土层，以下层次为潜育化层，或砂姜钙积层。据 ^{14}C 断代测定，黑土层形成于距今 3200～7000 年（中全新 Qh^2），未发现泥炭积累。但是，在地形部位稍高的临近古湖边缘，或残留阶地上的艳色变性土，基本没有黑土层。

5.2.2　碳酸盐的集聚

砂姜层（钙结核层）的形成早于黑土层。从地球化学角度看，砂姜黑土分布区是重碳酸盐的富集区，地下水的矿化度一般小于 1g/L，pH 在 7.85～8.66，阳离子组成以 Ca^{2+} 为主，Na^+ 和 Mg^{2+} 也较多，阴离子以 HCO_3^- 为主，其地下水多为 HCO_3^--SO_4^{2-}-Ca^{2+}-Mg^{2+} 型，其饱和指数比重为正值。因此，在水分向上运行并由土表蒸发时，经浓缩和脱碳酸作用可形成碳酸钙的沉淀。在地下水变动的范围内，由上部土层淋溶下来的重碳酸钙也会发生沉淀，但从表面淋溶与地下水中形成的碳酸钙占总量的比例来看，结核中的碳酸钙主要来源于地下水。

在气候及土壤水分季节性干湿交替条件下，富含碳酸盐的地下水或在干旱季节在剖面底部固结；或随毛管上升到一定高度固结，形成数量不等、大小不同、形态不一的砂姜。按其形态可分为面砂姜、硬砂姜和砂姜磐 3 种。它们在剖面中分布的部位和形成时期不同。据刘良梧和茅昂江（1986），面砂姜多分布于剖面中上部，^{14}C 断代年龄为 2000～6000 年（全新世中晚期）。硬砂姜形成年龄剖面上部黑土层中的硬砂姜形成于 4000～7000 年，而在呈灰黄色或土黄色的脱潜化层中的硬砂姜年龄为 1.4 万～3.0 万年。砂姜磐形成年龄最长为 2.9 万～4.0 万年，属晚更新世的产物。可见，黑土层与砂姜层并非同时期产物。组成砂姜的碳酸盐以 $CaCO_3$ 为主，平均含量占碳酸盐总量的 70％ 以上，$MgCO_3$ 含量少，$CaCO_3/MgCO_3$ 比值平均变化在 4～9。由于 $MgCO_3$ 在纯水中的溶解度远大于 $CaCO_3$，所以该比值在剖面中自上而下渐减，但由于底土受地下水影响大，比值显现突增特点。

砂姜中富集的元素主要是钙，其 CaO 的含量可高出土体几倍到几十倍，主要以 $CaCO_3$ 的形式存在。$MgCO_3/CaCO_3$ 值远小于土体，这主要是由于 $MgCO_3$ 的溶解度远大于 $CaCO_3$ 所致。砂姜中的硅、铁、铝和钛等元素的含量显著地低于土壤，表现为明显地富钙贫硅和贫钛。与土体全量组成相比，除钙、锶、锰以外，其他元素的丰度均低于土壤，说明钙、锶、锰是砂姜黑土成土过程中迁移和富集最为活跃的元素。

5.2.3　耕种熟化及脱潜育化过程

近 5000 年来，特别近 2500 年以来，气候明显地从温暖湿润向干燥化转变，加之近 3000 年来，某些地方的人为垦殖和排水，使地下水位逐渐下降，剖面底部的潜育层变薄，在剖面中出现部位下移。原潜育层处在脱潜育化过程中，使其氧化还原电位增高。据测定，100～150cm 处的脱潜育层 Eh 达 502mV，接近耕作层为 539mV。通过几千年来的人为耕作，未被掩埋的黑土层逐渐分化为耕作层、犁底层及残余黑土层。

5.3　豫、皖淮北变性土

5.3.1　概况

自然条件下的剖面上部是黑土层，厚度为 30～40cm，往下为褐色土层，舌状过渡到砂姜层（钙积层）。主要为 Ap-Ass-AC-Ck 剖面构型。黑土层颜色虽暗，但有机质含量一般只有 10g/kg，很少超过 15g/kg。质地偏黏，在水分多时膨胀和泥泞。在大多数年份的旱季，具有裂隙，其宽度可达 1～3cm，深达 50cm 或更深。结构面间的裂隙面上，有滑擦面。有些砂姜层的土体具有"脱潜育"的特点，即蓝灰色部分逐渐减少，黄色部分逐渐增多，故该层又称为"脱潜性砂姜层"，或"砂姜脱潜层"。

土壤结构有两个突出特点：其一，耕作层较为黏重和有机质缺乏，没有良好的团粒结构，但冬季经过冰冻以后，翌春可形成松散的具有棱角的粒状结构（称为冻粒）。它虽然不如团粒结构具有良好的保肥、供肥和保墒性能，但在不滥耕的前提下，尚可维持一段时间，因而耕性相对较好。其二，残余黑土层具有明显的棱柱状结构，在旱季，结构间为裂隙，结构面具有滑擦面。它是在土体干湿交替和胀缩交替条件下形成的。该层既漏水，又不利于毛管水上升，还影响根系深展和营养面积。

本地区干湿季节变化明显，在大多数年份中，裂隙的开闭至少一次，而累积开放时间不足三个月，因此它在变性土纲中应属湿润变性土亚纲。然而，由于地势低洼，排水不通畅，地下水埋深浅，雨季易上升，土壤氧化-还原电位降低，有些还有潜育层，故淮北平原以潮湿变性土亚纲为主。

5.3.2　典型剖面形态特征

1. 概况

分布在豫皖淮北平原中南部河间湖积平原、洼平地。有暗色和艳色（称黄姜土）之分，它们交错分布。艳色变性土（黄姜土）分布广，面积约比暗色的大 10 倍，均为耕地。两者所在地形部位的地面高程比较，近距离相差仅几十米，排水状况以艳色较优。

2. 形态特征描述

1）剖面 1：形态特征（龚子同和陈志诚，1999）

采自安徽省怀远县鲍集塘沿村东南 100m。地理位置 32°56′45″N，117°10′50″E，海拔 20m。母质是古河湖相沉积物，地表至 34cm 为"黑土层"，地下水位 1m 以下，种植小麦、棉花和甘薯等，潮湿和热性土壤水热状况。

形态特征如下：

Ap 0～17cm 耕作层，黑棕（10YR 3/1.5，润），棕灰-灰黄棕（10YR 4/1.5，干），粉砂黏土，屑粒状和碎块状结构，根少，无泡沫反应，pH 为 6.4。

A1 17～24cm 犁底层，黑棕（10YR 3/1.5，润），棕灰-灰黄棕（10YR 4/1.5，干），粉砂黏土，棱块状和小块状结构，根很少，结构面有腐殖质-黏粒胶膜，无泡沫反应，pH 为 6.9。

(B)ss1 24～34cm 黑-黑棕 (10YR 2.5/1.5，润)，黑棕-灰黄棕 (10YR 3.5/1.5，干)，粉砂黏土，棱块状结构，根极少，结构体表面有多量滑擦面，结构体内孔隙壁有腐殖质-黏粒胶膜，有一些软铁子，无泡沫反应，pH 为 7.9，向下层逐渐过渡。

(B)ss2 34～70cm 色杂，上半部灰黄棕 (10YR 5/2，干)，灰黄棕 (10YR 4/2，润)，下半部棕灰 (10YR 5/1，干；10YR 4.5/1，润)。有 50% 锈纹斑，色亮棕橙 (7.5YR5.5/8)。粉砂黏土，棱柱状结构。裂隙宽度 2～4cm，间距 5～8cm。结构体表面有多量滑擦面。大裂隙有表层土填充或呈土膜附在裂隙壁，厚度为 0.3～2cm。全剖面无泡沫反应 (图 5-2)，pH 为 8。

deGv 70～90cm 脱潜层，色杂，基质浅灰-灰 (7.5Y 6.5/1，干)，灰 (7.5Y 5.5/1，润)，锈纹斑占 50%，色亮棕橙 (7.5YR 5.5/8)。粉砂黏土，棱块状结构，结构面有多量滑擦面，大裂隙壁有颜色近似上层的土膜，无泡沫反应，pH 为 8.1。

以上全剖面粉砂黏土。24～90cm 变性特征明显，具有棱块状-棱柱状结构，结构面有多量滑擦面，裂隙可深达 90cm，有自吞现象，多锈纹斑，全剖面无泡沫反应。可参阅剖面照片 (图 5-3)。

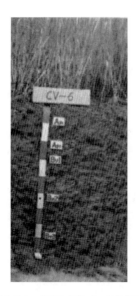

图 5-2 潮湿变性土 (暗色)

(张效扑摄于安徽怀远)

图 5-3 潮湿变性土 (艳色)

(张效扑摄于安徽怀远)

2) 剖面 2：形态特征 (安徽省土壤普查办公室，1994)

分布在安徽省利辛、临泉、涡阳、蒙城、宿县、灵璧、泗县、淮南市郊、五河、固镇和淮远等县市。典型剖面采自安徽蒙城岳坊乡庙北庄 300m，地势相对高一些，排水条件较好，雨后可提前 2～4 天耕作，但适耕期只有 4 天左右。干旱季节地表开裂。旱地以小麦，大豆和山芋为主。

形态特征如下：

Ap 0～17cm 浅黄 (2.5YR 7/3，干)，壤黏土，屑粒状结构，多量根系，无泡沫反应，pH 为 7.4。

A1 17～25cm 浅黄（2.5YR 7/3，干），壤黏土，小块状结构，稍紧，多量根系，无泡沫反应，pH 为 7.6。

A2 25～38cm 浅黄（2.5YR 7/4，干），壤黏土，块状结构，紧，有少量砂姜和铁锰结核，中量根系，无泡沫反应，pH 为 7.9。

ACss 38～100cm 黄褐（2.5YR 5/4，干），壤黏土，棱柱状结构，紧实，有少量砂姜和铁锰结核，结构面上有明显胶膜，少量根系，无泡沫反应，pH 为 8。

以上全剖面壤黏土，38～100cm 棱柱状结构，结构面有胶膜是滑擦面，旱季开裂明显。艳色，25～100cm 有少量砂姜。全剖面无泡沫反应。

3）剖面 3：剖面形态特征（河南省土壤肥料工作站和河南省土壤普查办公室，1995）

位于河南省项城县三店乡任庄的东北 200m 湖积平原的低平洼地中部，海拔 41m，母质湖相沉积物，地下水埋深 1～1.3m，年均温 14.7℃，年降雨量 786mm，年蒸发量 1813mm，无霜期 219 天，旱作麦、豆、玉米，一年两熟。

形态特征如下：

Ap 0～15cm 黄灰（2.5Y 4/1，干），黄灰（2.5Y 4/1，润），壤质黏土，屑粒状结构，较疏松，有多量根系，pH 为 7.9。

Ass1 15～35cm 黄灰（2.5Y 5/1，干），黄灰（2.5Y 4/1，润），壤质黏土，棱块状结构，较紧实，有少量根系，结构面有胶膜，稍有铁锈斑，pH 为 7.8。

A1 35～58cm 黄灰色（2.5Y 6/1，干），黄灰（2.5Y 5/1，润），壤质黏土，棱柱状结构，紧实，有黄锈斑纹，结构面有灰色胶膜，pH 为 7.9。

Ck 58～82cm 浅灰色（2.5Y 7/1，干），黄灰（2.5Y 6/1，润），壤质黏土，棱柱状结构，紧实，有 30%～40% 砂姜，面砂姜较多，有直径 1～2cm 的硬砂姜，有 5% 的黄棕锈斑，石灰反应强，pH 为 8.0。

Cgk 82～100cm 淡灰色（2.5Y 8/1，干），黄灰（2.5Y 6/1，润）壤质黏土，棱块状结构，紧实，有 15% 砂姜，面砂姜比上层少，硬砂姜较大，有大量铁锈斑，蓝色胶膜明显，泡沫反应强，pH 为 8.0。

0～82cm 为黏性土，其中，15～58cm 棱块-棱柱状结构，有滑擦面。在 58cm 出现砂姜和锈斑，往下更增加，泡沫反应强，有潜育特征。

淮北平原尚分布有一些具有漂白层和具有黄泛沉积物的覆盖层，以及盐碱化的过渡亚类，限于篇幅而省略。

3. 土壤微形态特征

一是在变性化土层，显示基质内有大量纤维状光性定向黏粒和在粗骨颗粒表面有线状光性定向黏粒，是由于在土体膨胀，滑擦面形成过程中，原无序排列的黏粒受挤压应力影响而定向排列。这些光性定向黏粒在超微形态上则表现为曲片状黏粒叠聚体。二是裂隙发育，如宽 0.3mm 左右的孔道化大裂隙，和宽 0.03～0.05mm 的中裂隙，还有不少 0.003～0.009mm 的裂纹等，宽度依土壤和层次而异。三是可见腐殖质絮凝基质，有不少腐殖质浸染条带或斑块，尤以孔隙、裂隙附近更为明显。四是可见铁质凝团和一些铁锰斑。五是如有钙淀积，可见钙质凝团等（龚子同和陈志诚，1999）。此符合大形态观察结果。

4. 土壤基本理化性质（表 5-1）

表 5-1　淮北平原潮湿变性土的基本理化性质

剖面号/地点	深度/cm	pH	有机碳/(g/kg)	代换量/(cmol(+)/kg)	黏粒<2μm/(g/kg)	黏粒比	代换量/黏粒%	黏土矿物类型	CaCO₃/(g/kg)
1/安徽怀远	0~17	6.4	12.20	37.53	448.00	—	0.84	蒙皂型	0
	17~24	6.9	8.64	38.52	516.00	1.06	0.75	蒙皂型	0
	24~34	7.9	7.25	36.95	534.00	1.03	0.69	蒙皂型	0.70
	34~70	8.0	4.02	31.55	483.00	0	0.65	蒙皂型	1.01
	70~90	8.1	2.03	26.78	383.00	0	0.67	蒙皂型	1.43
2/安徽蒙城	0~17	7.4	5.20	20.40	412.80	—	0.49	混合型	—
	17~25	7.6	5.20	22.50	379.90	0	0.59	蒙皂型或混合型	
	25~38	7.9	4.60	24.70	469.70	1.24	0.53	蒙皂型或混合型	
	38~100	8.0	2.60	24.50	370.90	0	0.66	蒙皂型	
3/河南项城	0~15	7.9	8.18	27.80	378.00	—	0.74	蒙皂型	痕
	15~35	7.8	7.08	26.90	365.00	0.97	0.74	蒙皂型	痕
	35~58	7.9	3.07	20.30	351.00	0.96	0.58	蒙皂型或混合型	痕
	58~82	8.0	1.80	13.80	294.00	0.84	0.47	混合型	157
	82~100	8.0	1.80	14.50	262.00	0.89	0.55	蒙皂型或混合型	146

以上剖面 pH 呈中性至碱性反应，剖面上层略低于下层。黏性土层厚度剖面 3 为 58cm，<2μm 黏粒含量均在 350g/kg 以上。有机质含量低，耕作层有机质含量向下层逐渐递减，至具有砂姜的黄土层最低。但变性特征层的阳离子交换量剖面 1 的要高于剖面 2、3。显示土壤膨胀-收缩性大，同时保肥性较佳。

黏粒部分的化学组成，与土体相比，CaO、MgO、K₂O 和 Na₂O 的含量显著增加。黏粒部分硅铝率剖面自上而下，各层为 3.84、3.89、3.91 和 3.94，以 2∶1 型膨胀性黏土矿物为主；而与当地的地带性棕壤比较，风化程度弱。

黏土矿物类型按代换量/黏粒%估计以蒙皂型为主，伊利石次之，与代换量和黏粒的 X 射线衍射的结果相符（图 5-4）。

土体 CaCO₃ 的含量，耕作层、犁底层、黑土层和砂姜黄土层含量少，为 10~30g/kg 或痕迹，而剖面 3 的碳酸钙的相当物，在有面砂姜和砂姜多的层次，达 157g/kg。如为砂姜磐层和流沙层，碳酸钙含量也增多，分别可达 260g/kg 和 60g/kg 左右。

5. 土壤膨胀性、水分物理性质和黏土矿物

表 5-2 表明潮湿变性土不同层次的膨胀能力有所不同，遇水后，开始的膨胀速度很快，在 1~2h 内即可接近最大膨胀量，以后膨胀较少。耕层（0~15cm）的膨胀速度相对

较慢，膨胀到接近最大膨胀量约需 2h。变性土层（15～30cm）与心、底土层（30～100cm）的膨胀速度相对较快，到接近最大膨胀量约需 1h，主要与其黏粒矿物组成有关。

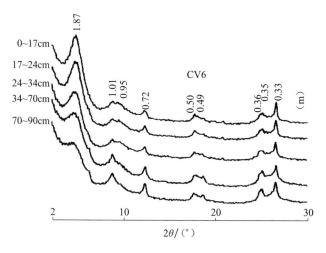

图 5-4　剖面 1 黏粒（＜2μm）的 X 射线衍射图谱

耕层的膨胀量较小，约 19％；而黑土层与黄土层的膨胀量较大，达 24％。表明变性土层比表层膨胀得快而多。耕层的膨胀没有黑土层与黄土层大，可能与耕层中无机胶体略少，或起复合作用的有机胶体略多有关。

表 5-2　潮湿变性土的膨胀量随时间的变化（安徽宿县）

土壤	层次	深度/cm	膨胀量/%			
			1h	2h	1 天	2 天
潮湿变性上（宿县紫芦湖）	耕作层	0～15	17.1	18.2	18.8	18.8
	黑土层	15～30	22.2	22.3	24.3	24.3
	黄土层	30～70	21.6	21.8	23.7	23.9

表 5-3 说明，变性特征层不仅质地黏重，线膨胀系数（COLE）也达到 0.1，按 X 射线衍射的常规处理法测得的黏土矿物组成中，以蒙皂类为主，土壤具有强烈的胀缩性和较大的干容重值，达 1.5g/cm³ 以上。在干湿交替的气候条件下土体发生强烈胀缩，干时土体收缩开裂，裂隙的深度大致与黑土层深度相当，宽度依黏粒的含量和类型不同可有较大差别，一般为 1～10cm。由于开裂，表土及上部裂隙壁的土粒可填入裂隙。湿时黏粒吸水膨胀，不仅裂隙闭合，而且填充的土粒与土体之间，空间问题在底部产生压力而引起土壤的向上运动，导致挤压微地，荒地有所显现，长期耕作的土地则不明显。

表 5-3　安徽淮北平原变性土的水分物理性质、蒙脱石含量和线膨胀系数

地点	深度/cm	1/3 巴时容重/(g/cm³)	干容重/(g/cm³)	1/3 巴含水量/%	黏粒/(g/kg)	蒙皂石占黏粒/%	线膨胀系数/(cm/cm)
安徽蒙城	25～40	1.227	1.657	28.6	355	56	0.105
安徽涡阳	20～40	1.241	1.653	40.2	354	56	0.100

图 5-4 显示以蒙皂石为主，伊利石含量在第 4、5 层稍增（龚子同和陈志诚，1999），似有伊/蒙混层黏土矿物。

6. 养分状况

全氮、全磷含量都很低，耕作层前者为 0.68～0.84g/kg，后者为 0.32～0.50g/kg，下层更少。速效磷含量既少且变幅较大。但全钾、速效钾含量均较高。暗色和艳色土壤比较，艳色土壤的全氮，全磷和全钾含量更低，速效磷含量属中等，高于一般暗色变性土，这与近年来施用磷肥有关（表 5-4）。

表 5-4　安徽淮北平原潮湿变性土的养分状况

地点	深度/cm	全氮/(g/kg)	全磷/(g/kg)	速效磷/(mg/kg)	全钾/(g/kg)	速效钾/(mg/kg)
安徽涡阳	0～16	0.84	0.2	2.2	17.4	271
	16～24	0.85	0.3	1.3	16.8	223
	24～53	0.70	0.2	0.4	15.8	187
	53～120	0.36	0.2	0.9	14.1	107
安徽蒙城	0～17	0.68	0.1	3.1	13.9	118
	17～25	0.68	0.2	2.2	13.8	104
	25～38	0.75	0.1	—	15.8	138
	38～100	0.37	0.1	—	16.3	109

5.3.3　土壤分类与命名

1. 剖面 1（怀远）

按第二次土壤普查的地理发生学分类，归属为砂姜黑土土类、砂姜黑土亚类和黑姜土土属（安徽省土壤普查办公室，1994）。

按《中国土壤系统分类检索（第三版）》划归变性土土纲，潮湿变性土亚纲，简育潮湿变性土土类，潜育简育潮湿变性土亚类。

按《美国土壤系统分类检索》（2003）划归为变性土土纲，潮湿变性土亚纲，底饱水潮湿变性土土类，典型底饱水潮湿变性土亚类（Typic Endoaquerts）。

2. 剖面 2（蒙城）

按第二次土壤普查的地理发生学分类，归属为砂姜黑土土类，砂姜黑土亚类，黄姜土土属。

按《中国土壤系统分类》（1995），划归变性土土纲，潮湿变性土亚纲，简育潮湿变性土土类，普通简育潮湿变性土亚类。

按《美国土壤系统分类检索》（2003）划归为变性土土纲，潮湿变性土亚纲，简育潮湿变性土土类，艳色底饱水简育潮湿变性土亚类（Chromic Endoaquerts）。

3. 剖面3（项城）

按第二次土壤普查的分类系统，划归砂姜黑土土类，石灰性砂姜黑土亚类，黄姜土土属（河南省土壤肥料工作站和河南省土壤普查办公室，1995）。

按《中国土壤系统分类检索（第三版）》划归变性土土纲，潮湿变性土亚纲，钙积潮湿变性土土类，砂姜-钙积潮湿变性土亚类。

按《美国土壤系统分类检索》（Soil Survey Staff，2003）划归变性土土纲，潮湿变性土亚纲，钙积潮湿变性土土类，典型钙积潮湿变性土亚类（Typic Calciaquerts）。

5.3.4　改良利用要点

这些土壤是黏、贫瘠、湿胀、干裂、内涝、土渍和不耐旱的，是灾害频繁发生的中低产土壤，但具有高产潜力，随着中低产因子改善，在本土壤上已出现小麦亩产超600kg的田块，表明该土壤改良潜力大。针对其中低产主要原因，在充分认识其低产因素的基础上，就可以制定出利用改良措施。

1. 除涝防渍

完善水利工程，沟、路、林网规划，沟沟相通，桥涵配套，提高除涝标准。根据低平洼地的实际情况，因势利导，进行治理，能排则排。如排水确有困难的洼地，可以改变农业结构，种植喜水或耐水的作物。

2. 补充性灌溉

从自然条件来看，一般年景降水总量是能基本满足作物需要，因而它不同于干旱和半干旱地区的对灌溉的依赖性。本区域只需要在降水年际、月际不均匀时期进行一种补充性灌溉。采用适量的小定额，以免灌水后遇雨，非但无益，反而加重排水困难和涝渍危害。可根据作物不同需水时间和计划灌水土层的墒情来制定灌水定额，一般灌水每次以 30～50m³/亩[①]为宜。

3. 培肥

据测定，该类土壤有机质年矿化率平均为 4.1%，即耕层土壤有机质年矿化量在900kg/hm² 左右。根据不同有机肥所含的碳量和各自的腐殖化系数，计算出为维持每年每 hm² 消耗 900kg 有机质麦秸秆所需的施用量为 6000～7500kg，牛粪（半干）为22 500～30 000kg。提高土壤有机质含量培肥技术有：一是秸秆直接还田；二是"过腹"还田；三是留高茬；四是绿肥加秸秆；五是有机无机肥料结合；六是合理施用化肥，因地制宜补充氮、磷、锌等。

---

① 1 亩≈666.7m²。

5.4　山东泗河平原变性土

5.4.1　概况

　　山东泗河平原未遭受黄河近代沉积物覆盖的地面，保留有形成于全新统早期的黏性湖相沉积物。首先，在兖州地区的变性土剖面，曾划归干润变性土（Usterts，曾译为"半旱变性土"），主要是在大多数年份土壤开裂累积日期＞150 天；其次，在 0～100cm 的厚度内，未发现具有铁锰还原特征，无潜育层。但夏季客水汇集，湖水位又顶托，地下水埋深变浅，秋季才又下降到 2m 以下（朱庆忠，1988），如此升降会影响土壤的氧化还原电位的变动，在剖面的 100cm 以下很可能出现较明显氧化-还原特征，故该剖面划归为潮湿变性土，今后的研究可加以修正。

5.4.2　典型剖面形态特征

　　该剖面（图 5-5）位于山东省兖州的黄屯，地理位置 35°28′N、116°22′E，地势低平，年均温 13.5℃，年均降水量 723.5mm，年均潜在蒸发量 1805mm。按多年观测数据，降雨分配不均，雨季 6～8 月的降雨量占 66%，干旱月份一般从 8 月底到次年 6 月初，此期间除去冬季土壤结冰期外，年干旱月大约有 7 个月（高锡荣，1986）。母质为第四系晚更新统（Qp^3）-早全新统（Qh^1）河湖相黏性沉积物。微形态薄片显示裂隙（图 5-6）。年干燥度在 1.0～1.5，属于旱耕地，种植小麦-麻类和棉花等作物，耕作历史在 2000 年以上。

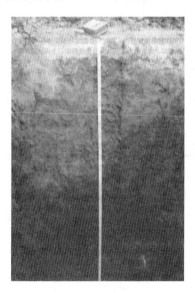

图 5-5　兖州变性土剖面　　　　　　图 5-6　微形态薄片显示裂隙状况

　　由表 5-5 可见，全剖面为黏土，交叉裂隙发育，宽度大于 1cm，深度超过 50cm，开裂在春旱、夏旱和秋旱的季节。心土层楔形结构，有滑擦面的土层厚度大于 25cm，符合变性土土纲的标准。85～100cm 散布细石灰结核。

表 5-5　土壤剖面形态特征（山东兖州黄屯）

剖面地点	发生层次	深度/cm	质地	颜色	结构	变性特征/其他
	Ap	0～20	黏土	10YR 3/2.5，润 10YR 4/2，干	团粒-块状	裂隙宽 2～3cm， 有砖块
	A1	20～40	黏土	10YR 3/2，润 10YR 3.5/2，干	粒-块状	交叉裂隙，有上 部土壤填充
山东兖州	A2ss	40～65	黏土	10YR 3/1.5，润 10YR 3.5/1，干	楔形	裂隙，多滑擦面
	ACss	65～85	黏土	5Y 4/1，润	楔形	裂隙，多滑擦面
	C	85～100	黏土	10YR 4/2，润	楔形	少量铁锰斑，散 布细砂姜

5.4.3　土壤主要理化性质

表 5-6 表明，剖面的 100cm 范围内<2μm 黏粒含量大于 500g/kg。容重很大，尤其是心土层达 1.56～1.78，土壤紧实。心土层（40～85cm）的土壤阳离子代换量为 38.66～44.44cmol（＋）/kg，除 85～100cm 土层外，其他层次的代换量/黏粒％的值都在 0.6～0.8。说明土壤黏粒的蒙皂石数量多。与黏粒的 X 射线衍射测定结果一致。土壤线膨胀系数高达在 0.14～0.17cm/cm。各项指标符合变性土的诊断鉴定标准。

表 5-6　土壤主要物理和化学性质

剖面地点	土壤深度/cm	pH（H$_2$O）	有机碳/(g/kg)	阳离子代换量/(cmol（＋）/kg)	黏粒<2μm/(g/kg)	黏粒比	线膨胀系数/(cm/cm)	代换量/黏粒％
	0～20	7.8	13.1	32.44	539.2	—	0.14	0.60
	20～40	7.8	12.1	32.54	545.9	1.01	0.15	0.60
山东兖州	40～65	7.7	13.6	38.66	558.3	1.02	0.16	0.70
	65～85	7.6	21.9	44.44	574.2	0.98	0.14	0.77
	85～100	7.7	1.1	31.41	566.1	1.00	0.17	0.55

pH 在 7.6～7.8，盐基饱和度 90％以上。有机质含量自上层向下缓慢增加，说明有机质累积和土壤层次堆积是同步的，成土过程和累加过程同时进行是湖积物的特征。此外，土壤碳酸钙已淋失，但 85～100cm 散布小砂姜。周边富石灰岩地区的地下水仍提供一些钙源，得以维持微碱性的环境。

5.4.4　黏土矿物组成和含量估测

黏粒的 X 射线衍射分析和黏土矿物的估计的结果表明，兖州剖面的黏土矿物组成是蒙皂石和伊利石为多，蒙皂石在 0～65cm 的相对含量约 42％～49％。高岭石和绿泥石含量在 7％～12％（表 5-7 和图 5-7）。

表 5-7　兖州变性土的黏土矿物组成（高锡荣等，1989）

地点	土层深度/cm	黏土矿物组成/%		
		蒙皂石	伊利石	高岭石＋绿泥石
山东兖州	0～20	49.09	40.25	10.66
	20～40	41.65	51.06	7.29
	40～65	49.16	41.93	8.91
	65～85	39.60	49.30	11.01
	85～100	39.24	48.61	12.15

5.4.5　土壤分类与命名

按《中国土壤系统分类检索（第三版）》属变性土土纲，潮湿变性土亚纲，钙积潮湿变性土土类，普通钙积潮湿变性土亚类。

5.4.6　土壤障碍因素

质地黏重，适耕期短，土壤性僵且坚。干旱时龟裂严重，湿时膨胀，不发小苗。土壤有机质及全氮含量偏低，尤以磷素表现突出。此外，在丰水季节易受涝灾，干旱季节易受旱灾的威胁。

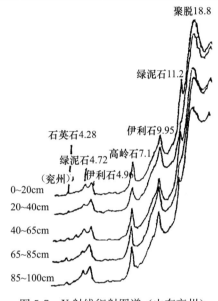

图 5-7　X 射线衍射图谱（山东兖州）

5.5　山东沂沭河和胶莱平原变性土

5.5.1　概况

变性土分布在鲁南临沂、苍山、郯城一带，潮湿土壤水分和高温温度状况。胶莱盆地变性土属潮湿水分状况和中温温度状况。平均年干燥度<1，属于普通湿润区。过渡性亚类出现于基性和超基性岩石分布地区的低山丘陵坡麓。

5.5.2　典型剖面形态特征

1. 形态特征描述

（1）剖面 1（山东省土壤肥料工作站，1993）

采自山东省蒙阴县蒙阴镇，向阳庄，小山丘的中下坡，母质为玄武岩风化的坡洪积物。种植小麦、玉米、甘薯等作物，产量水平中上等，面积 220.15hm²。

（2）剖面 2（山东省土壤肥料工作站，1993）

采自苍山县苍山农场山前平原交接洼地中部，海拔 60m，面积 0.91 万 hm²。母质为浅湖沼相沉积物。地下水埋深 0.9～1.2m，水质良好。年平均气温 13.2℃，年降水量 881.2mm，≥10℃积温 4400℃，无霜期 206.8 天，种植小麦、玉米，一年两熟，苍山一带的变性土盛产大蒜。

（3）剖面 3（李卫东，1991）

分布在即墨盆地和胶莱平原等地，东部多无石灰性，西部受石灰岩风化物和水质的影响，土壤有明显泡沫反应。而在重碳酸钠地下水埋藏浅的地方，形成少量碱化变性土壤。剖面采自山东省高密县，属暖温带湿润性季风气候，年均温 11.9℃，年平均日照总量 2452.7h，无霜期 226 天。年平均降水量 619.6mm，夏季降雨约占 63%，春秋干旱，年蒸发量 1898mm，年干燥度＜1（莱阳为 0.76），土壤水热状况潮湿中温。

表 5-8 典型剖面的形态特征（山东淮北和胶莱平原）

剖面号/地点	层次	深度/cm	质地	颜色（干）	结构	其他诊断特征
1/山东蒙阴	Ap	0～20	壤黏	浊黄棕色 10YR 5/4	屑粒状	裂隙
	A1	20～40	壤黏	暗灰黄色 2.5Y 5/2	碎块状	裂隙多铁子，紧
	ACss1	40～60	壤黏	浊黄色 2.5Y 6/3	棱块状	裂隙，滑擦面
	ACss2	60～90	壤黏	淡黄色 2.5Y 7/3	棱块状	多量胶膜
	C	90～150	黏土	黄棕色 2.5YR 5/4	块状	多量胶膜，极紧
2/山东苍山	Ap	0～12	粉沙黏土	棕黑 10YR 3/2	屑粒状	裂隙宽 1cm，中泡沫反应
	A1	12～23	黏土	棕黑 10YR 3/2	层状	小石灰结核，中泡沫反应
	A2ss1	23～39	黏土	棕黑 10YR 3/1	棱柱状	裂隙和滑擦面明显，砂姜极少，弱泡沫反应
	ACss2	39～58	黏土	棕黑 10YR 3/1	棱柱状	裂隙，滑擦面，泡沫反应
	Ck	58～100	壤黏土	浊黄橙 10YR 7/2	—	锈纹斑较多，强泡沫反应
3/山东高密	Ap	0～17	壤黏	棕 7.5YR 4/4	屑粒	裂隙，泡沫反应弱
	A1	17～42	黏土	暗棕 7.5YR 3/4	棱块	裂隙，滑擦面，泡沫反应弱
	A2Css	42～70	壤黏	黑棕 7.5YR 2/2	棱柱状	大量裂隙，滑擦面、铁锰结核，锈纹斑，泡沫反应弱
	Ck1	70～200	砂黏	浊黄棕 2.5Y 7/3	碎块	泡沫反应强，中量砂姜
	Ck2	200 以下	粉砂	—	—	大量砂姜

由表 5-8 可知，质地为壤黏土或黏土；裂隙发育，心土层为棱块状或棱柱状结构，剖面 2 和剖面 3 具有滑擦面的土层厚度＞25cm，符合变性土鉴定标准。泡沫反应：除剖面 1

剖面外，剖面 2 剖面有泡沫反应强，有砂姜钙结核；剖面 3 剖面 0～70cm 弱，70cm 以下强，有中-大量砂姜。

2. 剖面 3

土壤薄片观察显示特征之一，是土体干缩后，多沿滑动面开裂，裂隙交错成网络状或树枝状，其间形成细小楔形结构体，夹角在 10°～60°。特征之二是，从表层到黑土层乃至下面的黄棕土层和黏重砂姜层，具有大量纤维状光性定向黏粒，在基质、骨骼颗粒和裂隙边缘广泛分布，呈纤维状或条带状，非扩散和淀积形成，而是应力作用的结果。在正交偏光下，显示鲜黄或鲜橙黄色，消光能力中至强，黑土层最强（李卫东和王庆云，1993）。

5.5.3　土壤基本理化性质

由表 5-9 可见，剖面 1 的黏粒含量表层为 284.3g/kg，以下各层＞300.0g/kg。由于部分蒙皂石的伊利石化，土壤阳离子代换量在 20～22cmol（＋）/kg 左右。其剖面的第二层黏粒比 1.39，符合黏化层要求。

表 5-9　土壤基本理化性质和黏土矿物（山东淮北和胶莱平原）

剖面号/地点	深度/cm	pH	有机碳/(g/kg)	代换量/(cmol(+)/kg)	黏粒<2μm/(g/kg)	代换量/黏粒%	黏土矿物类型	容重/(g/cm³)	CaCO₃/(g/kg)
1/山东蒙阴	0～20	6.8	5.4	17.62	284.3	0.62	蒙皂混合型	1.25	无
	20～40	6.9	3.6	19.87	360.5	0.55	蒙皂石型或混合型	1.45	无
	40～60	6.9	3.1	21.30	395.6	0.54	蒙皂石型或混合型	1.42	无
	60～90	6.9	1.3	20.57	394.6	0.52	蒙皂石型或混合型	1.44	无
	90～150	6.9	1.3	22.70	457.3	0.50	混合型	1.47	无
2/山东苍山	0～12	8.23	11.5	35.84	403.0	0.89	蒙皂型	—	77.0
	12～23	8.15	12.1	34.76	481.0	0.72	蒙皂型	—	121.9
	23～39	8.20	4.6	25.21	488.0	0.52	蒙皂石型或混合型	—	18.5
	39～58	8.42	2.8	19.42	306.0	0.63	蒙皂石型或混合型	—	209.9
	58～100	8.45	1.9	15.92	295.0	0.54	蒙皂石型或混合型	—	294.5
3/山东高密	0～17	8.15	11.0	37.50	568.6	0.67	蒙皂型	1.56	3.2
	17～42	8.10	11.0	35.26	518.0	0.68	蒙皂型	1.57	1.5
	42～70	8.17	11.2	32.95	436.2	0.76	蒙皂型	1.55	1.4
	70～200	8.35	3.0	10.91	208.1	0.52	蒙皂石型或混合型	1.62	121.6

注：剖面 3 的全盐量：从表层向下依次是：3.1g/kg、2.9g/kg、2.5g/kg、2.0g/kg（山东省土壤肥料工作站，1994）。线膨胀系数，17～70cm 为 0.11～0.12。

剖面 2 和剖面 3 符合变性土的诊断标准。因为①全剖面黏粒在 300.0g/kg 以上；②土壤阳离子代换量在 32cmol（＋）/kg 者占多数；③黏土矿物以蒙皂石型为主。此外，碳酸钙相当物：剖面 2 为钙积土体，有砂姜层。剖面 3 的 0～70cm 的碳酸钙相当物在 1.4～3.2g/kg，70cm 以下达到 121.6g/kg，有大量砂姜（李卫东，1991）。

5.5.4 黏土矿物组成和含量

黏粒 X 射线衍射分析（李卫东，1991）表明剖面 3（高密）在 0～70cm 蒙皂石和蛭石含量总合达到 67.4%～76.9%，两者是膨胀性黏土矿物，是土壤收缩膨胀性强的根源，是变性土的基本成因（表 5-10）。该土的黑土层（42～70cm）黏粒的 X 射线衍射图谱见图 5-8。

表 5-10　土壤黏粒的黏土矿物组成

地点	深度/cm	黏土矿物组成/%				
		蒙皂石	伊利石	高岭石	蛭石	绿泥石
山东高密	0～17	44.0	18.9	12.8	23.4	痕迹
	17～42	36.0	23.7	11.0	28.4	痕迹
	42～70	56.5	9.2	13.9	20.4	痕迹
	70～200	41.4	21.0	13.3	14.2	痕迹

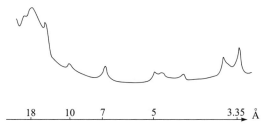

图 5-8　黏粒的 X 射线衍射图谱（镁甘油饱和片）

（剖面 3：42～70cm，采自高密）

5.5.5 土壤分类与命名

1. 剖面 1（山东蒙阴）

按第二次土壤普查的地理发生学分类，属褐土土类，淋溶褐土亚类，暗泥淋溶褐土土属。

按《中国土壤系统分类检索（第三版）》属淋溶土土纲，湿润淋溶土亚纲，简育湿润淋溶土土类，变性简育湿润淋溶土亚类（新亚类）。

2. 剖面 2（山东苍山）

按第二次土壤普查的地理发生学分类，属砂姜黑土土类，石灰性砂姜黑土亚类，灰黑姜土土属，姜底黏灰鸭屎土土种。

按《中国土壤系统分类检索（第三版）》属变性土土纲，潮湿变性土亚纲，钙积潮湿变性土土类，砂姜钙积潮湿变性土亚类。

3. 剖面 3 (山东高密)

由于 0～70cm 的碳酸钙含量低于《中国土壤系统分类检索 (第三版)》的规定，不宜划归为钙积潮湿变性土。考虑到 70cm 以下含有钙结核，故按《中国土壤系统分类检索 (第三版)》的原则，划归变性土土纲，潮湿变性土亚纲，钙积潮湿变性土土类，砂姜钙积潮湿变性土亚类。

5.5.6　土壤障碍因素

主要障碍因素是土壤的物理性质太差，干湿都难于耕犁。干则开裂漏风，而且伤根；湿膨胀而泥泞，田间管理困难。土壤容重太大，通气孔隙少，透水性差，也许还会有临时上层滞水问题。地势或为坡地，或为低平洼地，水土保持和灌排水分管理都很重要。养分方面，据同类土壤表层 130 个样品测试的平均值，全氮为 0.85g/kg，速效磷 5mg/kg，速效钾 132mg/kg，属于中等偏低，微量元素极缺。

5.6　淮北江苏变性土

5.6.1　概况

本区自西向东降低，比降很小。浅湖经脱水出露，涝洼地多，俗称大水瓢。20 世纪 60 年代开始改种水稻以来已改变了低产面貌。

成土母质为河湖相沉积物 (Qh) 为主，全剖面黏土，心土层棱块-棱柱状结构，有滑擦面。旱季开裂宽度可达 1～5cm，深达 50～70cm，土体膨胀性能强，物理性质不良，底土渗水性极小，明涝和暗渍严重，低洼地的剖面有亚铁反应。

全国第二次土壤普查的基层分类有岗黑土和湖黑土之分，前者有两种情况，一是发育在海拔＞30m 的残留阶地；另一种是发育在海拔较低，但地势稍高于湖黑土的部位。土层的碳酸钙含量未达 "检索" 标准，但下层有砂姜。平原东部的黏性土壤有盐碱化现象。

5.6.2　典型剖面形态特征

表 5-11　土壤剖面的形态特征

剖面号/地点	层次	深度/cm	质地	颜色	结构	其他诊断特征
1/东海石湖	A	0～14	壤黏	棕 7.5YR 4/1	屑粒-碎块	裂隙
	A1	14～50	壤黏	暗棕 7.5YR 3/1	小块状	裂隙
	ACss	50～77	壤黏	暗黄棕 10YR 4/6	棱块状	滑擦面
	C	77～100	黏土	暗黄棕 10YR 4/6	大块	少量砂姜

续表

剖面号/地点	层次	深度/cm	质地	颜色	结构	其他诊断特征
2/宿迁县新庄	Ap	0～11	壤黏	棕 7.5YR 4/1	小块状	锈斑，亚铁反应强
	A1	11～30	壤黏	暗黄棕 7.5YR 4/6	块状	锈斑，亚铁反应强
	ACss	30～67	壤黏	浅棕 7.5YR 4/3	棱柱状	亚铁反应弱，滑擦面
	AC	67～100	壤黏	灰黄 2.5YR 2/7	棱柱状	砂姜
3/新沂新店	Ap	0～13	壤黏	灰棕 10YR 4/1	碎块	亚铁反应++
	A1	13～26	壤黏	灰棕 10YR 3.5/1	小块	亚铁反应+
	ACss	26～47	壤黏	黑棕 10YR 3/1	棱柱状	滑擦面，少量铁锰结核
	AC	47～70	壤黏	黄棕 10YR 4/3	块状	少量砂姜
	C1	70～100	壤黏	棕 10YR 4/4	块状	少量砂姜
4/东海浦南	Ap	0～14	黏土	褐灰 10YR 4/1	团块状	锈纹，泡沫反应，盐霜
	A	14～22cm	壤黏	暗青灰 10GY 3/1	小团块	锈斑锈纹
	AC1	22～54cm	黏土	暗灰 N 3/0	块状	锈斑锈纹
	C	54～以下	黏土	浊黄棕 10YR 4/3	块状	少量锈斑，少量砂姜

表 5-11 的剖面 1（江苏省土壤普查办公室，1995）（岗黑土）：分布在徐州、淮阴、连云港等地，地势高亢的低岗，如邳县东北角、东海、沭阳和泗洪等，以旱谷为主。面积 0.87 万 hm²。

典型剖面采自江苏省东海石湖乡大楼村，地理位置 34°31′12″N，118°45′36″E，低岗地貌，海拔 35m。据对东海黑土层的石英颗粒的扫描电镜观察，显示母质是湖相沉积物，但掺杂有洪积和残坡积的细粒（李卫东，1991）。年均温 13.7℃，年降水量 912.3mm，年干燥度<1。种植小麦、花生、甘薯等旱作。属于黏性土，具有棱块状结构和滑擦面，裂隙等变性特征。

剖面 2（江苏省土壤普查办公室，1995）（岗黑土）：分布在徐州、淮阴、连云港等地的地势平缓的岗间低洼平原，面积 4.95 万 hm²。典型剖面采自宿迁县新庄乡前进村，海拔 18m，地下水埋深 85cm，母质是河湖相沉积物。年均温 14.1℃，年降水量 972mm，年干燥度<1，种植小麦、花生、甘薯和水稻等。具有变性特征。

剖面 3（江苏省土壤普查办公室，1995）（湖黑土）：分布在徐州、淮阴和连云港的近湖低田和岗间洼地，面积 6.35 万 hm²。采自新沂市新店乡红旗村，海拔 23m，地势平缓的岗间低洼平原，母质为河湖相沉积物。年均温 13.7℃，年降水量 904mm。以宿迁、沭阳、东海和新沂等县面积较大，一般种植麦、油菜、玉米、花生。二年三熟或一年二熟，或改制为水旱轮作。具有变性特征。土壤的上层还具有亚铁反应，下层有少量砂姜。

剖面 4（江苏省土壤普查办公室，1995）（盐黑土）：主要分布于地势低洼、含盐地下水埋藏浅、内外排水不畅的地区。剖面采自东海县浦南乡下禾村后，薛庄北 300m，地势低平，海拔 3.5m。母质湖相沉积物。含盐地下水埋深 70cm 左右。年均温 13.7℃，年降水量 912mm。以东海和连云港市郊的面积较大，新沂市、灌云县也有分布，面积 0.72 万 hm²。

以上剖面 1、2、3 的质地都是黏土或壤黏土。具有棱块或棱柱状结构，有滑擦面。

干旱季节裂隙发育，宽度 1～5cm，有的深度达 30～70cm。碳酸钙被淋洗，但底层有砂姜钙结核。剖面 2 和 3 的上层有亚铁反应，下层有少量砂姜。剖面 4 有潜育特征，土壤水分饱和而未显棱块状结构，表层覆钙，并有土壤盐碱化问题。

5.6.3 土壤基本理化性质

从表 5-12 可见，剖面 1（东海石湖）全剖面黏粒含量≥300g/kg。土壤阳离子代换量在 14～77cm 为 31～33cmol（＋）/kg，黏土矿物蒙皂石型。土壤黏粒 SiO_2/Al_2O_3 在 3.47～3.69。土壤 pH 除表层为 7.5 以外，表层以下在 8.1～8.3。在 50～77cm 的碳酸钙 27.3g/kg，检索中国土壤系统分类未达到划归为钙积变性土的标准。

表 5-12　土壤基本理化性质（江苏苏北）

剖面号/地点	深度/cm	pH	有机碳/(g/kg)	代换量/(cmol(＋)/kg)	<2μm 黏粒/(g/kg)	代换量/黏粒%	黏土矿物类型	碳酸钙相当物/(g/kg)	线膨胀系数	容重/(g/cm³)	黏粒 SiO_2/Al_2O_3
1/东海石湖	0～14	7.5	15.95	32.23	322	1.00	蒙皂型	0.8	—	1.15	3.67
	14～50	8.1	8.40	33.27	348	0.96	蒙皂型	0.5	—	1.36	3.69
	50～77	8.3	1.68	30.68	405	0.76	蒙皂型	27.3	—	1.46	3.52
	77～100	8.2	1.30	22.75	309	0.88	蒙皂型	18.4	—	1.48	3.47
2/宿迁新庄	0～11	7.3	11.60	24.10	311	0.77	蒙皂型	0.07		1.37	
	11～30	8.0	0.75	25.30	398	0.64	蒙皂石型或混合型	0.08		1.49	
	30～67	8.3	3.31	29.30	415	0.71	蒙皂型	0.19	—	—	
	67～100	8.7	2.26	25.20	403	0.63	蒙皂石型或混合型	3.30	—	—	
3/新沂新店	0～13	7.3	18.62	39.30	336	1.00	蒙皂型	1.8	—	1.41	3.73
	13～26	8.1	9.16	35.96	357	1.00	蒙皂型	3.8	—	1.38	3.98
	26～47	7.8	7.60	38.53	349	1.00	蒙皂型	0.7	—	1.45	4.08
	47～70	8.2	3.71	30.96	313	1.00	蒙皂型	3.4	—	1.43	4.0
	70～100	8.4	2.26	31.08	335	0.93	蒙皂型	13.2		1.55	—
4/东海浦南	0～14	7.0	9.69	30.40	470	0.65	蒙皂石型或混合型	126.0	0.12	1.59	3.78
	14～22	7.5	6.32	26.60	431	0.62	蒙皂石型或混合型	—	0.14	1.82	3.68
	22～54	7.9	3.07	26.90	526	0.51	混合型	10.0	0.11	1.83	3.46
	54～100	7.8	2.44	29.00	523	0.55	蒙皂石型或混合型	15.0	0.10	1.73	3.55

注：因剖面 4 的全盐量未列于表中而在此说明：该剖面全盐量从表层向下依次是 3.1g/kg、2.9g/kg、2.5g/kg、2.6g/kg，均小于 10g/kg，不符合《中国土壤系统分类检索（第三版）》盐成土的规定

剖面 2（宿迁新庄）全剖面黏粒含量≥300g/kg。土壤阳离子代换量低于剖面 1，为 25～29cmol（＋）/kg，黏土矿物蒙皂型或蒙皂混合型，土壤 pH 为 7.3～8.2，往下渐增。全剖面碳酸钙未达标。土壤亚铁反应明显。

剖面 3（新沂新店）：全剖面黏粒含量≥300g/kg，代换量在 31～39cmol（＋）/kg，黏土矿物蒙皂石型。土壤黏粒 SiO_2/Al_2O_3 稍高于剖面 1，代换量/黏粒％值均大于剖面 1，表明蒙皂石含量较高。土壤的碳酸钙相当物均小于检索中的规定，47～100cm 有少量砂姜。土壤亚铁反应明显。

剖面 4（东海浦南）：全剖面黏粒含量≥300g/kg。全剖面代换量 27～30cmol（＋）/kg。黏土矿物为蒙皂混合和混合型。线膨胀系数表明，具有较明显的膨胀-收缩潜力。表层明显覆钙，其碳酸钙相当物达 126g/kg，表层以下则为 10～15g/kg，可溶性盐类的浓度尚未达划归盐成土的要求。

以上剖面的土壤容重大，往下层越增，非毛管空隙度极低，低层透水性几乎为零。

5.6.4　黏粒的 X 射线衍射分析

江苏省东海县潮湿变性土的 X 射线衍射谱（图 5-9）表明，黏土矿物组成均以蒙皂石为主，含量为 56％，并有伊利石、绿泥石和石英等（黄瑞采和吴珊眉，1981）。

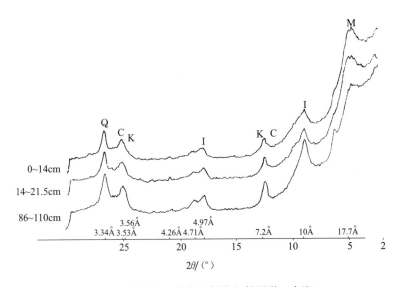

图 5-9　黏粒的 X 射线衍射线衍射图谱（东海）

5.6.5　土壤分类与命名

1. 剖面 1（东海石湖）

按第二次土壤普查的地理发生学分类，属砂姜黑土亚类，岗黑土土属。该剖面分布在低岗部位，地势较高，剖面观察深度内，未见氧化还原特征描述，估计为湿润土壤水分状况。碳酸钙含量未达标准，77～100cm 有少量砂姜。

按《中国土壤系统分类检索（第三版）》试划归变性土土纲，湿润变性土亚纲，简育湿润变性土土类，普通简育湿润变性土亚类。

2. 剖面 2 (宿迁新庄)

按全国第二次土壤普查的地理发生学分类, 属砂姜黑土亚类, 岗黑土土属。

按《中国土壤系统分类检索 (第三版)》划归变性土土纲, 潮湿变性土亚纲, 简育潮湿变性土土类, 潜育简育潮湿变性土亚类。

3. 剖面 3 (新沂新店)

按发生学分类, 属砂姜黑土亚类, 湖黑土土属。

按《中国土壤系统分类检索 (第三版)》属变性土土纲, 潮湿变性土亚纲, 简育潮湿变性土土类, 潜育简育潮湿变性土亚类。

4. 剖面 4 (东海浦南)

按全国第二次土壤普查的地理发生学分类, 属砂姜黑土亚类, 盐黑土土属。

按《中国土壤系统分类检索 (第三版)》, 属变性土土纲, 潮湿变性土亚纲, 钙积潮湿变性土土类, 盐化钙积潮湿变性土亚类 (新亚类)。

5.6.6　土壤农业利用与管理要点

不利因素是: 黏, 膨胀-收缩性强, 易渍, 适耕期短, 土壤抗旱能力弱而易旱。改善的办法如下。

(1) 耕作方面: ①改良黏重土壤的质地, 从根本上改善土壤耕性, 如合理使用粉煤灰等。②适墒抢耕, 经验是当地表发白, 土垡易敲碎时, 或土垡落地能自碎时, 随耕随耙, 耕耙结合, 以防止跑墒。③适时抢种, 并在轮作周期中安排适宜的深根作物, 以逐步改善土壤孔隙状况。④冬季冻垡, 有利于春季形成碎屑结构 (张俊民, 1988)。

(2) 土壤培肥管理: 强调秸秆还田, 增施优质有机肥料, 间套绿肥和豆科作物, 旱作物行间的地面, 以秸秆覆盖, 有助于防旱保墒和防裂伤根。合理使用化肥, 包括氮、磷、钾、锌、钼等大量和微量元素的配合。适时和合理地逐渐加深和熟化耕作层, 促进土肥相融, 改良土壤结构, 改善物理性状, 保持作物根系发展, 以获取增产, 久而久之, 必能改变成良田。

(3) 根据不同部位, 因地制宜地采取管理措施: 发育在丘陵台地及陡坡的基性岩残坡积物上, 和其他具有变性现象的黏性土壤, 侵蚀严重, 干旱威胁较大, 宜封山育林和等高植树, 防止水土继续流失。坡麓及沟谷的土层深厚 (大于 50cm), 土壤黏重, 蓄水保肥能力也较强, 可栽培经济作物和板栗等经济果木。

在地形部位较低的厚层潮湿变性土, 基本上已为农用地, 应增加投入, 提高耕作和有机肥加秸秆还田的水平; 增加豆科作物和绿肥, 进一步培肥土壤。搞好农田基本建设, 完善排灌系统的配套, 因地制宜开发地下水源, 集约灌溉。同时, 因地制宜开拓农畜业特产, 如发展养羊业, 种植大蒜和大葱等 (徐盛荣和吴珊眉, 2007)。

在水源和劳力有保证的低平洼地的潮湿变性土壤上，扩大水旱轮作，兼避涝害。江苏境内已实施大面积旱改水，一年二熟制。而三年五熟制轮作方式，即小麦—水稻—休闲—花生—小麦—水稻，具有冬季休闲，土壤充分冻融后适于花生生长，收益较高，还节省劳力，比连续水旱二熟制优越。当地小麦产量 $3750\mathrm{kg/hm^2}$，水稻产量 $6750\sim7500\mathrm{kg/hm^2}$（朱培立等，1997）。

5.7　本 章 小 结

（1）淮北平原靠近火山频繁活动区，分水岭也具有基性岩层，源源不断地提供基性风化产物，同时汇集黏粒于低洼和积水的盆地古湖区。加之，具有富钙镁的地球化学环境，有利于蒙皂石的形成、转化、继承和保持。腐殖质与蒙皂石复合作用强，为土壤提供稳定的暗色。以及干湿交替明显的季风气候，适于形成变性土。

（2）淮北平原地跨豫、皖、鲁、苏四省，以潮湿变性土为主。土壤碳酸钙基本淋失，但土层中具有钙结核者，划归为砂姜简育潮湿变性土亚类（新亚类）。此在第 4 章已经提及。而碳酸钙含量仍然达到钙积标准的剖面，划归砂姜钙积潮湿变性土，如山东苍山（剖面2）。笔者建议：在变性土纲的简育潮湿变性土土类之下，设立砂姜简育潮湿变性土亚类，以明确这些变性土碳酸钙淋失，但具有某些植物根系可及的钙结核层。其与碳酸钙未完全淋失，并有钙积层的土壤，在植物生长和合理利用，施肥和改良管理都有所不同。此外，江苏有小面积的潮湿变性土具有盐化和覆钙作用。

（3）淮北潮湿变性土，有暗色和艳色的之别，因此，全国第二次土壤普查时安徽划分出黑姜土和黄姜土土种（需明确是否达到变性土标准）。面积方面，艳色要比暗色变性土大 10 倍有余，故在土壤系统分类需要反映出艳色和暗色来。艳色变性土母质可能是湖滨的黏性沉积物，可能也有阶地冲-洪积物，它们不具备蒙皂石与腐殖质的复合作用，膨胀性黏土矿物含量比暗色变性土少。有待研究其与江淮丘岗和汉江流域盆地广泛分布的，更新统（Qp^2，Qp^3）黏性沉积物在发生学上的联系。

（4）江苏淮北平原处于沂沭河下游，地势低洼易涝，变性土的黏粒含量可高达70％以上，耕犁和土壤管理也十分困难。20 世纪 60 年代即在开辟水源的基础上，改旱地为水旱两作田，土壤耕性和产量增加，说明潮湿变性土的正确利用途径。

第6章　淮南丘岗与平原变性土和变性亚类

本区位于淮河主流和废黄河以南，西为桐柏山，南为大别山和江南丘陵，东临黄海。从豫、皖、苏的淮南，向东延伸到江苏境内长江南北平原。境内有豫东南垄岗，皖南垄岗和江苏低岗等。在洪泽湖和运河以东，是江淮平原。茅山以东过渡到太湖和杭嘉湖平原。主要由第四系更新统下蜀黄土和长江、淮河的冲积-洪积和湖积物构成。受地质构造和上升运动的影响，沿江形成了 2～3 级阶地。郯庐断裂带从安徽庐江以 NNE 方向穿过安徽省境，进入江苏盱眙等地到达山东省郯城。郯庐断裂带以及宁芜等小断裂带在挤压活动背景下，新生代发生过大规模的火山活动和玄武岩喷发，对变性土壤分布和形成有着广泛的影响。

本区发育在基性玄武岩残坡积物上的变性土，分布于庐江、合肥、明光、天长、盱眙、六合和江宁等地。而在火山喷发的大环境的影响下，其后续作用使有些高阶地下蜀和戚嘴黄土出现变性特征和现象。此外，安徽淮南有小面积砂姜黑土，里下河和太湖低洼地区以变性水耕人为土为主。

淮南是我国农业综合开发潜力巨大，发展前景广阔，兼有多种优势的区域之一。而太湖地区人均占有耕地面积小，更由于城镇、交通等开发迅速，耕地面积不断减少，加之土壤质量退化，农业可持续发展备受关注。

土壤学界前辈未对淮南黄土丘岗的变性化土壤进行过研究，本章也是新试探。地质学界对襄十和淮江公路沿线，对合肥、马鞍山和南京的膨胀土都曾有过报道（黄健敏和段海澎，2006；钱让清和刘波，2008）。图 6-1 是淮南丘岗变性土和变性亚类分布示意图。

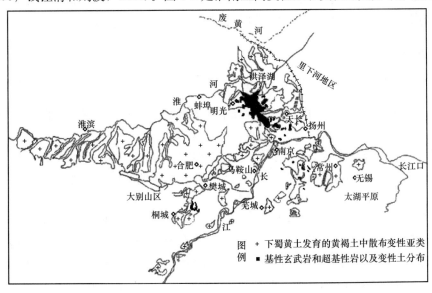

图 6-1　淮南丘岗变性土和变性亚类分布示意图（吴珊眉和陈铭达编绘，2012）

图 6-2 为笔者于 2011 年 10 月访问合肥市时，看到的某建筑物墙壁裂缝和院内多个混凝土墓基开裂。这是由于合肥曾遭受严重干旱，变性土地基强烈的收缩作用引起的。

图 6-2 合肥某建筑物墙壁的裂缝源于变性土地基（吴珊眉和谢昕云摄，2011）

6.1 成土条件

6.1.1 气候

本区为北亚热带湿润季风气候，年平均温度为 14.0~16.5℃，无霜期 230~250 天，≥10℃的积温一般为 4800~5000℃，农作物可一年三熟，适合水稻、油菜、小麦、棉花等作物生长。年平均降水量为 900~1500mm，干燥度为 0.7~0.8，雨热同季，降水集中，梅雨季节明显，夏季降水占 40% 左右。因此，干湿季节变化对土壤水分状况影响明显，由于雨季与旱季交替，以及气温、季风的变化使土壤含水量变化，由此引起的胀缩作用造成土体运动，对土壤的变性特征的形成有重要影响。

6.1.2 母质

1. 中、基性火山岩残-坡积物

本区三叠纪、侏罗纪、白垩纪、古近纪和新近纪以及第四纪更新世的火山活动，遗迹涉及范围广泛。中、基性火山岩和火山灰的风化残-坡积物富含蒙皂石，除了由玄武岩残-坡积物上形成的变性土外，受玄武岩等基性岩石的风化物和火山灰的影响的黏性沉积物，也是变性土的母质。以下概述本区主要地质时期的火山活动。

1）中生代火山岩系

下三叠统火山碎屑岩主要由英安质角砾岩、英安质晶屑、玻屑凝灰角砾岩和英安质玻屑、晶屑凝灰岩等组成，厚度 1.8m，属于海底喷发。水流搬运的火山碎屑岩的浊流沉积，见于安徽巢县（李双应，1996）。侏罗纪晚期火山活动产物见于大别山北麓的低山丘陵区的舒城县城东南 20 余公里的万佛湖区火山岩。白垩纪火山喷发形成的粗面质火山岩和凝灰岩，富钠、钾成分，分布在枞阳县中部偏北地区。白垩纪晚期火山见于大别山地区，如宿松、肥东和灵璧。中生代宁芜火山岩盆地受断层控制，西界为长江破碎带，东界方山—小丹阳断裂带，晚侏罗世及早-中白垩世陆相火山活动，分布在宁芜盆地和边缘地带。

2）新生代玄武岩残坡积物

宁芜盆地新生代玄武岩分三期喷发：早期始于古近纪，沿长江破碎带分布，属高铝拉斑玄武岩，生成较浅；中期喷发于新近纪，主要沿方山—小丹阳断裂分布，先后为响碧玄武岩、碱性橄榄玄武岩、多二辉橄榄岩包体等，晚期喷发于早更新世，以富钛响碧玄武岩为主（赵玉琛，1992）。

沿郯庐断裂带及其邻近地区，是新生代玄武岩分布的重要部分。散布在安徽省合肥、明光、铜井、嘉山、天长和江苏省盱眙、仪征—六合、南京—溧阳等地，以及下扬子破碎带两侧和小型断陷盆地。地质年代以古近纪和新近纪为主，主要岩石是碱性和基性玄武岩，造岩矿物为橄榄石、辉石和斜长石等（赵大升等，1983）。

盱眙出露的玄武岩属新近纪，可划分为中新世的相当于下草湾组和上新世的桂五组，前者以橄榄玄武岩，辉石橄榄玄武岩和玄武岩为主；桂五组以碱性橄榄岩，碱玄岩和碧玄岩类为主，以及二辉橄榄岩包体和辉石等，引自 1∶20 万盱眙幅资料的玄武岩的化学成分，见表 6-1（姚建平，1992）。

表 6-1　盱眙玄武岩的化学成分　　　　　　（单位：%）

地点	层位	SiO_2	$Al_2O_3+TiO_2$	Fe_2O_3+FeO	CaO	MgO	K_2O+Na_2O
盱眙花果山	下草湾组	48.34	13.72+2.08	5.56+5.48	8.66	7.15	1.62+3.09
盱眙桂五	桂五组	49.58	14.79+2.15	8.10+4.01	8.15	5.52	1.74+3.28
盱眙雍小山	桂五组	47.61	13.51+1.75	6.46+4.26	8.44	6.86	1.19+2.60

新生代玄武岩还分布在苏南茅山及其邻区，明显地受茅山断裂带和南京—溧阳断裂的控制。据 K-Ar 法年龄测试结果，茅东断裂喷发带为古近纪橄榄玄武岩，测年 43.83～47.99Ma B. P.，金坛花山有所出露。南京—溧阳断裂喷发带为新近纪玄武岩，其中江宁方山为气孔状玄武岩等构成。句容赤山由橄榄玄武岩和气孔状玄武岩等组成，测年 13.94Ma B. P.（胡连英等，1989）。

2. 泥质岩残坡积物

以侏罗系（J）和白垩系（K）泥质岩为主，分布在大别山、九华山等中山上部平缓处，海拔 500～1100m，在合肥、安庆、滁州、六安等地区的丘陵中、下部也有零星分布。这类母质含有蒙皂石等膨胀性黏土矿物，在出露地面以后，长期受到侵蚀，它们的细黏粒，参与了后续的地质时期的沉积物的形成。

3. 中、晚更新统黏性沉积物

更新统（Qp^2，Qp^{2+3}）的下蜀和戚嘴黄土，分布于河南省东南、安徽省霍邱县，向东经过合肥、南京地区，到宜溧低山丘陵，北至泗洪一带。安徽省境内长江与淮河的分水岭广布二级及二级以上的阶地或岗地，总体呈东西向长条状、树枝状展布，为黏性，具有裂隙、胀缩性和超固结性，硬塑至坚硬状态。面积约占安徽江淮地区总面积的65%～80%，东部土层厚度稍薄，西部合肥地区厚度相对较大。

下蜀黄土的膨胀性变化较大，据研究，南京市雨花台下蜀黄土，大致属于中膨胀性土。其液限为 38.04%，塑限为 19.4%，塑性指数为 18.64，自由膨胀率为 72.2%，阳离子代换量为 32.49cmol(+)/kg。低阶地和次生下蜀黄土的膨胀性较小一些，如小行次生下蜀黄土大致属弱-中膨胀性土，其液限为 31.0%，塑限为 16.1%，塑性指数为 15.8，自由膨胀率为 59%，阳离子代换量为 29.79cmol(+)/kg；而富贵山次生下蜀黄土的自由膨胀率为 49%，阳离子代换量为 18.59cmol(+)/kg，膨胀性最弱。因此，认为下蜀黄土的膨胀性与原生和次生（短途搬运再沉积）有关（孙振堂等，1993），还与下蜀黄土（处于高阶地）的年龄有关。同时，沉积期间周边火山活动以及基性玄武岩风化物的影响程度也有很大关系，如南京城南就有火山喷发遗迹；苏北和安徽近郊庐断层地区的下蜀和戚嘴黄土具有较高的膨胀-收缩性能。

4. 晚更新统-全新统的湖积物（Qp^3-Qh）

分布在安徽省淮南的低阶地和低地，曾经历过湖沼和抬升阶段，富含膨胀性黏土矿物，其上形成潮湿变性土，又称砂姜黑土，其规模远小于淮北平原。

苏北江淮平原里下河和苏南太湖平原均属长江三角洲沉降区，古地层有 N-Qp^1、Qp^2 和 Qp^3 的沉积物，包括下蜀黄土在内，都被埋藏在地下深处，但在西部有所出露。全新统地层覆于更新统地层之上，下部为河姆渡组及其文化层，距今 10 000～4300 年，最上部土层是以淤泥质亚黏土、黏土为主，流塑—软塑，灰色，局部夹粉砂透镜体；在地势低洼处一般以潟湖相、湖沼相的亚黏土、黏土为主，为灰褐、灰色（南京地质矿产研究所，2006）。

6.1.3　地形、地貌

江淮地区是以丘陵、岗地组合为主的地貌结构，实际上包括低山、丘陵如皖东丘陵和宁—镇—扬丘陵等。岗地波状起伏，湖滨与沿河为现代冲积平原等。海拔多在 20～80m。其中，膨胀土总体分布呈东西向长条状分布，组成的微地貌形态为一、二级阶地及岗地。阶地面较平坦，皖南从江淮分水岭向南北两侧微倾斜，倾斜坡度为 1°～5°。由于后期强烈的剥蚀作用，阶地及岗丘地形的形态已不十分完整，且多呈条带状及指状分布，局部呈孤丘状，海拔一般为 10～60m，相对高差为 3～10m（王国强，1999；王茂和，2007）。

新构造运动是沉降、隆升、褶皱、断裂、岩浆活动和地震等构造现象，导致地形和地貌变化。本区隆升包括郯庐断裂强烈上升，豫东南、皖南和皖东、延至江苏的仪、六、浦，宁镇—宜溧和茅山等属于间歇性上升。在隆升过程中形成了几级阶地，各级阶地面上常保存着代表该级阶地面形成和发展年龄的沉积物。如茅山地区保存有完整和典型的四级阶地。一级阶地相对高度10m左右，其上为现代河流的淤积层；二级阶地宽广，相对高度为 20～30m，由下蜀系黄土组成；三级阶地的相对高度在 40～50m，是由红土构成的基座阶地；四级阶地相对高度已在 70～80m，阶地面由雨花台组构成（单树模等，1980）。

长江三角洲平原西部和西北部地势较高，海拔 100m 左右，苏南茅山向东过渡到持续沉降地带，地质时期下降幅度一般可达 200～500m。苏北坳陷持续强烈沉降幅度最大，一般在 200～1000m，兴化、东台、大丰一带则在 1000m 以上，是个坦荡平原，洼地和湖泊星罗棋布，水网和圩田海拔一般为 2～10m，高圩田地势略高，中心海拔高度只有 2～4m。江苏废黄河以南，运河以东的江淮平原，历史上曾有大面积砂姜黑土，但已被黄河、长江和淮河冲积物埋藏。

6.1.4　人为活动

天然地带性植被以落叶阔叶林与常绿阔叶林混交林为主。由于人类长期生产活动，原有森林已不复见，现代植被以人工栽植的针叶林和阔叶林为主，常见的树种有马尾松、杉木、黑松、枥类、侧柏和刺槐等。玄武岩发育地区的植被覆盖度较大，安徽以黑松、外松、麻栎和榆树为主，另有刺槐、野山枣。

本区垦殖历史悠久，农业生产水平较高，是国家重要商品粮基地。主要种植粮、油、经作物。水田以水稻为主，旱地以小麦、油菜为主，多为一年两熟或三熟轮作制。复种指数较高，但发展不平衡，尚有一定的潜力可挖。苏北灌溉总渠，运河堤闸和江都水利枢纽等工程区，是重要的农业区。全区实有耕地面积 455.7 万 hm²，约占全国总耕地面积的 3.5%。全区垦殖系数平均为 50.9%，其中平原低岗地为 55%～70%，沿淮、沿江湖洼地和江淮分水岭岗地为 20%～40%。平原圩畈区耕地质量高，岗丘和低洼地质量较差，一、二、三等地各占 1/3。农业生产结构正由单一经营向农林牧副渔多种经营、综合发展转变，种植业产值占农业总产值比重在下降，林牧副渔比重在增加。

低平原水网系统和圩区农业，数千年来，以罱河泥清理河道和塘坝，再将河泥直接或制作草塘泥回田，所以，在开垦历史悠久的地方，尤其是圩田上、中框部位，原湖积物上形成的土壤已被罱得的河泥覆盖，加之长期种水稻而成为另类土壤——人为土。

6.2　土　　壤

6.2.1　安徽省江淮地区

1. 概况

江淮地区是我国变性土及变性土性土散布的地区之一。西自霍邱县的较高阶地和岗地，东至江苏洪泽湖周边，都有零星分布。其中发育于中、基性玄武岩残-坡积物上的有湿润变性土，农民称之为鸡粪土。岗地和二级以上阶地上的中、晚更新统黏性沉积物母质上，也有少数达到变性土的标准，一种情况是更新统沉积物形成过程中受到了火山灰和基性岩类风化物对沉积物的影响，如考古学者发现江苏金坛县临近茅山的薛埠镇的下蜀黄土中含有火山玻璃（房迎三等，2010）；另一种情况是由于上部土层已被蚀去致使富含黏粒和膨胀性黏土矿物的土层出露。还有些地方存在火山灰和基性玄武岩风化物参与形成的下蜀黄土，导致较高阶地的黏性沉积物更具膨胀性，有利于变性土的发生。

据野外观察，地质学界所称的膨胀土，上层为褐黄色黏土，厚度为 1.5～3.0m，岗地上厚度大，斜坡上厚度薄甚至缺失，呈硬塑、坚硬状态，含直径 1～3mm 的球状铁锰结核。下层为灰黄色黏土，呈硬塑、坚硬状态，有近垂直或水平的两组裂隙发育。侵蚀出露的剖面，可见夹有厚度 2～10cm 的水平层状淋滤铁锰富集层。裂隙一般无充填，或被淋滤铁锰质浸染。但在庐江张王庙窑厂采土坑剖面观察到两组近正交裂隙，将土体切割成矩形或方块状，裂隙被次生青灰色黏土充填。土体表面有青灰色或青灰色条带。裂隙面极光滑，油腻状，具蜡状光泽。切开黏土表面充填物，内层仍显灰黄色。裂隙多呈闭合状，但随卸荷及松动而开裂，在坡脚被开挖时，常沿裂隙面整体错落呈"土堆状"。黏土层外观坚硬，但遇水极易软化，"干时一把刀，湿时一团糟"是对其性质的最好写照。

常规 X 射线衍射测定结果说明，蒙皂石和伊利石的含量大致相当。下层灰黄黏土比上层褐黄色土层的蒙皂石含量稍大（表 6-2）。以石油工业部规定的 X 射线衍射法测得结果说明，下蜀黄土的黏土矿物以伊/蒙混层矿物为主。此外，黏粒含量高，土壤的比表面积大，因此，塑性含水量变化范围较大，塑性也较强。原生矿物以石英为主，其次是长石和云母等。

表 6-2　下蜀黄土的黏粒含量和黏土矿物主要组成和含量（合肥和六安）（王国强，1999）

土样类型	地区	黏粒/(g/kg)	蒙脱石/%	伊利石/%	高岭石/%
褐黄黏土	合肥	400～450	40	45	15
灰黄黏土	合肥	430～490	42	48	10
褐黄黏土	六安	350～420	41	44	15
灰黄黏土	六安	380～460	42	47	11

2. 湿润变性土

湿润变性土分布于江淮丘陵和沿江岗地中上部，海拔 38～80m，面积 11.1 万 hm^2，行政上有六安、安庆、滁县和芜湖等，其中，六安、滁县和合肥市面积最大。

1）典型剖面形态特征描述（安徽省土壤普查办公室，1996）

该剖面位于安徽肥西县将军乡李岗村，海拔 57m，波状起伏，下蜀黄土母质，利用上为旱地，种植小麦、油菜、棉花和大豆等为主。

形态特征如下：

Ap 0～16cm 浊黄棕色（10YR 4/3，湿），黏土，屑粒状结构，细孔隙和植物根系较多，pH 为 7.1。

A1ss 16～23cm 黄棕色（10YR 5/8，湿），黏土，块状结构，灰白色胶膜和少量铁锰结核，稍紧实，中量植物根系，pH 为 7.7。

ACss1 23～72cm 黄棕色（10YR 5/8，湿），黏土，棱块状结构，灰白色胶膜和多量铁锰结核，紧实，植物根系少，pH 为 7.9。

ACss2 72～94cm 黄棕色（10YR 5/8，湿），黏土，大棱块状结构，多量胶膜和多量铁锰结核，少量石灰结核，pH 为 7.9。

C 94～140cm 棕色（2.5YR 4/4，湿），黏土，棱柱状结构，铁锰胶膜较多，pH 为 7.9。

以上全剖面黏土，23cm 以下有明显的棱块状和棱柱状结构，具有灰白色胶膜，高角裂隙发育；铁锰结核少-多；土壤 pH 在 7.0～8.0（剖面照片见图 6-2）。

2）基本理化性质（见表 6-3）

该土的黏粒含量高，在整个剖面的土体范围内均在 450g/kg 以上。有一定的黏化作用，但黏粒比不到 1.20，而且出现部位高，说明土壤原表上层被侵蚀。此剖面的代换量是黄褐土中较高者，除 0～16cm 外，其余各层都在 31～35cmol（＋）/kg。土壤有机质含量自 16cm 深度往下缓慢减少，氮磷钾全量含量较低，但速效磷和速效钾含量较高。

表 6-3　典型剖面理化性质（安徽省土壤普查办公室，1996）

地点	深度/cm	有机碳/（g/kg）	pH（H₂O）	黏粒含量<2μm/（g/kg）	黏粒比	代换量/（cmol（＋）/kg）	代换量/黏粒%	黏土矿物类型
	0～16	4.52	7.1	488	—	25.66	0.53	混合型
	16～23	1.97	7.7	560	1.18	35.38	0.63	蒙皂型
安徽肥西	23～72	1.39	7.9	589	1.05	33.09	0.56	蒙皂型或混合型
	72～94	0.75	7.9	581	0.99	32.87	0.57	蒙皂型或混合型
	94～140	0.81	7.9	520	0.90	30.91	0.59	蒙皂型或混合型

3）土壤分类和命名

全国第二次土壤普查的地理发生学分类归属是黄褐土土类，黏磐黄褐土亚类，马肝土土属，李岗马肝土土种。

按《中国土壤系统分类检索（第三版）》（2001），属于变性土土纲，湿润变性土亚纲，简育湿润变性土土类，普通简育湿润变性土亚类。

母质为下蜀黄土的湿润变性土剖面图见图 6-3，母质为基性玄武岩的潮湿变性土剖面图见图 6-4。

图 6-3　湿润变性土（母质下蜀黄土）　　　　图 6-4　潮润变性土（母质基性玄武岩）
（安徽土壤普查办公室，1994）　　　　　　　（安徽土壤普查办公室，1994）

3. 潮湿变性土

分布于基性玄武岩分布地区，一定程度上受地下水位或地表水影响，潮湿土壤水分状况，热性土壤温度状况。面积为 0.21 万 hm²。

　　1）典型土壤剖面形态特征描述（安徽省土壤普查办公室，1996）

　　剖面位于来安县杨郢乡红星村二队，海拔为 30～50m，地形上属于波状岗中下部，母质为玄武岩坡积-洪积物，利用上以小麦，或油菜与水稻轮作为主。

　　形态特征如下：

　　Ap 0～14cm 灰棕色（7.5YR 5/2，干），壤黏土，小块状结构，少量锈纹锈斑，多量植物根系，稍紧实，pH 为 6.0。

　　A1 14～21cm 灰棕色（7.5YR 5/2，干），壤黏土，块状结构，少量绣纹锈斑，中量植物根系，紧实，pH 为 6.5。

　　A1Css 21～70cm 灰棕色（7.5YR 5/2，干），黏土，棱块状结构，中量暗棕色胶膜，少量软小铁锰结核，少量植物根系，紧实，pH 为 6.5。

　　以上全剖面壤黏土，心土层以棱块状结构为主，中下土层有多量暗棕色滑擦面，中上土层有锈斑，具有潮湿变性土的形态特征。土壤呈中性，pH 在 6.0～7.0。

　　2）基本理化性质

　　表 6-3 说明，整个土体黏粒含量范围内在 400～490g/kg，黏土矿物以蒙皂型为主，还含有蛭石。在 21～70cm 土层，土壤有机质含量不到 1％，代换量达到 30cmol（+）/kg，很能说明蒙皂石的贡献。土壤养分除了速效磷较低外，其他养分含量均属于中等水平。

表 6-4　典型剖面理化性质（安徽来安）

层次	深度/cm	有机碳/(g/kg)	pH	代换量/(cmol(+)/kg)	<2μm 黏粒含量/(g/kg)	黏粒比	代换量/黏粒%	黏土矿物类型
Ap	0～14	14.91	6.0	31.49	407.6	—	0.77	蒙皂型
A1	14～21	13.81	6.5	30.10	437.0	1.07	0.69	蒙皂型
A1Css	21～70	0.59	6.5	30.39	493.1	1.13	0.62	蒙皂型或混合型

　　3）土壤分类和命名

　　全国第二次土壤普查的地理发生学分类制，属水稻土类，渗育水稻土亚类，渗暗泥田土属。

　　按《中国土壤系统分类检索（第三版）》（中国科学院南京土壤研究所土壤系统分类课题组和中国土壤系统分类课题研究协作组，2001），划归变性土土纲，潮湿变性土亚纲，简育潮湿变性土土类，水耕简育潮湿变性土亚类（新亚类）。

6.2.2　江苏省江淮地区

　　本区的湿润变性土有两类母质，一是下蜀黄土（戚嘴黄土）（Qp², Qp²⁺³），具有较高膨胀性，过去划归黄褐土或褐土，分布于南京、六合、宿迁、泗洪、淮安等地的阶地，另一是基性玄武岩残-坡积物，主要分布在盱眙、六合、江宁以及金坛一带的低丘坡麓部位。此外，还有一些分布在里下河和太湖平原碟形洼地，母质为全新统（Qh）潟湖相和湖相沉积物，脱潜程度不一的变性水耕人为土。

1. 湿润变性土

1) 典型剖面形态特征描述

剖面 1（全国土壤普查办公室，1993）：

位于泗阳县高渡镇九联村，地理位置 33°N，118°40′12″E。岗地上中部，母质为河-湖相戚嘴黄土，海拔为 12m。年均温 14.1℃，年降水量 898.8mm，无霜期 211 天，≥10℃积温 4605°，湿润土壤水分状况，热性土壤温度状况，土地利用为旱耕地。面积 3.58 万 hm²。

形态特征如下：

Ap 0～14cm 暗灰黄色（2.5Y 5/2），壤质黏土，小块状结构，有铁锰结核，紧实度 1.19kg/cm³。

Bt 14～51cm 黄棕色（2.5Y 5/3.5），黏土，块状结构，有胶膜和铁锰结核，紧实度 4.0kg/cm³。

C1 51～85cm 暗灰黄色（2.5Y 5/2.5），黏土，块状结构，有胶膜和铁锰结核，紧实度 4.27kg/cm³。

C2ss 85～100cm 黄灰色（2.5Y 4/1），黏土，棱柱状结构，有胶膜和铁锰结核，紧实度 4.79kg/cm³。

以上剖面土壤质地黏重，全剖面为壤质黏土至黏土，以暗黄棕色为主，棱柱状结构出现在 85cm，结构面有滑擦面，旱季裂隙发育，符合变性土的宏观形态特征。

剖面 2（全国土壤普查办公室，1993）：

主要分布在江苏省盱眙县、泗洪县和南京市六合的低丘坡麓部位，西与安徽省明光县接壤。母质是新近纪基性玄武岩残-坡积物，土层厚度大多为 60～100cm，下层可有玄武岩半风化体。

剖面位于江苏省盱眙县河桥乡蒋昂村，地理位置 33°02′N，118°49′E。地形为低丘缓坡，海拔为 32m。年均温 14.7℃，年降水量 981.5mm，无霜期 219 天，≥10℃积温 4772.6℃，年干燥度<1。湿润土壤水分状况，热性土壤温度状况。利用一般为旱地，也有桑树、果树等经济林。尚未开垦的林地中主要生长松树、栎树等用材林。土壤面积 0.66 万 hm²。

形态特征如下：

Ap 0～18cm 暗棕色（7.5YR 3/4），黏土，块状结构，较松。

A1 18～32cm 棕色（7.5YR 4/3），黏土，块状结构，较松。

A2ss 32～69cm 棕色（7.5YR 4/3），粉砂质黏土，棱块状结构，有少量铁锰结核，土体紧实。

AC 69～100cm 棕色（7.5YR 4/3），粉砂质黏土，块状结构，有少量铁锰结核。

全剖面质地黏土，暗棕色-棕色。心土层棱块状结构，表示有低角度裂隙，结构面光滑。中下层含少量铁锰结核。

2) 土壤物理性质和黏土矿物类型

表 6-5 显示，剖面黏粒含量都在 300g/kg 以上，剖面 1 是河湖积母质，剖面 2 具基

性玄武岩风化残积-坡积物的黏性特征，成土年龄较大。代换量/黏粒％说明，剖面1是蒙皂石型或蒙皂混合型，剖面2是蒙皂石型。

表6-5 土壤机械组成和黏土矿物估计（全国土壤普查办公室，1993）

剖面号/地点	深度/cm	粒组成分/（g/kg）				黏粒比	代换量/黏粒％	黏土矿物类型
		2～0.2mm	0.2～0.02mm	0.02～0.002mm	<2μm			
1/泗阳县	0～14	85	281	235	399	—	0.67	蒙皂型
	14～51	10	158	235	597	1.49	0.57	蒙皂型或混合型
	51～85	7	225	284	484	0.81	0.60	蒙皂型或混合型
	85～100	6	244	298	452	0.93	0.63	蒙皂型或混合型
2/盱眙县	0～18	1	247	280	463	—	0.79	蒙皂型
	18～32	5	216	301	478	1.03	0.87	蒙皂型
	32～69	2	191	404	403	0.84	0.97	蒙皂型
	69～100	61	158	468	373	0.92	1.00	蒙皂型

就单个土体而言，剖面1第二层的黏粒比达1.49，达到黏化层的诊断标准。由于表土层只有14cm的厚度，黏粒淋溶淀积难以使其下层的黏粒大幅增加。很可能是原上土层受到侵蚀，又因长期施土杂肥，并受雨水溅蚀而下降之故。

蒙皂石的含量是土壤发生变性特征的决定性内因和根源。由于水分条件季节性变化，下蜀黄土和戚嘴黄土上发育的土壤，膨胀而产生挤压作用，因而微形态薄片观察到应力胶膜、有挤压呈弯曲形象的黏粒光性定向排列以及扩散胶膜（图6-5，图6-6）。

图6-5　正交偏光 16×10×2

（句容下蜀，马焕成）

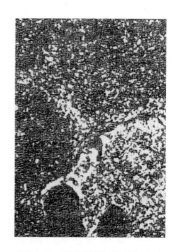

图6-6　正交偏光 25×10×2

（安徽郎溪，马焕成）

3）土壤化学性质

表6-6说明，土壤pH除表层在7.5～7.7，下面土层都在8.0～8.3。剖面1的代换性盐基总量在27～34cmol（+）/kg，符合变性土划分的标准，在戚嘴黄土母质中也属高的，因其西南和东北部都有基性玄武岩风化物的影响。

表 6-6 土壤化学和物理化学性质（江苏省土壤普查办公室，1995）

剖面号/地点	深度/cm	pH	有机碳/(g/kg)	代换性盐基总量/(cmol(+)/kg)	代换性Ca²⁺/(cmol(+)/kg)	代换性Mg²⁺/(cmol(+)/kg)	代换性K⁺/(cmol(+)/kg)	代换性Na⁺/(cmol(+)/kg)	代换性Ca²⁺/Mg²⁺	黏粒SiO₂/Al₂O₃/%
1/泗阳	0~14	7.7	11.8	26.73	17.36	9.03	0.24	0.67	1.92	—
	14~51	8.0	5.8	34.32	22.63	10.63	0.32	0.57	2.13	—
	51~85	8.2	3.9	29.24	16.71	11.44	0.23	0.60	1.46	—
	85~100	8.3	3.3	28.40	17.12	10.06	0.22	0.63	1.70	—
2/盱眙	0~18	7.5	12.7	36.59	23.60	11.15	1.04	0.80	2.12	3.41
	18~32	8.1	7.6	41.58	22.80	17.86	0.52	0.40	1.28	3.43
	32~69	8.3	4.2	39.24	21.70	16.49	0.62	0.40	1.32	3.31
	69~100	8.5	4.2	51.67	26.30	24.24	0.61	—	1.08	3.21

发育在盱眙玄武岩残-坡积物上的剖面2，代换性盐基总量最高，表下层在36.59~51.67cmol(+)/kg，以代换性 Ca^{2+} 为主，代换性 Mg^{2+} 含量在 69~100cm 达 24.24 cmol(+)/kg，表明有大量 Ca 和 Mg 蒙皂石。

两个剖面的代换性 Ca^{2+}/Mg^{2+} 比值，剖面2要小于剖面1，说明剖面2含有较多的镁蒙皂石而具有更大的膨胀潜力，该土的黏粒 SiO_2/Al_2O_3 为 3.21~3.41，也表明以蒙皂石为主。

4）土壤分类和命名

按全国第二次土壤普查的地理发生学分类：剖面1（泗阳）划归褐土土类，淋溶褐土亚类，老褐黄土土属，中岗褐土土种。剖面2（盱眙）划归初育土土纲，火山灰土土类，基性岩火山灰土亚类，暗焦黏土土属，中暗栗土土种。

按《中国土壤系统分类检索（第三版)》，综合土壤剖面的诊断特征和性质，它们的分类和命名见表6-7。

表 6-7 土壤的系统分类和命名

剖面号	地点	亚纲	土类	亚类
1	江苏泗阳	湿润变性土	简育湿润变性土	普通简育湿润变性土
2	江苏盱眙	湿润变性土	简育湿润变性土	典型简育湿润变性土

关于发育在基性玄武岩上的土壤的分类归属，江苏省东海县的玄武岩土壤曾属棕壤；盱眙县的玄武岩土壤曾属褐土；六合、江宁、句容和金坛的玄武岩土壤曾属黄棕壤。针对这种混乱，罗汝英（1978）建议统归为火山灰土，改进了地理发生学分类的同土异名问题。全国第二次土壤普查就将基性玄武岩和辉长岩上发育的土壤划归初育土土纲，火山灰土土类。其实，发育在基性岩石的黏性残坡积物上的土壤是地球表面最符合变性土中心概念的。故划归为变性土土纲是最符合实际，请参考澳大利亚、以色列和印度等国的有关文献。

2. 潮湿变性土

1）典型剖面形态特征

剖面1：黄河夺淮以后，细粒从黄土高原流到海拔仅数米的沉降区低平原部位。静水沉积物黏粒含量丰富，含有相当数量的膨胀性黏土矿物，土壤代换量相当高，显示较明显的变性现象或特征，与河北平原的淤土有所不同，估计面积 3.67 万 hm²。

剖面位于涟水县唐集胡缪村。海拔 10m 的平原部位，潜水埋深 80cm，年均温14.1℃，年降雨量 1014mm，无霜期 210 天，≥10℃积温 4598°。旱作棉花和甘薯。

形态特征如下：

Ap 0～14cm 灰棕（7.5YR 4/2）黏土，块状结构，松，根系多，有锈纹斑，泡沫反应强，pH 为 8.5；

A1 14～25cm 棕灰（7.5YR 4/1），黏土，块状结构，稍紧，根系多，有锈纹斑，泡沫反应中等，pH 为 8.6；

A2 25～50cm 灰棕（7.5YR 5/2.5），黏土，块状结构，紧，少量铁锰结核，泡沫反应弱，pH 为 8.7；

ACss 50～100cm 灰黄棕（10YR 4/2.5）黏土，柱状结构，紧，泡沫反应弱，pH为 8.7。

以上剖面诊断特征：黏土，50cm 以下为柱状结构。0～25cm 具锈纹斑氧化还原特征。0～25cm 泡沫反应强，向下逐渐变弱，显示剖面由不同来源的沉积物构成。

剖面 2（江苏省土壤普查办公室，1995）：分布在苏北洪泽和金湖县江淮之间大运河以西的洪泽湖、高宝湖和白马湖畔的中上框田，河湖相母质。长期水耕和排水脱潜，土体构型 Ap-A1-P（渗育层）-W（潴育层），面积 0.6 万 hm²。这种土壤的潜育特征已经消失，为潴育型水稻土。

剖面 2 位于金湖县横桥乡金桥村中上框田，海拔 5.5m，潜水埋深 80cm，年均温14℃，年降水量 993.7mm，无霜期 218 天。年干燥度<1，潮湿水分土壤状况，热性土壤温度。耕层速效磷 7mg/kg，速效钾 146mg/kg。稻与小麦（油菜或绿肥）轮作。

形态特征如下：

Ap 0～15cm 暗灰黄（2.5Y 4/2），壤黏土，小粒状结构，根系多，很多锈纹斑；

A1 15～27cm 黄灰（2.5Y 4/1），黏土，块状结构（中-大），根系较多，很多锈纹斑和雏形铁锰结核；

P 27～61cm 黄灰（2.5Y 5/1），壤黏土，块状结构（小-中），根系少，很多锈纹斑；

Wss 61～100cm 灰（7.5Y 5/1），壤黏土，棱块状结构（中-大），有胶膜，很多锈纹斑。

该剖面质地黏重，耕性差。表层土壤非毛管孔隙 4.3%，以下 3.1%，通气性和渗透性都弱。61～100cm 为棱块状结构，有滑擦面，干旱季节裂隙沿结构面开裂等变性特征。剖面通体多锈纹斑，无亚铁反应，说明氧化条件改善而脱潜，但未能符合《中国土壤系统分类检索（第三版）》的颜色条件。

2）土壤主要理化性质

表 6-8 显示，剖面 1 黏粒含量在 525～601g/kg，有机碳含量不高，但代换量高，表层黄泛黏土也达 27.5cmol（+）/kg，以下层次为 31～32.5cmol（+）/kg，达到变性土对代换量的要求，也表明是蒙皂石的贡献。代换量/黏粒%值显示为蒙皂型或混合型黏土矿物。该土在干湿交替的过程中有明显的胀缩性，土体产生裂缝，跑墒漏肥。此外，土壤 N、P 均缺，有效钾为 142～217mg/kg。

表 6-8　土壤主要理化性质

剖面号/地点	深度/cm	pH	有机碳/(g/kg)	代换量/(cmol(+)/kg)	黏粒含量/(g/kg)	代换量/黏粒%	黏土矿物类型	CaCO₃相当物/(g/kg)
1/涟水	0~14	8.5	15.10	27.5	525	0.52	蒙皂型或混合型	80.4
	14~25	8.5	10.50	32.1	558	0.58	蒙皂型或混合型	18.5
	25~50	8.7	8.90	32.5	600	0.54	蒙皂型或混合型	6.3
	50~100	8.7	6.30	31.1	601	0.52	蒙皂型或混合型	9.4
2/金湖	0~15	7.3	18.97	30.0	433	0.69	蒙皂型	无
	15~27	7.4	12.60	27.4	461	0.59	蒙皂型或混合型	无
	27~61	7.6	5.51	30.0	381	0.79	蒙皂型	无
	61~100	7.6	3.94	30.0	437	0.69	蒙皂型	无

注：1 来源：江苏省土壤普查办公室，1996；2 来源：江苏省土壤普查办公室，1995

剖面 2 黏粒（≤2μm）含量在 381~461g/kg，代换量大小与有机碳含量的关系不明显，虽然在 27cm 以下有机质含量低，但代换量仍有 30cmol(+)/kg，说明蒙皂石黏粒对代换量的贡献，很可能是由于金湖一带土壤黏土矿物直接和间接受到火山喷发岩的影响，以及水湿条件下蒙皂石通过多种途径形成和累积。此外，土壤 N、P 均缺，有效钾为 107~146mg/kg。

3）土壤分类和命名

剖面 1：全国第二次土壤普查时，按地理发生学分类，划归潮土亚类，淤土土属。按《中国土壤系统分类检索（第三版)》，可划归变性土土纲，潮湿变性土亚纲，钙积潮湿变性土土类，覆钙钙积潮湿变性土亚类（新亚类）。

剖面 2：全国第二次土壤普查时，划归水稻土土类，潴育型水稻土亚类，乌土土属。按《中国土壤系统分类检索（第三版)》，可划归变性土土纲，潮湿变性土亚纲，简育潮湿变性土土类，水耕简育潮湿变性土亚类（新亚类）。

3. 水耕人为土

在苏北大运河以东，窜场河以西的低平原和苏南太湖平原的低地，多是全新世的黏性湖积物，因低洼积水成沼，土壤自然潴育化特征明显。随着人工圩田系统的建成，当地的排灌条件得到了改善。虽然长期使用河泥提高田面，但提高的程度不如上框田，土地利用由过去的一熟淹水田改变为旱地。这个改变也相对降低了潜水位，促使土壤的耕层脱潜过程发展，使土壤系统发生明显变化，表现出处于脱潜化的，具有棱块状或棱柱状结构明显发育，在旱季土壤水分减少而有交错的裂隙等变性现象。举例如下。

1）典型剖面形态特征描述

剖面 1（江苏省土壤普查办公室，1995）

主要分布在苏南宜兴、吴县和溧阳等海拔 2~3m 的低平田地区，母质为黏质湖积物，潜水埋深浅。土壤处在脱潜过程，但仍有明显还原特征，亚铁反应明显。年均温 16℃，年降水量为 1025mm，干湿季节明显，年干燥度<1，潮湿土壤水分状况，热性土壤温度状况。稻与麦（油菜）轮作。俗称乌泥土，面积为 2.38 万 hm²。剖面位于吴县枫桥乡开山村肖家湾。

形态特征如下：

Ap 0～15cm 暗棕（10YR 3/3），壤黏土，小块状；

A1 15～28cm 暗棕（10YR 3/4），壤黏土，块状结构，稍紧，少量灰胶膜；

Gw 28～49cm 浅灰（10YR 7/1），壤黏土，棱块状结构，稍紧，灰胶膜较少，有亚铁反应；

IIM 埋藏层 49～74cm 棕黑（10YR 3/1），壤黏土，大棱块状结构，紧实，灰胶膜较多，有亚铁和泡沫反应；

IIG 潜育层 74～100cm：暗灰黄（2.5YR 5/2），壤黏土，大棱块状结构，紧实，有亚铁反应。

剖面 2（江苏省土壤普查办公室，1995）：主要分布在兴化、高邮和宝应。面积 8.41 万 hm²。剖面位于兴化县东潭乡南山村，地洼圩区下框田，海拔 1.9m，潜水埋深 70cm。母质为湖积物，年均温 15℃，年降雨量 1000mm，稻麦轮作。俗称青黏土

形态特征如下：

Ap 0～13cm，灰色（5Y 4/1），壤质黏土，屑粒状结构，中量螺壳和少量蚬壳，有红棕色（5YR 4/4），块状锈斑，高铁反应强；

A1G 13～22cm，灰色（5Y 4/1），壤质黏土，小块状结构，少量螺丝，有铁锰结核和锈斑，亚铁和高铁反应中度；

AC_G 22～72cm，结构体表面灰色（7.5Y 4/1），壤质黏土，棱柱状结构，少量螺壳，有铁锰结核和锈斑，高铁反应中度，结构体内部亚铁反应中等；

G 72～100cm，灰色（7.5Y 4/1），黏土，中块至大块状结构，极少量蚬壳，有铁锰结核和锈斑，亚铁反应强。

以上剖面 1 和剖面 2 的黏粒含量均≥300g/kg。具有棱块或棱柱状结构，说明土壤干湿交替导致土体膨胀和收缩，干旱季节显出裂隙。全剖面土壤基质的颜色符合潜育特征，并有亚铁反应和铁锰结核，说明有铁氧化还原过程。

2）土壤理化性质和黏土矿物类型（表 6-9、图 6-7）

表 6-9　主要理化性质和黏土矿物类型（江苏省土壤普查办公室，1995）

剖面号/地点	深度/cm	pH	有机碳/(g/kg)	代换量/(cmol(+)/kg)	黏粒含量/(g/kg)	代换量/黏粒%	黏土矿物类型	SiO₂/Al₂O₃分子率	CaCO₃相当物/(g/kg)
1/吴县枫桥	0～15	6.1	16.82	21.5	331	0.65	蒙皂型或混合型	3.20	—
	15～28	6.7	11.54	21.9	360	0.61	蒙皂型或混合型	3.06	—
	28～49	6.8	9.34	22.8	422	0.54	蒙皂型或混合型	3.03	—
	49～74	7.1	10.44	20.3	400	0.51	蒙皂型或混合型	3.06	—
	74～100	7.3	3.72	17.9	362	0.49	混合型	3.12	—
2/兴化东潭	0～13	7.6	17.23	25.3	385	0.66	蒙皂型或混合型	—	9.6
	13～22	7.6	22.22	26.4	397	0.67	蒙皂型或混合型	—	11.2
	22～72	7.6	16.01	15.0	406	0.37	混合型	—	10.5
	72～100	7.6	13.05	22.4	398	0.56	蒙皂型或混合型	—	11.5

以上含 SiO_2/Al_2O_3 及 $CaCO_3$。

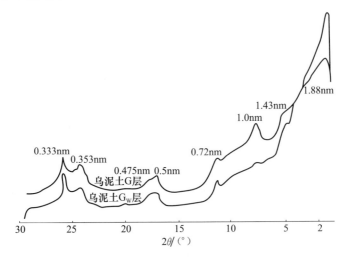

图 6-7　变性水耕人为土黏粒的 X 射线衍射图谱，示潜育层（G）和脱潜层（Gw）
的黏土矿物的蒙皂峰突出（样品来自江苏吴县）

表 6-9 显示，剖面 1（吴县）和剖面 2（兴化）黏粒含量均≥300g/kg。代换量剖面
1 的 28～74cm 为 20.3～22.8cmol（＋）/kg，无碳酸钙。剖面 2 的代换量 13～22cm 为
26.4cmol（＋）/kg，22～72cm 为 15cmol（＋）/kg，72～100cm 为 22.4cmol（＋）/kg，全
剖面碳酸钙含量低于钙积的标准。

综合形态诊断特征和理化性质判断，两个剖面处于地洼地形部位，原是常年积水的
潜育土壤。潜育作用是继承的，在人工排水系统健全条件下，实施地面排水和降低潜水
位，以及实施改水旱轮作制，整体处于脱潜-潜育过程中，土体的还原状况得到改善，
具有棱块或棱柱状结构，土壤的变性现象较明显。

3）土壤分类和命名

剖面 1：按全国第二次土壤普查的发生学分类，属水稻土土类，脱潜水稻土亚类，
乌泥土土属。按《中国土壤系统分类检索（第三版）》可划归人为土土纲，水耕人为土
亚纲，脱潜-潜育水耕人为土土类，变性脱潜-潜育水耕人为土亚类（新亚类）。

剖面 2：按全国第二次土壤普查的发生学分类，属水稻土土类，脱潜水稻土亚类，
勤黏土土属。按《中国土壤系统分类检索（第三版）》划归为人为土土纲，水耕人为土
亚纲，潜育水耕人为土土类，变性潜育水耕人为土亚类。

6.3　土壤改良利用

位于江苏泗阳的剖面 1，除耕层钾素较为丰富外，其他养分很贫乏。盱眙的剖面 2
土壤有机质、全氮和全磷含量相对较高，但速效磷和速效钾含量则更低（表 6-10）。

表 6-10　母质为下蜀黄土和玄武岩坡积物上的表层养分比较（泗阳和盱眙）

剖面号	地点	有机质/(g/kg)	全氮/(g/kg)	全磷/(g/kg)	速效磷/(mg/kg)	速效钾/(mg/kg)
剖面 1	江苏泗阳	11.8	0.80	0.31	6	172
剖面 2	江苏盱眙	12.7	0.98	0.61	4	79

　　克服土壤障碍因素，一是采用有机和无机肥料相结合，利用田埂和边地种植豆科绿肥，并实现秸秆还田。在施肥方面，因土因作物种类，合理配方施用。逐渐增加土壤肥力和养分的有效性和改善土壤的黏滞性。二是对已经种植作物的坡地，加强水土保持，在此基础上增加投入，提高耕作管理水平，要因地制宜搞好农田基本建设，推广稻麦轮作。无灌溉条件的，应推广夏种花生或烟草等经济作物，以提高产值。高坡荒地植树种草，玄武岩地区宜选择松、栎、板栗、枣等树种进行等高种植，配合种植牧草，以护坡保土防止水土流失。

　　对于低洼圩区的处在脱潜过程又具有变性现象的土壤，仍要连片疏通和改善排灌系统，预防涝灾和土壤复潜育化的发生，避免减产失收。要强调增施有机肥料，注意收集和科学处理人类和牲畜粪便，用之还田以增进养分循环，和避免内河和湖泊的污染。再提倡富有机残体的河塘泥还田，逐渐抬升田面，并改良土壤质地和结构。注意旱季和冬季在地面盖草，以防土壤开裂，跑熵伤根。要合理配合化学肥料，以改善地力提高产量。

6.4　本章小结

　　（1）淮南丘岗位于郯庐断层的影响范围，在白垩纪、古近纪、新近纪等地质时期的火山活动的环境下产生的基性玄武岩等，其风化残-坡物上形成的是典型变性土。

　　（2）首次认为下蜀（戚嘴）黄土，尤其是邻近火山活动地区，处于较高位阶地黏性土具有较多的蒙皂石和伊/蒙混层黏土矿物。在土壤有机质低的情况下，阳离子代换量达 30cmol（＋）/kg 以上，证明是蒙皂石黏粒的贡献。该类土壤的淋溶作用和变性土化过程并存。又第四系更新统不同时期的地层含蒙皂石量不同，由于上部土层剥蚀，膨胀-收缩性更显著的层次出露，而逐步发育成艳色变性土，或变性现象土壤。这是前人未曾涉及的，希进一步研究。

　　（3）有些水耕人为土达到划归潮湿变性土标准，建议其分类可以变性土为主体来命名，如水耕简育潮湿变性土亚类。

　　（4）里下河和太湖平原的两个剖面，是代表河泥堆垫少的脱潜-潜育特征仍明显的类型。由于脱潜过程，土体的变性现象显现，如耕层以下形成紧实的棱块、棱柱状结构和干旱时开裂等，已经不同于未脱离积水的潜育水稻土，按《中国土壤系统分类检索（第三版）》划归为变性脱潜-潜育水耕人为土。

　　（5）此外，对于"积水潜育"人为土，则需要与上述的土壤在分类上加以区别。因为它们未必有变性现象或特征，故建议在人为土土纲、水耕人为土亚纲之下，设立"积水潜育水耕人为土"。对于真正脱潜的人为土，建议设立脱潜水耕人为土。关于"脱潜"的简易诊断，一是有棱状或楔形结构发育，土体易开裂；二是高铁反应占优势，可具有亚铁反应。

第 7 章　汉江盆地与丘岗变性土和变性亚类

汉江发源于陕西宁强县，流经陕南、河南南部以及湖北西部和中部，其主流在武汉市境汇入长江。汉江流域北为秦岭，南为大巴山和长江主流，桐柏山和大别山是汉江和淮河流域分水岭。变性土分布涉及陕南一系列小盆地，河南和湖北的南阳盆地，丘岗阶地，以及江汉平原和某些长江支流的范围。总地势西北高，东南低。境内盆地多，膨胀土分布在陕南勉县、襄城、南郑、汉中、城固、洋县、西乡、石泉、汉阴、紫阳、安康、平利、旬阳、白河等地（刘特洪，2005）；湖北省的竹山、宜城、老河口、荆门、钟祥、郧县、十堰、宜昌、宜都、松滋、当阳、汉川、成宁、武昌、大悟、孝感、阳新、枝江（刘特洪，1997），南阳盆地和外围的丘岗阶地黄褐土分布地区，也遇到膨胀土。南水北调中线总干渠的渠坡或渠底分布在膨胀土的渠段共有 279.7km，对其处理技术难度高，是中线工程的关键技术问题之一。早在 20 世纪 80 年代对南阳盆地的暗色变性土进行过详细研究（高锡荣等，1989；徐盛荣和吴珊眉，2007）。全国第二次土壤普查的出版物认为丘岗黄褐土具有一定膨胀-收缩性能（中国土壤普查办公室，1998；魏克循，1995）。但对其起源和程度，分布规律和规模并未进行深入探讨和研究。笔者结合成土因素的分析和跨学科的研究报道以及实地考察，判断黄褐土中确有变性土和变性亚类散布，是近期变性土研究的新发展，兹提供参考，并希指正（图 7-1）。

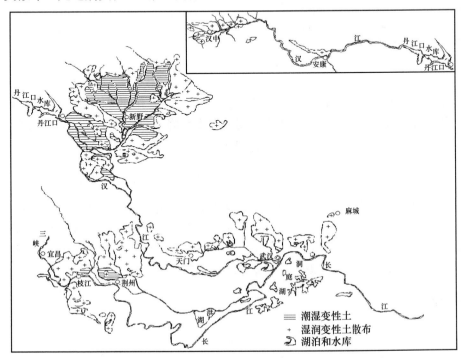

图 7-1　汉江和邻近地区的变性土和变性亚类分布示意图（吴珊眉和陈铭达编制，2012）

7.1　成 土 条 件

7.1.1　气候

1. 陕南秦巴山间盆地

属于温暖湿润的亚热带气候，干湿季节明显。年均温 14～15℃，10℃以上活动积温 4500～4800℃，冬无积雪，霜害少，风力小，耕地集中，灌溉便利，农业发展历史悠久，农业生产水平较高。水稻占陕西省水稻总播种面积的 60%，产量则占 65% 以上。小麦播种面积和产量仅次于水稻，是陕西省的稻-麦（油菜）两熟地区，还适宜亚热带作物，如柑橘、枇杷和棕榈的生长，代表性地区的气候要素见表 7-1。

表 7-1　汉江流域主要盆地的气候要素

地点	地理位置	年均温/℃	年均降水量/mm	潜在年蒸发蒸腾量/mm	年干燥度	土壤水分状况	土温类型
陕西汉中	33°04′N, 107°01′E	14.4	889.7	—	<1	湿润	热性
陕西安康	32°7′N, 109°2′E	15.0	851.0	—	<1	湿润	热性
河南南阳	33°N, 112°32′E	14.9	805.0	1494.7	1	湿润	热性
河南邓州	32°42′N, 112°05′E	15.1	723.8	—	1.03	湿润-半干润	热性
湖北襄阳	32°68′N, 112°08′E	15.9	881.0	1210.8	<1	湿润	热性
湖北钟祥	31°17′N, 112°58′E	15.9	960.0	—	<1	湿润	热性
湖北荆门	31°02′N, 112°19′E	16.3	949.4	1837.3	<1	湿润	热性
湖北孝感	31°92′N, 113°91′E	16.0	1138.0	—	<1	湿润	热性

2. 南阳盆地

南阳盆地属湿润-半湿润北亚热带向暖温带过渡气候，雨量集中在夏季，干湿季节分明。代表性地区如南阳、邓州的年平均温，年平均降水量，年干燥度等见表 7-1。本区主要农作物有小麦、杂粮、棉花、水稻和芝麻、烟叶等。

3. 鄂省丘岗和盆地

鄂省丘岗和盆地区处于江汉平原以北，南阳盆地以南，丹江口以下广大地区和江汉平原外围，是湖北省的主要农区。属于北亚热带湿润季风气候，干湿季节明显。降水主要集中在 5～8 月，占全年总雨量 57.5%。年均蒸发量如荆门 1837.3mm，为年降水量的 2 倍。代表性地区的年均气温和年降水量稍高，详见表 7-1。

7.1.2　地形

1. 陕南秦巴山间盆地

汉江流经一系列断陷作用形成盆地，如汉中、西乡、安康、汉阴、商丹和洛南等。

海拔自西向东逐渐减少，如汉中盆地 509m，安康盆地为 327m。以汉中盆地为例，西起勉县武侯镇，东至洋县龙亭铺，长约 116km，南北宽 5~25km，是由丘陵、宽阔的阶地、坝子和河谷等构成。其 1 级阶地为城镇和农区，2 级阶地高出河床 20~40m，前缘的陡坎高 10m 以上，在汉中以北宽达 5km，由于流水切割，阶地多呈片状分布，3 级阶地高出河床 40~110m，在汉中的汉江北岸连续分布，南岸断续分布，4 级阶地分布在盆地边缘，高出河床 80~120m，由于长期的侵蚀破坏，已成孤丘或残梁零星分布，局部盖有薄层粉质黏土，再向上就是海拔 170~1000m，大部分在 800m 以下的低山丘陵，山势低缓破碎，山坡较平缓，自然植被已严重破坏。山坡、山脊上一般堆积有厚 1~8m 的残坡积层。滑坡、泥石流广泛发生，流水侵蚀和堆积作用较强（韦玉春和黄春长，2000），是秦巴山区水土流失最严重的地区之一。

2. 南阳盆地

南阳盆地包括湖北省襄樊盆地在内，是中新生代以来形成的断坳型内陆盆地。东以桐柏山地与淮河流域分水相隔，北为伏牛山，西部肖山与尖山是丹江和唐白河的分水岭，海拔 80~120m，低于汉中盆地 380m 左右。盆地总面积 46 291km^2，从北向南相对高差为 1~10m。地形从边缘向中心缓慢倾斜，具有明显的环状和梯级状特征，唐河和白河纵贯盆地中部，盆地边缘分布有波状起伏岗地，海拔 140~200m，岗顶平缓宽阔。缓平阶地和垄岗之间低地分布。

构造上，南阳盆地的主体是南阳凹陷，不整合叠置在华北地块、秦岭构造带和扬子地块之上，历经了古近纪沉降、古近纪—新近纪间的隆起和新近纪—第四纪等沉降—隆起—沉降活动。古湖盆内新生代新近系地层最大厚度达 6000m 左右。南阳盆地边缘有小型凹陷。

3. 鄂省丘岗和盆地

由于地质时期的拗陷和断陷作用，湖北省腹地有众多大小低洼盆地。在江汉盆地和南襄盆地两大盆地之间，有许多小型盆地作为分支，将这两大盆地连接在一起。中更新世长期处于长江中下游整体沉降区域，接纳高地和河流携带黏粒的沉积，可以追溯到白垩纪（李俊涛等，2007）。江汉盆地西起枝江，东迄武汉，北至钟祥，南与洞庭湖平原相连，面积 3 万余平方公里。南漳、当阳、荆门、天门和大冶至蕲春一带，以及恩施、新洲等小型盆地也在其内。

汉江主流 2 级阶地高出水面 5~7m，阶面平坦；3 级阶地高出水面 9~10m，如郧西、丹江口、老河口和唐白河口一带，厚度大；4 级阶地高出水面 15~20m，阶面侵蚀而呈残丘或垄岗；5 级阶地零星分布。周边土状丘陵，海拔高度＜200m，相对高度为 30~60m。不同高度的阶地，由更新统的早、中、晚期的黏性沉积物构成。汉江下游分布有丘顶圆浑、坡状起伏的剥蚀-残积丘陵地貌，其上有黄褐色或红色土层堆积（王庆云和徐能海，1997）。

7.1.3　成土母质

1. 中性和基性岩风化残、坡积物

风化残、坡积物和它们远距离的搬运和沉积，对下游沉积物的矿物组成、颗粒大小的分布以及性质都有深刻的影响。汉江流经的秦岭南麓和大巴山，分布有元古代和古生代泥盆纪到早石炭纪的火山群，岩石为变质碎屑岩、碎屑岩和玄武岩，安山岩、流纹岩等。南阳盆地周边的分水岭，如秦岭皱系东段支脉的伏牛山，有火山熔岩气孔状和蛇纹石化的蛇绿岩和枕状火山熔岩。蛇绿岩自上而下的层序，典型的为橄榄岩、辉长岩、席状基性岩墙和基性熔岩和海相沉积物等。河南西峡、浙川、镇平、桐柏、王岗、信阳、柳林、光山、新县等地有早古生代辉长岩、辉绿岩、变辉长岩等，主要由斜长石、普通辉石和角闪石组成。大别山达权店南侧有变辉长岩分布。舞阳和辉县一带出露少的有超基性岩分布，主要为太古代绿泥透闪岩、斜辉橄榄岩和含辉长石橄榄岩，岩石蚀变较深，有蛇纹石化、滑石化、透闪石化和绿泥石化等。

位于湖北省腹地的大洪山火山群，跨地质年代多次的喷发所形成玄武岩，以及十堰市房县桥上乡、九道乡及神农架天门垭，均发现火山蛋遗迹。火山喷发时大量火山灰沉降并蚀变，以及火山岩的风化物经河流携带，为阶地、盆地和湖地的沉积物提供基性细粒，是后续的不同地质时期沉积岩和未固结黏性沉积物具有膨胀性的基础。

2. 泥质岩（J、K）残坡积物

主要有灰绿-紫红色页岩、粉砂质页岩、紫红色泥岩、砂质泥岩，多分布在河南汝阳、汝州、卢氏、鲁山、舞阳、泌阳北部和确山等地。杂色页岩，紫红色页岩及紫红色钙质页岩，主要出露于浙川、内乡一带。炭质页岩、黏土岩，分布于豫西及太行山区。二叠系黏土岩主要分布于平顶山等地；寒武系的杂色页岩，紫红色页岩，及紫红色钙质页岩，主要出露于浙川、内乡一带。泥质岩的风化残积物，是提供膨胀性黏土矿物的物源之一。

3. 古近系和新近系红黏土（E、N）

埋藏于第四系沉积层之下未固结成岩的红黏土，有出露地面者，或其再沉积物，是变性土的母质。大面积出露于豫西的三门峡盆地、卢氏盆地和灵宝盆地，零星出露在南阳盆地和江汉盆地边缘。据南阳盆地的工程勘察钻孔岩芯显示的宏观地质特征和层位关系，在新近系沉积物上部小于 50m 的层次里，自上而下划分出三趾马红土、褐黄色硬黏土和灰绿色硬黏土，均属于膨胀性黏性土（张永双等，2002）。三趾马红土是干燥亚热带型的古气候条件下的湖相沉积，在宏观和微观上与中国北方，特别是黄土高原东部的三趾马红土特征极为相似，属上新统棕红色膨胀性硬黏土（N_2），在南阳盆地西部的潦河一带，厚度可达 20m，以鲜艳的棕红色为特征，具有铁质胶膜，局部有裂隙分布，部分出露地面（张永双等，2002）。

4. 第四系更新统黄土状黏性沉积物（Qp^1，Qp^2 和 Qp^3）

汉江流域诸盆地的 2 级以上的阶地，含有第四系膨胀性较强的沉积层。如在襄荆高

速公路沿线，荆门一带，南水北调中线丹江口引水工程南北地区等，分述于下。

（1）秦巴山区：汉江 2 级阶地，母质为晚更新统（Qp^3）的沉积物，呈褐黄-黄褐色，粉黏土和黏土，一般呈硬塑状，垂直节理裂隙发育，厚度在 5～18m，剖面中有零星钙质和铁锰结核。其中，汉中盆地的以黄色、黄褐色、灰白色较为普遍。3、4 级阶地和梁岗为中更新统（Qp^2）沉积物，厚度变化较大，在 2～21m。以黄褐-棕红色为主，硬塑状态，裂隙发育，裂隙常有灰白和灰绿黏土充填，裂面常见有擦痕的胶膜，富含钙质和铁锰质结核。4 级阶地以上和岗梁，汉江支流月河的 2 级阶地以上，常有断续的薄层的灰白和灰绿色的夹层或透镜体，是在还原为主的条件下所形成。时代为早—中更新统（Qp^{1-2}），厚度在 0.1～2m 或大于 2m，一般呈硬塑及软塑状，收缩网状裂隙发育，富含铁质结核及少量钙质结核（康卫东等，2007）。此外，尚有新近系红黏土出露。说明阶地的沉积物的年龄，从低阶地向高阶地增大。

（2）鄂省汉江和江汉盆地：阶地的沉积物也是部位越高，年龄越大，膨胀性也增加，以灰绿色的膨胀势最强（Qp^{1-2}），中更新统（Qp^2）黏性沉积物的膨胀性一般比晚更新统（Qp^3）大。不同年龄的沉积物也垂直相叠，例如，荆门变电站地处汉江 2 级阶地，坡度为 5°～12°，地形舒缓并波状起伏，上层是厚度 2m 左右的 Qp^3 黏性沉积物，下伏的 Qp^2 地层为粉质黏土，褐黄和棕黄，含铁锰质氧化物及其结核，可塑-硬塑状态，多裂隙性、强胀缩性和超固结性（艾传井等，2010）。在上层黏性沉积物被剥蚀后，Qp^2 黏土出露地表，更有利于变性土化作用。3 级阶地为中更新统黏性沉积（Qp^2），分布于郧西、丹江口、老河口和唐白河口一带，厚度大，膨胀-收缩性能较强。4 级阶地的阶面侵蚀而呈残丘或垄岗，沉积物呈棕色、棕红色，有时含砾石层，含灰白网纹和铁锰结核，裂隙带发育的深度在 2.8～10m 的范围内。5 级阶地零星残存，有新近系红黏土分布。

江汉盆地边缘的平缓坡岗，母质以冲-洪积、冲-湖积为主。在更新世由于沉降作用而具有接受湖积物的阶段，从而具有形成蒙皂石类黏土矿物的盐基和湿环境条件。

（3）南阳盆地：唐、白河的中、上游阶地是更新统沉积物 Qp^2，呈黄褐、棕黄、棕灰色黏土和粉砂黏土；垄岗多为棕黄与灰棕色沉积物，层次厚，质地黏重，通透性极差，有铁子与砂姜。这些沉积物上形成的土壤明显地继承了母质特性。

垄岗间的湖积平原广布湖积物（Qp^3，Qh），为灰褐-黑色黏性土，黑土层形成于全新世（Qh）早期，下伏褐黄色粉砂黏土。潜水埋藏浅，在剖面中有深度、硬度和大小不同的石灰结核，并常见小铁锰结核。

可见，汉江流域的古湖盆地、阶地、丘岗，以及丘陵坡地，都出现不同程度的膨胀性沉积物，在一定情况下，演变成为变性土和变性亚类。

7.1.4　植被与人为活动

秦巴山区盆地的自然植被为常绿阔叶林、落叶阔叶林混交，具有亚热带与暖温带之间的过渡性特征。土壤侵蚀严重。梯地化和长期耕作影响的地块，表层土壤熟化，经果林既有南方的油茶、油桐、生漆、柑橘、桑和茶等亚热带的经济作物，也有核桃、板栗、柿和梨等北方树种。农业上主要栽种水稻、油菜、小麦，多稻-麦两熟。

南阳盆地和鄂省地区农业很发达，在垄岗部位，少数为人工林和疏林草地，主要树种有椿树、榆树和杨树等。绝大多数土地开垦为耕地，通过长期的耕作、施肥、修筑梯田等，逐步改变了表层的物理性质，土壤熟化程度有所提高。

值得注意的是土壤变性土化的现象，由于自然和人为因素，如植被破坏、陡坡开荒、顺坡种植等，导致地质时期和现代的水土流失，使原来深厚土层流失，而膨胀性大的古老地层出露地表，在大气影响的深度，久而久之，表现出恶劣不堪的物理性质，旱开裂、坚硬难耕，湿泥泞、膨胀的变性土。

7.2　土　　壤

汉江流域变性土壤的形态和性质虽比较类似，但由于涉及的范围大，故予以分述。

7.2.1　陕南诸盆地

1. 湿润淋溶土和变性亚类

1）概况

沿汉江及其支流的较高阶地，膨胀-收缩性较强的黏性沉积物呈带状分布。在安康和西乡盆地境内的汉江多级阶地和岗梁上的分布也很广。在大巴山和南秦岭山麓之间的汉江二级阶地以上，随阶地高度的增加，母质依次为 Qp^3、Qp^2 和 Qp^1 时期的黏性沉积物，膨胀性也随之增加，影响土壤的发生和性质，下面是典型剖面举例。

剖面 1（陕西省土壤普查办公室，1987）：主要分布于汉中，安康、西乡等地的较高级阶地，因遭受侵蚀而形成丘陵坡地，一般海拔小于 768m。汉中分布约 0.73 万 hm^2，安康分布 0.55 万 hm^2。

剖面 2（陕西省土壤普查办公室，1987）：分布于汉中、安康、商洛等地的丘陵低山陡坡，海拔在 500～900m，面积为 6144.4hm^2，原表土蚀失。

2）土壤剖面形态特征

剖面 1：采自陕西西乡县东风乡凤凰岑，丘陵坡地，旱耕地种小麦、玉米。成土母质为第四系黏质黄红土，海拔 768m。

剖面 2：采自陕西省洋县蟒水西山村丘陵坡顶，海拔 597m，坡度 25°。成土母质为第四系红棕色黏质黄土。主要形态特征见表 7-2。

表 7-2　主要形态特征（陕西省土壤普查办公室，1987）

剖面号/地点	深度/cm	质地	颜色	结构	其他特征
1/西乡县丰东乡	0～10	壤黏	灰黄棕 5YR 7/4	块状	无泡沫反应
	10～30	壤黏	浅灰黄褐 5YR 6/6	棱块	无泡沫反应
	30～65	壤黏	黄褐 5YR 5/8	棱块	无泡沫反应
	65～150	壤黏	黄棕 7.5YR 7/6	块状	无泡沫反应
2/洋县	0～17	壤黏	灰黄褐 5YR 6/6	棱块	有铁锰胶膜
	17～36	壤黏	黄褐 5YR 6/6	棱块	多量铁锰胶膜，弱泡沫反应
	36～96	壤黏	黄褐 5YR 6/6	棱块	多量铁锰胶膜，弱泡沫反应
	96～150	壤黏	红棕 2.5YR 5/6	棱块	少量铁锰胶膜，弱泡沫反应

可见，剖面 1：呈 A-(B)-C 构型，质地黏重；心土层为棱块状结构，艳色。土壤呈中性，无泡沫反应。含钾丰富，但有机质、全氮、全磷、速效氮、磷、锌、硼等都短缺。耕作层薄且较紧实，容重 1.38g/cm³。

剖面 2：质地黏重，棱块结构，有胶膜，弱泡沫反应。剖面中部有少量铁锰结核，艳色。

此外，变性土也发现在海拔 334.4～349.8m 的安康以西约 4km 的罗家梁，地处汉江 3 级阶地，地下水埋深 2.0～5.3m，土壤呈黄褐-棕黄色，土壤黏粒含量平均 45.05%。富含铁锰质矿物，含钙质结核。在褐黄色粉黏土和黏土层中夹有灰白、灰绿色黏土透镜体或薄膜。裂隙发育，裂隙常被灰白、灰绿色黏土充填，或以薄膜附于裂隙表面（康卫东等，2007）。

3）土壤基本化学性质和黏粒含量（表 7-3）

表 7-3　土壤基本化学性质和黏粒含量（陕西省土壤普查办公室，1987）

剖面号/地点	发生层深度/cm	有机碳/(g/kg)	pH	代换量/(cmol(+)/kg)	黏粒含量/(g/kg)	黏粒比	代换量/黏粒%	黏土矿物类型	泡沫反应
剖面 1/陕西省西乡县	Ap 0～10	4.1	6.2	21.85	317.3	—	0.69	蒙皂石型	无
	A1 10～30	3.8	6.5	19.81	329.9	1.04	0.60	蒙皂石或混合型	无
	(B) 30～65	2.6	7.0	20.58	386.1	1.17	0.53	蒙皂石或混合型	无
	(B)C 65～150	1.7	6.8	24.90	360.2	0.93	0.69	蒙皂石型	无
剖面 2/洋县溢水乡	Ap 0～17	4.2	8.0	25.09	431.0	—	0.58	蒙皂石或混合型	无
	(B) 17～36	3.3	8.0	25.66	476.9	1.11	0.54	蒙皂石或混合型	弱
	(B)C 36～96	2.7	8.0	22.09	420.3	0.88	0.53	蒙皂石或混合型	弱
	C 96～150	2.7	8.0	21.17	372.4	0.89	0.57	蒙皂石或混合型	弱

注：Ap—耕作层

表 7-3 说明：全剖面的黏粒含量表层稍低，心土层增加，但都超过 300.0g/kg。黏粒比未超过 1.2。一定深度的土层阳离子代换量（CEC）22～25cmol（+）/kg。CEC/黏粒%在 0.5～0.69，黏土矿物属混合型或蒙皂石型。有机碳的含量低。但亚表层以下的有机碳不是随深度突然地下降，而是缓慢减少，具有古湖积的特征。泡沫反应无或弱。常庆瑞等（1998）对陕南土壤黏土矿物研究表明，第四纪黄土母质上的土壤，以伊利石和蒙皂石为主，蛭石次之。蒙皂石和蛭石共占 44%～56%，心土层增加，说明膨胀-收缩的潜在能力。

康卫东等（2007）的安康罗家梁 3 级阶地土样的代换性阳离子总量高达 32.46cmol（+）/kg，其中，代换性 Ca^{2+} 为 25.95cmol（+）/kg，代换性 Mg^{2+} 为 4.83cmol（+）/kg，代换性 Na^+ 为 1.68cmol（+）/kg；代换性 Ca^{2+}/Mg^{2+} 为 5.37。黏土矿物以伊/蒙混层为主，平均为 58.70%，最高达 81.19%，其次是蒙皂石为 8.64%～38.70%，第三位是高岭石为 2.20%～16.05%。按其形态特征和物理化学性质，以及黏土矿物等判断是属于变性土。张科强等（2006）对汉中勉县膨胀土的矿物成分组成分析表明，蒙皂石占36%、伊利石占15%、绿泥石占5%、石英占28%、钠长石占13%。

4）土壤物理性质

汉中盆地路基土各处干湿程度不同，密度也不均匀时，受到上层结构及周围土体的抑制作用，土体产生裂隙和破损，影响路基的正常状态。据张科强等（2006）和肖荣久等（1998）测得相应土样的某些物理性质指标如下。

①界限含水量：是工程性质上一个很重要的指标，指土壤在液限和塑限时的含水量。一般液限和塑限值越高，含水量也随之增加，膨胀性也越高。土体的胀缩一般在塑性指数界定的范围内变化。测得的液限是44.3%，塑限是23.6%，塑限指数为20.7。该土为高液限黏土，属稳定性不良的路基。②自由膨胀率：是确定土体膨胀性的一个重要指标。测得的数值为61%，属中等膨胀性土。③膨胀力：是土体吸水膨胀限额的一种内因力，它与含水量和干密度有关，汉中土样的最佳含水量时的膨胀力为83.5kpa。土体膨胀力越大，路基开裂的危机则越大。

2. 土壤分类和命名

按全国第二次土壤普查的分类为黄褐土土类。按中国土壤系统分类检索，陕南部位较高的阶地上2个土壤剖面，据土壤形态特征、理化性质和黏土矿物类型，诊断鉴定为淋溶土土纲，湿润淋溶土亚纲，黏磐湿润淋溶土土类，变性黏磐湿润淋溶土亚类（新亚类）。

7.2.2　南阳盆地

1. 概况

第四系中-晚更新统黏性黄土（Qp^{2+3}），广泛分布于盆地内和周边的2级阶地以上，垄岗上部或中下部，是冲-洪积物和滨湖沉积物，黄棕和黄褐色，质地黏重，以黏磐淋溶土（黄褐土）为主，本身具有一定的胀缩性，其间散布变性土壤。据地质学界研究，0～2m土层也有较明显的膨胀-收缩性（冯玉勇，2005；燕守勋等，2004）。

晚更新统河湖相黏沉积物（Qp^3）和全新统早期（Qh）处于湖积阶段，分布于垄岗间的低地，随着地势缓慢抬升逐渐变干，是潮湿变性土的母质。

南阳盆地边缘有新近系红黏土和灰绿色黏性土出露，中-强膨胀势，形成的古变性土已在黄土高原和黄河-海河平原述及（见第4章）。在此主要讨论黏磐湿润淋溶土（黄褐土）中散布的变性亚类和符合变性土标准的例证。

2. 土壤

湿润淋溶土（黄褐土）集中分布在河南省的南阳、驻马店、信阳和平顶山等市，占该土壤面积的96%～97%，其他地市分布面积很小（河南省土壤肥料工作站和河南省土壤普查办公室，1995）。在这些土壤中，有变性亚类，即变性黏磐湿润淋溶土，以及湿润变性土散布。而在垅岗间平地，有暗色湿润变性土和潮湿变性土。

1）典型剖面的形态特征（表 7-4）

剖面 1（吴克宁等，1994）：采自南阳市靳岗乡黄岗村，垄岗中上坡，海拔 180m，母质为黄土性黏沉积物（Qp^{2+3}），年均温 14.09℃，年均降水量 805.8mm，无霜期 225 天，≥10℃积温 4802℃。湿润土壤水分状况，热性土壤温度状况。该剖面土壤质地黏重，天旱时表土水分蒸发强烈，发生干裂，群众形容这种土是"旱天张大嘴，下雨不喝水"，因为，"黏磐层"出现部位高，而降水时土壤渗水性差之故，地表径流导致表土层流失。水分变化时对该土的形象描述是"天晴一把刀，遇雨一团糟"。灌溉水源不足，养分缺乏。种植小麦、玉米和红薯等作物。2012 年 2 月 16 日河南土肥总站申眺等研究了邻近童岗村的剖面（童岗系），地理位置 N33°0′46″，E112°28′5.6″，海拔 139m，较剖面 1 发育得较好，土壤变性特征和性质更显著。

剖面 2（河南省土壤肥料工作站和河南省土壤普查办公室，1995）采自河南邓州十林杨寨村委寺沟北 150m，垄岗中上部，海拔 155m，母质 Qp^{2+3} 黏质黄土。年均温 15℃，降水量 791mm，蒸发量 1655mm。≥10℃积温 4700℃，无霜期 227 天，适种小麦、大豆和甘薯。

表 7-4　典型剖面形态特征

剖面编号/地点	深度/cm	质地	颜色	结构	其他特征
1/河南南阳靳岗	0～22	粉砂黏土	暗红棕（5YR 2/4）	团粒	旱季裂隙
	22～60	粉砂黏土	淡棕色（7.5YR 5/6）	块状	大量铁锰胶膜
	60～110	粉砂黏土	淡棕色（7.5YR 5/6）	棱柱状	胶膜
	110～130	粉砂黏土	暗黄橙（7.5YR 6/8）	棱柱状	少量铁锰结核及斑纹
2/河南邓州十林	0～15	壤质黏土	黄棕（干 10YR 5/8）	小块状	少量铁锰结核
	15～30	壤质黏土	黄棕（干 10YR 5/6）	棱块状	少量铁锰结核和硬石灰结核 20%，土体无泡沫反应
	30～100	壤质黏土	烛黄（干 2.5YR 6/4）	棱块状	明显的胶膜，多量铁锰结核，石灰结核含量 20%，土体无泡沫反应

注：剖面 1 来自吴克宁等，1994；剖面 2 来自河南省土壤肥料工作站和河南省土壤普查办公室，1995

表 7-4 显示属于黏性土。心土层明显棱柱状或棱块状结构，表面有胶膜。干旱季节开裂明显，土体呈艳色。有大小如绿豆和黍子的软质铁锰结核，少数是硬质。除钙结核和贴近的土壤外，无泡沫反应。微形态薄片观察（吴克宁和魏克循，1993），见结构体间细裂隙，孔隙壁上有厚薄不等的光性定向黏粒胶膜，说明具有变性诊断特征。心土层的黏粒比一般都<1.2，个别土层达 1.29。

2）土壤主要理化性质

表 7-5 说明：剖面 1 的表层黏粒含量（<2μm）未及 300g/kg，心土层的黏粒含量增加，有弱黏化现象。剖面 2 黏粒含量全剖面大于 300g/kg，剖面 1 的心土层 19～21cmol（＋）/kg，代换量/黏粒％值显示，属蒙皂型和混合型。剖面 2 高达 32.0～37.6cmol（＋）/kg，代换量/黏粒％值达 0.72～0.81，全剖面属蒙皂型。代换性阳离子均以钙为主，镁次之，钾和钠很少，盐基饱和度 95％以上，土壤 pH 中性。此外，黏粒硅铝率为 3.30。

表 7-5　土壤基本理化性质

剖面号/地点	发生层	深度/cm	pH	有机碳/(g/kg)	代换量/(cmol(+)/kg)	黏粒含量/(g/kg)	代换量/黏粒%	黏土矿物类型
1/南阳靳岗黄岗垄岗中上坡	A	0~22	—	6.9	20.01	289.9	0.70	蒙皂型
	(B)	22~60	—	7.1	18.05	371.4	0.50	蒙皂型或混合型
	C	60~110	—	7.2	21.18	352.3	0.60	蒙皂型或混合型
2/邓州十林，垅岗上部	Ap	0~15	7.3	7.5	31.90	393.0	0.81	蒙皂型
	A1	15~30	7.0	5.1	35.90	460.0	0.78	蒙皂型
	ACss	30~100	7.3	2.9	37.60	520.0	0.72	蒙皂型

与靳岗剖面比较，童岗系代换量达到 26cmol(+)/kg 的土层厚度大于 48cm。总蒙皂石含量达到 30%，线膨系数达到 0.12，说明变性化作用更为明显。

3）黏土矿物组成、含量和膨胀潜势

燕守勋等（2004）在南阳三岔口、九重、十林、内乡、曲屯、安皋和十八里岗等地，采取了 0~2m 以内土样，经自然片、乙二醇饱和片和加热片的 X 射线衍射分析，结果说明黏土矿物以伊/蒙混层或单蒙皂石为主，少数样品伊利石的比例较高。伊/蒙混层黏土矿物多为中度混层比（45%~50%），少数的土样为高混层比（60%~70%）。这些土壤的伊/蒙混层黏土矿物的混层比和蒙皂石含量揭示，膨胀-收缩性能更为明显，是变性土所具备（表 7-6）。

表 7-6　南水北调中线南阳盆地岗垄变性土壤的黏土矿物组成和蒙皂石含量（燕守勋等，2004）

地点/编号	地质时代	颜色/质地	蒙皂石/%	伊/蒙混层黏土矿物/%	伊利石/%	高岭石/%	绿泥石/%	混层比/%	混层蒙皂石/%	蒙皂石总量/%
南阳三岔口/32	Q2(3)	褐黄/黏土	26	56	10	4	4	70	39.2	65.2
南阳九重/33	Q2(3)	棕黄/黏土	26	23	42	5	4	60	13.8	39.8
南阳内乡/39	Q2(3)	褐黄/黏土	26	38	30	3	3	45	17.1	43.1
南阳十八里岗/45	Q2(3)	棕黄/黏土	35	33	28	2	2	55	18.15	53.15

在其所研究的 12 个土样中，平均蒙皂石总量为 43%（$n=7$）的土样占研究样品的 58%，按有关部门的标准，属中膨胀势。蒙皂石含量为 53% 和 65%（$n=3$）的土样占研究样品的 25%，属强膨胀势。而平均蒙皂石含量为 29%（$n=2$）的土样占 17%，弱膨胀势。

作者依据蒙皂石含量、膨胀势与自由膨胀率三项数据，对上述土样是否适合称为变性土或变性亚类土壤，作如下的探讨，如表 7-7。一旦资料更丰富时，可以再作评估。

表 7-7　南阳膨胀土平均蒙皂石含量、自由膨胀率和膨胀潜势与变性化土壤类型

指标	*自由膨胀率% Fs%	**自由膨胀率% Fs%	蒙皂石含量平均%	土壤
弱膨胀潜势	40≤Fs<60	40≤Fs<65	29~30（$n=3$）	变性淋溶土，或变性土
中膨胀潜势	60≤Fs<90	65≤Fs<90	31~43（$n=7$）	变性土
强膨胀潜势	≥90	≥90	44~65（$n=2$）	变性土

*铁路工程地质膨胀土勘测规范，**建筑技术规范。

据工程地质学界的研究，如果按国际上判断土的膨胀势的方法和标准来衡量，上述土样的膨胀势会更高，弱膨胀势的土样可能为中膨胀势。在鉴定其系统分类归属时，最好要研究大气影响深度内的土层，即剖面深度要大于 100cm，可借鉴邻近的自然剖面作为参照，以便做出最佳的土壤分类学上的判断。

以上说明在温暖湿润的北亚热带具有干湿交替气候特征的中原地区，较高阶地和垄岗上发育于黏性沉积物上的黏磐淋溶土，具有变性化土作用的物质基础。黏土矿物以伊/蒙混层为主，与东北平原黑土不同的是总蒙皂石含量达到 30%，就显示出变性特征和性质。散布的变性土或变性亚类，是由于母质受到火山活动的后续影响而含较多量膨胀性黏土矿物，该土层一旦出露地面或接近地表，在干湿交替的气候作用下，表现出黏、实、旱开裂、湿膨胀。渗水性能差，易于水土流失，抗旱性能弱的，对地面工程设施而言，常是不良地基。

4）土壤分类和命名

（1）按全国第二次土壤普查的发生学分类：①剖面 1（靳岗）：查第二次土壤普查划归黄褐土亚类，少姜底僵黄土，僵黄土土属；②剖面 2（十林）：查第二次土壤普查划归黄褐土亚类，僵黄土土属。

（2）按《中国土壤系统分类检索（第三版）》：①剖面 1 划归淋溶土土纲，湿润淋溶土亚纲，黏磐湿润淋溶土土类，变性黏磐湿润淋溶土亚类（新亚类）；②剖面 2 划归变性土土纲，湿润变性土亚纲，弱钙湿润变性土土类，普通弱钙湿润变性土亚类。

3. 其他变性土

1）概况

在南阳盆地垄岗间平地和低洼地区，分布潮湿变性土和暗色湿润变性土。母质是晚更新世-全新世早期的河湖相沉积物（Qp^3-Qh），其物源来自分水岭和盆地内部相对高地的富含膨胀性黏土矿物的细粒沉积物。潮湿变性土所处地势低，受潜水影响，土壤具有潮湿土壤水分状况，土壤下层仍有残留的和现代的潜育化作用或有大量锈斑等。但也有在 0～100cm 以内氧化还原特征微弱的剖面，而可划归湿润变性土。据全国第二次土壤普查，适于称为变性土的砂姜黑土，估计面积在河南南阳盆地为 2.2 万 hm^2，在湖北省为 0.51 万 hm^2。

2）土壤剖面形态特征（表 7-8）

表 7-8　南阳盆地变性土主要形态诊断特征（河南省新野县、邓州县和枣阳县）

剖面号/地点	层次	深度/cm	质地	颜色（润）	结构	其他特征
1/河南新野桑庄	Ap	0～20	黏土	黑棕 10YR 3/1.5	小核块状	自冪层 0～0.5cm，裂隙 2～3cm 宽
	A1	20～28	黏土	黑 10YR 3/1	核块状	裂隙，有自吞现象
	A2ss	28～64	黏土	黑 10YR 3/1	楔形	裂隙，多滑擦面，有锈斑
	AC	64～100	黏土	10YR 4/1.5	棱块	裂隙，弱泡沫反应
2/河南邓州裴营	Ap	0～20	壤黏	黑棕 10YR 3/2	团块	自冪层和裂隙
	A1	20～29	壤黏	黑棕 10YR 3/2	块状	少量铁锰结核，pH 为 6.9
	A2ss	29～45	壤黏	黄棕 2.5Y 3/1	棱块状	滑擦面，少量铁锰结核，pH 为 7.1
	ACss	45～80	壤黏	黄棕 2.5Y 5/3	棱块状	滑擦面，少量铁锰结核，pH 为 7.2
	Ck	80～100	壤黏	棕色 10YR 4/4	块状	锈斑，钙结核层

续表

剖面号/地点	层次	深度/cm	质地	颜色（润）	结构	其他特征
	Ap	0～15	壤黏	棕灰 10YR 3.5/1	碎块状	少量钙结核侵入体
	A1ss	15～30	壤黏	黑 10YR 2/1	棱柱状	裂隙宽 0.5～1cm，深 10～15cm，滑擦面，陶片
3/湖北枣阳杨档	Ckss	30～95	壤黏	灰黄棕 10YR 5/2	棱块状	滑擦面，钙结核层（直径 2～5mm），多量铁锰结核，陶片和少量螺蚌壳侵入体
	Cg	95～120	壤黏	棕灰 10YR 4/1	棱块状	蓝灰，灰白潜育斑，少量铁锰结核

　　剖面 1（采集者：高锡荣和吴珊眉，1986）位于河南省新野县桑庄，白河中段平地，地理位置为 E112°15′，N32°35′。年均温 14.9℃，年平均降水量 805.8mm。年干燥度≥1，母质新野组黏性湖积物（Qp³），未见地下水位。耕作历史 2000 年以上，旱作小麦、玉米、棉花、绿豆和杂粮等。有自幂层，地表裂隙宽度 2～3cm，深达 90cm，有上部土壤填充。湿润土壤水分和热性土壤温度状况（图 7-2～图 7-4）。

图 7-2　暗变性土农地种棉和绿豆，远景为夏闲地（吴珊眉摄于河南新野，1985）

图 7-3　暗变性土剖面
（吴珊眉摄于河南新野桑庄，1986）

图 7-4　暗变性土地表裂隙宽度＞1cm
（吴珊眉摄于河南新野桑庄，1986）

剖面2（河南省土壤肥料工作站和河南省土壤普查办公室，1995）位于河南省邓州市裴营村南100m的湖平洼地农田。海拔117m，母质为河湖相沉积物（Qp³）。地下水位1.5m，种植小麦、大豆。潮湿土壤水分状况，热性土壤温度状况。

剖面3（采集者：王庆云和徐能海，1997）位于湖北枣阳市杨档乡棚砖瓦场，平原浅平洼地，海拔100m。黄土性古河湖沉积物（Qp³），地下水位在1m以上，年均温15.4℃，年降水量800mm，≥10℃积温4899℃，无霜期228天。种植小麦、棉花、玉米、甘薯和芝麻等。潮湿土壤水分和热性土壤温度状况。

表7-8表明，土壤质地壤黏土和黏土，土壤剖面构型A-C或A-C-Ck-Cg；暗色为主，暗土层出现在表土层以下或位于表层，是在全新世湿地条件下形成的。有自幂层，旱季裂隙，宽度和深度因地而异，裂隙中有土壤填充；心土层棱块状/楔形结构，有滑擦面。剖面1仅轻度的氧化还原特征。剖面3的潜育化特征明显。三个剖面的土体无泡沫反应，剖面2和3有钙积层。表层pH为6.9，以下各层7.2左右。对剖面1（新野）土壤微形态的观察表明，基质中具有较多的光性定向黏粒，其中应力胶膜多见于孔隙、孔洞、骨骼颗粒周围，强度消光，裂隙夹角为20°～80°（高锡荣，1986）。

3）土壤化学性质和黏土矿物类型（表7-9）

表7-9 土壤化学性质和黏土矿物类型估计（南阳盆地）

剖面号/地点	深度/cm	pH	有机碳/(g/kg)	代换量/(cmol(+)/kg)	代换量/黏粒%	黏土矿物类型
1/河南 新野桑庄	0～0.5	6.80	13.6	34.71	0.73	蒙皂石型
	0.5～20	6.90	11.7	33.15	0.67	蒙皂石型
	20～28	7.16	9.5	35.32	0.70	蒙皂石型
	28～64	7.46	10.1	35.89	0.71	蒙皂石型
	64～100	7.51	4.5	24.35	0.60	蒙皂型或混合型
2/河南 邓州裴营	0～20	7.20	9.9	33.40	0.97	蒙皂石型
	20～29	6.90	9.3	33.40	0.80	蒙皂石型
	29～45	7.10	7.3	35.20	0.82	蒙皂石型
	45～80	7.20	3.5	39.60	0.93	蒙皂石型
	80～100	7.20	2.9	27.30	0.96	蒙皂石型
3/湖北 枣阳杨档	0～15	7.60	8.8	29.79	0.76	蒙皂石型
	15～30	7.50	1.0	34.39	0.62	蒙皂型或混合型
	30～95	7.40	4.5	28.07	0.69	蒙皂石型
	95～120	7.40	3.4	25.62	0.59	蒙皂石型或混合型

表7-9说明，供试土壤中性反应，代换量达28～39cmol(+)/kg，高于垄岗上的黄褐和黄棕土样。代换性盐基离子以Ca^{2+}、Mg^{2+}为主，盐基饱和度95%以上。代换量/黏粒%在0.7以上的占大多数，黏土矿物以蒙皂石为主，伊利石次之。南阳盆地低地变性土的蒙皂石主要来源于母质和土壤自形成作用。蒙皂石与胡敏酸结合为复合体，在Ca^{2+}和Mg^{2+}盐基丰富的土壤和水环境，得以保存（高锡荣和吴珊眉等，1989）。由于蒙皂石具有曲片叠聚体微结构，表面积巨大，其所具的膨胀潜力，是变性土具有大的线型膨胀系数（COLE）的主要因素。

4）土壤颗粒组成和 COLE 值（表 7-10）

表 7-10 揭示，供试土壤的黏粒含量大于 300g/kg，心土层黏粒增加，如剖面 2 和剖面 3。土壤的 COLE 值为 0.09～0.16，表土层稍低于心土层。裂隙发育，土壤物理性质恶劣，耕性极差。

表 7-10　供试土壤的颗粒组成和线膨胀系数（COLE）（南阳盆地）

剖面号/地点	深度/cm	土壤粒组/(g/kg)				COLE/(cm/cm)
		2～0.05mm	0.05～0.02mm	0.02～0.002mm	<0.002mm	
1/河南新野	0～0.5	58.9	157.2	311.2	472.7	—
	0.5～20	34.8	157.3	311.7	496.2	0.14
	20～28	63.4	129.1	297.5	510.0	0.16
	28～64	63.1	141.3	291.0	504.6	0.15
	64～100	12.1	161.9	308.0	409.1	—
2/河南邓州裴营	0～20	95.0	156.0	405.0	344.0	—
	20～29	76.0	180.0	329.0	415.0	—
	29～45	89.0	159.0	321.0	431.0	—
	45～80	110.0	155.0	308.0	427.0	—
	80～100	107.0	195.0	414.0	284.0	—
3/湖北枣阳杨档	0～15	14.0	245.0	349.0	392.0	* 0.09
	15～30	0	106.0	342.0	553.0	* 0.09
	30～95	7.0	280.0	304.0	408.0	* 0.11

* 数据来自李卫东，1991

5）土壤黏土矿物组合和蒙皂石含量

以自然片、乙二醇饱和片和 550℃加热片的 X 衍射测试结果显示，河南新野桑庄土样的黏土矿物是以伊/蒙混层为主，中混层比 50%，单蒙皂石次之，单伊利石居第三位，尚有少量高岭石和绿泥石。蒙皂石总含量为 48%，单伊利石含量只占 17%。常规镁-甘油饱和的 X 衍射测试的未能显示伊/蒙混层的衍射峰，而伊利石（9.95Å 峰）夹有蒙皂石（d002）弱峰和伊/蒙混层矿物峰而扩大，使伊利石的含量的估量远超过实际情况，导致误断伊利石为优势黏土矿物组成，可见两种方法的结果大有差别。但两者总蒙皂石含量接近，各黏土矿物的含量见表 7-11。

表 7-11　不同处理方法测得的黏土矿物组合和含量比较（南阳盆地新野县）

地点	土层	蒙皂石(S)/%	伊利石/蒙皂石混层(I/S)/%	伊利石(I)/%	高岭石+绿泥石(K+C)/%	混层比	蒙皂石总量/%
新野桑庄	* 黑土层	22	52	17	5+4	50	48
	** 黑土层	44.97	未检出	46.24	8.79	—	44.97

* 石油部门规范，采样人：申眺等；** 常规法

图 7-5 和图 7-6 是上述两种不同处理的土样的 X 衍射图谱，一种是常规法-镁-甘油饱和，去铁预处理；另一种是自然片、乙二醇饱和片和加热片（550℃）预处理，可以分辨伊/蒙混层、蒙皂石、伊利石和绿泥石，并可得到混层比的数据。

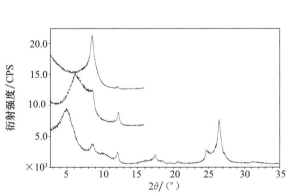

图 7-5　自然片、乙二醇饱和片和加热片
（550℃）预处理所得 X 射线衍射图谱

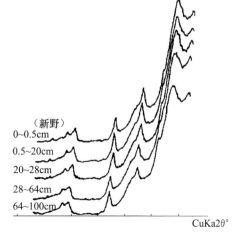

图 7-6　常规法所得的 X 射线衍射图谱

6）土壤分类和命名

按全国第二次土壤普查的发生分类：剖面 2 和 3 剖面都属于砂姜黑土土类，砂姜黑土亚类。

按《中国系统分类检索（第三版）》：①剖面 1 属变性土土纲，湿润变性土亚纲，简育湿润变性土土类，普通简育湿润变性土亚类。②剖面 2 属变性土土纲，潮湿变性土亚纲，钙积潮湿变性土土类，砂姜钙积潮湿变性土亚类。③剖面 3 属变性土土纲，潮湿变性土亚纲，钙积潮湿变性土土类，砂姜钙积潮湿变性土亚类。

7.2.3　鄂北丘岗阶地

1. 概况

鄂北丘岗阶地处于湖北境内南阳盆地的外围广大地区，2 级阶地海拔 100～150m，相对高度为 20～30m，母质多为中更新统黏性沉积物（Qp^{2+3}），其上发育黏磐淋溶土（黄褐土），具有变性特征或现象。上土层往往侵蚀殆尽，而有砂姜出露，面积为 3.49 万 hm^2。

2. 土壤

1）土壤形态特征描述

剖面 1（王庆云和徐能海，1997）：采自襄阳县古一区宋湾乡二房村。垄岗岗顶部位，地面坡度 3°，海拔 107m。母质为黄土性黏土 Qp^2，年均温 15.5℃，年降水量 789mm，≥10℃积温 4956℃，无霜期 237 天。植被为狗尾草、旱稗、乌莲梅和茅草等，轻度沟蚀。

形态特征如下：

Ap 0～17cm，灰棕（润，5YR 5/2），壤质黏土，屑粒状结构，较松，根系多，少量铁子。

A1 17～63cm，灰棕（润，7.5YR 4/2），壤质黏土，棱块状结构，紧，根系较少，少量铁锰结核。

A1C 63～100cm，亮棕（润，7.5YR 5/6），黏土，棱块状结构，极紧实，根系少，多量铁锰结核，少量钙结核。

以上剖面的土层厚度为100cm以上，剖面为A-C型，全剖面壤黏土-黏土，有明显的棱块状结构，其厚度超过80cm，艳色。土体无泡沫反应，仅钙结核及其贴近土体有泡沫反应。少量砂姜和有大量被碳酸钙包裹的铁锰结核。

剖面2：采自襄阳县黄集区襄北农场五分场果园队。海拔40m，母质为黄土性黏土（Qp^{2+3}）。年均温15.4℃，年降水量829mm，≥10℃积温4936℃，无霜期238天。中度片蚀和沟蚀。植被为马尾草、旱稗等。

形态特征如下：

Ap 0～32cm，浊黄棕（润，10YR 5/3），壤质黏土，碎块状结构，稍紧，中量根系，多量料姜，少量黑色铁锰结核。

Bss 32～90cm，暗棕（润，7.5YR 3/3），壤质黏土，棱块状结构，紧实，根系少，有灰色胶膜，大量铁锰结核。

B2 90～110cm，暗棕（润，7.5YR 3/3），壤质黏土，棱块状结构，紧实，根系极少，多铁锰胶膜，少量铁子。

以上全剖面壤黏土。心土层棱块状结构，有胶膜。表层或全层含大量钙结核（料姜），甚至有的成层，泡沫反应较强。此剖面是上部土层被侵蚀后，下层的土体裸露，使钙结核出露。

2）土壤理化学性质和黏土矿物类型（表7-12）

以上剖面1：全剖面黏粒含量大于300g/kg，无黏化层，属A-C构型；土壤pH中性，心土层代换量为24～25cmol（＋）/kg，黏土矿物以蒙皂型或混合型为主。燕守勋等（2004）对类似土样的X射线衍射分析，表明伊/蒙混层黏土矿物为主，蒙皂石总量为45.55%。

表7-12　土壤基本理化性质和黏土矿物类型（王庆云和徐能海，1997）

剖面号/地点	深度/cm	pH	有机碳/(g/kg)	代换量/(cmol(＋)/kg)	黏粒/(g/kg)	代换量/黏粒%	黏土矿物类型
	0～17	6.8	9.63	23.88	405	0.59	蒙皂型或混合型
1/湖北襄阳古一	17～63	7.6	1.97	24.79	404	0.61	蒙皂型或混合型
	63～100	7.9	1.97	24.14	405	0.60	蒙皂型或混合型
	0～32	6.9	6.02	23.87	326	0.73	蒙皂型
2/湖北襄阳黄集	32～90	7.2	3.94	39.68	395	1.00	蒙皂型
	90～110	7.6	3.19	27.04	394	0.69	蒙皂型

剖面2：全剖面黏粒符合变性土的诊断标准，32～90cm盐基代换量达39.68cmol（＋）/kg。按代换量/黏粒%值，黏土矿物属蒙皂型，碳酸钙含量<20g/kg，但多钙结核，盐基饱和。黏粒硅铝分子比为3.4，硅铁率为2.8。

据燕守勋等（2004），与剖面 2 类似的土壤，母质有黏性风化残积物及冲-洪积物（Qp^{2+3}），黄褐色、杏黄、棕红、灰绿色等黏土和亚黏土，并见有灰绿色和灰白色的条纹，内含少量铁锰质结核及直径为 2～3cm 浑圆状钙结核。其中有强膨胀性土壤，如湖北钟祥县的土样，黏土矿物以伊/蒙混层为主，混层比高达 70%；其次为单蒙皂石。蒙皂石总量达 62.6%，自由膨胀率为 98%。由这种黏土矿物构成的土壤，无疑具有周期性的膨胀-收缩循环过程，形成了显著的变性特征。依照土壤系统分类是以诊断特征和土壤性质为依据的原则，钟祥的土样属于变性土，有待进一步做全剖面的研究。

3）土壤分类和命名：

按全国第二次土壤普查的发生分类：①剖面 1 属黄褐土土类，黏磐黄褐土亚类（襄阳黄土）。②剖面 2 属黄褐土土类，黏磐黄褐土亚类（料姜岗黄土）。

按《中国土壤系统分类检索（第三版）》：①剖面 1 试划归淋溶土土纲，湿润淋溶土亚纲，铁质湿润淋溶土土类，变性铁质湿润淋溶土亚类；②剖面 2 划归变性土土纲，湿润变性土亚纲，钙积湿润变性土土类，砂姜钙积湿润变性土亚类。

7.2.4　江汉平原

1. 概况

古近系和新近系古冲湖积物和第四系早更新统湖积物（N_1-Qp^1），分布在江陵北—荆门市南之间的地区（孙剑，2007）。零星出露于地面的膨胀土，为具有褐黄、棕红色、灰绿和灰白等颜色的黏土和亚黏土，上部多含铁锰质结核及钙质结核。黏土矿物以蒙皂石为主，伊/蒙混层次之，第三位是伊利石（燕守勋等，2004）。

中更新统黏性沉积物（Qp^2），厚度为 5～15m，为黏性黏性冲—洪积物及冲-洪积物，呈（黄）褐色、杏黄、棕红、灰绿色等黏土和亚黏土，见有灰绿色和灰白色的条纹，内含少量铁锰质结核及直径为 2～3cm 浑圆状钙质结核。多具中膨胀性，也有强膨胀性土。

晚更新统冲-洪积物（Qp^3）厚度为 10～15m。色灰褐，褐黄等黏土和亚黏土，具灰绿色、灰白色条纹，内含较多铁锰质结核，局部见有小钙质结核。分布在枝江、当阳、江陵、应城、云梦、公安、孝感、新洲和孟溪等岗地的前缘。而在孝感、应城、荆州和黄冈等地分布在平岗上部。一般覆盖于地面，多为弱膨胀性土。

据王庆云和徐能海（1997），在湖北省各市、县（除鄂西州，郧阳外）晚更新统（Qp^3）的沉积物广泛分布。在海拔 50～200m 的丘陵岗地和垅岗畈地，它"晴三天耕不动，雨三天耕不成"。旱天开裂而保墒性差，面积为 16.7 万 hm^2，如应城黄土。

2. 湿润淋溶土的变性亚类

（1）典型剖面形态特征描述

采自应城市三合乡烧香台市林科所缓岗中下部，海拔 38m。成土母质为黏性沉积物（Qp^3）。植被是绊根草、马尾松及人工营造的湿地松，无灌溉条件，呈片状侵蚀。

形态特征如下：

Ap 0～11cm，暗棕色（润，7.5YR 3/4），壤质黏土，屑粒状结构，润，稍紧，根系较多，有小砾石侵入体；

A1 11～21cm，暗棕色（润，7.5YR 3/4），壤质黏土，小块状结构，润，较紧，根少，有较多铁锰胶膜，夹小砾石；

A1C 21～100cm，深暗红棕（润，7.5YR 2/4），壤质黏土，棱块状结构，润，紧实，根较少，有较多铁锰斑和少量结核。

以上土壤全剖面壤质黏土，A-C构型。据第二次土壤普查记载，该土收缩性大，干旱季节土壤开裂，保墒性差。裂隙发育是边坡工程失稳的原因之一。土质黏滞，耕性差，宜耕期短。在21cm以下的颜色深暗红棕，有较多铁锰斑，显示有交替氧化还原过程。

关于本区膨胀土裂隙的描述（孙剑，2007），江汉平原地区的膨胀土有三种裂隙，一是裂隙裂面宽，裂面光滑具油脂光泽，如枝江、荆门一带；二是土壤裂面窄小而密集，断面呈参差状，裂面油脂光泽，如在荆门、江陵、川店等地；三是裂面粗糙无光泽，如孝感等地。扫描电镜观察表明，"裂隙表面有明显擦痕，大部分片状聚集体排列紧密，连成大块体，并稍有定向，似有"薄膜覆盖"。单元体轮廓难分辨，而孔隙与裂隙沿大块体之间发育，说明是经过一定的动力作用而形成的，与土体间的膨胀压力和挤压有关。这些观察为进一步研究本区变性土提供了线索。

（2）土壤主要理化性质（表7-13）

表7-13　土壤主要理化性质（湖北应城）

地点	深度/cm	pH	有机碳/(g/kg)	代换量/(cmol(+)/kg)	黏粒含量/(g/kg)	代换量/黏粒%	黏土矿物类型
湖北应城	0～11	7.2	6.3	22.76	392	0.58	蒙皂型或混合型
平岗上部	11～21	7.4	5.7	24.12	380	0.63	蒙皂型或混合型
海拔38m	21～100	7.3	2.5	21.95	375	0.59	蒙皂型或混合型

表7-13显示，全剖面黏粒含量大于300g/kg，pH呈中性，心土层的有机碳低，但盐基代换量为22～24cmol(+)/kg。黏土矿物属蒙皂型或混合型。

（3）关于本区土壤膨胀性

据地质学界对江汉平原的周边岗地的膨胀土的胀缩指标的数理统计表明，自由膨胀率（Fs）最高达154%，其中局部地区平均超过100%。中等膨胀土区平均65.15%，弱膨胀土区平均为57%。蒙皂石含量是影响自由膨胀率的重要因素，两者呈正相关，相关系数（γ）为0.82。

按膨胀潜势的统计分析表明，晚更新统（Qp³）的黏土多为弱膨胀潜势，中更新统黏性土为具中等偏强。江汉地区膨胀土以中等及弱膨胀潜势为主。损坏建筑物的主要因素是土体的干缩作用。胀缩特性一般不强，但对渠道边坡稳定性仍会造成较大的变形破坏作用（孙剑，2007）。

（4）土壤分类和命名

按全国第二次土壤普查发生学的分类，属黄褐土亚类，僵黄土土属。按《中国土壤系统分类检索（第三版）》，属淋溶土土纲，湿润淋溶土亚纲，铁质湿润淋溶土土类，变性铁质湿润淋溶土亚类（新亚类）。

7.3　土壤改良利用

7.3.1　丘岗阶地变性土地区

1. 生产上与土壤有关的问题

（1）雨季滑坡问题，如在陕南的汉江两岸，坡度较大的阶地岗丘较为突出。该区属湿润季风气候，冬春干旱，夏秋雨季，土壤得以充分干缩和膨胀。水分沿收缩裂隙下渗，在强膨胀性、相对密实和透水性弱的黏性土层（Qp^{1+2}）之上聚集，形成上层滞水，构成滑动面，使上部土体顺势滑动，加之边坡形态的改变，形成了明显的滑动变形区域及多级解体裂缝，具有牵引式滑动、累进式破坏及蠕滑等特征。该土富膨胀性黏土矿物、黏滞的土质、代换性阳离子含量高等，都是产生胀缩变形的物质基础，也是膨胀潜势的内在因素（康卫东等，2007）。此外，土壤面蚀、沟蚀等都是问题。

（2）土壤质地黏重，耕性差，适耕期短。

（3）干旱季节土壤开裂，危害禾苗，并加速水分蒸发。

（4）土壤有机质少，养分元素，除钾以外都较贫乏。

2. 土壤改良利用措施

目前农地主要种植小麦、棉花、甘薯，产量中等。种茶不宜在中性土壤、可种桑、柿和枣等经济作物。自然植被有枫、杨、杉木和马尾松等。土壤改良利用措施有以下几方面。

（1）保持水土，实施等高种植，加强护坡，完善坡地排水系统。对陡坡边远地，低产地，应退耕还林种草，发展畜牧业。对大于 20°的经济果木用地也要退种。对不适于农用的耕地，可改种竹、桑等经济园林，经济效益会改善，也会省力许多。此外，采用工程与生物措施结合的方法预防雨季滑坡。

（2）农地实施粮草轮种和间套作，增施有机物料，补施氮、磷、硼和锌等速效化肥。用生物和合理使用肥料来培育土壤。应抢墒耕地坑土，有条件的地方考虑掺砂改土。

（3）田间适当覆盖作物秸秆，从防治土壤板结和减少开裂，并逐步改良土壤物理耕性。

（4）合理规划和梯地化，实行等高种植，减少土壤侵蚀程度。有水源条件，可行水旱轮作，培肥土壤，提高产量。对林业地应搞好统一规划，以发展经济林木、建立果、桑、茶商品生产基地。

7.3.2　潮湿变性土地区

1. 主要障碍因素

主要障碍因素是土壤处于低地，降雨集中季节，极易发生涝害，地下水位上升而引起渍害，并有淹没农田之灾。加之土质黏重，湿时膨胀、泥泞，干时坚硬、开裂，干湿都难耕，土壤失水快，而毛管上升水供应缓慢，易旱，影响齐苗、全苗和作物需水。肥力方面，活性和新鲜土壤有机质含量低，土壤养分元素普遍偏低，尤其少氮、缺磷和锌。

2. 改良利用措施

土壤改良利用上，应坚持"防涝、治渍、抗旱兼治，水、肥、土并重"的原则，实行综合治理，主要的措施如下。

（1）健全农田水利工程，必需打通排水出路。加之沟排井灌，沟渠井配套。

（2）适时耕犁和整地，增施有机肥料，残茬还田，熟化表土，改善土壤耕性。还可在秋季耕深 18～20cm，实行冬季冻垡。

（3）适当保留作物残茬于地表，并增磷补氮，科学使用微肥，平衡土壤养分。

（4）调整种植业结构，洼地排水差，宜种水稻，或选种耐涝的高粱、黑豆，或夏、冬绿肥植物等。

（5）发展适种的良种经济作物，如大蒜、芝麻和绿豆等。

7.4　本章小结

（1）汉江流域丘岗和盆地具有变性土形成的潜在物质基础。在北部分水岭地区和湖北腹地大洪山地区，都经受过不同地质时期的火山活动的直接和间接影响。加之白垩纪的泥质岩、古近系和新近系的未固结红黏土、第四系更新统的阶地和湖积物，盆地的水湿环境有利于蒙皂石的形成，含有较丰富的膨胀性黏土矿物。

（2）本区有阶地和低地变性土。对阶地、丘岗具有变性化的土壤有了新的认识。该区第四系不同时期的沉积物，含有不同数量的膨胀性黏土矿物，其水平分布和垂直排列是很重要的因素，土层剥蚀裸露和侵蚀退化，促使第四系中更新统土层出露地表导致变性土形成。值得进一步研究其规律性。

（3）湿润变性土散布在阶地和垄岗部位的淋溶土分布地区，多由第四系中更新统的黏性沉积物发育而成。土壤呈艳色，地表一般无自幂层，裂隙发育，心土层棱块状结构，薄片观察有定向黏粒胶膜。其中，未达到变性土标准的划归为变性铁质湿润淋溶土，达到标准的则划归变性土。

（4）潮湿变性土比较集中地分布在南阳盆地的垄岗间的低地，由黏性湖积物发育而成，也有艳色和暗色之分，建议在分类上加以区分。

第8章 东南沿海与南方丘陵地区变性土和变性亚类

东南沿海与南方丘陵地区位于长江中下游平原以南，东部和南部面临太平洋，西与云贵高原接壤。包括浙江、福建、广东、广西沿海和武夷山-仙霞岭以西的湖南、江西、广东以及广西等丘陵间的盆地。地跨亚热带和北热带季风气候区，是我国变性土的主要分布地区之一。本章涵盖浙江、福建、广东、海南省沿海玄武岩台地、珠江支流广西壮族自治区百色—田东盆地和明江上思—宁明盆地等地变性土的研究和台湾及南方丘陵的湘赣地区的新内容。

8.1 成 土 条 件

8.1.1 气候

本区浙、闽、赣、湘地区和台湾北回归线以北是亚热带季风气候。广东、广西多属中亚热带和南亚热带季风气候。热带季风气候分布在北回归线以南的大陆东部，台湾南部，海南和雷州半岛，均具有干湿季节交替的特征。由于海陆距离，山势阻挡，背风向的关系，也会出现较干旱的地方性气候，如海南岛的西南海岸。变性土分布的某些地区的气候特点如下。

1. 浙江新昌地区

亚热带季风气候，年平均气温 16.4℃，年均降水量 1333.6mm，年均蒸发量为 1412.8mm。年雨量分配 3~6 月降水量占全年降水总量的 28%。9 月为第二多雨季，降水量为 130~190mm。7~8 月受副热带高压控制，晴热少雨，发生干旱居多。旱季 10 月至翌年 2 月。无霜日（系一年中春季终霜日与秋季初霜日之间的持续天数）年均 239 天左右。

2. 福建东南地区

亚热带海洋性湿润季风气候，漳浦东北部年平均气温 21℃，年降水量为 1430mm 左右，年蒸发量 1259mm，干湿季节十分明显，4~9 月为湿季，其中，6~8 月的雨量占年雨量的 63%~74%。年干燥度 0.67，10 月至次年 3 月的月降雨量小于 100mm。

3. 雷州半岛中部海康地区

北热带季风气候，年平均温度 23℃，7 月份最热，平均 28.4℃，年均降雨量 1364mm，由东向西渐减。降水集中于 7~8 月，占全年雨量的 70%。12 月~翌年 3 月的降水量不及年总量的 10％，且年变率大，一般 10 年有 6 年春旱。年蒸发量为 1881.5mm。海陆风明显，主导风向为偏东风。

4. 海南岛

湿润北热带季风气候，年平均气温 24℃，雨季 5～11 月的降雨量达 1551.1mm，占全年降雨量的 80％以上，蒸发量为 1127mm；旱季 12～翌年 4 月的降雨量 442.05mm，蒸发量 713.4mm，年干燥度 0.43（海口），海南岛西部为亚湿润区。

5. 湘赣地区

亚热带季风气候，有明显干湿季节。湖南年平均气温 16.5～18.0℃，年平均降水量在北部滨湖地区，湘中的衡邵盆地和西部为 1300～1500mm，年蒸发量 1200～1400mm。年降水量分配不均，夏季雨量占全年雨量的 42％～44％。

6. 广西壮族自治区右江地区

右江河谷如百色（106°07′～106°56′E、23°33′～24°18′N）田东等盆地，以及明江河谷和左江河谷至邕宁一带，为中亚热带和南亚热带气候，是广西的少雨区。年均温 21.5～21.9℃。年降水量有 1080～1300mm，年蒸发量 1572～1930mm，降雨集中在夏季，干湿季节明显，常受焚风影响（表 8-1）。

表 8-1　本区气候要素

地点	年均温/℃	年降雨量/mm	年蒸发量/mm	气候区
浙江绍兴	16.4	1333.6	1412.0	亚热带季风气候
福建漳浦	21.0	1430.0	1801.5	亚热带海洋性湿润季风气候
广东海康	23.5	1364.0	1881.5	北热带季风气候
海南文昌	24.0	1993.0	1840.4	湿润北热带季风气候
海南崖县	25.5	1263.4	2256.1	亚湿润北热带季风气候
台湾长滨	25.3	1500.0	1500.0	南亚热带-热带季风气候
江西高安	17.7	1547.0	—	北亚热带季风气候
广西百色	21.5	1139.9	1954.0	中亚热带-南亚热带气候

8.1.2　成土母质和地貌

由于板块构造活动，亚洲地区受到印度、欧亚大陆与太平洋板块间相互挤压、碰撞和俯冲作用，在本区的大陆边缘形成一系列大规模的深断裂带，长江口以南的浙江、福建、台湾和澎湖群岛等地，都产生了窟窿和裂谷，并伴随发生大陆裂谷型火山活动。玄武岩流冷却形成高低不同的台地。而海南岛、雷州半岛，以及中南半岛的新生代玄武岩和其他火山岩的分布，则是与红河大断裂带和越南东界大断裂带，以及中南半岛大断裂带系统火山活动有关。由此，我国东南沿海的变性土与火山喷发活动以及基性玄武岩和风化物的分布有关。

1. 浙江新昌一带

玄武岩台地集中分布在新嵊盆地和三界-章镇盆地周围一带，总面积 45 938.67hm²，海拔多在 150～400m，顶部起伏平缓，四周陡峻。古近纪和新近纪玄武岩多次喷发的堆积物，在新昌、嵊县一带呈水平层状大面积覆盖，且后期新构造运动不等量的抬升，形成大小不一、高低三级玄武岩台地。由于台地的年龄和玄武岩矿物和化学成分的差异，不同高度的台地上形成不同的土壤。高台地分布在新昌县西南部，平均海拔 400m 左右，土壤以红壤为主；中台地平均海拔 220～250m，分布在新昌县中部地区，自然条件比高台地好，红壤和棕泥土相间分布；低台地平均海拔 120～150m，分布在新昌县北部和嵊县境内，土壤以棕泥土为主，自然肥力比当地地带性土壤高。有名的新昌小京生花生、牛心柿和优质茧多产于玄武岩低台棕泥土地带。地带性土壤有红壤和山地黄壤，台地上的土壤又称"中基性火山岩土"，尤其适宜种桑养蚕制种，品质特优（王深法等，2002）。

2. 福建东南沿海地区

地貌类型由海至陆依次出现为滨海平原、台地和丘陵。区内无大河流，径流调节能力较小，水文条件较差。古近系火山岩（佛昙群）分布在东南沿海的明溪、漳浦和龙海等地，为低丘台地，陆相超基性、基性玄武岩，如玻基辉橄岩、碱性橄榄玄武岩和苦橄（玢）岩等，少量火山碎屑岩，以及拉斑玄武岩等。在佛昙群玄武岩风化残积物上形成变性土、人为土和雏形土等，地带性土壤有富铁土和铁铝土。

不同地貌单元和微地貌及母岩决定着土系空间分异的全局趋势。如前亭一带以暗黑色气孔状玄武岩坡残积为母质的地区，由台地至低丘，依次出现黑赤土田（台地面）—前亭系（台地或低丘底部）—基里山系（低丘中部）—复船山系与白竹湖系的复区（低丘顶部）。由于长期人为活动的影响，原生植被多已破坏，次生植被以草类为主，兼有次生疏林（陈志强等，1981）。

3. 台湾

山地和丘陵约占总面积的 2/3。平原、阶地和盆地狭小而分散，占总面积的 1/3。山脉大多呈 NNE 和 SSW 走向，其中纵贯南北的中央山脉，玉山山脉的玉山主峰，最高峰海拔 3952m。近东海岸为由菲律宾群岛漂移而来的海岸山脉，北起花莲，南迄台东，纵长约 150km，东西平均宽度 10km，一般海拔 900～1000m，变性土见于台东。

澎湖群岛位于台湾西部海域，地理位置 23°47′～23°9′N、119°18′～119°42′E，由 90 个大小岛组成，其中以澎湖本岛最大。地势平缓，方山地形突出，大多顶部平坦，四周崖壁，是由海底火山熔岩冷却再经过多次海水面升降变化而出露，加之成陆后的侵蚀作用形成。玄武岩台地上发育成特殊的富铁钙质淋溶土，也有少数暗色软土/变性亚类发育。

4. 广东雷州半岛

广东雷州半岛位于广东省西南，地理位置 21°15′～21°20′N、109°22′～110°27′E。

南隔琼州海峡与海南岛相望。南北长约 140km，东西宽 60～70km，地形平缓，一般坡度为 3°～5°。第四纪玄武岩台地分布在北部水溪、城月和湖光岩一带，海拔 45～50m。在南部分布于徐闻一带，一般海拔 25～80m，其中更新世石卵岭段玄武岩，有 12 次喷发，夹有六层厚 0.2～9.0m 的红土和六个红顶（广东省地质局，1981），是火山作用间隙期成土作用的遗迹。成土母质尚有更新世沉积物，第三系黏质湖积物和泥岩，以及海湾陆相黏性沉积物等。

5. 海南

海南位于 18°10′～20°10′N、108°37′～111°03′E，陆地面积 3.39 万 km²。根据地质矿产部宜昌地质矿产研究所和海南省地质矿产局资料，在海南文昌市蓬莱一带的第三系玄武岩年龄为 3.04 百万～5.43 百万年，岩性以橄榄玄武岩为主，其次为辉斑橄榄玄武岩、气孔玄武岩、粗玄岩和玻基橄辉岩等，并夹有多层火山碎屑岩。海南岛北部的第四纪玄武岩年龄为 0.21 百万～0.67 百万年。主要为橄榄玄武岩、拉斑玄武岩、二辉橄榄岩及二辉玄武岩。喷发间隙期的成土作用，形成多层红色土壤与玄武岩相间排列。此外，尚有基性辉绿岩，辉长岩侵入体等。据海南史志，在北部火山岩分布区，残积性母质在海口市的金牛岭和狮子岭较多，以玻屑凝灰岩风化形成的膨润土、蒙脱石为主，自由膨胀率为 65%～106%。在海南北部平原的阶地区，有互层砂泥岩的黏土分布区，也有明显胀缩性的土壤，自由膨胀率为 40%～80%。海南岛西南海岸气候干旱，有潟湖相黏质沉积物，发育成干润变性土。

6. 江西和湖南

由一系列北东走向的中山、低山和介于其间的丘陵盆地组成。由盆缘到河流两岸，地貌类型组合排列的顺序是：中山和低山—高丘和低丘—各级阶地（岗地）—冲积平原。赣湘粤桂边境的南岭山地的山体之间，有一系列北东走向的断陷盆地。

境内玄武岩和基性侵入岩的时代多属中生代侏罗系和白垩纪，如赣中的吉泰盆地南部的泰和县南溪镇发现的碱性玄武岩。盆地边缘还存在中侏罗世（168 百万年）玄武岩（余心起等，2005）。在广丰-上饶地区，沿江绍断裂带和信江断裂带展布有一系列 NE 和 NEE 走向的白垩系断陷盆地，在断陷盆地沉积的同时发育了大面积的白垩系玄武岩，分属拉斑玄武岩系列和钾玄岩系列，前者属陆相陆上喷发，相对低钾，经历了以橄榄石为主的镁铁矿物的分离结晶作用；后者属陆相水下喷发，富钾（廖群安等，1999）。江西灵山花岗岩中有暗色微粒包体，特别是存在玄武岩包体（郑建平和李昌年，1996）。在湖南的东北沿长沙-平江断裂伸展裂陷的产物，是一套晚燕山期细碧质玄武岩，距今 90 百万年左右，具碱性-拉斑质玄武岩亲和性，矿物成分以钠长石为主，呈斑状和交织结构，气孔-杏仁构造发育，富钠低钾（许德如等，2006）。湘江上游的宁远，道县和保安，有基性-超基性火山岩（陈必河等，2004）。玄武岩的风化残积物在水流的分选作用下，细粒相继参与了沉积性母质，如中生界白垩系紫色砂页岩、古近系和新近系，以及第四系沉积物的形成，而赋有较多的 2∶1 型膨胀性黏土矿物。侏罗系、白垩系红层泥质岩，分布在大小内陆盆地边缘，如湖南衡阳，江西吉泰盆地等。紫色砂、页岩大部分是由铁质、钙质和泥质胶结，成岩年代短，极易风化剥落。石灰性和中性紫色页岩风化物机械组成中，砂粒、粉粒和黏粒的比例变化较大，其中，有小部分风化层的黏粒丰富，蒙皂石黏土矿物和阳离子代换量很高，具有变性土的特征。白垩系紫色页岩风化物富含磷、钾。

7. 广西壮族自治区

境内的珠江支流右江地区的田东、田林和百色等为断陷盆地，广泛分布有古近系泥岩。右江盆地河谷高阶地的湖相沉积物（N-Qp¹）来源于泥岩残、坡积物的再沉积，也是变性土的母质。明江河谷的上思-宁明构造盆地位于北回归线以南，凭东断裂南侧，印支期的火山喷发，玄武岩风化物的沉积形成的泥岩出露地面。泥岩是易于风化、软化、膨胀和收缩的软岩/土，富有 2∶1 型膨胀性黏土矿物，当受到环境湿度和压力条件变化时，其体积膨胀和收缩，危及其上的工程建筑物稳定性，是该区一大危害。

不同膨胀性能的泥质岩残积物分布在全国 20 多个省市，其中含有多量膨胀性黏土矿物者，浅埋或出露地表，是变性土和变性亚类的母质。

8.1.3　人为活动

本区热带、亚热带常绿阔叶林，林木繁茂。由于人为开采，现存植被极大部分为天然次生和人工植被，如杉木、毛竹、桑树、漆树、柑橘和枇杷，以及甘蔗、剑麻和橡胶等，或成为粮、棉、油料作物和烟草等农作物和特产经济作物，亚热带和热带经济林木、果树、蚕桑的重要产地。与此同时，土壤侵蚀也在发展之中，使膨胀-收缩性强大的岩/土出露，或更接近地表。该区玄武岩和膨胀性泥岩风化残积物、运积物所形成的变性土，或浅埋藏，仍处大气影响层次范围以内，从表面看似稳定的地基，但膨胀—收缩循环，旱季轻型房舍、机场、道路和水库等地面工程随之裂损，不仅使经济受损，而且威胁生命安全，是一大危害。雨季则常有发生滑坡的地质灾害，如浙江全省玄武岩台地滑坡，主要集中在棕泥土台地上，占玄武岩滑坡总量的 88.6%（王深法等，2002）。因人们未注意保护而广泛地开垦，富有膨胀性蒙皂石类黏土矿物的棕泥土，在雨季吸收大量水分子而体积膨胀，重量增加，在重力作用下，土层与弱透水的岩土接触处，形成滑动面，导致大量土体顺坡滑动，严重者农地和村庄俱毁。

8.2　土　　壤

8.2.1　湿润变性土

湿润变性土分布在浙闽沿海、雷州半岛和海南岛北部的玄武岩台地，以及古近系泥岩和湖积母质上。具有湿润土壤水分状况，热或高热土壤温度状况。

1. 浙江嵊县剖面

（1）概况

浙江省嵊县、丽水等市的玄武岩台地边缘或侵蚀面上部，以及构造盆地边缘的低丘上，俗称的棕泥土呈不规则的圈带状分布，但总体分布零星，海拔 50～400m。母质为第三系嵊县组玄武岩风化物，土层厚薄相差甚大，但在缓坡及山岙地段，土层厚可达 1m 以上，棕泥土面积 1.87 万 hm²，其中有的具有粗骨性（浙江省土壤普查办公室，1993），邻近有白垩系紫砂岩风化的土壤。

利用上基本为旱地，矿质养分丰富，适种性较广，易获得优质高产。利用方式以麦（油菜）-豆-玉米（甘薯、花生）为主。据调查，棕泥土上的小麦的出粉率较高；特产新昌"小京生"花生，具有香、脆、甜味。棕泥土适宜栽桑，其叶喂养的蚕体健壮无病，丝与茧的产量和品质都较高，制种的卵质充实、孵化整齐等，每克的卵数多为 1900 粒，孵化率高达 99.7%。此外，棕泥土还适种牛心柿、石榴等果木，但不宜种植茶、松、杉、泡桐等喜酸性的经济林木。主要问题是自然植被已严重破坏，水土流失和严重的滑坡，有导致村落破坏的记录。提倡合理开发类似地区的同种土壤，多熟套种以减少地面裸露；或种植多年生经济林木，保护现有疏林地；依地势和坡度砌坎保土，建立水平梯地等。长期栽培水稻的棕泥土，归属为人为土（棕泥田-城塘系）。

（2）代表性剖面形态特征

剖面位于绍兴市嵊县新明乡东廓村金鸡山背上，海拔 110m。母质为玄武岩风化物。年均温 16.5℃，年降雨量 1272.8mm，无霜期 234 天，≥10℃积温 5156℃，年干燥度<1。植被桑树。

形态特征如下：

Ap 0～20cm，淡黄色（干，2.5Y 7/4），壤质黏土，疏松，紧实度 2.13kg/cm³，有较多植被根系及部分石砾，pH 为 6.8。

B 20～55cm，浊黄色（干，2.5Y 6/3），黏土，核块至大块状结构，土体紧实，紧实度 3kg/cm³，少量植物粗根。

BC 55～120cm，浊黄色（干，2.5Y 6/4），壤质黏土，有半风化的母岩碎块，pH 为 7.2。

由上可见形态诊断特征是全剖面壤黏土-黏土。心土层核块结构，应有滑擦面，艳色，全剖面未见锈斑的记载。

（3）土壤理化性质（表 8-2）

表 8-2　土壤的基本理化性质（浙江省土壤普查办公室，1993）

地点	深度 /cm	pH (H₂O)	有机碳 /(g/kg)	阳离子代换量 /(cmol(+) /kg)	代换性阳离子组成				黏粒含量 /(g/kg)	黏粒比	代换量 /黏粒%
					Ca⁺/ (g/kg)	Mg⁺/ (g/kg)	K⁺/ (g/kg)	Na⁺/ (g/kg)			
浙江嵊县新明乡	0～20	6.8	10.8	25.82	14.19	11.12	0.26	0.25	375	—	0.69
	20～55	—	5.9	31.64	16.68	14.42	0.22	0.32	563	1.50	0.56
	55～120	7.2	2.6	29.72	14.54	14.42	0.38	0.38	383	0.68	0.78

表 8-2 说明，土壤黏粒含量各层都在 300g/kg 以上。有机碳含量低。变性诊断层的代换量为 30～31cmol(+)/kg，代换性盐基以 Ca^{2+} 和 Mg^{2+} 为主，Ca^{2+}/Mg^{2+} 在表层为 1.28，往下为 1.16～1.00。代换量/黏粒%表明，黏土矿物以钙质和镁质蒙皂石为主，

伴有高岭石，pH 呈中性，这些性状显著不同于当地地带性红、黄壤。

（4）土壤分类和命名

按第二次土壤普查，该土划归为中基性火山岩土土类，中、基性火山岩土亚类，棕泥土土属。

按《中国土壤系统分类检索（第三版）》划归为变性土土纲，湿润变性土亚纲，简育湿润变性土土类，普通简育湿润变性土亚类。

2. 福建漳浦剖面

（1）概况

玄武岩低丘台地上发育的土壤主要分布于龙海县港尾至漳浦县前亭、赤湖、佛坛和深土一带。海拔 200m 以下，面积 886.7hm²。

（2）典型剖面形态描述[①]

该剖面位于福建省漳浦县前亭乡。玄武岩台地缓坡，坡度约 3°，略呈梯状的农田中下坡。母质为古新纪基性玄武岩的风化的残坡积物，年均温 21℃，年降水量 1430mm，干湿季节分明，4～9 月为湿季，其中 6～8 月的降水量约占全年的 63%～74%，10 月至次年 3 月的干旱季，年干燥度为 0.67。≥10℃积温 7424℃，无霜期 348 天，湿润高温土壤水热状况。旱农地、畜耕和机耕困难，无灌溉条件，但作物产量不低。甘薯、豆类（如花生）一年二熟制，剑麻产量与质量兼优，也种植甘蔗等。土壤旱情和黏重是主要限制因素。

剖面形态特征：土表见裂隙纵横交错，宽可过 3～4cm，深达 40cm。

Ap 0～15cm，干时棕黑色（7.5YR 2/2），湿时黑色（7.5YR 2/1），黏土，核块状结构，易裂为坚实的核粒状；近地表有数毫米厚的片状结构；湿时极可塑，润时紧实，干时极坚实，向下波状分界，少量侵入体和石英砾石，pH 为 7.75。

A1 15～40cm，颜色和质地同上，呈不规则块状结构，基块间有斜交裂隙，易碎裂，略呈楔形的小棱块状结构，少量砾石，结持性和分界性质同上，pH 为 7.75。

ACss 40～90cm，干时暗灰棕色（5YR 4/2），湿时略暗，重黏土，大棱块状，湿时极可塑，润时坚实，干时稍硬，波状分界，pH 为 8.18。

C 90cm 以下，干时暗灰棕色（5YR 4/2），湿时黑棕色（5YR 2/2），壤黏土，块状结构，干时稍硬，湿时可塑，润时稍坚实，可见零星的岩屑，pH 为 8.15。

土壤薄片观察表明，土壤上层有与水平面呈 30°～50°交角的交叉裂隙，微基块呈次圆状和棱角状。并有波状消光的细土物质分离，表现在孔隙壁和骨骼颗粒表面的滑擦面。

以上形态特征表明：质地为极可塑的黏土。裂隙发育，地表显现的宽度在旱季达 2～4cm，向下延伸达 40cm，微形态见交叉裂隙，40～90cm 大棱块状结构易碎裂为楔形的小棱块状结构。孔壁和骨骼颗粒表面有光性定向黏粒胶膜等，均表明具有典型的变性诊断特征。

---

① 调查者：潘根兴，1983 年 12 月。

（3）土壤诊断性质和黏粒 X 射线衍射测定

土壤颗粒组成测定结果表明（表 8-3），该剖面在 90cm 厚度内，小于 2μm 的黏粒含量为 47%～58%，40～90cm 土层略有黏粒富集现象。线膨胀系数在 0.10～0.12，均符合变性土诊断标准。

表 8-3　土壤颗粒组成（福建漳浦）

地点	深度/cm	土壤粒组/(g/kg)			线膨胀系数	黏粒比
		2～0.05mm	0.05～0.002mm	<2μm		
福建漳浦	0～15	192.3	333.0	474.7	0.10	—
	15～40	264.1	311.7	424.2	0.10	0.89
	40～90	124.7	291.5	583.9	0.12	1.38
	>90	319.6	287.8	392.6	0.07	0.67

土壤化学性质的结果说明（表 8-4），土壤 pH 从表层往下渐增，微碱性。心土层土壤代换量达 33～35.5cmol(+)/kg 烘干土，以 40～90cm 厚度的 50cm 厚度土层的代换量最大。代换性 Ca^{2+} 和 Mg^{2+} 占绝对优势，土壤盐基饱和度 71% 左右，黏粒的 SiO_2/Al_2O_3 在 3.00～3.16。黏粒的 X 射线衍射图谱分析说明 0～90cm 土层的黏土矿物以蒙皂石为主，高岭石、绿泥石次之，并有少量混层黏土矿物存在（图 8-1）。这些都说明在亚热带气候条件下，该土发育程度弱，土壤无富铝化作用，迥异于当地砖红壤性地带土壤，而符合变性土的诊断要求。

表 8-4　土壤化学性质（福建漳浦）

地点	深度/cm	pH (H₂O)	代换量/ (cmol(+) /kg)	可提取酸/ (cmol(+) /kg)	Ca²⁺+Mg²⁺ /盐基总量	盐基饱和度/%	代换量/黏粒%	黏粒 SiO₂/Al₂O₃	黏粒 SiO₂/R₂O₃
福建漳浦	0～15	7.35	33.90	16.79	96.54	67.75	0.71	3.08	2.08
	15～40	7.75	33.42	14.64	97.56	72.44	0.78	3.16	2.14
	40～90	8.18	35.50	16.75	97.54	70.89	0.61	2.99	2.04
	>90	8.15	19.91	14.57	95.10	62.32	0.51	2.81	1.97

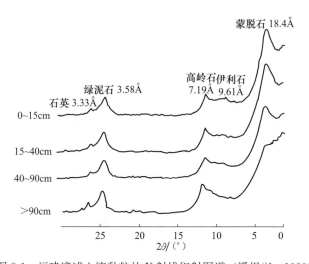

图 8-1　福建漳浦土壤黏粒的 X 射线衍射图谱（潘根兴，1983）

（4）土壤分类和命名

按第二次土壤普查时划归为中、基性火山岩土土类，中、基性火山岩土亚类，赤黑土土属（福建土壤普查办公室，1991）。

按《中国土壤系统分类检索》（2001），属于变性土土纲，湿润变性土亚纲，简育湿润变性土土类，普通简育湿润变性土亚类。

按《美国土壤系统分类检索》（2003）划归为变性土土纲，湿润变性土亚纲，简育湿润变性土土类，典型简育湿润变性土亚类。

土族：细、蒙皂石型、高热、普通简育湿润变性土。

3. 广西百色剖面

（1）概述

广西的百色盆地具有 6 级阶地，其中 1、2 级较平坦开阔，4、5 级阶地剥蚀较重，呈低矮丘陵状。阶地的周围和基底，为古近系泥岩及其风化物，膨胀势强，还有湖相沉积物（N-Q₁），也具有较强的胀缩性。这一带民房开裂、公路、铁路等路基失稳，危害安全和经济发展。农业利用以剑麻和甘蔗等收益较好，百色市四塘华侨农场通过大量施用腐熟农家肥，早年的甘蔗产量达 $37 \sim 105 t/hm^2$，在利用中宜配合施用磷肥和钾肥。

（2）剖面形态特征描述（仇荣亮，1992）

剖面位于广西壮族自治区百色市四塘华侨农场，地理位置 23°52′N、106°43′E。处于右江谷地低矮丘陵坡上部，海拔182m，坡度 3°～5°，年均温 21.5℃，年降水量 1139.9mm，年潜在蒸发量 1954.5mm。湿润高热的土壤水热状况，年干燥度 0.73。母质为湖积物（N-Q₁），下伏泥岩。自然植被以白茅、表香茅为主。

剖面诊断形态特征：旱季严重开裂，裂缝可超过1cm，深度 80cm 左右。

A 0～10cm，为近期坡积物，开裂明显，干时淡黄棕10YR 7/6，湿时黄棕 10YR 5/8，团粒结构，重黏土，多植物根系，分界平齐，有泡沫反应。

A1ss 10～42cm，干时暗灰黑 5Y 4/2，湿时暗灰 5Y 3/2，黏土，湿时泥泞，干时极坚硬，可见 30°～60°的明显楔形结构，滑擦面密集交织，无泡沫反应，波状分界。

A2ss 42～60cm，干时淡黄棕 10YR 5/2，重黏土，明显可见上层土体沿裂隙填入该层，楔块状结构，具明显滑擦面，干时坚硬，弱泡沫反应。

A3C 60cm 以下，干时淡黄棕 10YR 7/6，湿时黄棕10YR 5/8，黏土，无结构，土体紧实，有小块状石灰结核，泡沫反应强烈（剖面照片见图 8-2）。

该剖面质地黏土。旱季裂隙宽度可超过1cm，深度 80cm

图 8-2　钙积湿润变性土
剖面（广西百色）

左右。有明显楔形-楔块状和滑擦面，艳色。10～60cm 泡沫反应弱，60cm 以下有石灰结核，泡沫反应强烈。

（3）土壤诊断性质（表 8-5～表 8-7）

表 8-6 说明，小于 0.002mm 的黏粒含量全剖面在 570g/kg 以上，黏粒稍有聚集现象。土壤线膨胀系数大于 0.09，符合变性土的诊断标准。

表 8-5　土壤颗粒组成和线膨系数（广西百色）

地点	深度 /cm	2～0.05mm /(g/kg)	0.05～0.002mm /(g/kg)	黏粒<2μm /(g/kg)	黏粒比	COLE$_{std}$	COLE$_{rod}$
广西百色	0～10	181.5	226.9	590.6	—	—	0.12
	10～42	161.5	269.4	569.1	0.96	—	0.14
	42～60	114.6	186.6	704.7	1.23	0.098	0.13
	>60	48.7	263.4	687.9	0.97	0.100	0.13

表 8-6 土壤化学性质结果说明，土壤 pH 中性偏碱，在 10～60cm 即 50cm 厚度土层代换量为 37～38cmol(＋)/kg，大于浙江和福建基性玄武岩台地的变性土，在中亚热带向南亚热带过渡的气候条件下，这样高的数据以及黏粒的硅铝分子率在 3.5 左右，说明本土壤的特殊性。加之，碳酸钙含量表层和底层达到钙积的标准，显然，这些性质与当地地带性土壤的差异明显。

表 8-6　土壤主要化学性质（广西百色）

地点	深度/cm	pH (H$_2$O)	有机碳 /(g/kg)	代换量 /(cmol(＋)/kg)	Ca^{2+}＋Mg^{2+} /盐基总量	黏粒 SiO$_2$ /Al$_2$O$_3$	CaCO$_3$ /(g/kg)
广西百色	0～10	7.79	14.20	23.33	96.17	3.40	129.8
	10～42	7.34	21.00	38.41	94.51	3.43	0.5
	42～60	7.65	10.61	37.31	93.94	3.50	4.0
	>60	8.14	2.95	20.32	96.00	3.25	299.9

黏粒的黏土矿物的 X 射线衍射分析的结果见表 8-7，说明 10～60cm 厚度土层黏土矿物组成为蒙皂石、高岭石和 1.4μm 过渡性矿物。相对含量蒙皂石为 39％～42％、高岭石约为 30％，伊利石则少至 4％～5％，过渡性矿物中可能隐藏有混层黏土矿物。按以上土壤形态特征和诊断性质来判断，百色剖面是变性土。

表 8-7　黏土矿物组成和含量估算（广西百色）

地点	深度/cm	蒙皂石/%	高岭石/%	伊利石/%	1.4μm 矿物/%
广西百色	0～10	38.3	30.8	3.4	27.5
	10～42	39.1	30.5	3.7	26.7
	42～60	41.6	28.5	4.9	5.0
	>60	39.1	25.3	11.1	24.5

（4）土壤分类和命名

第二次土壤普查的发生分类划归砂姜黑土土类，黑黏土亚类，黑泥土土属（广西土壤肥料工作站，1993）。

按《中国土壤系统分类检索（第三版）》属于变性土土纲，湿润变性土亚纲，钙积湿润变性土土类，普通钙积湿润变性土亚类。土族是：细，蒙皂型，高热，普通钙积湿润变性土。

按《美国土壤系统分类检索》（Soil Survey Staff，2010）：湿润变性土亚纲以下，未见符合的土类划分。

4. 广西田东剖面

（1）概况

田东位于广西右江百色盆地市东偏南，气候，地形和地质条件与百色剖面相同。南昆铁路通过田东县林逢镇。

（2）土壤剖面形态特征面描述（调查者：仇荣亮，1992）

位于广西壮族自治区田东县林逢镇。地理位置为 23°36′N、107°11′E。剖面处于丘陵缓坡顶部，海拔 191m，坡度 5°～10°。湖相母质深达数米，可见下伏的钙质泥页岩。农地，旱作甘蔗，冬闲。年均温 21.9℃，年降水量 1174.5m，年潜在蒸发量 1901.8mm，年干燥度 0.73，高热土壤温度和湿润土壤水分状况。旱季土体开裂严重，裂缝宽度多＞1cm，深度达 80cm 左右，常引起建筑物开裂。

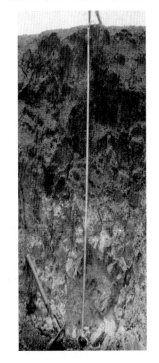

图 8-3　弱钙湿润变性土剖面（广西田东）

形态特征如下：Ap：0～4cm，干时灰黑 5Y 3/2，湿时 5Y 2.5/2，团粒结构，植物根系多，但由于侵蚀冲刷，厚度相对较薄。见有石子和瓦砾等侵入体，无泡沫反应。A_1ss：4～65cm，干时灰黑 5Y 3/2，湿时 5Y 2.5/2，明显的楔块状结构，干时坚硬，难压碎，具明显交织状滑擦面发育，含小型石灰结核，根系少，弱泡沫反应。ACss：65～85cm，颜色同上，比上层略紧实，楔块状结构。有滑擦面发育。水分含量稍高。C：＞85cm，干时黄色 2.5Y 8/6，湿时色暗，淡黄棕 10YR 6/6，土体紧实，略有水平层理，有强泡沫反应（剖面照片见图 8-3，建筑物开裂照片见图 8-4）。

（3）主要诊断性质（表 8-8～表 8-10）

表 8-8～表 8-10 表明，土壤机械组成中的黏粒含量（＜2μm）全剖面达 60% 以上。线膨胀系数表层 0.10，往下增到 0.13cm/cm，土壤盐基代换量高达 39～42cmol（＋）/kg，表明蒙皂石含量高。土壤有机碳总储量 19.59kg/m^2，大于腐殖质特性规定的 12kg/m^2（龚子同和陈志诚，1999）。

图 8-4 广西变性土地区房舍裂隙普遍（仇荣亮摄，1992）

表 8-8 土壤颗粒组成和线膨胀系数（广西田东）

地点	深度/cm	2～0.05mm/(g/kg)	0.05～0.002mm/(g/kg)	黏粒<2μm/(g/kg)	线膨胀系数
广西田东林逢	0～4	102.7	283.5	613.8	0.10
	4～65	94.9	269.6	635.5	—
	65～85	97.9	282.2	619.9	0.13
	>85	15.8	194.0	790.2	0.13

表 8-9 土壤主要化学性质（广西田东）

地点	深度/cm	pH(H_2O)	有机碳/(g/kg)	代换量/(cmol(+)/kg)	黏粒 SiO_2/Al_2O_3	$CaCO_3$/(g/kg)
广西田东林逢	0～4	7.74	22.10	38.88	2.79	9.7
	4～65	7.56	17.57	42.41	2.58	13.2
	65～85	7.69	11.08	41.10	2.93	8.7
	>85	7.92	1.62	23.09	3.11	79.3

表 8-10 为黏粒的 X 射线衍射分析结果，说明黏土矿物组成是蒙皂石、高岭石、1.4μm 矿物，以及伊利石。以蒙皂石为主，高岭石次之。

表 8-10 黏土矿物组成和含量估算（广西田东）

地点	深度/cm	蒙皂石/%	高岭石/%	伊利石/%	1.4μm 矿物
广西田东林逢	0～4	47.2	22.7	11.0	19.1
	4～65	44.0	25.7	9.6	20.7
	65～85	46.3	27.0	10.7	15.1
	>85	43.6	22.0	23.9	10.5

随着 X 射线衍射测试技术改进，冯玉勇等（2001）以石油工业部规范的方法，对南昆铁路林逢站的 2 个母质影响层的土样（编号 S2 和 S3）的研究表明，黏土矿物以伊利石/蒙皂石混层为主，分别占 70% 和 52%，相应的混层比是 70% 和 60%。S3 尚含有绿泥石/蒙皂石（C/S）混层、高岭石/蒙皂石混层黏土矿物。通过计算，其相当于蒙皂石总量，分别为 49% 和 38.8%，单伊利石占 17%～20%，第三位是高岭石。蒙皂石含量与表 8-11 中常规镁甘油饱和片的结果接近，但黏土矿物组成明显有差异。

扫描电镜显示（图 8-5 和图 8-6，冯玉勇等，2001），主要黏土矿物呈弯曲片状叠片体，介于蒙皂石与伊利石的过渡形态，与其 X 射线衍射结果相符，可作参考。

图 8-5　扫描电镜 SEM-S2

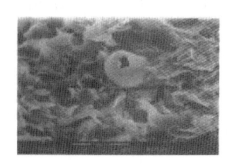

图 8-6　扫描电镜 SEM-S3

（4）土壤分类和命名

田东剖面按第二次土壤普查的发生分类属于砂姜黑土土类，黑黏土亚类，黑泥土土属。

按《中国土壤系统分类检索（第三版）》划归变性土土纲，湿润变性土亚纲，弱钙腐殖湿润变性土土类，普通弱钙腐殖湿润变性土亚类。土族是细、蒙皂型、高热、普通弱钙腐殖湿润变性土（龚子同和陈志诚，1999）

《美国土壤系统分类检索》（2003～2010），湿润变性土亚纲下的续分，没有符合此剖面的分类和命名。

5. 宁明—上思盆地

（1）概况

广西西南隅的宁明—上思盆地，处于明江河谷，地理位置宁明 21°51′～22°58′N、106°38′～107°36′E；上思 22°07′N、107°03′E，母质泥岩风化残积物（那漠组）是酸性的，土壤也是酸性的，但具有相当普遍的危害性。2003～2004 年，南（南宁）友（友谊关）高速公路工程穿越宁明盆地边缘的沿线，几乎所开挖堑坡均不同程度地反复出现滑坍，有的区段滑坡体严重地影响了施工车辆正常通行（杨和平和曲永新，2004）。仇荣亮等（1992，1994）也观察到飞机跑道和大礼堂墙壁明显开裂，而且，开发膨润土矿，说明这里的泥岩本身受到蒙皂石富集的影响。以下是典型土壤剖面形态特征和诊断性质，以及杨和平和曲永新对母质影响层的探讨。

（2）土壤剖面形态特征描述[①]

采自广西壮族自治区宁明县以东，上思县七门乡。处于明江河谷阶地漫岗中上部，海拔 170m，坡度 1°～3°，母质是古近系泥岩残坡积物影响的红棕-灰黄黏土。年均温21.3℃，年降水量 1203.4mm，年蒸发蒸腾量 1686.7mm，夏甘蔗，冬闲。

形态特征如下：

0～17cm，干时淡红棕 5YR 5/8，湿时红棕 5YR 4/6，黏重，粒状结构，有小铁锰结核，石块侵入体，无钙结核，无泡沫反应，渐变过渡；

17～58cm，干时淡灰黄 2.5YR 7/3，湿时显红棕 5YR 4/6，夹有的大量红棕斑点（2.5YR 4/8）。黏重，干时有大量裂隙，雨季开裂不太明显。

58～102cm，干时黄白色 2.5YR 8/3，湿时淡灰黄 2.5YR 7/3，夹有来自上层红棕斑点（2.5YR 4/8）填充物，黏重，无结构。

以上全剖面质地黏重，艳色，干燥裂隙较宽，并见填充物。

微形态特征的薄片观察证实具有许多裂隙和裂纹。但微结构体多为圆状和次圆形，少棱角状。心土和底层有大量淀积胶膜，黏粒搅动作用使之大量破碎。同时也有少量应力胶膜和扩散胶膜。说明土壤形成既有黏粒淋溶淀积作用，也有一定的膨胀-收缩潜力而导致形成应力胶膜。

（3）土壤化学性质（表 8-11）

表 8-11　土壤化学性质（仇荣亮等，1994）

地点	深度/cm	pH (H$_2$O)	有机碳 /(g/kg)	代换量 /(cmol(+)/kg)	可溶提酸 /(cmol(+)/kg)	盐基离子 Ca^{2+}/Mg^{2+}	盐基饱和度/%	黏粒 SiO$_2$ /Al$_2$O$_3$
上思	0～17	4.88	14.15	13.91	7.16	2.36	40.33	3.08
	17～58	4.76	6.90	23.63	12.09	1.02	23.29	3.15
	58～102	5.17	5.16	24.75	13.18	0.45	22.88	3.54

以上说明，最特殊的是土壤呈酸性反应，盐基饱和度可低至 23% 左右，但在 17cm以下有机碳含量急剧降低，而代换量却增加到 24～25cmol（+）/kg，说明具有膨胀性黏土矿物的贡献。其次，代换性盐基组成的明显特点是 Ca^{2+}/Mg^{2+} 越往下层越小，Mg^{2+}的数量随深度而增加，至 58～102cm 超过 Ca^{2+}，表明以镁质蒙皂石黏粒的优势性，由于其膨胀-收缩性能大于钙质蒙皂石而具有更大的危害性。SiO$_2$/Al$_2$O$_3$ 分子比率 3.5，说明这类酸性土壤不同于赤红壤。

（4）土壤物理性质和黏土矿物

表 8-12 说明土壤黏粒含量≥300g/kg。表层 0～17cm 受到人为活动和土壤侵蚀的影响，土层变薄，黏粒含量减少。据微形态薄片观察具有土壤黏化作用。膨胀-收缩性能的指标表明，剖面中厚度≥25cm 的土层（即 58～102cm）的线膨胀系数为 0.08cm/cm，液限 63.6%，液限 64%，塑性指数 20.5，表明具有膨胀-收缩潜力。

---

① 由仇荣亮、熊德祥观察和采集，1992。

表 8-12　土壤物理性质和黏土矿物（仇荣亮等，1994）

地点	深度/cm	黏粒<2μm/(g/kg)	黏粒比	COLE/(cm/cm)	塑限	液限	塑性指数	蒙皂石	高岭石	伊利石	14Å矿物
					%	%		%	%	%	
广西上思	0～17	395	—	0.06	34.33	50.6	16.30	28.3	49.7	4.8	17.2
	17～58	693	1.76	0.07	39.11	54.7	15.58	25.5	51.8	5.6	17.1
	58～102	747	1.89	0.08	43.15	63.6	20.48	28.8	49.1	6.7	15.4

黏粒 X 射线衍射分析（去铁和镁饱和处理的常规法）（图 8-9），黏土矿物组成高岭石居多、蒙皂石次之，过渡矿物居第三，其中含蛭石和混层矿物，伊利石很少，表明南亚热带气候和母质的影响，58～102cm 蒙皂石含量仍有 29%。

杨和平和曲永新（2004）研究了泥岩风化物上的母质影响层的特征和性质，可以作为上述剖面 120cm 以下的补充。那读组泥岩是古近系深灰色、灰褐色黏土。其上土层呈棕黄色或灰白色、斑纹状，同上述剖面。典型地质断面可分为 3 层：顶层为棕红色带黄色斑点的高液限土或耕植土，厚 0.5～1.5m；中层为棕黄色或灰白色、斑纹状强风化膨胀土层，厚度为 2～6m，下部为深灰色、灰褐色、厚度大的弱风化黏土泥岩。表 8-13 显示，150～180cm 母质影响层呈酸性。代换量约 20cmol(+)/kg，代换性 Mg^{2+} ＞代换性 Ca^{2+} 与表 8-12 中的 58～102cm 接近。由于侵蚀和化学风化作用，特别是亚热带风化淋滤作用，残积层不仅发生矿物的水解和转化，而且其密度和强度降低，具有低密度、高含水量、高分散性和强收缩等一系列不良工程性质，基本理化性质见表 8-13。

表 8-13　膨胀土的理化学性质与黏土矿物（南友高速宁明路段）（杨和平和曲永新；2004）

编号	深度/cm	pH(H₂O)	黏粒<2μm/(g/kg)	代换量/(coml(+)/kg)	代换性Ca^{2+}/Mg^{2+}	伊利石/蒙皂石/%	伊利石/%	高岭石/%	绿泥石/%	混层比	相当蒙皂石%
4042	150～180	4.04	420	19.84	0.80	54	21	17	8	65	35.1
4047	150～165	4.29	470	19.92	0.76	59	19	15	7	65	38.35

据黏粒 X 射线衍射测定（石油工业部规范法），黏土矿物以伊/蒙混层为主，蒙皂石总量相当于 35%～38%，其次，伊利石和高岭石含量相差不显著。伊/蒙混层黏土矿物扫描电镜图像见图 8-7 和图 8-8。由此也可说明，改进 X 射线衍射测定的方法，选用适当的测试手段，可以测出混层黏土矿物的相对含量在土壤分类鉴定和应用上具有重要的意义。至于剖面的深度要求，因地因土而异，虽然，按检索上的规定的是 50cm、100cm 和 125cm 等，但观察研究更深厚的断面往往是很重要的补充。

从以上的研究可以认为，该土在亚热带-热带气候影响下，经历了长期的淋溶和红化过程，具有低 pH，铁游离度＞80%，黏化作用明显等，但从黏粒 SiO_2/Al_2O_3 分子比、蒙皂石含量以及线膨胀系数看，黏粒的活性是一般的低活性富铁土不具备的。由于古近系泥岩本身是古变性土经压力形成，蒙皂石和伊/蒙混层黏土矿物丰富，抵抗和减缓土壤富铁铝化的进程，而使当前的土壤仍具有明显膨胀-收缩性能。而富镁质蒙皂石的底层土壤和泥岩风化层，可能是前期基性岩风化的残留影响。

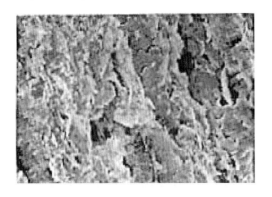

图 8-7　SEM 图像（编号 4042）　　　　图 8-8　SEM 图像（编号 4047）

资料来源：杨和平和曲永新（2004）

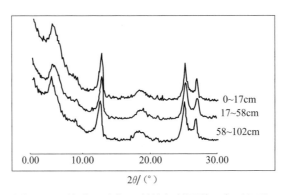

图 8-9　土壤黏土矿物 X 射线衍射图谱（广西上思）

（5）土壤分类和命名

按《中国土壤系统分类检索（第三版）》，可划归为富铁土土纲，湿润富铁土亚纲，简育湿润富铁土土类，变性简育湿润富铁土亚类（新亚类）。

6. 江西高安剖面

（1）概况

符合变性土标准的土壤，如钙紫泥，分布在江西省赣州地区赣州市、大余、南康、吉安、南昌和宜春等市县，面积较小，总共 4126.7hm² （江西省土地利用管理局，1989）。地形部位为低丘缓坡，母质是钙质紫色泥页岩风化残坡积物。土体深厚，保蓄性能较好，但质地黏重，容易板结和开裂，适耕期短耕"湿时—团糟，干时—把刀"。赣州市、大余、南康等地种植旱地作物，如花生、甘蔗、甘薯和大蒜等。

（2）典型剖面形态特征

采自江西省高安县石脑乡高沙村，平缓低丘，母质为钙质紫色泥页岩风化物。年均温 17.7℃，年降水量 1547mm，≥10℃ 积温 5628℃。无霜期 281 天，年干燥度 0.51（南昌）。旱作物为花生、甘蔗、甘薯、豌豆、绿豆和大蒜等，一般一年二熟。适种大蒜，如高安县特产大蒜，个头大、蒜瓣饱满、蒜味浓郁，销路甚广，远近闻名。

形态特征如下：

0~16cm，暗红棕色（湿，10R 3/2），壤质黏土，屑粒状结构、疏松、有多量植物根系；

16~78cm，暗红棕色（湿，10R 3/2），轻砾质壤黏土，块状结构、紧实、植物根系较少；

78~100cm，红棕色（湿，5YR 4/6），壤质黏土，棱块状结构，紧实、无植物根系，夹有少量母岩碎块。

全剖面质地黏重，容易板结和开裂，78~100cm 土层，为棱块状结构，艳色。

（3）土壤理化性质和黏土矿物（表 8-14）

表 8-14　土壤物理化学性质和黏土矿物（江西高安）

地点	深度/cm	pH(H₂O)	有机碳/(g/kg)	代换量/(cmol(+)/kg)	黏粒<2μm/(g/kg)	代换量/黏粒%	黏土矿物型
江西高安	0~16	8.2	5.83	43.00	320	0.13	蒙皂型
	16~78	8.0	3.90	41.12	369	0.11	蒙皂型
	78~100	8.0	4.00	18.00	312	0.06	混合型

该土黏粒含量全剖面在 312~369g/kg。pH 在 8.0 以上，说明土壤的脱钙作用微弱，盐基高度饱和。在有机碳含量很低的情况下，代换量在 78cm 厚的土层内，达到 41~43cmol(+)/kg，充分说明是由于活性黏土矿物的影响。从代换量/黏粒%值看，黏土矿物的类型是蒙皂型。

江西红层上发育的土壤的 X 射线衍射图谱（图 8-10），显示蒙皂石是主要黏土矿物（江西省土地利用管理局和江西省土壤普查办公室，1991）。

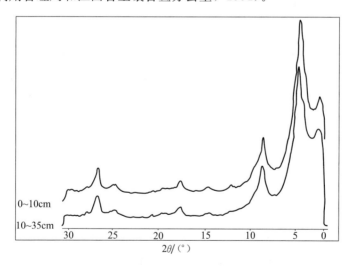

图 8-10　江西红层上发育的土壤 X 射线衍射图谱

（4）土壤分类和命名

按《中国土壤系统分类检索（第三版）》，可划归为变性土土纲，湿润变性土亚纲，简育湿润变性土土类，普通简育湿润变性土亚类。

按《美国土壤系统分类检索》（Soil Survey Staff，2003），可划归为变性土土纲，湿润变性土亚纲，简育湿润变性土土类，典型简育湿润变性土亚类。

8.2.2 干润变性土

1. 台湾台东剖面

（1）概况

主要分布在台湾东部花东峡谷南段的两侧的山麓，如富里、池上、关山、长滨、东河、石雨伞和成功等地。台东的干润变性土是由基性火成岩混同泥岩风化物上形成的黑色土，黏重、具有明显膨胀收缩性能、可见土块间有擦痕的土壤。面积很小，土层深厚，保肥、保水力强，土壤很黏，湿时易膨胀，干时易龟裂，耕性很差，土壤透水性和内排水均弱。适于水稻，不适于种树和旱耕，不适于工程施工，建筑和道路（郭鸿裕，2004）。相邻土壤有软土和淋溶土等，包括变性软土等。在澎湖群岛的第四系玄武岩台地上，发育着富铁钙成土，也具有变性现象或特征（Pai et al.，1999）。

（2）典型剖面形态诊断特征描述

剖面观察和样品采集于台东县长滨乡，处于台东县东北端，北临花莲县丰滨乡，东滨太平洋，西邻花莲县玉里镇、富里乡，南接成功镇，以丘陵地形为主。气候属热带季风气候。年均温 25.3℃，年降雨量 1500mm 集中在 5～10 月，即这 6 个月为湿季，11月—翌年 4 月的 6 个月是旱季。母质第三系泥岩和凝灰岩（火山碎屑岩）。剖面显示，土壤颜色上层 0～64cm 为黑灰（N 2.5），64～102cm 为 7.5YR 3/1，质地 0～102cm 为黏土。裂隙<1cm，深达 64cm 以上。亚表层和下层有滑擦面。

（3）土壤颜色和理化性质（表 8-15）

表 8-15 土壤颜色和理化性质（台东长滨）（Pai et al，1999）

地点	发生层次	深度/cm	颜色	pH	代换量/(cmol(+)/kg)	有机碳/(g/kg)	黏粒含量/(g/kg)	黏粒比	质地	碳酸钙相当物/(g/kg)	代换量/黏粒%
台湾台东长滨乡	A	0～10	N2.5/	5.8	38.5	46.0	571	—	黏土	15.1	0.67
	A1	10～44	N2.5/	6.6	37.7	32.0	598	1.04	黏土	0.8	0.63
	Ass1	44～64	N2.5/	6.5	44.5	16.0	570	0.95	黏土	7.3	0.78
	ACss2	64～102	7.5YR 3/1	6.7	44.1	8.0	490	0.86	黏土	14.0	0.90
	C1	102～136	10YR 4/3	6.9	35.7	1.0	106	—	—	—	0.34
	C2	>136	10YR 5/3	7.1	32.1	1.0	90	—	—	—	0.36

从表 8-15 可见，土壤黏粒含量远大于 300g/kg，无黏化作用。pH 除 0～10cm 为5.8 外，其他各层的在 6.5～6.9。表层有机碳较高，但看不出其对代换量的影响，因为它并不高于下层土壤，在 44～102cm 土层的代换量达到 44cmol(+)/kg，表明蒙皂石的贡献。代换量/黏粒% 在 0～44cm 为 0.65 左右，而在 44～102cm 达到了 0.78和 0.90，属于蒙皂型。

（4）土壤分类与命名

按《美国土壤系统分类检索》，划归变性土土纲，干润变性土亚纲，简育干润变性土土类，典型简育干润变性土亚类。

土族是：细、蒙皂型、高热、普通简育干润变性土（Pai et al.，1999）。

2. 海南崖县剖面

（1）概况

分布在海南岛的西南海岸，临近崖州湾。地形为第四纪潟湖演变的半封闭洼地，距海约 1km，向海略倾，坡度 2°～5°，海拔 2～3m。母质为黏性潟湖相沉积物（Q_4^m）。由于地处季风的背风地带，气候为炎热的半干旱热带海洋季风气候，干湿季节明显，7～10 月为主要降雨期，占全年降雨量的 70%。每年 11 月至翌年 3 月为旱季，4～6 月多为南至西南风，蒸发量大。

（2）典型剖面形态诊断特征（调查采样者：韩高原，1982 年 1 月）

剖面采自海南省原是崖县的黑土乡，年平均气温 25.5℃，年降雨量 1263.4mm，年蒸发量 2256.1mm，年干燥度 1.12（东方市）。土壤半年以上干燥，无地下水影响。自然植被为沙漠性草原，有仙人掌等。地表裂隙宽 2～3cm，深 40cm，龟裂状。

形态特征如下：

A1 0～15cm：干时暗灰色（5YR 4/1），湿时同黏土，团块状结构，湿时甚可塑，润时极坚实，干时极坚硬，弱石灰性，许多草根穿插，波状分界，pH 为 8.20。

A2ss 15～25cm：颜色同上，暗灰色，仅色阶略低，黏土，大或中等棱块为状结构，湿时极可塑，极黏着，润时坚实，干时极坚硬，少许根系，弱石灰性，渐变分界，pH 为 8.29。

A3ss 25～52cm：颜色同上，黏土，中等棱块状结构，结持性同上，中等石灰性，渐变分界，pH 为 8.30。

AC 52～80cm：颜色同上，壤黏土，块状结构，少许棱角状或次棱角状，结持性同上，中等石灰性，pH 为 8.51。

从上可见，有效土层厚度 52cm，质地黏土。旱季裂隙宽 2～3cm，深 40cm。棱块状结构发达，是变性土的宏观形态特征，全剖面有弱-中石灰反应。

（3）土壤诊断性质

土壤颗粒组成说明（表 8-16），有效土层 0～52cm 以内的 <0.002mm 黏粒含量均大于 300g/kg，符合变性土诊断标准。

表 8-16 土壤颗粒组成（潘根兴，1984）

地点	深度/cm	土壤粒组/(g/kg)		
		2～0.05mm	0.05～0.002mm	<0.002mm
海南崖县	0～15	359.4	203.8	399.7
	15～25	412.9	173.2	404.1
	25～52	403.0	166.8	375.0
	52～80	555.6	158.5	234.8

表 8-17 表明，土壤 pH 为碱性，全剖面含碳酸钙，25～80cm 相当物为 36.8g/kg，比上层的 9.2g/kg 多 27.6g/kg，按《中国土壤系统分类检索（第三版）》符合钙积现象指标。土壤代换性阳离子总量在 0～15cm 以下为 45～50cmol（＋）/kg，是很高的数据。盐基中以 Ca^{2+} 为主，Ca^{2+}/Mg^{2+} 随剖面深度增加。按代换量/黏粒%估计，土壤黏土矿物以蒙皂石为主，按黏粒的 X 射线衍射图谱（图 8-11），各层具有蒙脱石强峰、高岭石次之、尚有伊利石峰等，符合热带气候和母质来源的影响。

表 8-17　土壤化学性质和黏土矿物（潘根兴，1984）

地点	深度/cm	pH(H₂O)	代换性阳离子总量/(cmol(＋)/kg)	Ca²⁺＋Mg²⁺/盐基总量	盐基中Ca²⁺/Mg²⁺	CaCO₃/(g/kg)	代换量/黏粒%	黏土矿物类型
海南崖县	0～15	8.20	58.60	92.51	1.53	11.3	1	蒙皂型
	15～25	8.29	44.64	96.15	2.16	9.2	1	蒙皂型
	25～52	8.30	50.37	98.13	5.49	36.8	1	蒙皂型
	52～80	8.51	49.71	98.22	4.70	35.7	1	蒙皂型

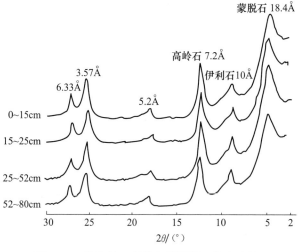

图 8-11　黏粒的 X 射线衍射图谱（海南崖县）

（4）土壤分类和命名

按剖面诊断形态特征和性质，划归为变性土土纲，干润变性土亚纲，弱钙干润变性土土类，强裂弱钙干润变性土亚类（新亚类）。

8.2.3　潮湿变性土

1. 广东雷州半岛海康剖面

（1）概况

雷州半岛中部，东濒南海，处于北回归线以南，地跨 $109°44'～110°23'E$、$20°26'～21°11'N$。属北热带季风性气候；降雨集中于 6～9 月，占全年雨量的 60%～70%。11月—翌年 3 月为旱季，长达 5 个月、此期降雨为全年雨量的 8.5%～9.3%。南为玄武岩台地，海拔 70～170m，北为北海—湛江组堆积台地，海拔 35m。东南部有热带常绿季雨林与次生林分布，大面积台地上为旱中生性热带草原。粮食作物有水稻，也有甘薯等杂粮和甘蔗等。

（2）土壤剖面形态描述[①]

剖面观察和样品采集于广东省海康县南兴农技站，当地土名为黏土田。南渡河河口河海混合沉积平原。宽阔、平坦，高程常低于河床水位。母质河海混合沉积物（Q_4mal）。年均降水量为 1711.8mm，年均蒸发量为 1695.5mm，干湿季分明。年干燥度<1，潮湿高热土壤水热状况。利用方式为水稻—甘蔗轮作。

土表裂隙多角形宽达 6～7cm，深达 60～80cm，上宽下窄，略有倾斜。形态特征如下：

Ap 0～15cm，干时灰黄（2.5Y 6/3），湿时稍暗（2.5Y 6/3），约有 10% 的淡红棕色（5YR 5/8）的斑纹，重黏土，中等团块状结构，湿时极可塑，黏着性极好，润时坚实，干时极坚硬，渐变分界，pH 为 5.18。

A1ss 15～35cm，干时淡棕灰色（5Y 6/1），湿时橘黄色（2.5Y 6/2），有约 8% 的淡棕色（7.5YR 5/6）的斑纹，重黏土，核块状结构，结构体面上有应力胶膜。湿时甚可塑，黏着性极好，润时极坚硬，渐变分界，pH 为 6.78。

A2ss 35～125cm，干时白灰色（5Y 7/1），湿时淡棕灰色（5Y 6/1），重黏土，弱棱块至棱柱状结构，其表面有应力胶膜，少许铁锰结核，湿时可塑，润时坚实，干时坚硬，渐变分界，pH 为 7.79。

G 125cm 以下，干时绿灰（10G 6/2），湿时暗灰（5Y 6/1），黏土，无结构，结持性同上，pH 为 6.41。

由于原地势就低于河水位，故土壤下层有自然潜育层，被水稻土继承。土壤表层和第 2 层锈斑（8%～10%）是水耕所致。

（3）土壤诊断性质和黏土矿物

表 8-18 所示，土壤全剖面的黏粒含量>300g/kg。

表 8-18　土壤颗粒组成（广东海康）

地点	深度/cm	土壤粒组/(g/kg)		
		2～0.05mm	0.05～0.002mm	<0.002mm
广东海康	0～15	63	466	471
	15～35	46	463	491
	35～125	17	468	515
	>125	77	517	406

表 8-19 所示，土壤线膨胀系数从表层往下增加，在 15～125cm 为 0.14～0.15 土壤胀缩指数（ESI）/黏粒% 值代表每单位容积黏粒数所能贡献的膨胀力的指标，达到 1.25～1.49，但收缩度比膨胀度大。

---

① 调查者：丁瑞兴，熊德祥，潘根兴。

表 8-19 土壤胀缩性（广东海康）

地点	深度/cm	膨胀度/%	收缩度/%	胀缩指数 ESI/%	线膨胀系数	ESI/黏粒%
广东海康	0～15	12.45	45.43	57.88	0.1	1.25
	15～35	13.5	58.18	71.68	0.14	1.46
	35～125	20.45	56.55	77	0.15	1.49
	>125	14.10	21.33	35.43	0.08	0.87

表 8-20 土壤化学性质表明，土壤 pH 表层 5.18，盐基饱和度 50%。是由于气候和人为耕种的影响；往下 pH 为 6.78～7.79，盐基饱和度 73%～79%。代换性盐基总量在 35cm 以下增大到 31～42cmol（+）/kg，盐基离子以 Ca^{2+}、Mg^{2+} 为主，占总量的 88%～91%，Ca^{2+}/Mg^{2+} 比除表层为 1 外，以下各层都小于 1，越往下比值越小，说明代换性 Mg^{2+} 的优势，可能是由于基性玄武岩风化过程中释放 Mg 的地球化学富集。以上反映该土的土壤形成作用与地带性土壤有显著差异，也说明富有镁质蒙皂石，膨胀-收缩性能大于钙质蒙皂石，此外全剖面无碳酸钙。

表 8-20 土壤化学性质（广东海康）

地点	深度/cm	pH (H₂O)	有机碳 /(g/kg)	代换性阳离子总量 /(cmol(+)/kg)	（Ca²⁺+Mg²⁺） /阳离子总量（%）	代换性 Ca²⁺/Mg²⁺	盐基饱和度/%
广东海康	0～15	5.18	10.6	30.76	90.93	1.04	49.77
	15～35	6.78	5.8	26.35	90.07	0.64	73.33
	35～125	7.79	2.4	31.19	87.57	0.51	74.70
	>125	6.41	—	42.17	88.59	0.40	78.82

总之，该剖面变性诊断特征明显，如弱棱块和棱柱状结构，有应力胶膜，具有裂隙等。黏粒含量>300g/kg，线膨胀系数大于 0.09。黏土矿物以蒙皂石为主。代换量高，而且 15cm 以下的土层的 Ca^{2+}/Mg^{2+} 在 0.40～0.64，说明镁质蒙皂石居多，其膨胀-收缩性能和潜在危害性不可忽视。

该土壤本具有明显的水湿状况，下层具有自然潜育层，而且是富有镁蒙皂石的潮湿变性土，在长期水稻栽培，水耕也参与形成过程，建议分类同时考虑水耕影响和变性土的基础。

（4）土壤分类和命名

按《中国土壤系统分类检索（第三版）》划归为人为土土纲，水耕人为土亚纲，潜育水耕人为土土类，变性潜育水耕人为土亚类。

但也建议划归变性土土纲，潮湿变性土亚纲，简育潮湿变性土土类，水耕潜育简育潮湿变性土亚类（新亚类）。或为淋溶土的变性亚类。

2. 海南岛文昌剖面

（1）概况

采自海南省文昌县，地理位置 19°38′N、110°40′E。母质玄武岩残积坡积物，湿润热带气候，湿季与旱季更替，种植双季稻（采样者：韩高原）。

（2）典型剖面形态特征

形态特征如下：土表开裂常宽达 8～10cm，深达 35cm。

Ap 0～15cm，暗色（5Y 2/1，润），粉砂黏壤土，润时坚实，湿时黏结，可塑，有细根及锈色根孔，pH 为 5.0。

A1 15～36cm，深暗灰色（5Y 4/1，润），粉砂黏土，无结构，坚实，极黏结，极可塑，pH 为 6.0。

A2 36～42cm，黑色（5Y 2/1，润），粉砂黏土，无结构，紧密，极黏结，极可塑，pH 为 6.7。

A3 42～50cm，深暗灰色（5Y 4/1，润），黏土，无结构，紧密，极黏结，极可塑，pH 为 6.0。

土壤是暗色膨胀性黏土，具有极黏结，极可塑的变性土的性质，但过分水湿而掩盖了结构特征的表现（黄瑞采和吴珊眉，1981）

（3）主要诊断性质：该剖面的黏粒含量（<2μm）和土壤膨缩性能的测定数据见表 8-21 和表 8-22。

表 8-21　土壤机械组成

地点	深度/cm	土壤粒组/(g/kg)		
		2～0.05mm	0.05～0.002mm	<0.002mm
海南文昌	0～15	63.2	654.8	306.3*
	15～36	26.4	545.8	427.8
	36～42	44.0	427.6	528.4
	42～50	27.8	391.5	580.7

＊0～15cm 黏粒含量 306.3g/kg 是加权平均值

表 8-22　土壤胀缩性能

地点	深度/cm	膨胀度/%	收缩度/%	胀缩指数 ESI/%	ESI/黏粒/%
海南文昌	0～15	10	22	32	1.04
	15～36	22	30	52	1.22
	36～42	18	29	47	0.89
	42～50	29	45	75	1.29

黏粒的 X 射线衍射图谱，图 8-12 显示黏土矿物以蒙皂石和高岭石为主（海南文昌）。

（4）土壤分类和命名

美国土壤系统分类还没有划分出潮湿变性土亚纲时，本土曾划归为变性土土纲，湿润变性土亚纲，暗色湿润变性土土类，潮湿暗色湿润变性土亚类（Aquic Pelluderts）。

土族是：黏质，高岭石与蒙皂石，高温，潮湿暗色湿润变性土（黄瑞采和吴珊眉，1981）。

现划归为变性土土纲，潮湿变性土亚纲，简育潮湿变性土土类，水耕简育潮湿变性土亚类（新亚类）。

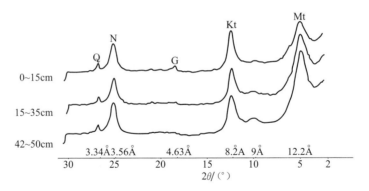

图 8-12　土壤黏粒（<2μm）X 射线衍射图谱（海南文昌）

本剖面处于玄武岩台地间的低地，自然潜育特征明显，具有热带暗潮湿变性土的代表性，因长期种水稻，故同时也具有水耕潜育特征。在分类和命名上可以考虑以变性土为主体，亚类冠以"水耕"二字或划归为人为土纲的变性亚类。

8.3　土壤改良利用

8.3.1　改善土壤物理性状

变性土以其质地黏重和不良的土壤物理性质，使农业工作者和农民均备加关注。为此，重视通过施用有机肥，秸秆还田，加强晒垡，适期耕耙和水旱轮作等技术来改变耕性，甚至通过客施含砂泥肥等措施，以改变土壤的质地。

8.3.2　培肥

钾素：土壤固钾力强，使盐基性钾含量少而镁量多，限制了植物对钾的吸收。钾素在土壤中被固定的机理是主要被固定在黏土矿物的晶格中。

磷素：作为速效磷源的 $Ca_2\text{-}P$ 和有效磷源的 $Al\text{-}P$ 及 $Ca_8\text{-}P$ 的含量相当低，因此必然导致供试土壤有效磷的缺乏。

有机质的活化：可以通过夏季高温时，泡水耕耙，而后排水晒垡促进土壤化学风化分解，使有机质解体，氮素释放。但在加速土壤有机质分解的同时，还需配合施用速效性氮肥，以满足植物的需求。

水耕干晒土垡的措施，对有机态磷的释放同样是有效的。而对无机速效的钙磷 $Ca_2\text{-}P$ 和有效磷源的铝磷 $Al\text{-}P$ 的缺乏，则需要通过合理施用磷肥来补充。

此外，农民经验之一，是种吸钾和磷强的作物，如十字花科的麻菜，豆科的紫云英等作物；另一是补充磷、钾肥，施用草木灰等，以钾和磷增氮。

8.3.3　工程建设中的土壤改良

发育于玄武岩和泥质岩残积物，以及通过运积而再沉积的湖积物上的变性土地区，平地居民点建设比较集中，其上的建筑物由于土体的开裂的宽度和深度均甚严重，使居舍受损，甚至倒塌造成生命财产的灾难。这是当地威协群众安全的社会问题。解决的办法是，建筑前必须调查变性土的范围和工程地质特性，以便因地制宜加固地基，推行安全和高标准建设工程。一是在建成地区严重的则需搬迁，逃避危害；二是局部换、填土和加固建筑物。还要注意栽种树木的位置，必须远距地面建筑物，以免树木的高蒸散能力导致土体水分缺乏而发生强化裂隙。

8.4　本 章 小 结

（1）本区母质有三类，一是残积-坡积物，分布在沿海的浙江、福建、广东、海南等省的玄武岩台地和缓坡部位。二是沉积性残、坡积，以侏罗系、白垩系红层和古近系泥岩为主，富有 2∶1 型黏土矿物，其上形成的变性土的形态、性质和危害因母质类别而异。三是沉积性海湾相或泻湖相黏母质，局部分布。

（2）湿润变性土分布在沿海玄武岩台地和西江流域百色等盆地。干润变性土分布在台东和海南西南角，面积小。潮湿变性土分布在海南岛玄武岩台地间低地，和雷州半岛海湾低地，原本处于自然水湿状况。

在典型基性玄武岩风化作用影响下的低地，是发育良好的热带潮湿变性土的代表，经历自然水湿和长期水耕作用的影响，可以在土壤分类上，考虑以变性土为主体，亚类命名冠以"水耕"二字，如水耕潜育潮湿变性土亚类，仅供参考。

（3）位于广西的发育于古近系泥岩的变性土区，危害工程建设的程度严重，尤其是宁明—上思盆地的酸性变性土壤和下伏泥岩风化层的盐基离子 Ca^{2+}/Mg^{2+} 小于 1，镁质蒙皂石类的危害性更严重。本区广东雷州半岛的剖面也以镁质蒙皂石为主，镁质变性土分布和成因值得研究。

（4）与当地的地带性土壤相比，母质为基性岩风化物的变性土，除了物理性质不良外，矿物质营养较佳，因此，优质的地方农产品较多，如浙江新昌的小花生。江西紫色泥质岩风化物上的旱地湿润变性土特产大蒜等，值得对变性土宜进一步研究。

第9章　四川与西南山间盆地及三峡库区变性土和变性亚类

四川盆地是一丘陵性盆地，周边由山脉和高原环绕，东北有米仓山和大巴山，西为青藏高原邛崃山、岷山，南为云贵高原，东与江淮丘岗和华南丘陵毗连。盆地底部面积约为 16 万多平方公里。按其自然地理差异，有川西成都平原、川中丘陵和川东平行岭谷之分，分布着成都黏土等和泥质岩。人口密集，农业历史悠久，梯田和水利基本建设较为健全。川西南山地处于青藏高原东部横断山系中段，以海拔 3000～4000m 的山原和山地为主，安宁河谷平原和山间小盆地散布变性土，滑坡频繁。长江三峡库区处于重庆奉节和湖北宜昌之间的长江段，长度约 204km。分水岭以内的宽谷两岸阶地和低丘河段有巫山黏土和泥灰岩风化物分布，滑坡和侵蚀问题严重。随着开发西部交通、水利、建筑事业的突飞猛进，发现本区常有变性土/膨胀土的危害问题。笔者详析了成土条件，诊断和鉴定了前人未及的变性土，供读者参考指正。

9.1　四川盆地

9.1.1　成土条件

1. 地质背景

四川盆地是我国南方唯一的大型中生代盆地，在早侏罗纪中期，吕梁山—雪峰山一线以西地区，以大型断陷内陆盆地为主，故河湖相沉积物居多。华北地台解体后，四川地区刚硬基底下沉成为湖盆，湖面广大，分布有巴蜀湖、西昌湖和滇湖等，堆积了较厚的侏罗纪陆相湖积地层（李守定等，2004）。距今 1.4 亿年白垩纪（K）期间，湖盆范围继续缩小。白垩纪末和古近纪期间，受到长江和原始岷江、涪江、沱江和嘉陵江的侵蚀，湖水东泻，长江和各支流进一步对侏罗纪和白垩纪地层侵蚀切割，形成川中紫色丘陵和川东平行岭谷地貌。由北东—南西向及北西向两条构造线控制，盆地形如菱形，边缘大体海拔 650～750m，盆地内海拔 250～700m，从西北向东南倾斜。各河流由边缘的山地汇聚至盆底的长江干流，沿岸或为峭壁，或为多级阶地。盆地中的丘陵主要由大面积的中生代侏罗系和白垩系红层构成，又名紫色盆地。而成都平原是断陷盆地，处于龙泉山脉和大邛崃山之间。

火山活动在早震旦纪期间，发生于汉源以南。中二叠世晚期—晚二叠世早期的持续长久的峨眉山玄武岩流喷发活动，大量火山灰沉降和基性玄武岩等的风化残积、坡积和运积物，对本区沉积岩提供基性物源。邛崃山、大巴山和米仓山等周边山地分布的玄武岩和石灰岩、白云岩等风化物，有的是蒙皂石形成的物源，并提供富钙镁的地球化学环境，对盆地内后续的侏罗系和白垩系泥质岩的基性成分，以及对古近系、新近系，和第四系的黏性沉积物中的膨胀性黏土矿物含量有深刻影响。具有基性物源的湖区环境内的黏性沉积物，其蒙皂石的新形成作用增强，这些蒙皂石也被土壤剖面继承，参与变性土壤的形成。

2. 气候

大部分地区属亚热带湿润季风气候，年均温 16～18℃，年降水量 900～1200mm，其中 70%～75% 的雨量集中于 6～10 月，冬春则干旱少雨，年干燥度大致在 0.47～0.68，热性土壤温度状况，无霜期一般 302 天左右，一年二熟为主。盆地雾重湿度大，其中峨眉山和金佛山是中国雾日最多地区，年相对湿度高为全国之冠，年日照仅 900～1300h，年太阳辐射量为 370～420kJ/cm²，均为中国最低值。

3. 成土母质

(1) 红层泥质岩：总面积约有 16.5 万 km²，是中国中生代陆相红层分布最集中的地区。主要为侏罗系、白垩系的陆相河湖沉积物演变而成，为厚薄不一的砂、泥、黏土互层，其中的泥质岩是泥质结构，多棕红至紫红等颜色，出露面积以沙溪庙组、蓬莱镇组、城墙岩群和遂宁组为多，分别占 35.02%、26.23%、15.5% 和 13.64%。岩性有酸性、中性和石灰性。胶结物有钙质、铁质和泥质等。颜色受铁的氧化物形态而异，其中，决定性的矿物是皴晶赤铁矿（αFe_2O_3），含锰矿物也具有染色作用（何毓蓉等，1990）。铁质胶结程度对岩土的膨胀性有一定的影响。

泥质岩出露后经物理风化而快速破碎，如在重庆地区，刚劈开的紫色岩层的新鲜面，随着水分蒸发，4h 后就开始崩解，但仍有不少碎屑（石骨子）存在，经过冻融交替和水土相融而成为可以耕植的土壤（青长乐等，2009）。

吉随旺等（2000）在川中低山丘陵和沟谷的高速线路部分路段发现紫色膨胀土，经测试，自由膨胀率为 34%～39.4%。曲永新等（2000）认为四川未风化的侏罗、白垩系的紫红泥质岩残积型风化壳具有膨胀性。殷坤龙等（2007）发现在三峡库区万州区一带出露最广的侏罗系沙溪庙组中夹有数层分布稳定、厚度为 1～80cm 的灰白和灰绿蒙脱石含量高的夹层，遇水膨胀、软化，剪切强度较低。红层泥质岩的蒙皂石含量和膨胀性，在地区上和层次上的差别是较明显的，在厚度较大的紫红色泥岩中，尤其是夹层和灰白色条纹的蒙皂石含量很高，膨胀性大。

由于四川盆地红层是砂岩和泥岩互层，其风化成土的质地以壤性为多，含有不同数量的岩石碎屑和碎块。中国科学院成都分院土壤研究室（1991）研究认为某些土壤具有先天性的潴育现象，可能是在有关地质时期，盆地内湖水消涨期间，沉积物受到间歇潴积而有轻度还原之故。红层泥质岩的风化残、坡积物上形成的土壤，膨胀性因岩性而异。如侏罗系遂宁组，蓬莱镇组母质形成的土壤为中性和石灰性，主要黏土矿物为水云母、蒙皂石和绿泥石等，盐基代换量较高，养分元素较丰富。又如由泥质岩风化而成的黏性土壤，黏粒含量＞300g/kg，含有一定量的 2∶1 型膨胀性黏土矿物，即蒙皂石和蛭石者，宏观和微形态特征的研究说明存在变性现象或特征。笔者发现，在接近玄武岩分布和影响地区的泥质岩发育的土壤含有较多 2∶1 型的膨胀性黏土矿物。

(2) 第四系更新统黏性沉积物（Qp¹，Qp² 和 Qp³）：分布在成都断陷盆地和三峡库区阶地。在成都地区主要被覆于 2 级阶地以上，如雅安黏土在 2～5 级高阶地上，一般深埋或零星断续出露地表。或者沉积于其他不同地貌单元，总范围达数千 km²，基底可为砾石层，覆盖在侏罗纪和白垩纪地层之上。关于成都黏土和广汉黏土的成因，有风积、冰水沉积和河-湖相沉积物等学说。在这些黏土分布地区也常遇到不稳定的地基导致的危害。"成都黏土"既是土壤名称（Thorp，1936）也是地质学界广泛应用的地层名称，其剖面厚度一般为 2～7m，最厚可达 20m 左右。成都、广汉和德阳等岷江阶地的断面，按颜色、裂隙发育程度和包含物的差异，自上而下大致有三大层。

（3）石灰岩：多伴随变性土分布。四川东部最普遍的是震旦系浅海相沉积，厚度达1000～7000m。大巴山、米仓山主要分布有寒武系石灰岩，四川中部等地主要为下、中泥盆统石灰岩（大理岩）。川东分布有下石炭系矿床，遍布四川的为中上石炭系和二叠系石灰岩。三叠系广泛分布于川东北和四川东南等地。由不同时期、不同成分和性质的石灰岩形成的土壤类别很多，有的具有膨胀性而被地质学界认为是一类膨胀土，但其膨胀不同于蒙脱石的膨胀机理。石灰岩的化学风化作用释放的可溶性碳酸盐是地下水的钙源，随水迁移，在一定条件下固结，有的与土壤形成作用共同形成水土界面的钙结核层。水土环境中的钙镁离子的存在，有助于蒙皂石类黏土矿物的形成和保持。某些石灰岩风化残坡积物的细粒随水搬运和沉积，参与变性土母质的形成。

4. 植被和农业利用

四川盆地的地带性植被是亚热带常绿阔叶林，海拔一般在 1600～1800m 以下的代表树种有栲树、峨眉栲、刺果米槠、青冈、曼青冈、包石栎、华木荷、大包木荷、四川大头茶、桢楠和润楠等。其次有马尾松、杉木、柏木组成的亚热带针叶林以及竹林。大面积垦为农田，水利工程、水库、塘坝密布，农业历史悠久，农产品丰富。为抵抗土壤侵蚀而开拓了大规模的梯地。实行水稻-麦（油菜）轮作，旱地以小麦-玉米套甘薯为主，尚有诸多经济作物，如麻、桐油、烟叶和柑橘等。水土流失往往有利于膨胀岩层出露或接近地面。

9.1.2 土壤

1. 前人的观察研究

1）形态特征

野外观察的宏观形态特征表明，紫雏形土的土体和出露的母岩，在干湿交替、吸水和脱水循环作用下，产生明显的纵向裂缝，形成柱状，亦有棱块结构。裂缝少则棱块的体型大，裂缝多则棱块小（青长乐等，2009）。

微形态是大形态特征的反映。结构体形态和裂隙是变性特征或现象的表现。中国科学院成都分院土壤研究室（1991）对微形态的研究表明，在成岩和风化过程中，分别产生"成岩裂隙"和"风化裂隙"。成岩裂隙主要是岩石层面的裂隙，形成于气候干燥的沉积环境，因沉积物产生干龟裂而成，此种裂隙在层面上呈网状，在剖面上呈楔状，笔者认为可能是古河-湖相沉积物未固结时的变性特征的残余。风化裂隙如网状，是在干湿交替和温度变化下形成的网状裂隙带，深度因风化带强弱而异，可达 2～3m 或 5～28m。

结构体多由干燥收缩碎裂形成，结构体间常见到风化裂隙。含蒙皂石较多的基质，显示斑晶胶泥块状垒结和斑晶胶凝状垒结，前者干燥失水而干缩形成交叉细裂隙，将原密实土体分割成土块，如楔状（图 9-1）。在斑晶胶凝状垒结情况下，土壤脱水干燥收缩形成细长，斜向平行延长的脉状裂隙，因土壤湿胀而消失（图 9-2）。

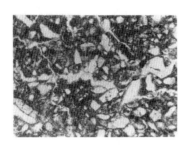

图 9-1　交叉裂隙（单偏光 120×）

（中国科学院成都分院土壤研究室，1991）

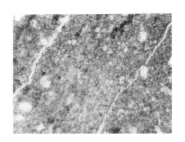

图 9-2　斜向平行裂隙（单偏光 30×）

（中国科学院成都分院土壤研究室，1991）

此外，淹水情况下，气泡挤压土体而形成圆形和椭圆形孔隙，孔隙边缘较平滑有挤压特征，是形成应力膜的趋向。

2）诊断性的物理化学性质和黏土矿物

据研究，紫雏形土以水云母-蒙皂石型为主者，SiO_2/Al_2O_3 分子率在 3.80～4.29，十分接近蒙皂石类的标准硅铝分子比率，说明无脱硅富铝化作用。土壤中蒙皂石占有相当高的比例，而且岩体和土体的数据没有差别，显示土壤变性特征的物质基础来自母质的膨胀性黏土矿物。此外，铁游离度约为 33％～41％（表 9-1）。

表 9-1　水云母-蒙皂石型紫雏形土及其母岩的化学组成

（四川盆地）（中国科学院成都分院土壤研究室，1991）

采样地点	母质	深度 /cm	SiO_2/%	Al_2O_3/%	Fe_2O_3/%	SiO_2/Al_2O_3	SiO_2/R_2O_3	铁游离度 /%
渠县城西	侏罗系遂宁组 J_{3s}	0～25	50.63	21.34	9.19	4.03	—	34.4
		25～55	50.61	21.27	9.31	3.99	3.11	38.3
		岩层	49.03	20.44	8.85	4.08	—	40.5
盐亭林山	白垩系城墙岩群 K_{1c}	表土	51.99	23.23	8.88	3.80	—	35.6
		底土	52.72	22.23	9.46	4.01	3.00	32.8
		岩层	50.43	22.06	7.98	3.87	—	34.2
建始县	古近—新近系 E-N	0～18	58.15	24.12	3.70	4.11	3.73	—
		18～30	59.40	24.68	2.72	4.29	—	37.50

中国科学院成都分院土壤研究室（1991）研究，土壤阳离子代换量在 31～34.60cmol（＋）/kg，与黏粒含量和膨胀性黏土矿物含量呈正相关。何毓蓉和赵燮京（1987）对三种紫色土的代换量测定结果表明，沙溪庙组中性紫色土的代换性最强，为 25.56cmol（＋）/kg；城墙岩群石灰性紫色土为 22.97cmol（＋）/kg，而夹关组酸性紫色土则较弱，为 17.14cmol（＋）/kg。据四川土种志，紫色土的阳离子代换量在 20～28cmol（＋）/kg，说明某些红层泥质岩在形成时就孕育了活性强的黏土矿物，并且被土

壤继承。但是，岩性不同则黏土矿物组成和相对含量差异很大。对表层黏粒（<2μm）的 X 射线衍射测定表明，沙溪庙组中性紫色土黏粒主要含蒙皂石、蛭石和少量伊利石。城墙岩群石灰性紫色土主要含伊利石、蛭石和少量蒙皂石，两者都含有蛭石-绿泥石混层矿物。黏粒的扫描电镜观察说明，前者呈絮凝状组织，卷曲片状和簇状聚集；后者多呈凝胶状组织，片状组织（图 9-3 和图 9-4）。对土壤底层黏土矿物的显微观察显示含蒙皂石和蛭石（图 9-5 和图 9-6）。雷加容等（2004）的研究也表明，紫色土含较多 2：1 型黏土矿物和间层型矿物，含较少的 1：1 型黏土矿物，胶粒中含较多石英。

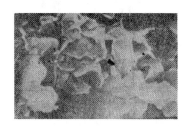

图 9-3　中性沙溪庙组黏粒的扫描电镜图像
（何毓荣和赵燮京，1987）

图 9-4　石灰性城墙岩群黏粒的扫描电镜图像
（何毓荣和赵燮京，1987）

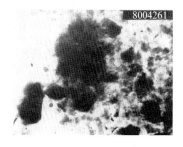

图 9-5　底土黏粒电镜示蒙脱石和伊利石
（沙溪庙组，江津）×8.0 万
（中国科学院成都分院土壤研究室，1991）

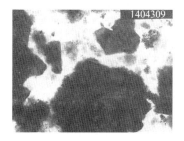

图 9-6　底土黏粒电镜示蛭石和伊利石
（城墙岩群，渠县）×1.4 万
（中国科学院成都分院土壤研究室，1991）

以上都说明，某些中性和石灰性的黏性紫雏形土的形态特征表现出裂隙、棱块、楔块或棱柱状结构，在水分增多而膨胀时有形成光滑面的趋势。而且，具有膨胀性黏土矿物和较高的代换量等。需要进一步测定具体土壤的线膨胀系数和田间观察的滑擦面等诊断特征，则更有助于诊断和鉴定。

2. 湿润雏形土

1）典型剖面形态特征描述

（1）剖面1：主要分布于盆地中部丘陵和盆地周围低山下部，海拔为 300～500m，以遂宁、重庆、南充、内江、乐山等地较集中。亚热带湿润季风气候，年均温 17.6℃，年降水量 995mm，夏季雨量占全年的半数，易冬旱和春旱，年干燥度<1，无霜期 297天。母质侏罗系遂宁组（J$_3$s）厚泥岩坡积物。湿润土壤水分状况，热性土壤温度。农业利用旱地，小麦（油菜）-玉米套甘薯为主，面积 12.85 万 hm^2。全国第二次土壤普查

命名为红棕紫泥土，俗称裂直大土。典型剖面位于乐至县通旅乡一村一组，地理位置30°30′N、105°02′E，海拔 420m，地形为浅丘坡麓-阶地。（四川省农牧厅和四川土壤普查办公室，1994）

形态特征如下：

0～20cm，暗红棕（5YR 6/3），黏土，干时龟裂，核状夹块状结构，作物根系分布多，稍紧，泡沫反应强烈，pH 为 8.0。

20～58cm，暗红棕（5YR 6/3），黏土，有裂隙，大棱柱状结构，结构面有多量灰白色胶膜，根系较少，紧实，泡沫反应强烈，pH 为 8.1。

58～100cm，暗红棕（5YR 6/3），黏土，棱柱状结构，紧实，根系少，泡沫反应强烈，pH 为 8.1。

以上剖面为 Ap-AC-C 构型。质地全剖面黏土。旱季龟裂，大棱柱状结构，结构之间裂隙。结构面有多量灰白色胶膜，可能是蒙皂石化物质。全剖面泡沫反应强。

（2）剖面 2：主要分布在盆地中部的重庆市，包括自贡、内江等 21 个县（区）。属中亚热带湿润季风气候，年均气温 17.9℃，年均降水量 1074mm，集中于夏季，干湿季节明显，年干燥度<1。海拔平均 270m，地形为丘坡平缓地段或低洼处。母质为侏罗系沙溪庙组紫棕色泥岩的风化坡积物。耕地 1.97 万 hm²，以下是典型剖面形态特征（四川省农牧厅和四川省土壤普查办公室，1994）。

典型剖面位于铜梁县赛龙乡龙兴村丘坡脚地段。湿润土壤水分状况，热性土壤温度状况。农业利用以小麦-玉米、甘薯或油菜-玉米、甘薯为主，多种植小麦、玉米、甘薯、蔬菜等作物及其他一些经济作物，质量好，特产涪陵榨菜。全国第二次土壤普查命名为灰棕黄紫泥土。

形态特征如下：

0～25cm，紫色（5YR 6/3），小块状结构，稍紧，壤质黏土，作物根系分布密集，pH 为 6.8。

25～70cm，紫灰色（2.5YR 7/3），棱柱状结构，紧实，壤质黏土，有少量作物根系分布，pH 为 6.3。

70～100cm，紫黄色相杂（2.5Y 8/6），棱柱状结构，紧实，无根系分布，pH 为 6.4。

由上可见，0～70cm 厚度里为壤质黏土。心土层棱柱状结构，旱季开裂。

2）土壤理化性质（表 9-2）

表 9-2　**土壤理化性质**（四川省农牧厅和四川省土壤普查办公室，1994）

地点	深度/cm	pH	有机碳/(g/kg)	阳离子代换量/(cmol(+)/kg)	黏粒含量<2μm/(g/kg)	代换量/黏粒%	黏粒比	容重/(g/cm³)	碳酸钙相当物/(g/kg)
乐至	0～20	8.0	7.20	25.22	456.6	0.55	—	1.31	71.1
	20～58	8.1	4.78	25.11	494.2	0.51	1.08	1.67	74.0
	58～100	8.1	5.10	25.24	502.2	0.50	1.02	—	54.4
铜梁	0～25	6.8	7.77	22.48	347.9	0.65	—	1.35	—
	25～70	6.3	3.13	26.05	355.9	0.73	1.02	1.41	—
	70～100	6.4	2.20	25.54	192.8	—	0.54	—	—

从上表可见，剖面1：旱季龟裂黏粒含量全剖面在456g/kg以上，无黏化作用。具有棱柱状结构，结构面有灰白色胶膜，结构之间有不规则的裂隙。阳离子代换量全剖面25cmol(＋)/kg，黏土矿物以伊利石/蒙皂石混合型为主，石英和针铁矿极少。黏粒硅铝分子率3.7，硅铝铁率为2.8以上，均与母岩相差甚微，说明土壤发育微弱。碳酸钙来源于母质，心土层稍高，碳酸钙含量符合钙积指标，但无钙积层。土壤容重随深度而增大到1.67g/cm³，影响根系生长，本剖面未见土壤颜色的黄化或氧化还原特征。基本符合变性土的诊断和鉴定标准。因为没有反映土壤膨胀-收缩性（如线膨胀系数）的数据，故暂列为变性钙积湿润雏形土。

剖面2：土壤理化性质表明，0～70cm的黏粒含量＞300g/kg。有厚度45cm的土层的阳离子代换量26.05cmol(＋)/kg，黏土矿物为蒙皂型，全剖面无碳酸钙。由于缺线膨胀系数或其他表明膨胀性的指标，暂划归雏形土纲的变性亚类。

3）土壤分类和命名

（1）剖面1：按全国第二次土壤普查的分类：划归初育土土纲，红棕紫泥土土类，石灰性紫色土亚类，钙紫泥土土属。按《中国土壤系统分类检索（第三版）》划归雏形土土纲，湿润雏形土亚纲，钙质湿润雏形土土类，变性钙质湿润雏形土亚类（新亚类）。

（2）剖面2：按全国第二次土壤普查分类：划归初育土土纲，紫色土土类，中性紫色土亚类、灰棕紫泥土土属。按《中国土壤系统分类检索（第三版）》划归雏形土土纲，湿润雏形土亚纲，中性湿润雏形土土类，变性中性湿润雏形土亚类（新亚类）。

4）土壤改良利用

土壤营养元素较丰富，其中沙溪庙组中性紫色土尤含较多的钾、磷、锰、钙、镁、锌等，比本区黄壤高出1.5～9.5倍。这种特点与母质含有较多的长石、云母、蛭石以及磷灰石等矿物有关。但生产上，氮、磷、钾含量中等偏下，微量元素硼、钼缺乏。施肥上要重施底肥，增施农肥和磷肥，合理施用氮肥，注意钾肥以及锌、硼、钼的施用，如种榨菜要注意施钾，适于发展经济作物。

物理性质是质地黏重，土层紧实，结构不良；耕性差，干时难耕、开裂，湿时黏犁、耕后土块大；土壤透水透气性差，易渍水，使作物翻黄。故在有水源处，改制种水稻，实行水旱轮作。旱作物要注意开沟排水，实行厢垄种植，以协调土壤水气矛盾。

3. 湿润变性土

1）概述

分布在成都平原和沿涪江、沱江、岷江、嘉陵江等河谷阶地上的旱地或荒地。母质与汉江流域的黏磐淋溶土相似，为第四系中更新统黏性黄土（如成都黏土），覆盖于2、3级阶地或直至丘顶，下伏雅安砾石层，或侏罗系、白垩系紫红色泥质岩体。广汉黏土处在2级阶地，分布零星断续。在这些土壤上长期种植水稻而具有水耕诊断特征者，中国土壤系统分类划归为人为土。

2）典型剖面形态特征描述

（1）剖面1：位于成都（老城区）以北2km处，Thorp于1936年观察，并称之为"成都黏土"，母质为黄橄榄色蜡状老黄土，利用上一般种植豆类、小麦、大麦、烟草和桐油等，少数种植水稻。

形态特征如下：

0～8cm 暗灰棕，壤黏土，粗团粒，湿时可塑和黏滞，无泡沫反应；

8～30cm 颜色较上层浅，壤黏土，粗团粒，湿时可塑和黏滞，无泡沫反应；

30～50cm 灰色和橄榄色可塑和黏滞，干时形成小柱状和块状结构；

50～100cm 黄棕色和灰色蜡状黏土，少量鸽蛋大小的石灰结核，土体无泡沫反应；

100～180cm 黄和灰条纹的蜡状黏土，少量鸽蛋大小的石灰结核，土体无泡沫反应。

Thorp（1936）认为，它不是在现代湿润条件下形成的土壤。大凡排水良好的，土色较暗灰。种水稻则有锈斑。从其对剖面形态特征的描述，可见土壤是黏重的，塑性强；小柱状结构是土壤水分的干湿交替土体膨胀收缩形成，50cm 以下出现"蜡状"示滑擦面等，说明该剖面具有变性诊断特征。

（2）剖面 2：零星分布于龙泉山麓至盆地西北部的绵阳、广元、巴中一线的江河两岸平缓丘陵阶地，海拔 400～550m。行政上，散布在成都、内江、德阳、绵阳、广元和万县等 23 个县、市，以及川东的奉节、万县、巫山和巫溪等县，成土母质为第四系黄色黏土，断续覆盖于白垩系城墙岩群、侏罗系蓬莱镇组岩层或老冲积阶地之上。耕地 5.11 万 hm²。由于集约生产和培肥，产量较高。特产生姜、辣椒、茉莉花（适于中性土）和大头菜等。

典型剖面位于新都县木兰乡共和村 6 组，海拔 504m 的丘陵顶部，母质为第四系黄色黏土。农业利用以小麦-玉米套红薯为主（四川省农牧厅和四川土壤普查办公室，1992）。形态特征描述如下：

0～20cm，褐黄色（2.5YR 6/3），砾质黏土，粒状夹小块状结构，稍紧，根较多，夹部分钙结核侵入体，pH 为 7.3。

20～30cm，淡黄棕色（10YR 7/6），砾质黏土，棱块状结构，紧实，根系少，中量铁锰和石灰结核侵入体，pH 为 7.3。

30～100cm，棕黄色（10YR 5/8），砾质黏土，棱柱状结构，紧实，根系少，少量铁锰斑淀积，pH 为 7.4。

该剖面黏性土，心土层棱块状和棱柱状结构，结构间有裂隙，干旱季节开裂；20～30cm 有中量钙结核侵入体，土体无泡沫反应。

3）土壤理化性质（表 9-3）

表 9-3　土壤基本理化性质

剖面号/地点	深度/cm	pH (H₂O)	有机碳/(g/kg)	代换量/(cmol(+)/kg)	黏粒含量<2μm/(g/kg)	代换量/黏粒%	黏粒比	容重/(g/cm³)	碳酸钙/(g/kg)
2/四川新都	0～20	7.3	9.45	27.5	507.5	0.54	—	1.3	11.7
	20～30	7.3	6.55	29.8	507.2	0.60	1	1.35	12.5
	30～100	7.4	0.41	27.0	499.2	0.54	0.98	1.4	14.0

表 9-3 表明，土壤酸碱度适中，有机碳含量低至 0.41g/kg 的土层（30～100cm）的代换量达 27.0cmol(+)/kg，主要是黏土矿物的贡献。全剖面黏粒含量 500g/kg。黏土矿

物以伊/蒙混层黏土矿物为主。结构有明显的棱角，旱季开裂。说明具有较明显的膨胀-收缩性。本剖面除钙结核侵入体，土壤无泡沫反应，碳酸钙相当物为 $11.7\sim14.0$ g/kg 没有达到钙积标准。据全国第二次土壤普查，有的剖面的土层中有厚度 10cm 的姜状钙结核，高者可达 30%。土壤自身肥力不高，属中等水平，有效磷和有效铜、硼、铁等均缺。

据廖世文（1993）等表述，成都黏土地质断面的上层厚度 $1\sim3$ m，黏土，颜色灰黄、褐黄，强塑性，网状风化裂隙发育，裂面光滑（滑擦面），常夹有灰白色薄膜及条带或透镜体（有的厚 $0.5\sim2.2$ m），细腻而滑感很强，膨缩性最强。还含较小铁锰结核（<3mm）及钙质结核（5～20mm）；水分状况稍湿-潮湿，结持坚硬-可塑状态。在 $1\sim$ 3m 厚的土层内，最上面的耕植土一般厚约 0.5m，在其下约 2.5m 范围内，有高密度风化裂隙，将土体切割成小柱体或碎裂状。这些形态特征补充了有关的土壤形态描述，也说明符合变性土的诊断特征。

成都黏土总体是不稳定地基，因土体随含水率变化而膨胀和收缩，以致斜坡顶部常发生坍塌。建造的铁路工程（如成昆线狮子山地段）以及一些工业与民用建筑都发生过不少地基事故，导致建筑物开裂变形，严重者使得一些建筑物全拆重建。据调查统计，仅四川师范学院建院以来，约一百幢建筑物中有 87.5% 出现过不同程度的开裂变形（苏森，1992；罗筱青，1999）。以上工程地质学界的研究，对该类土壤诊断、鉴定、分类和利用颇有裨益。

4）土壤分类和命名

（1）剖面 1：按《中国土壤系统分类检索（第三版）》，属变性土土纲，湿润变性土亚纲，简育湿润变性土土类，普通简育湿润变性土亚类。

（2）剖面 2：按全国第二次土壤普查的地理发生学分类，属黄褐土亚类，姜石黄泥土土属。按《中国土壤系统分类检索（第三版）》划归变性土土纲，湿润变性土亚纲，简育湿润变性土土类，砂姜简育湿润变性土亚类（新亚类）。

9.2　川西南山间盆地

本区包括凉山州全部，总面积 7.07 万 km^2。境内 94% 的面积为山地和山原，海拔多在 3000m 左右，金沙江谷底海拔为 305m。境内多断陷盆地，盆地中分布着河流冲积平原、阶地、洪积扇和丘陵等，盆周为断块山，盆底与山顶相对高差达 1000m。境内形成变性土的母质种类较多，根源是二叠纪峨眉山攀西裂谷火山活动喷发，基性火山灰沉降蚀变和玄武岩等风化残坡积和运积物的影响。

9.2.1　成土条件

1. 气候

除海拔高的山地具有垂直气候带的特点，谷地属亚热带季风气候，年均温为 15～20℃。积温在德昌以南的河谷 >4500℃，以北锐减为 2000℃。全年日照时数 1200～2700h，较川中盆地多一倍。年降水量在 800～1200mm，木里以北与川西北高原接壤地带，年降水小于 800mm；安宁河东侧与川东盆地一样，年降水 1000mm 左右。由于高山峡谷的焚风效应，独特的气候特征是干旱而热量丰富，一年只有旱和湿两季，降水的 90％左右集中在雨季（6～10 月）。攀枝花市河谷地区为中亚热带季风气候，年平均气温 19.0～21.0℃，≥10℃的年积温 6600～7500℃，年总降水量 760～1200mm，集中在雨季，旱季少雨。本区地带性土壤类型有燥红土、红壤性土壤和赤红壤等。

2. 成土母质

1）基性玄武岩残积、坡积物

峨眉山大规模火山活动的主喷期始于二叠纪 $P_2^3\beta$，约为 2.6 亿年前，还是浅海环境，历时漫长，形成的基性火成岩，如玄武岩的分布面积很广，据说相当于 5 个威尔士，名列世界"大火成岩层区"。峨眉山火山喷发形成的玄武岩具有非常鲜明的地幔热柱成因。岩流分布在四川昌都、盐源等地和云南以及贵州西北。根据峨眉山玄武岩的岩石组合和岩相学特征，将峨眉火成岩分为盐源-丽江岩区、攀西岩区、松潘-甘孜岩区，贵州高原岩区（宋谢炎等，2002）。其中的攀西岩区大致包括四川凉山的冕宁县至云南的元谋县，呈南北走向，长 300 余千米，主体在四川西昌至攀枝花段。基性、超基性岩层分布在西昌以西、米易县白马、新街、南到攀枝花二滩和会理龙帚山地区。由峨眉山玄武岩、基性层状岩体、碱性岩侵入体（正长岩）共生；基性火山岩构成典型的热界面玄武岩，即橄榄拉斑玄武岩-中长玄武岩-更长玄武岩-粗面岩。橄榄拉斑玄武岩中，常见橄榄石和单斜辉石斑晶。中长玄武岩表现为斜斑玄武岩和无斑隐晶玄武岩，更长玄武岩，常定名为粗玄岩、粗安岩和安粗岩。玄武岩经历了分离结晶作用，相应地有对应的侵入岩体，即橄榄岩-橄长岩（或橄辉岩）-辉长岩-正长岩等。而盐源-丽江岩区，地跨四川和云南两省，是次大的峨眉山玄武岩成片分布区，具体在四川得荣、盐边和云南弥渡三角地带，都对本区变性土的形成有深刻的影响。

2）泥质岩残坡积物

在温暖潮湿环境下，基性玄武岩，基性和超基性岩浆岩（辉长岩、辉绿岩等）及火山灰（凝灰岩）等，经复杂的风化过程形成的蒙皂石类黏土矿物，由径流的搬运而迁移到盆地沉积，经压实而成富含膨胀性黏土矿物的泥质岩。本区泥质岩分属三个地质时期，上三叠系泥岩，其残坡积物分布区在川西南山地区的渡口西部的河门口、大小宝顶、陶家渡，以及渡口东部的向阳一带。在其残坡积物上的工业和民用建筑物及混凝土路面常常造成的破坏，危害较明显，因此是具有膨胀-收缩性的不稳定地基；侏罗系和白垩系为主的红层泥质岩残坡积物，分布在本区东部，如会东一带，土壤含有较多的蒙皂石类黏土矿物。

3）昔格达组湖积物

昔格达组湖积物是新近系上新世—第四系更新世早期（N_2-Qp^1）的湖相沉积，下界年龄约为 329 万年，上界年龄为 178 万年。命名剖面位于四川省会理县昔格达村。广泛分布于川西南山地区的东南地貌边界带的边缘及外围的断陷盆地与古谷地中，不整合地伏于前新生代地层之上，主要由灰绿色、灰黑色、灰黄色的含碳酸钙的河湖相黏土、粉砂质黏土、粉砂和中粗砂组成，上覆第四系更新统中期的红土砾石层和网纹红土，呈不整合接触。在安宁河、金沙江、大渡河、雅砻江河等河谷与盆地中保存较好，常见沉积层的厚度为100～200m，最厚达400m。金沙江区分布在米易白沙沟至金沙江止点，地层多已出露地表，多数近水平，局部受构造影响而产状异常。颜色多为浅黄和灰黄色（游宏和姚令侃，2007）。四川省汉源县富林断面由三个岩性不同的层段构成，上段为黄色细砂岩为主，夹杂色条带状黏土岩，含钙质结核和硅藻等，厚137.6m；中段为灰色、杂色条带状黏土岩与黄色细砂岩互层，顶部为紫红色钙质黏土岩，厚75.2m；下段为泥质和钙胶结砾岩为主，厚9.7m。

本组形成于古湖环境。对昔格达古湖成因的初步研究说明，在上新世时期，青藏高原东缘地区为一个湖泊发育的面貌，沉积记录显示在2.8Ma B. P. 青藏高原就已开始强烈隆升，昔格达古湖为过水湖，至2.6Ma B. P. 古湖完全消失。第四纪才逐步发展为深切割的高山深谷景观。昔格达组地层典型剖面的磁性地层研究结果显示，属上新世时期，形成于4.2～2.6Ma B. P. 。对海子坪剖面有机碳含量的环境记录研究，有机碳最低值为0.14%，最高值为1.04%，平均值为0.38%。昔格达组中的黏土层强度低，特别是在水的作用下，承载性能和抗剪强度都大幅度降低，稳定性极差，是国内有名的易滑地层。其上发育的变性土/膨胀土是不稳定地基。

4）第四系晚更新统灰黑色黏土（Qp^3）

分布在金沙江二级阶地基座上部，特别是与支沟交汇处的低洼处，常有晚更新统沼泽相黑色黏土，或黑色黏土与中细砂层交错沉积，是一种变性土/膨胀土，因而，在其上有不少工业民用建筑物遭受破坏。

9.2.2　土壤

1. 干润变性土

1）概况

地处亚热带干热河谷季风气候。分布在金沙江及安宁河、大渡河和雅砻江等河谷地带高阶地，以及支沟洼地和缓坡谷地（如大田盆地）。地形为低缓的山岳和缓坡。母质是出露的昔格达组的黏土层风化残坡积物。土壤膨胀-收缩性能强，导致建筑物的破坏（曲永新，1993）。行政上分布在攀枝花市的仁和区、米易县和凉山州的冕宁、会理、甘洛等县，尤以仁和区分布最多，耕地面积0.17万hm²。

2）典型剖面的形态特征描述（四川省农牧厅和四川土壤普查办公室，1994）

位于攀枝花市仁和区安宁乡三村，山地中下部侵蚀坡上，海拔1375m。金沙江干热气候类型，夏雨、冬春干旱（旱季10月至次年5月），年干燥度1.32（盐源），半干润土壤水分状况，热性土壤温度。水源缺乏，农业利用一年一熟，部分两熟，土壤钾素含量较高，有机质及氮、磷素含量较低，有效锌不足，水溶性硼及有效钼严重缺乏。

形态特征描述如下：

0～17cm，灰黄色（2.5Y 7/3），壤质黏土，块状结构，干，稍紧，根系多，pH为8.3。

17～57cm，棕黄色（2.5Y 6/4），壤质黏土，棱柱状结构，稍紧，根系少，pH 为 8.4。
57～100cm，棕黄色（2.5Y 6/4），壤质黏土，pH 为 8.5。

土壤发育程度低，属性近于母质，质地壤黏土，心土层棱柱状结构，多呈灰黄或棕黄色。据土壤 pH 和母质的描述，具有钙积作用。

3）土壤理化性质（表 9-4）

表 9-4　土壤基本理化性质（四川省农牧厅和四川土壤普查办公室，1994）

地点	深度/cm	pH	有机碳/(g/kg)	阳离子代换量/(cmol（＋）/kg)	黏粒含量<2μm/(g/kg)	代换量/黏粒%	黏土矿物类型
	0～17	8.3	9.34	29.45	381.6	0.77	蒙皂石型
四川攀枝花市	17～57	8.4	8.82	—	410.5	—	
	57～100	8.5	4.41	⊕ 33.10	403.3	0.80	蒙皂石型

⊕来源：曲永新等，1990，1993

表 9-4 揭示，全剖面黏粒含量为 381.6～401.5g/kg，无黏化作用，pH 为 8.3～8.5。土壤阳离子代换量表层 29.45cmol（＋）/kg，底层平均为 33.1cmol（＋）/kg，代换量/黏粒% 为 0.77，表明黏土矿物属蒙皂型。土壤体积随着水分增多而膨胀或随干旱而收缩，产生裂隙，形成棱柱状结构和结构表面滑擦面。曲永新等（1990，1993）的研究表明，昔格达黏土的黏土矿物是以蒙皂石为主，还含伊利石、高岭石和细分散石英的混合物，不同地区和不同层位的蒙皂石与伊利石的相对含量有所区别。蒙皂石含量以大田地区的含量最高。阳离子代换性可在 23～40.68cmol（＋）/kg。表面积为 123.74～250.41m^2/g。高的阳离子代换量和比表面，与蒙皂石含量的测试结果是一致的，表明昔格达黏土有很高的物理化学活性。代换性阳离子成分以 Ca^{2+} 为主，因而与水的物理化学反应速度快，亲水性强。液限和塑性指数均很高，液限为 50%～91%，大部分为 60%～80%；塑限 30%～59%，大部分为 30%～45%，塑性指数一般为 25～35。高亲水性与高分散性、高蒙皂石含量和高物理化学活性是一致的。其天然含水量高，一般为 32%～36%，最高可达 57%（大田技工学校）。在干旱季节，土体不均匀的收缩变形，导致建筑物的破坏。

4）土壤分类和命名

按全国第二次土壤普查的发生学分类，划属红壤性土亚类，红泡砂泥土土属，羊毛砂泥土土种。

按《中国土壤系统分类检索（第三版）》，划为变性土土纲，干润变性土亚纲，钙积干润变性土土类，普通钙积干润变性土亚类。

2. 潮湿变性土

1）概况

分布于川西南高山峡谷区的河谷洼地或洪积扇平缓低洼处，海拔多在 1000～1300m，集中在米易、德昌和盐源等县。荒地或稻田，群众称烂泥田、鸭屎泥田，面积达 0.068 万 hm^2。

2）典型剖面形态特征描述（四川省农牧厅和四川土壤普查办公室，1994）

剖面位于米易县丙谷乡二村，山麓洪积扇平缓低洼处，海拔1010m，亚热带金沙江干热气候。母质为闪长岩、辉长岩风化的坡积物，地下水位不高，但滞水难排，为冬水田，农业利用为中稻-冬闲，一年一熟。黏重，土粒分散耕作难，失水后土块坚硬，化泥难，周围为红壤。

形态特征描述如下：

0～17cm，暗绿灰色（10G 4/1），稀糊状结构，偶夹泥核粒，壤质黏土，多量根系，pH为7.0；

17～26cm，暗灰色（5Y 3/1），软块状结构，壤质黏土，根系较多，pH为7.5；

26～70cm，黑色（5Y 2/1），软块状结构，壤质黏土，极少根系，pH为7.2，有潜育特征。

以上剖面的土层厚80cm左右，土壤长期处于自然积水还原状态，表层潜育层，心土层暗灰-黑色、底土层为黑色，为腐殖质-蒙皂石复合体的染色效应，有潜育层。由于长期积水而限制了有棱块/楔形结构体的发育。

3）土壤理化性质（表9-5）

表9-5　土壤基本理化性质（四川农牧厅和四川土壤普查办公室，1994）

地点	深度/cm	pH	有机碳 /(g/kg)	阳离子代换量 /(cmol(+)/kg)	黏粒含量 /(g/kg)	代换量 /黏粒%	黏土矿 物类型
	0～17	7.0	46.11	23.3	376.3	0.62	蒙皂或混合型
四川米易	17～26	7.5	47.04	—	398.0	—	
	26～70	7.2	46.58	29.0	355.9	0.81	蒙皂石型

从表9-5可知，pH为7.0～7.5，黏粒含量为300g/kg以上。阳离子代换量下层高于表层达29.0cmol(+)/kg。土壤有机质及氮素含量高，磷钾含量低。曲永新等（1990）在金沙江二级阶地基座上部，尤其是与支沟交汇处的低洼处观察到另一剖面作为补充。理化性质说明，pH为7.5～8.0，小于2μm的黏粒的含量401～423g/kg。黏土矿物以蒙皂石为主，少量伊利石，高岭石和石英。比表面为168～230m²/g；阳离子代换量24～29cmol(+)/kg，以钙离子为主，镁次之。作为地基，明显危害其上建筑物。

4）土壤分类和命名

（1）按全国第二次土壤普查标准，划为水稻土土类，潜育水稻土亚类，潜育红黏土土属。

（2）按《中国土壤系统分类检索（第三版）》，划归变性土土纲，潮湿变性土亚纲，腐殖潮湿变性土土类（新土类），普通腐殖潮湿变性土亚类（新亚类）。

3. 水耕人为土

1）概况

零星分布在海拔1500～2000m的中低山坡脚，丘陵平坝地区。年平均气温16.1℃，年降雨量 1042mm，终年无霜。该土保水保肥力强，黏重，紧实，宜耕期短，耕性差，干耕顶犁，湿耕黏犁尖，不发小苗发老苗。

2）典型剖面形态特征描述（四川省农牧厅和四川土壤普查办公室，1994）

剖面位于会东县嘎吉乡低山缓坡坡脚，母质为白垩系钙质红层泥质岩的坡积物。农业利用多数情况为冬水田-中稻，少数地方为稻-麦（油）轮作。

形态特征描述如下：

0～19cm 暗红色（10R 3/6），少砾质黏土，小块状结构，作物根系多量，泡沫反应强烈。

19～29cm 紫棕色（2.5YR 5/8），中砾质黏土，扁块状结构，稍紧，作物根系较多，中度潴育，斑纹和黄紫色，泡沫反应强烈。

29～100cm 暗棕红色（2.5YR 4/8），多砾质黏土，棱块状结构，紧实，作物根系少量，泡沫反应强烈。

可见该剖面厚度大于 75cm。土壤质地黏重，棱块状结构。全剖面强泡沫反应。

3）土壤理化性质（表 9-6）

表 9-6　土壤理化性质

地点	深度/cm	pH	有机碳/(g/kg)	代换量/(cmol(+)/kg)	<2μm 黏粒含量/(g/kg)	代换量/黏粒%	黏土矿物类型	容重/(g/cm³)	碳酸钙/(g/kg)
	0～19	8.0	14.20	35.18	533.3	0.66	蒙皂型	1.24	37.0
会东县	19～29	8.1	12.60	36.65	490.6	0.75	蒙皂型	1.34	38.9
	29～100	8.2	6.10	34.30	541.2	0.63	蒙皂混合型	1.54	31.8

表 9-6 说明，全剖面黏粒含量为 490～541g/kg。有机碳偏低，但阳离子代换量很高，每层都在 34cmol(+)/kg 以上，高于四川盆地相应母质形成的土壤，是由于分布在峨眉山火山喷发和玄武岩流影响区，黏土矿物属蒙皂型。全剖面有钙积现象。土壤容重表层 1.24，往下增达 1.54g/cm³。据第二次土壤普查资料，该土速效钾和速效氮偏低，速效磷严重不足，速效硼严重缺乏，有效锌偏低。

4）土壤分类和命名

（1）按全国第二次土壤普查，划属水稻土土类，潴育水稻土亚类，潴育钙积紫泥田土属，夹黄紫泥田土种。

（2）按《中国土壤系统分类检索（第三版）》，划归为人为土土纲，水耕人为土亚纲，弱钙水耕人为土土类（新土类），变性弱钙水耕人为土亚类（新亚类）。

上述表明，川西南山地区海拔高，地形复杂，具有高山、山原、盆地、阶地和深切的河谷，具有金沙江河谷的干热气候。加之二叠纪火山活动，上三叠系，侏罗系和白垩系以及新近系古湖沉积物等，为变性土的发生提供了物质基础。由于是新发展的工业基地，又是通往云南和越南的交通要道，许多工程设施在建设过程中，暴露了滑坡和地基、房舍开裂等问题。第二次土壤普查时，我国尚未应用土壤系统分类制的原则和实践，但普查的有关资料能反映土壤变性诊断特征和性质，并与地质学界的研究相呼应。本节为川西南地区新增了干润变性土和潮湿变性土的新内容。同时发现，那一带的某些侏罗系和白垩系红层泥质岩风化物形成的土壤，2∶1 型膨胀性黏土矿物多于川中盆地同种母质起源的土壤。

9.3　三峡库区

9.3.1　概况

　　三峡库区处于重庆奉节和湖北宜昌之间的长江段（长度约 204km）分水岭以内，北为大巴山麓，南依云贵高原北缘，地跨川、鄂低山峡谷、宽谷和川东平行岭谷低山丘陵区，山地和丘陵占 95.7%，其中山地占 74%，丘陵占 26%。行政上涉及重庆万州区、巫山县、巫溪县、奉节县、云阳县、开县和忠县，石柱土家族自治县，丰都县、涪陵市和武隆县，长寿县、渝北区、巴南区、重庆市市区和江津市。湖北省宜昌市所属的宜昌县、秭归县、兴山县和恩施土家族苗族自治州所属的巴东县等。长江三峡库区沿岸 2 级阶地上是巫山黏土分布的地区，发现有膨胀土断续分布，而紫色红层泥质岩区又有滑坡等地质灾害，均说明该区具有变性土和变性亚类。

9.3.2　成土条件

　　1. 母质

　　（1）红层泥质岩残坡积物，主要为三叠系中、上统及侏罗系泥页岩，分布于香溪至秭归，奉节至库尾和大宁河等河段，为区内主要易滑岩类。库区侏罗系地层发育齐全，厚度较大，岩性以灰黄、灰紫、灰绿厚层块状砂岩、粉砂岩与紫红和棕色泥岩，以及粉砂质泥岩互层为主。三峡库区在早侏罗纪和中侏罗纪开始时，以潮湿气候为主，区内沉积了以泥岩、页岩为主的淡水湖相沉积；从中侏罗纪开始到晚侏罗纪，库区气候开始变得炎热干旱，降雨变少，形成暗红色湖相泥岩岩层（李守定等，2004）。这些泥质岩与川中丘陵盆地中性和石灰性泥质岩雷同，它们经物理风化形成的土壤，都具有膨胀性黏土矿物，具有遇水膨胀，抗剪强度降低，失水收缩产生裂隙的变性特性，也是易滑的软弱地层。在暴雨期间，土壤和下垫岩石之间形成的上层滞水构成滑动面，而导致斜坡地发生滑坡的事件屡见不鲜。坡地水土流失严重。

　　（2）第四系中、晚更新统洪坡积物（Qp^{2+3}）：在三峡库区巫山，奉节和巴东沿长江阶地广泛分布，为以褐黄黏土为主，称"巫山黄土"，为库区内易滑土。相当于江汉盆地西缘和山前洪积平原上的枝江、荆门一带，南阳盆地和两淮地区分布的黄褐土的母质。本区内该母质的物源和成因，在长江沿岸都有相似性，即物源与近处的泥质灰岩、泥岩溶蚀和风化后的残积物，经流水搬运堆积有关（张加桂和曲永新，2001）。普遍含有 5% 的次棱状砾石，砾径以多为 1～10cm、成分为附近的灰岩。或来源于三叠系嘉陵江组（T_1^j）灰岩和巴东组（T_2^b）泥灰岩风化后的残积物，具有坡洪积成因。湖北兴山的该类沉积物的主要物源是奥陶系灰岩、灰岩夹页岩风化后的残积物经短距离搬运而形成。因此，三峡库区海相和潟湖相细粒沉积岩的风化残积物是主要物源。在其分布地区，常有边坡滑塌和地基变形的报道。

（3）石灰岩：主要有震旦系上统、寒武系、奥陶系下统、石炭系、二叠系和三叠系下统。较集中分布于庙河至奉节的干支流及乌江段。其可溶性风化物和残坡积物对变性土及其母质的性质具有区域性和地方性的影响。

2. 气候

属于北亚热带湿润季风气候，气候特点是春旱、夏多暴雨，秋绵雨，干湿季节分明。夏热、冬暖，无霜期长，雨量充沛，日照时间长。受地形影响，气温较同纬度的长江中、下游偏高。年平均气温 16～17℃，年平均降水量 1400mm，集中在雨季，而且多暴雨。如奉节年均气温在海拔低于 600m 的地区为 16.4℃，年平均降水量 1132mm，常年日照时数为 1639h，无霜期年均 287 天。

3. 地貌

库区地貌受地层岩性、地质构造和新构造运动的控制，奉节以东，以大巴山、巫山山脉为骨架，形成以震旦系至三叠系石灰岩岩组成的川鄂褶皱山地，属于中山峡谷溶蚀和低山宽谷相间的地貌景观。奉节以西属四川盆地东部，主要为侏罗系泥质岩为主的低山丘陵宽谷地形。总体地势自边缘向中心逐渐降低，高程从近 1000m 逐渐降为 300～500m。坚硬的石灰岩与砂岩组成山地海拔一般为 700～800m。低缓丘陵的顶部海拔一般为 300～600m。长江沿岸从巫山至云阳的河谷发育有 3～5 级阶地，重庆李永沱一带可见 1～4 级阶地，是变性土壤/膨胀土分布地区。

9.3.3 土壤

1. 湿润淋溶土

1）概况

变性湿润淋溶土主要分布于长江沿岸及其支流大宁河谷的二级阶地以上，如奉节、巫山和湖北秭归等地。奉节剖面处于海拔 130～200m，断面上部为 1～5m 厚的褐黄黏土和亚黏土，下部为 1～3m 厚的由钙、铁质胶结成的砾岩层（即江北砾岩）。褐黄黏土常在泥灰岩和泥质岩分布地区的坡下方或覆盖其上，其下可见砾石层。在三峡水库建成以前其耕地 0.104 万 hm²。

2）典型剖面形态特征描述（四川省农牧厅和四川土壤普查办公室，1994）

该剖面位于奉节县白帝乡凉水村，海拔 130m，长江河谷二级阶地，母质为第四系中、晚更新统黄色黏土和亚黏土，称为巫山黏土。农业利用小麦-玉米套甘薯或小麦-甘薯。

形态特征如下：

Ap　0～25cm，暗黄棕色（10YR 5/8），粉砂质黏土，粒状夹块状结构，松，根系较多，碳酸钙含量 106.2g/kg，pH 为 8.2；

（B）25～64cm，黄棕色（10YR 5/8），壤质黏土，棱柱状结构，紧，根系较少，碳酸钙含量 46.9g/kg，pH 为 8.1。

可见，该土全剖面土壤质地黏重。心土和底土层紧实，棱柱状结构，全剖面含碳酸钙未达到钙积标准。

据张加桂和曲永新（2001）对奉节和巫山类似土壤的微观形态特征的研究，发现在扫描电镜高倍放大时，有大量高分散的弯曲的片状蒙脱石与伊利石混层矿物。在电镜下观察充填在溶蚀裂缝中的黏土时，可见大量伊利石与蒙脱石混层矿物的叠片体和细分散的高岭石。叠片状矿物具有定向排列现象，说明有剪切滑动，并伴有非晶质的游离氧化物。巫山县褐黄色黏土具密集的网状收缩裂隙。

综合大形态和微形态特征，该剖面具有明显的变性现象和某些变性特征。

3）土壤理化性质和黏土矿物（表 9-7～表 9-9）

表 9-7 表明，黏粒含量表层稍低于 300g/kg，其余达到 418.3g/kg。25～64cm 土层的阳离子代换量为 21.83cmol(＋)/kg，代换量/黏粒%显示黏土矿物为蒙皂混合型。碳酸钙相当物达到钙积标准，张加桂等（2008）所采的土样为 142～178g/kg。土壤有机碳很低，尤其是第 2 层只有 3.54g/kg，说明代换量主要来自膨胀性黏土矿物的贡献。又据第二次土壤普查资料，该土种除钾素含量稍高外，其余养分含量均偏低，氮、磷尤其缺乏。微量元素中锌和钼属缺和极缺。

表 9-7　土壤化学性质和黏粒含量（四川省农牧厅和四川土壤普查办公室，1994）

地点	深度/cm	pH	有机碳/(g/kg)	代换量/(cmol(＋)/kg)	黏粒含量/(g/kg)	代换量/黏粒%	碳酸钙相当物/(g/kg)
奉节白帝	0～25	8.2	7.89	18.57	290.7	0.64	106.2
	25～64	8.4	3.54	21.83	418.3	0.52	46.9

张加桂按物理性质测定结果（表 9-8）判断所研究的土样的膨胀性等级，当采用我国膨胀土判别标准（即自由膨胀率在 40≤δef<65 范围内为弱膨胀土；在 65≤δef<90 范围，为中等膨胀土；而 δef≥90 者，为强膨胀土），则巫山土样的自由膨胀率在 53%～58%，秭归样品为 56%，均属于弱膨胀土。但是，如采用国外通用 Williams 黏土膨胀势判别图法（1980），上述供试土样均属于强膨胀势。

表 9-8　三峡库区土壤物理性质（张加桂和曲永新，2001；张加桂等，2008）

样号/地点	<2μm 黏粒/(g/kg)	液限/%	塑限/%	塑性指数	比表面积/(m²/g)	自由膨胀率/%
1/巫山	326.3	42.93	20.87	22.06	138.69	53
3/巫山	396.9	46.58	23.19	23.39	184.69	58
5/秭归	389.4	46.74	21.90	24.84	138.31	56

黏粒的 X 射线衍射分析和定量研究表明（张加桂和曲永新，2001；张加桂等，2008；表 9-9），巫山黏土样品不含单蒙皂石，主要膨胀性黏土矿物为中等混层比蒙脱石/伊利石混层矿物，其次为伊利石，有些含绿泥石/蒙皂石和高岭石/蒙皂石混层矿物以及高岭石。总蒙皂石含量为 30%～50%，依此判断，表 9-10 中的 1 号巫山翠屏路和 5 号秭归砚包的总蒙皂石含量最高，其他土样也在 30% 以上，平均达到 40.3%。

表 9-9　三峡库区变性土壤黏土矿物（张加桂和曲永新，2001；张加桂等，2008）

样号/地点	伊利石/蒙皂石(I/S)	I/S混层比	伊利石(I)	高岭石(K)	绿泥石(C)	绿泥石/蒙皂石(C/S)	C/S混层比	高岭石/蒙皂石(K/S)	K/S混层比	蒙皂石总量(S)	土色
	/%		/%	/%	/%	/%		/%		/%	
1/巫山翠屏路	71	50	4	3	0	0	0	21	70	50.2	黄褐
2/巫山希望中学	71	40	14	3	0	12	40	0	0	33.2	褐黄
3/巫山王家屋场	67	40	17	3	2	11	30	0	0	30.1	红褐
4/奉节	54	40	10	3	0	0	0	33	50	38.1	红褐
5/秭归砚包 250m	90	55	4	6	—			—		49.9	—

4）土壤分类和命名

按第二次土壤普查的地理发生学分类，属于黄褐土亚类，钙质黄色黏土土属。

按《中国土壤系统分类检索（第三版）》划归淋溶土土纲，湿润淋溶土亚纲，弱钙湿润淋溶土土类，变性弱钙湿润淋溶土亚类。按《美国土壤系统分类检索》（2010）可能有新成性钙积湿润变性土。

2. 湿润紫雏形土

1）概况

在库区的长江沿岸分布于丘陵、低山坡麓地段，行政上有重庆、万县、忠县等地。年降雨量在 1000～1400mm，集中在夏季。年降雨量大，多暴雨，土壤严重侵蚀。土壤和母质已脱钙，土壤 pH 为 7.0 左右。

2）典型剖面形态特征描述（四川省农牧厅和四川土壤普查办公室，1994）

采自忠县拔山乡双龙村，处于丘陵坡脚平缓地段，海拔 450m，母质为侏罗系蓬莱镇组砂泥岩坡积物，农业利用以小麦-玉米套甘薯为主。

形态特征描述如下：

0～23cm，暗棕紫色（5YR 5/3），壤质黏土，粒状或小块状结构，稍紧，作物根系密集，pH 为 6.8。

23～40cm，棕紫色（5YR 6/3），壤质黏土，棱块状结构，结构面有较多的胶膜，紧实，有少量作物根系分布，pH 为 6.9。

40～90cm，棕紫色（5YR 6/3），壤质黏土，大块状结构，结构面有少量胶膜，极紧实。由上可见全剖面质地壤质黏土，棱块状结构，表面有滑擦面，结构间有裂隙（表 9-10）。

表 9-10　土壤化学和物理性质

地点	深度/cm	pH	有机碳/(g/kg)	代换量/(cmol(+)/kg)	黏粒含量/(g/kg)	代换量/黏粒%	碳酸钙相当物/(g/kg)	容重/(g/cm³)
忠县拔山	0～23	6.8	7.66	19.8	307.2	0.64	11.7	1.42
	23～40	6.9	7.59	20.1	354.0	0.57	12.2	1.52
	40～90	—	1.04	20.7	331.2	0.63	—	1.67

表 9-10 表明，全剖面黏粒含量＞300g/kg，有机碳含量低，但阳离子代换量也有 20～21cmol（＋）/kg，说明含有较多蒙皂石类黏土矿物。代换量和黏粒％为 0.57～0.64，以蒙皂混合型为主，全剖面含碳酸钙未达钙积标准。

3）土壤分类与命名

按第二次土壤普查的分类，属紫色土土类，中性紫色土亚类，脱钙紫泥土土属。

按《中国土壤系统分类检索（第三版）》，划归雏形土土纲，湿润雏形土亚纲，简育湿润雏形土土类，变性简育湿润雏形土亚类（新亚类）。

9.4　土壤改良和防治膨胀土危害措施

本区农业利用的变性土壤的矿质养分尚可，也具有一定的土壤保水保肥能力，但有机质和氮、磷缺乏，在改良利用上应增施有机肥，实行稿秆覆地还土，提高土壤有机质含量，熟化土壤；重施有机底肥，早施追肥，增施磷肥，配施氮、钾肥；根据不同作物，有针对性地补施锌、硼、钼等微肥。轮作上，采取禾本科与豆科、十字花科作物的轮、间和套作的制度。宜种芝麻，尤其适宜发展柑橘。但由于季节性降雨不均，加之土壤内排水不良，雨季易造成渍水黄苗、死苗、侵蚀和滑坡。冬春雨水少，风大，蒸发量大，又易受旱。因此，在利用上，雨季应注意排水防涝防滑坡，旱季则需解决灌溉问题。要利用当地优势实行粮果间作，发展木本经济和粮食植物。

库区的丘陵坡地农用土地必需改为梯地。改顺坡为水平等高耕犁，种植耐瘠、抗旱能力强的豆科和十字花科植物品种，因地制宜地发展木本经济作物。并注意维持地面植物覆盖，减少面蚀，降低地面开裂程度，和防治沟蚀。

工程上防治膨胀土危害的措施：由于膨胀土具有干燥收缩和遇水膨胀以及强度衰减的特性，故而，低层建筑物地基和混凝土路面常会变形与开裂；在斜坡地带会发生滑坡和滑塌。开挖出来的弃渣会发生泥石流灾害。因此，采取快速开挖快速支挡，在工程期间及时封闭和加强防水的措施；设计和建有完善的地表和地下排水工程；以及妥善堆填膨胀土弃渣于洼地或为挡土墙维护的安全地带；回填地基土如具有膨胀性则应进行改性处理，如加入 10％的生石灰和一定量的煤渣，并夯实。斜坡地带高层建筑地基采用灌注桩、挖孔桩等，深至该建筑地下的非膨胀性的地层，才具有安全和稳定的基础。

9.5　本章小结

（1）初次论及二叠纪峨眉山火山喷发的火山灰和玄武岩、大邛崃山、米仓山和大巴山等山区分布的玄武岩等，在地质时期的蚀变，搬运-沉积作用等，对母质和土壤变性特征和现象具有直接和间接的作用。

（2）首次分析了四川盆地（包括成都平原）、川西南山间盆地和三峡库区的变性土以及变性亚类的类型、分布规律、特征和性质以及土壤分类。论证了某些中性和石灰性紫色土，具有变性现象、或具有变性诊断特征和性质，有必要进一步研究其膨胀潜力（COLE）及其与铁质胶结物的关系等，有助于变性土的诊断鉴定。本章认为成都黏土中，散布有湿润变性土和变性人为土。四川西南山间盆地干润变性土和潮湿变性土的分布是新进展。

（3）四川盆地和成都平原悠久农业历史证实，种植水稻是利用变性土和变性亚类土的最佳途径。但旱作特产的质量好，经济收益高，也值得进一步发展。

（4）三峡库区，人为因素加速水土流失问题严重，务必妥善安排和教育留在库区的百姓，严禁陡坡垦殖，推广等高植树种草，发展适宜的木本油料、粮食和水果植物，以增加地面覆盖度，加速土地的梯级化和合理改良土壤提高肥力。政府有关部门宜实施护坡护岸的生物措施及工程措施，防治和减轻土壤侵蚀及滑坡带来的危害。

第10章 云贵与西藏高原变性土和变性亚类

主要论述云贵的变性土并初步探索有关西藏自治区潜在变性的土壤问题。云贵高原哀牢山横断山脉与西藏高原相连，北为四川省和重庆市，东为湖南省和广西壮族自治区，西和南部与邻国缅甸、老挝和越南接壤。总地势西北高而东南低，海拔大约从2000m降到1000m，山地占全区土地面积的绝大部分，高原和丘陵约占10%，盆地和坝子占6%。地形、地貌和气候复杂，北回归线横贯云南省南部，具有垂直、水平和干热河谷气候。二叠纪峨眉山火山活动影响范围极大，加之古地理环境的差异，风化壳、成土母质和变性土多样。前人曾对云南省元谋和砚山变性土作过调查研究。工程地质学界对主要交通沿线膨胀土广泛研究，变性土/膨胀土主要分布在滇西北丽江和洱海地区、北部元谋地区、滇东北的山间盆地，滇中的鸡街盆地以及滇东南，如蒙自、文山、开远和玉溪盆地等，西藏自治区则是空白。本章是在充分研究和分析成土条件及现有文献的基础上完成的，仅供参考。

10.1 云南和贵州

10.1.1 成土条件

1. 气候

云南气候主要受西南季风和东南季风的影响，与垂直气候共同形成7个气候带，即中温带、南温带、北亚热带、中亚热带、南亚热带、北热带和高原气候。纬向气候年平均温度大致由北向南递增，南北气温相差达19℃左右。无霜期在滇北的昭通和迪庆约为210~220天，中部昆明、玉溪、楚雄等地约250天，东南部的文山、蒙自、思茅、临沧等地为300~330天，滇南边境地区全年无霜冻。金沙江和元江具干热河谷气候。垂直气候带的年均温依海拔高度而异。

年降雨量因地而异，雨量集中在夏季，冬春干旱，干湿季节分明。年雨量在楚雄和大理仅500~700mm。滇西南、滇南边境、怒江河谷、南盘江、北盘江和都柳江上游的部分地区，年降水量在1500~1750mm。高黎贡山的西南迎风坡的盈江达到4000mm以上。年雨量季节分配不均，雨季一般占全年总降水量的60%~70%或以上，并常出现山洪暴发和洪涝灾害。而旱季一般在冬春季11月至翌年4月，降水量只占全年的10%~20%，季节性干旱，特别是春旱十分严重。以昆明为例，年均温14.6℃，年平均降水量为1007mm，集中在6~9月，占全年降水量的70%，旱季12月到翌年4~5月。

干热河谷地区海拔700~1630m，属亚热带干热季风气候。分布在金沙江、元江、怒江、澜沧江、红河及其支流的部分河段，滇中高原从迪庆藏族自治州的德钦县至昭通地区的绥江县也有所分布。行政上主要有云南省的宾川、永胜（期纳）、元谋、黄坪和巧家等。以元谋为例，年均温 21.9℃，年均降水量 611.3mm，植被近似热带稀树草原。

贵州属典型的高原型亚热带季风气候。西部和西北部具北亚热带成分的常绿落叶阔叶林高原，冬半年经常受到北方冷空气影响，在冷空气与暖空气相遇期间形成"准静止锋"，故冬半年多阴雨。夏半年东南季风影响，降水较多，年降雨量多在 1000～1300mm。但年际变幅较大，经常发生干旱。春旱范围较小，主要发生在西部；夏旱影响范围较大，主要发生在东部。贵州气温较高，无霜期较长达 280 天以上。以贵阳为例，年平均温 15.3℃，年平均降水量 1000～1200mm，雨日多，全年平均雨日 160～220 天，日照少，相对湿度大。

2. 地质

在晚古生代的志留-泥盆纪，攀西大裂谷隆起，伴随基性、超基性岩体和小型环状碱性杂岩体侵入。晚二叠纪大规模的峨眉山玄武岩喷溢，随后为碱（酸）性环状杂岩侵入或喷发。侏罗-白垩纪全面坳陷，广泛沉积河湖相砂泥岩。晚白垩纪至古近纪裂谷萎缩，有的湖盆中沉积含石膏的砂泥岩和泥灰岩。由于强大的喜马拉雅造山运动自西向东挤压，裂谷被封闭而消亡。

云南省境内，峨眉山玄武岩属于盐源-丽江岩区，跨四川得荣、盐边和云南弥渡三角地带。喷发环境西部为海相，东部近康滇古陆属于海陆交互相。构成多个苦橄岩—苦橄质玄武岩—玄武岩旋回，在大理、宾川厚达 170m 以上，在丽江累计厚度 300m，对变性土的形成有深刻的影响。云南省南部也有该地质时期的玄武岩流，而在贵州省西北则多为地下状态。

3. 地貌

云南省有东西两大地貌单元，西部横断山脉纵谷区是青藏高原的一部分，最高海拔 6740m。纵谷区以东是云南高原。纵谷区地势自北向南呈阶梯状逐级下降，到与越南交界的河口县境内的南溪河与元江汇合处，海拔只有 76.4m。横断山系山川并列，高山与峡谷相间，地势险峻，至南部的余脉，河谷逐渐宽广，在云南南部和西南部边境，地势渐趋和缓，山势较矮、宽谷盆地较多，一般海拔在 800～1000m，个别地区下降至 500m 以下，属滇西南区。

云南高原山岭基本上以南北走向为主，高原面保存良好的地区，海拔在 2000m 以上，有玄武岩红色古风化壳覆盖，侵蚀和滑坡严重。云南省北部元谋地区处于金沙江河谷地段，地质上在康滇地轴之南，元谋和昔格达大断裂纵贯地区内，形成构造盆地，盆地内主要为上新世至早更新世（N_2-Q_1）的巨厚堆积。沿江约有 5 级阶地发育，1 级阶地为堆积阶地，2 级以上为侵蚀基座阶地。由于距今 1.5～1.2Ma B. P. 左右元谋的抬升运动，使盆边形成相对高差 100～300m 的丘岗或各级阶地的基座，侵蚀切割也随之加剧，形成了沟谷纵横、土地破碎的侵蚀地貌。

贵州高原的山岭基本上是东北—西南走向。有山原、盆地和峡谷地貌。山原保存得比较完整的高原面，相对高差100～200m，主要分布贵州高原西部和西北部，是新构造运动抬升幅度大而强烈的地区，海拔一般在1000～1500m；中部和南部多喀斯特地貌（贵州省地方志编纂委员会，1988）。

云贵境内多断陷盆地，俗称"坝子"，山坝交错，坝子或成群成带分布，或孤立的存在于山地和高原之中，或按一定方向排列，或无明显方向规律可循。坝子地势平坦，且常有河流通过，是城镇及农业发达地区。此外，高海拔的淡水湖盆众多，如滇池、洱海等。

4. 成土母质

（1）基性玄武岩和超基性岩浆岩残坡积物。峨眉山玄武岩分布在云南西北的弥渡、丽江和北部元谋地区，更向南到达越南境内。二叠系峨眉山玄武岩（$P_2\beta$）的组合主要为玄武岩，而在云南个旧太坪子地区出现大量碱玄岩属碱性玄武岩系列，为二叠纪P_1时期产物。在炎热古气候和古地理环境下，出露的玄武岩经长期古成土过程形成古风化壳，其底部仍保持较多的蒙皂石。另外，基性岩石形成的细粒蒙皂石类黏土矿物，随水迁移和沉积，加之石灰岩风化的固相和液相的产物等的影响，为侏罗系、白垩系泥质岩和黏土岩，以及后续的河湖沉积物提供膨胀性黏土矿物，共同构成本区变性土的母质。

新生代火山活动，沿北澜沧江、金沙江—哀牢山、红河断裂带展布，基性、中性高镁富钾火山岩规模甚巨，北起青海，中经藏东、川西、滇西，南到于越南北部，绵延1800km（吕伯西，1995）。此外，腾冲火山群一带，形成膨胀性硅藻土等（张加桂等，2010）

（2）泥质岩残-坡积物。侏罗系和白垩系的紫红泥质岩广布，有人估计在云南占全省的30%，可分为滇中、滇西两大区。滇中红层区以楚雄为中心，顺南北向大致呈倒三角形分布，钙质含量相对较少，黏土矿物主要有伊利石、蒙皂石和绿泥石并有少量高岭石。滇西红层区则在兰坪、思茅一带，软质岩组的矿物成分中，铁泥质的含量相对较高，钙质含量也较高。膨胀-收缩性而言，滇中较滇西突出。红层区第四系覆盖层广泛分布。泥质岩风化强烈，岩体较厚者，或因坡度较陡，或在雨季地表水和地下水作用下产生圆弧形变形破坏，此类型破坏一般规模小，但极为普遍。此外，古近系红黏土零星分布。

贵州侏罗系和白垩系的紫红泥质岩，分布在黔北、黔西和黔西北地区，其中尤以黔北赤水河流域的赤水、习水一隅最为集中，另外，贵阳、黄平、余庆、松桃、荔波、镕江和盘县等地也有零星分布。

（3）石灰岩。多伴随变性土的形成和分布。云贵石灰岩分布十分广泛，以贵州的南部和安顺最多，出露面就占全省总面积的72%，云南省各地也有分布。寒武系石灰岩，在贵州仅局部分布。下中泥盆统石灰岩（大理岩）广泛分布于云南东部和贵州南部等地，是南方地区重要的赋矿层位。石炭系是中国的重要赋矿层位，在云南下石炭统分布在东部。中上石炭统石灰岩除遍布四川外，在云南分布在东部。二叠系也分布在云南、贵州。三叠系也是中国南方的重要赋矿层位，广泛分布在云南东部等地。贵州西北部，出露碳酸岩有上古生代灰岩及白云质灰岩和二叠系灰岩等。

由不同时期、不同成分和性质的石灰岩上形成的土壤，类别很多，有的还具有膨胀性而列入膨胀土。石灰岩风化物为周边地下水和土壤提供碳酸盐，影响土壤的形成过程。至于其上形成的土壤的膨胀性的机理，与蒙皂石等 2:1 型的晶层膨胀不同，主要是其颗粒极细小，表面积巨大的缘故。但自然体是十分复杂的，不排除有些石灰岩上形成的黏土，因具有 2:1 型膨胀性黏土矿物，而随水分含量变化导致的膨胀-收缩性。目前，未将石灰岩列为变性土的母质，其风化产物对某些母质形成有一定影响。

（4）昔格达组河湖相沉积物（N_2-Q_1）。构造盆地内昔格达巨厚堆积物，上新统沙沟组为灰白和灰黄半胶结沙砾岩夹黏土沉积物；在巨厚的河湖相沉积层中，细沙土层出露较零星，下层为橙-亮棕的不透水黏土，在干湿交替、淋溶淀积条件下，铁、锰等元素发生氧化和还原交替而产生有色物质，故而夹有很多鲜艳的紫红、粉红、橙黄、褐色和灰黑等颜色。

（5）第四系上更新统（Qp^1）湖相沉积物。如元谋组，分布较广，是紫红、橙-浊棕色泥质夹粉沙和细沙沉积物，由不同性状层次交替。黏粒有高达 80% 者，肥力极低，主要特征是黏重、强开裂、强碱性等。

（6）全新统湖积物。在云南东北部韶通盆地和西北部大理白族自治州洱海湖缘分布最为集中，色灰黄、灰绿、蓝灰等，含有大量蒙皂石。

5. 植被与人为活动

自然植被覆盖度低。农作物有水稻、油菜、绿肥、玉米、小麦和甘薯等，旱作、水旱轮作或水田。经济作物有油桐、生漆、乌桕、柑橘、苹果和梨等。紫色土上的作物比同一纬度的红壤、黄壤的产量高，品质好，还有贵州省著名的赤水械竹、榕江西瓜等。在毕节地区和六盘水市，凡紫色雏形土的分布区，即使山高坡陡，群众大都乐于垦殖，而宁愿荒弃山地缓坡上的土地。

金沙江干热河谷为干旱半稀树草原。气候条件适种冬季和早春蔬菜，远销国内各省区。元江河谷生产热带亚热带水果及甘蔗，仅芒果的年产值就达到数百万元。怒江河谷的小粒咖啡是世界名产。在干热河谷地区还种植芦荟、印楝等。但是，由于长期不合理地开发和利用，原生植被受到毁灭和破坏，植被覆盖率降低，而森林的覆盖率更低，水土流失强度及范围加大。在许多地区是裸露的山坡和干旱的土地。如云南元谋县干热河谷的森林覆盖率仅有 5.2%，水土流失面积高达 1504km²，占全县总面积的 74.4%，年土壤侵蚀量高达 568 万吨，成为云南省内土壤流失最严重的地区之一，使某些古变性土出露地表。

10. 1. 2　土壤

1. 湿润、干润雏形土

1）概况

云南玄武岩长期风化形成的红色古风化壳面积大，其间发现处于脱硅阶段的层次，如全国第二次土壤普查所称暗红土、褐红大土的剖面，具有变性现象或特征。

2）典型剖面形态特征描述（云南省土壤普查办公室，1994）

（1）剖面 1：主要分布在大理、临沧、文山等地，海拔 1700～2400m 的低、中山山麓缓坡地段。母质是玄武岩和基性结晶岩类风化形成的残坡积物，土层厚 70～110cm。

面积 1.40 万 hm^2，占全省耕地面积的 0.30%，占旱地面积的 0.43%。典型剖面位于哀牢山东侧的弥渡县以北的东海村，属中亚热带季风气候区，年平均气温 17.3℃，降雨量 824mm，年内只有干季和雨季之别，湿润土壤水分状况，作物有水稻、玉米、大豆、小麦和蚕豆等。

形态特征描述如下：

0～19cm，淡黄（2.5Y 8/6.5），壤黏土，粒状结构，夹少量砾石，较疏松，根系多量；

19～53cm，淡黄棕（10YR 7/6），壤黏土，块状结构，夹少量砾石，紧实，根系中量；

53～100cm，黄棕（10YR 5/8），壤黏土，块状结构，夹半风化母岩碎屑，紧实，根系少。

（2）剖面 2：主要分布在大理白族自治州和韶通市境的金沙江沿岸，海拔 1500m 以下地段，主要分布在大理，韶通。典型剖面采自大理州宾川县力角，海拔 1350m，成土母质玄武岩风化坡积物，年均温 18℃，年降水量 593mm，≥10℃积温 5920℃。无霜期 244 天。半干润土壤水分状况，旱地作物。

形态特征描述如下：

0～14cm，浅黄棕（10YR 7/6，干），壤质黏土，粒状结构，松，根多；

14～85cm，浅黄棕（10YR 7/6，干），黏土，块状结构，紧实，有铁锰结核，根少；

85～110cm，棕（7.5YR 3/4，干），壤质黏土，块状结构，紧实。

上述剖面为艳色，黏性土，表层粒状结构，心土层块状结构，全剖面无泡沫反应。

3）土壤理化性质（表 10-1）

表 10-1　土壤理化性质（云南省土壤普查办公室，1994）

剖面号/地点	深度/cm	pH	有机碳/(g/kg)	代换量/(cmol(+)/kg)	黏粒含量(<2μm)/(g/kg)	黏粒比	代换量/黏粒%	黏土矿物类型
1/弥渡	0～19	6.0	15.72	40.2	382.1	—	1	蒙皂型
	19～53	6.0	15.08	42.5	305.9	1.05	1	蒙皂型
	53～100	6.0	15.05	39.9	368.9	1.19	1	蒙皂型
2/宾川	0～14	7.1	10.90	30.2	301.2	—	1	蒙皂型
	14～85	7.2	11.60	33.3	303.6	1.00	1	蒙皂型
	85～110	7.2	9.60	34.5	394.9	1.30	0.88	蒙皂型

由表 10-1 可知，剖面 1 的土壤黏粒含量在 300g/kg 以上，向下黏粒含量增加，全剖面 pH 为 6.0，心土层阳离子代换量高达 42.5cmol（+）/kg，说明黏土矿物类型是以蒙皂石为主。母质是古风化壳底部残余层。由于上层已剥蚀殆尽而出露成土。本质上赋有膨胀-收缩的潜能，也是该区易于滑坡的土层。过去划归红壤、赤红壤，或砖红壤，并不符合实际情况。据熊毅和李庆逵（1987），赤红壤的代换量 6.8cmol（+）/kg，黏粒硅铝分子率为 1.88～1.90。赵其国（1964）研究昆明地区二叠系玄武岩风化壳发育的红壤，阳离子代换量仅有 3～4cmol（+）/kg，硅铝分子率为 1.70～1.95。

剖面 2 全剖面中性反应。土壤黏粒含量在 300g/kg 以上。心土层代换量达 33～35cmol（＋）/kg，黏土矿物是蒙皂型，具有较强的膨胀-收缩潜力。

据报道（高文信和王赭，2006），滇西北的二叠系玄武岩夹凝灰岩风化物，和第四系湖相沉积物母质形成的土壤，＜2μm 的黏粒含量在 300g/kg 以上，也有的大于 500g/kg。黏土矿物以蒙皂石为主，相对含量可占黏土矿物 80％以上。土壤盐基代换量在 28.6～65.3cmol（＋）/kg。全土自由膨胀率为 35％～72％，有显著的胀缩性、崩解性和裂隙性。

丽江盆地不仅具有二叠系玄武岩夹凝灰岩风化物，也具有沉积性母质适于变性土的形成，此为丽江盆地存在变性土提供了线索。如位于丽江盆地南缘山坡，与丽江盆地交汇处是某变电所，地形起伏较大，工程上，用来回填的土层主要有第四系残积型黏土 3，多为浅灰、棕色，硬塑状态，可见铁锰质结核，蒙皂石相对含量为 65.0％；古近系-新近系黏土 4，为灰、灰黄色，硬-坚硬状态的半成岩，蒙皂石为 72.3％。表 10-2 是其化学全量分析，黏土矿物组成和相对含量。以上说明形成变性特征的物质基础

表 10-2　某变电站附近的新近系与第四系的黏土化学全量和黏土矿物（高文信和王赭，2006）

土层	化学成分/%									矿物成分/%		
	SiO_2	Al_2O_3	Fe_2O_3	MgO	TiO_2	CaO	K_2O	其他	烧失量	蒙脱石	高岭石	伊利石
黏土 3	43.87	14.29	15.78	6.18	2.86	2.01	0.89	1.52	12.60	72.3	12.8	14.9
黏土 4	44.96	14.30	13.72	6.39	2.77	2.07	1.04	2.48	12.27	65.0	21.7	13.3

4）土壤分类和命名

（1）剖面 1。按全国第二次土壤普查的分类，属红壤土土类，红壤亚类，山红大土土属。按《中国土壤系统分类（第三版）》划归雏形土土纲，湿润雏形土亚纲，简育湿润雏形土土类，变性简育湿润雏形土亚类（新亚类）。

（2）剖面 2。按全国第二次土壤普查的分类，属于燥红土土类，褐红土亚类，褐红大土土属。按《中国土壤系统分类检索（第三版）》划归雏形土土纲，干润雏形土亚纲，简育干润雏形土土类，变性简育干润雏形土亚类（新亚类）。

2．干润变性土

1）概况

据何毓蓉等（1995）研究，干润变性土在云南金沙江干热气候河谷元谋地区有所分布。该地属断陷盆地，海拔 1000m，周围是海拔 1200～2000m 的中山低山地貌，山势陡峭，侵蚀切割强烈，地面破碎，出现土柱、土林等特殊自然景观。年均温 21.9℃，≥10℃ 积温近 6000℃，年降水量 615mm，年相对湿度 54％，按 Penman 经验公式，年干燥度为 4.4；按可能蒸散量的动力学模型为 3.19（龚子同，张甘霖等，2007），分属干旱，或偏干旱的半干润土壤水分状况。母岩、母质主要为第四系早更新统元谋组（Q_p^y），为砂质、粉砂质或黏质沉积物和上白垩统马头山组（K_2^m），为紫色泥岩、砂岩等。由于气候干热，土壤水分不能满足植被需水要求，呈现稀树灌草丛

类型，局部向荒漠化发展。主要有黄茅、橘草等草类，仙人掌、霸王鞭等肉质刺棘丛和余甘子、木棉等散生乔木。植物覆被率低，呈现荒芜景观。加之侵蚀影响，土壤有机质含量很低。

2）典型剖面形态特征描述（何毓蓉等，1995）

剖面位于云南省元谋县老城乡丙间村丘陵上部。地理坐标 25°25′N，101°35′E。海拔 1286m。母质是早更新统元谋组黏质河湖相沉积物残积层。植被是以扭黄茅、桔草为主的草类，地下水位深。高热土壤温度状况，半干润土壤水分状况。

形态特征描述如下：地表裂隙，约 5cm 龟裂状、间距 3～8cm，最大裂隙宽度＞5cm。开裂时间一般从 11 月至翌年 6 月，长达 7、8 个月。

A 0～6cm，亮棕（7.5YR 5/6，干），棕（7.5YR 4/6，润），黏土，粒状和片状结构，裂隙明显，有泡沫反应，pH 为 8.9。

Bk 6～17cm，橙（7.5YR 6/6，干），亮棕（7.5YR 5/6，润），黏土，块状结构，裂隙明显，泡沫反应，pH 为 8.9。

Bw 17～25cm，浊棕（7.5YR 5/4，干），间杂黑棕（7.5YR 3/1，干），棕（7.5YR 4/4，干），间杂黑（7.5YR 2/1，润），黏土，块状和粒状结构，裂隙明显，泡沫反应，pH 为 8.9。

Bss_1 25～35cm，橙（7.5YR 6/6，干），亮棕（7.5YR 5/6，润），黏土，棱柱状和楔形结构，裂隙明显，泡沫反应，pH 为 8.9。

Bss_2 35～65cm，亮红棕（5YR 5/6，干），红棕（5YR 4/6，润），黏土，棱柱状和楔形结构，有大量滑擦面，裂隙明显，pH 为 8.9。

C 65～100cm，亮红棕（5YR 5/6，干），红棕（5YR 4/6，润），黏土，紧实，无结构，无裂隙，pH 为 9.0。

以上全剖面质地黏重，25～65cm（厚度 30cm）具楔形结构和裂隙发育明显，并有明显的滑擦面。裂隙中有疏松团粒填充。Bk 是钙积层，Bw 层是由古氧化还原交替作用形成。35cm 以下的土层为红棕色（润态）。由于钙积层出现部位在 6～17cm，估计其上土层已被剥蚀。

3）土壤理化性状（表 10-3）

表 10-3　土壤理化性状（何毓蓉等，1995）

地点	深度/cm	pH	有机碳/(g/kg)	阳离子代换量/(cmol(+)/kg)	黏粒含量/(g/kg)	代换量/黏粒%	黏粒比	线膨胀系数/(cm/cm)	碳酸钙/(g/kg)
	0～6	8.9	3.13	37.04	667.8	0.55	—	0.14	110.2
	6～17	8.8	2.67	30.41	617.7	0.49	0.92	0.13	236.6
元谋县	17～25	8.9	2.44	37.74	731.9	0.52	1.18	0.13	87.9
	25～35	8.9	2.15	35.75	787.6	0.45	1.20	0.14	38.9
	35～65	8.9	2.15	35.89	800.3	0.45	1.02	0.15	4.3
	65～100	8.9	1.74	32.33	767.8	0.42	0.96	0.18	5.0

由表 10-3 的理化性状表明，全剖面各层黏粒含量高达 618～800g/kg。有机质含量低，从表层延伸到 65cm 才有突变，示为湖积物。25～65cm 的阳离子交换量高达 36cmol（＋）/

kg，主要是膨胀性黏土矿物的贡献，因此，土壤线膨胀系数达 0.13～0.18。CaCO₃ 相当物第 2 层达 236.6g/kg，高于上覆土层和下垫土层，含量符合钙积层的规定条件。

4）土壤分类和命名

按全国第二次土壤普查地理发生学分类（1993），划归燥红土类。

按《中国土壤系统分类检索》（中国科学院南京土壤研究所土壤系统分类课题组和中国土壤分类课题研究协作组，2001）划归为变性土土纲，干润变性土亚纲，钙积干润变性土土类，强裂钙积干润变性土亚类。

按《美国土壤系统分类检索》（Soil Suvvey Staff，2003）划归为变性土土纲，干润变性土亚纲，钙积干润变性土土类，干旱钙积干润变性土亚类（Aridic Calciusterts）。

3. 潮湿变性土

1）概况

潮湿变性土的母质多为第四系更新统和全新统或近代湖积物，分布在不同纬度和海拔高度的坝区，围岩有基性玄武岩、石灰岩和红层泥质岩等。面积比较大的有洱海断陷湖周边（王献礼等，2007），滇东北的宣威地区如昭通盆地的晚更新统湖相沉积物（Qp³），厚度一般为 2.9～9m，属中-强膨胀土。

2）典型剖面特征描述

（1）剖面 1：主要分布在迪庆、大理、曲靖、韶通和红河等地海拔 1920m 的湖盆坝区。母质为湖积物。年均温 11.5℃，年降水量 738mm，≥10℃积温 3217℃，无霜期 220 天，地下水位较高，潮湿土壤水分状况。旱地以玉米、甘薯、小麦、油菜一年两季为主。而迪庆藏族自治州气温低，为一年一季，以青稞和马铃薯为主，共计 0.95 万 hm²。典型剖面位于韶通市水丰乡。

形态特征描述如下：

Ap 0～20cm，黑棕（润 5YR 2/2），黏土，块状结构，稍紧实，根系多，pH 为 7.5。

A₁ 20～31cm，黑棕（润 5YR 2/2），壤黏土，块状结构，紧实，根系中等，pH 为 7.6。

AC 31～100cm，黑（润 5Y 2/1），粉砂黏土，柱状结构，紧实，根系少，pH 为 7.1。

以上剖面为黏土，31cm 以下柱状结构，干旱季节裂隙。地下水位埋藏较浅。全剖面无泡沫反应，暗色。

（2）剖面 2（仇荣亮等，1994）：分布在滇东南熔岩丘原中盆地低洼部位。地理坐标 23°31′N、104°20′E，南亚热带季风气候，年均温 16.1℃，年降雨量 996.4mm，年潜在蒸发量 1948.5mm，旱季从 10 月到翌年雨季前。低地属潮湿土壤水分状况，热性土壤温度状况。自然植被为亚热带常绿季风阔叶林，如润楠、青冈、细叶云南松和麻栎等，草本植物有白茅、龙须草等。主要的地带性土壤是红壤。

典型剖面位于文山壮族苗族自治州砚山县秀龙区公所附近 300m，海拔 1560m，坡度 3°～5°，母质为第四系河湖积物，围岩为三叠系灰岩等。无霜期 300 余天，开垦时间不长，水稻-冬闲。

形态特征描述：

Ap 0～12cm，干时淡灰 5Y 3/1，润时淡灰 5Y 3.5/1，团粒结构，干时坚硬，多植物根系，开裂明显。

A1ss1 12～35cm，干时淡灰 5Y 3/1，润时淡灰 5Y 3.5/1，楔块状结构，坚硬，见有明显滑擦面发育，裂隙发达。

ACss2 35～90cm，干时灰白 5Y 7/1，润时淡灰 5Y 6/1，楔块状结构，坚硬，滑擦面稍弱于上层，有铁锰结核和锈纹。

该剖面裂隙深达 35cm，12～35cm 土层滑擦面最明显，往下也有楔块状结构，35～90cm 土层土体坚硬，有锰结核，锈纹。

3）土壤理化性质（表 10-4）

表 10-4　土壤理化性质

剖面号/地点	深度/cm	pH	有机碳/(g/kg)	代换量/(cmol(+)/kg)	黏粒含量/(g/kg)	代换量/黏粒%	黏土矿物类型	线膨胀系数	SiO₂/Al₂O₃
	0～20	7.50	30.74	43.00	619.5	0.70	蒙皂石型	—	—
1/昭通	20～31	7.60	33.06	36.00	395.8	0.91	蒙皂石型	—	—
	31～100	7.10	26.68	36.80	446.0	0.83	蒙皂石型	—	—
	0～12	6.15	11.65	21.91	490.4	—	蒙皂石型	0.11	3.01
2/砚山	12～35	7.03	5.97	26.94	493.5	—	蒙皂石型	0.13	2.98
	35～90	7.03	3.36	29.86	648.3	—	蒙皂石型	0.10	2.871

表 10-4 显示，土壤 pH 中性为主，全剖面无泡沫反应。剖面 1 处于基性玄武岩分布区，黏土矿物以蒙皂石为主，而且腐殖质含量高。剖面 2 的代换量心土层在 27～30cmol(+)/kg，黏粒 SiO₂/Al₂O₃ 分子率为 3.00 左右，表明发育弱，无脱硅富铝化作用。

4）土壤黏土矿物组成和相对含量（剖面 2）

表 10-5 说明黏土矿物组成为蒙皂石、伊利石、高岭石和少量 1.4Å 矿物。蒙皂石相对含量 75%～84%，为迄今所见含量高者之一，伊利石和高岭石量含量不到 9%。在该气候条件下，分水岭石灰岩风化作用和钙镁元素迁移，使该区具有盐基丰富的地球化学环境，利于蒙皂石的保存。

表 10-5　黏土矿物的组成分和含量估测（云南砚山）（仇荣亮等，1994）

深度/cm	蒙皂石/%	高岭石/%	伊利石/%	1.4Å 矿物/%
0～12	82.0	6.9	8.9	2.2
12～35	83.8	3.1	5.8	7.4
35～90	74.9	8.4	7.5	9.2

此外，该地区除湖积物外，工程地质学界对文山普者黑机场区膨胀土的报道说明，流纹质凝灰岩和流纹质集块岩的风化层形成膨胀土（段乔文等，2007）。

5）土壤分类和命名

（1）剖面（韶通）：按《中国土壤系统分类检索（第三版）》划归变性土土纲，潮湿变性土亚纲，腐殖潮湿变性土土类，普通腐殖潮湿变性土亚类。

（2）剖面（砚山）：按《中国土壤系统分类检索（第三版）》划归变性土土纲，潮湿变性土亚纲，简育潮湿变性土土类，多裂简育潮湿变性土亚类（龚子同和陈志诚，1999）。而仇荣亮（1992）将剖面 2 划归湿润变性土亚纲。

此外，云南西部洱海断陷湖周边以及大理湖边缘，也是潮湿变性土分布的场地。洱海变性土的母质是湖积物。经孢粉分析和 ^{14}C 年龄测定，是近一万年全新世以来的沉积，蒙皂石含量高达 81%，主要物源是来自分水岭大量蒙脱石化蚀变岩风化物，通过流水的侵蚀-携带作用而进入湖区（王献礼等 2007，张永双等，2007）。而且，洱海富 Mg^{2+} 的水体环境有利于镁质蒙皂石的新形成作用。在澜沧江水系大理湖泊边缘也有膨胀土分布，面积约 1.35 万 hm^2。

洱海东边大磨坪和挖色有四个样点，土体深厚，颜色灰黄，底层灰蓝和灰绿，质地多为壤质黏土或黏土，易板结开裂，呈中性反应，土壤 pH 为 6.2～7.9。天然含水量随深度增加，容重和抗剪强度随深度减少。具有高孔隙性、高塑性、中高压缩性、低强度等特性，某些性质和黏土矿物见表 10-6，黏粒 X 射线衍射图谱见图 10-1。

表 10-6 洱海大理潮湿变性土的性质和黏土矿物（王献礼等，2007）

采样地点/样品号	颜色	有机质/(g/kg)	黏粒含量<2μm/(g/kg)	表面积/(m²/g)	黏土矿物组成和含量/%		
					蒙皂石	伊利石	高岭石
大磨坪南/4868	灰黄	5.20	335.2	269.64	—		
大磨坪南/4869	蓝灰	14.73	518.4	320.90	81	2	17
大磨坪/4870	蓝灰	5.05	499.7	488.23	—		—
挖色南/4871	灰绿	7.02	325.8	176.78	80	4	16

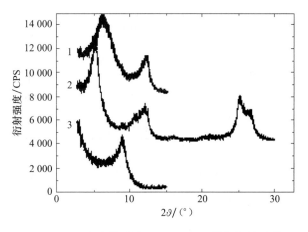

图 10-1 洱海东缘黏粒（<2μm）X 射线衍射图谱
1：天然样品；2：乙二醇处理样品；3：550℃热处理样品
（王献礼等，2007）

表 10-6 说明，<2μm 的黏粒含量在 326～518g/kg，表面积以大磨坪土样为高，均说明具有高分散性。黏粒的 X 射线衍射分析结果，主要黏土矿物为蒙皂石，占黏土矿物总

量的 80%，次要黏土矿物高岭石占 16%～17%，伊利石仅占 2%～4%（图 10-1），说明具有高的膨胀收缩性和化学活性。

4. 水耕人为土

1）剖面 1

（1）概况：云南有许多坝子，土壤有红胶泥田、紫胶泥田、青胶泥田、灰红胶泥田和白胶泥田等，质地黏重，物理性质恶劣，干时坚硬、板结、开裂，湿时黏犁，宜耕期短，耕性差，挖犁费工，泡后化泥慢，供肥性差，养分释放慢，多一熟田或稻-麦轮作。它们是由分水岭范围的颗粒经水流分选后，沉积而成的河湖相黏性土，其颜色、化学性质和黏土矿物类别，受黏粒来源、性质、分水岭土壤和岩石类型的控制。研究表明，代换量低，膨胀性黏土矿物的含量少，限制了变性土的形成，以下是典型剖面形态特征描述。

（2）典型剖面形态特征描述：剖面位于云南曲靖三岔坝中心低洼部位，处于曲沾大断陷盆地的侵蚀谷地和湖盆阶地，海拔 1872.3m，平坦地势。母质第四系灰色黏土 Qp^1。稻、麦轮作，一年二季（仇荣亮等，1994）。

形态特征描述如下：

0～30cm，干时淡灰黄（2.5Y 7/3），湿时暗灰黄（2.5Y 5/2），棱柱状结构中有小楔形结构发育。根系多，表层开裂明显，逐渐过渡。

30～50cm，干时暗灰黄（2.5Y 7/3），湿时暗灰（5Y 4/1），裂隙延伸到此层，棱柱状结构明显，结构表面有滑擦面，有少量铁锰结核。

50～80cm，干时暗灰黄（2.5Y 7/3），湿时暗灰（5Y 4/1），裂隙仍很明显，有较多铁锰锈纹和结核。

80～110cm，干时淡黄（2.5Y 8/3），湿时淡黄（2.5Y 8/4），土体坚硬，裂隙仍很明显，夹有 7.5YR 7/8 色调的胶膜，柱状结构发育。

该剖面黏性土，表层开始结构就呈棱柱状，故裂隙分布很深。50～80cm 多铁锰锈纹，全剖面无泡沫反应，艳色。

（3）土壤理化性质（表 10-7）：

表 10-7 土壤基本理化性质（仇荣亮等，1994）

地点	深度/cm	pH	有机碳/(g/kg)	代换量/(cmol(+)/kg)	黏粒含量/(g/kg)	代换量/黏粒%	黏土矿物类型	线膨胀系数(COLE)/(cm/cm)	SiO$_2$/Al$_2$O$_3$分子率
	0～10	7.04	10.2	12.72	414.8	0.31	混合型	—	3.16
	10～30	7.09	6.0	10.89	489.9	0.22	高岭石型或混合型	0.06	2.50
曲靖西山三岔坝	30～50	7.11	8.1	12.27	486.1	0.25	同上	—	2.46
	50～80	7.13	2.5	10.93	406.8	0.27	同上	—	2.85
	80～110	7.03	1.7	9.10	455.1	0.20	同上	—	3.07

表 10-7 说明，黏粒含量虽达到变性土的要求标准，但其代换量只有 $10\sim13$ cmol(+)/kg。代换量/黏粒% 只有 $0.20\sim0.31$。通过 X 衍射射线实测的黏土矿物，以伊利石为主，少量蛭石。微形态研究显示有典型伊利石微结构发育，限制了膨胀性（仇荣亮，1992）。这类土壤的收缩性大于膨胀性，故旱季的裂隙很宽，其机制与变性土中蒙皂石的膨胀有本质差别。鉴于其有关的形态特征和线膨胀系数达到 0.06，将其划归变性的土壤亚类。

（4）土壤分类和命名：按全国第二次土壤普查分类，划归为水稻土土类，淹育性水稻土亚类。

按《中国土壤系统分类检索（第三版）》属人为土土纲，水耕人为土亚纲，简育水耕人为土土类，变性简育水耕人为土亚类。

2）剖面 2

（1）概况：主要分布于贵州省铜仁、毕节和瓮安等地，丘陵梯田和槽谷，面积 1.93 万 hm^2。母质为紫色页岩风化物，厚 1m 左右，中性反应，该土壤质地偏黏，宜种水稻，分蘖快而多，米质好。肥水条件好的地方，稻-油菜、稻-麦轮作为主。

（2）典型剖面形态特征描述：剖面位于贵州省瓮安县柏香乡茶店村，地处乌江中游，海拔 910m。地理位置 $107°07'\sim107°42'$E、$26°53'\sim27°29'$N。北亚热带季风湿润气候，干湿季节明显。丘陵梯田，人为滞水土壤水分状况，热性土壤温度状况（全国土壤普查办公室，1996）。

形态特征描述如下：

Ap $0\sim18$cm 紫灰色（干，5P 6/1），壤质黏土，小块状结构，疏松，根多，有较多红棕色锈斑，pH 为 7.2。

A1 $18\sim27$cm 灰棕色（干，7.5YR 6/2），壤质黏土，块状结构，紧实，根较多，有较多红棕色锈纹斑，pH 为 7.3。

W $27\sim85$cm 灰黄棕色（干，10YR 5/2），壤质黏土，棱柱状结构，易分散为小棱柱状结构，表面有灰色胶膜，结构内锈纹锈斑多，并有铁锰淀积，紧实，根少，pH 为 7.6。

该剖面质地壤质黏土，$27\sim85$cm 棱柱状结构，结构面有滑擦面，易散为小棱柱状结构，干旱季节棱柱状结构之裂隙明显。全剖面多锈纹斑，无潜育化作用。

（3）土壤理化性质：表 10-8 说明，土壤 pH 适中，黏粒含量>300g/kg，心土层代换量 28cmol(+)/kg，按代换量/黏粒% 估计为蒙皂石型和蒙皂混合型。

表 10-8　土壤主要理化性质（全国土壤普查办公室，1996）

地点	深度/cm	pH(H$_2$O)	有机碳/(g/kg)	代换量/(cmol(+)/kg)	黏粒含量/(g/kg)	代换量/黏粒/%
	$0\sim18$	7.2	21.9	28	328	0.85
贵州瓮安	$18\sim27$	7.3	21.4	28	342	0.82
	$27\sim85$	7.6	4.7	20	396	0.51

（4）土壤分类和命名：按全国第二次土壤普查分类，属水稻土类，潴育性水稻土亚

类。按《中国土壤系统分类检索（第三版）》原则，划归人为土土纲，水耕人为土亚纲，简育水耕人为土土类，变性简育水耕人为土亚类。

10.1.3　土壤改良利用

云南高原具有焚风效应及其影响的范围较大，干旱期长。其次，坡地变性的土壤夏季易遭侵蚀，低地则因恶劣的土壤物理特性，耕作质量差。加之，雨季或种稻季节土壤水分过多，旱季土壤有效水分又过少，土壤严重开裂等，也是突出的问题。需要通过水利工程和农业技术措施逐步解决，尤其控制水土流失和土壤的耕性和物理机械性改良。

首先，坡地预防和重视控制土壤侵蚀，在植树养草，增加植被覆盖率和梯地化的同时，开辟水源。低地改善防涝和排水系统，适宜水-旱作轮作选择良种和培肥是利用和改良变性土较好措施。

其次，注视增施有机肥，实行秸秆还田，以增加土壤有机质含量，并在适宜含水量时耕犁，以改善土壤理化性状。

再次，增施磷肥，多种冬季绿肥和作物，如十字花科的油、麻菜等，豆科蚕、豌豆等生物固氮的和可作蔬菜的作物，以提高经济价值。

最后，由于土壤发育于基性玄武岩和中、基性红层泥质岩残、坡积物，其农产品比当地的地带性土壤上的品质优良，宜尽量从民间发掘种植土特产品的经验，加以总结和推广。

对于贵州变性水耕土的改良利用，应增加冬季绿肥轮作，用养结合，补充磷肥，注意水利建设，同时避免较低洼处稻田次生潜育化现象。

10.2　西　藏　高　原

广义上的青藏高原，包括西藏自治区全部和青海的中、西部，还涉及新疆维吾尔自治区南部，甘肃和四川西部，云南西北部，以及不丹、尼泊尔、印度、巴基斯坦、阿富汗、塔吉克斯坦和吉尔吉斯斯坦的部分或全部，总面积 250 万 km²。位于我国的是青藏高原的主体，地理坐标是 74°～104°E、25°～40°N。面积 240 万 km²，为国土总面积的 1/4，平均海拔 4000～5000m。西藏自治区则全部都处于高原地位，四周高山环绕，北为新疆南部的昆仑山脉和青海省界唐古拉山、东以金沙江与四川省相望、东南有横断山脉与云南接壤、南有喜马拉雅山。邻国为克什米尔、印度、尼泊尔、不丹和缅甸等。

西藏是否有变性土分布，分布规律和性质特点等都是有待研究的课题。高原未隆起以前，西藏具有湿润热带和亚热带等季风性气候，气温和降雨都较丰富，植物繁茂。在上升过程中，海拔逐渐升高而到达 4300m 以上，成为世界最高的高原，深刻地改变了一切环境因素和成土条件，大部分地区成为高寒荒漠，土壤发生过程彻底改变，难以形成变性土。但是，在西藏仍然可见到未抬升以前和抬升过程中形成的古风化壳和古土壤的残留，而变性土也无例外，限于资料和水平仅作最初步的探讨。

10.2.1　成土条件

1. 地质和地貌

现今西藏的高原和高山景观，主要是第四纪以来新构造断块上升的结果。在古生代时期西藏地区是古地中海（特提斯海）的一部分，以海相沉积物为主。自早二叠纪末开始，地壳缓慢抬升，海域由北向南逐渐退缩。历经了三叠纪、侏罗纪和白垩纪，形成陆相沉积岩。约在古近纪始新世末-渐新世初，西藏地区最终结束海域，进而隆起成为陆地，发生剥蚀夷平过程。到新近纪中新世，地壳大幅度隆起，伴有大规模断裂和岩浆活动，至新近纪上新世末，形成原始高原面时，海拔高度约 1000m。青藏地区处于整体强烈上升过程是发生于新近纪上新世末-第四纪更新世初，到了全新世高度达到海拔 4300～4700m，成为世界最高、范围广阔的高原地貌格局。西藏总地势由西北向东南倾斜，可分为 4 个地貌区。

（1）藏东高山峡谷区，由横断山脉和其间的怒江、澜沧江和金沙江"三江"构成，高山深谷。

（2）藏北高原是念青唐古拉山、冈底斯山脉、唐古拉山、昆仑山以及可可西里山等众多山脉所环绕的高原。东西长约 2400km，南北宽约 700km，面积约占西藏的 3/5。平均海拔 4500m 以上，为内流区。主要由一系列浑圆而平缓的山丘和其间的大小盆地构成。气候干寒，年内有九个月冰冻期，物理风化作用为主，但也有草原生态系统存在而成为主要牧区。盆地湖泊众多，湖积阶地发育，有些湖积物黏粒含量很高，常有盐化现象。此外，常有地热和温泉，故在火山遗址很可能存在基性矿物的热液蚀变作用形成蒙皂石。在布龙盆地发现三趾马动物群化石。

（3）藏南谷地位于冈底斯山脉和喜马拉雅山脉之间，即雅鲁藏布江及其支流流经的地域。这一带有许多宽窄不一的河谷平地和湖盆谷地，地形平坦，土质肥沃，是西藏主要的农业区。

（4）喜马拉雅高山区位于藏南，由几条大致东西走向的山脉组成，平均海拔 6000m左右，位于中国和尼泊尔边界线上的珠穆朗玛峰，海拔 8844.43m，山体南北两侧的气候与地貌截然不同。

2. 气候

西藏处于中、低纬度带，气候受印度洋西南季风和东亚东南季风，高海拔、纬度，以及山系高度和走向等的综合影响，可分为若干气候带，对土壤的水热状况形成、分布，性质和农牧生产都有深刻的影响。

（1）气候带。

高山冰雪寒冻带：海拔在 5200m 以上；

高原寒带：范围最广，与高原亚寒带一起构成西藏地区的主要气候带，一般海拔4500（4600）～5000（5200）m，由东向西，分别为湿润或半湿润、半干旱和干旱等气候类型；

高原亚寒带：上限海拔 4500～4600m，藏东南山地可降至 4200m 左右；

高原温带：分布范围较广，上限海拔 4000～4200m，以半干旱气候为主，在其迎风坡或阴坡为湿润气候，背风坡或阳坡为半湿润气候；

高原暖温带：一般海拔范围 2600～3500m 的山地河谷，以半湿润、半干旱型为主；

热带，限于高原东南外缘沿国境线海拔 1100m 以下低山河谷地区，年降水量高达 3000～5000mm，最高年份可达 7000mm。山地热带一般海拔 1100～2600m，包括吉隆等县的部分地区，年降水量多在 1000～2500mm。

（2）季风影响范围受限。夏季是印度洋暖湿气流向北侵入季节，东南部多雨湿润，降水多集中于夏季，干湿季分明。只有少部分气流顺南北向河谷深入高原腹地，大部分则被喜马拉雅山等山脉层层阻留，致使高原内部少雨干旱。海拔 4000m 以上地区，降水量自东向西减少，从东部 573～695mm，向西依次减少，如那曲约为 407mm，班戈约为 308mm，改则约为 190mm，至狮泉河低至 73mm 左右。年干燥度自东向西，由湿润、半湿润型向半干旱、干旱过渡。阿里地区夏季 6～8 月降雨量占全年雨量 80% 左右。冬季则十分干旱，寒冷，风大，土壤冻结期长。

（3）空气稀薄、热量低，温差大，太阳辐射强。年均气温较我国东部同纬度地区约低 9℃以上。温度的日较差和年较差大，在高原内部均有由东向西增大的趋势，反映大陆性的增强。太阳辐射强，如拉萨的总辐射量每年为 7783.26MJ/m²，日照时数为 3008h，分别为成都的 2.1 倍和 2.37 倍，杭州的 1.66 倍和 1.53 倍，北京的 1.43 倍和 1.08 倍。故而，高海拔农区，虽然热量较低，却仍具有较高的植物光合潜力和光温潜力，获取较高的农作物产量。

3. 成土母质

西藏地区大幅度抬升成为高原以前和抬升过程中，就具备形成变性的土壤的母质。

（1）基性和超基性岩残、坡积物，如基性侵入岩，玄武岩、蛇绿岩和蛇绿混杂岩等，后者分布于地壳强烈活动形成的构造带地区，从北到南排布的蛇绿岩和蛇绿混杂岩条带，含辉长岩、辉绿岩、粒玄岩、枕状玄武岩、球颗玄武岩等，上覆（不整合）上侏罗统—下白垩统浅海相碎屑岩。据资料，在高原隆升过程中，还不时地伴随着岩浆侵入和火山喷发等活动，后者在较晚近的第四纪初期仍较大规模发生，如藏北昆仑山脉前山带有许多火山遗迹。超基性岩在雅鲁藏布江南侧延续出露达七百余千米（中国科学院青藏高原综合科学考察队，1985）。

（2）石灰岩风化物：奥陶和志留纪的碳酸岩主要分布在横断山地与念青唐古拉山脉以南地区，石炭和二叠纪岩层几乎从北到南都见出露。中生代三叠纪石灰岩分布最广，全区除察隅、波密与狮泉河—申扎一带外，均见出露，其岩性复杂，带有玄武岩与凝灰岩。白垩纪海相石灰岩为主多出露于南部和中部。

（3）侏罗系和白垩系红层泥质岩（软岩）残坡积物：侏罗系地层分布广，但藏北缺失。白垩系陆相红层在高原内部若干山间盆地和河谷内零星分布，以昌都地区最为发育。

（4）古近纪和新近纪陆相碎屑沉积物和湖相沉积物：在藏北高原较为广泛地分布在拗陷盆地，新近系（N₁）沉积物多分布在中部地区，古近系（E）沉积物较集中于中东部。呈紫红、棕红色，与泥灰岩、泥页岩与砂岩或砂砾岩等互层。在藏东南横断山系、藏南也都有古近系和新近系沉积物分布。海相古近纪沉积物仅出露在南部。

以上母质：古近系（E）和新近系（N）黏性富膨胀性黏土矿物的湖积物，三趾马栖息的地层（N_2）也在内；早更新统（Qp^1）湖积物母质，形成于早期隆起过程中，分布于高位湖积阶地；而火山岩风化残留物，以及基性矿物的热液蚀变作用，也可能存在富含蒙皂石的土体。

10.2.2　土壤

在我国华北和西北，出露的三趾马红黏土，黏粒含量大于 300g/kg 者，黏土矿物以膨胀性的伊/蒙混层为主，并有蒙皂石和蛭石。含量较多者，则在干湿交替的气候条件下，就可能发育成变性土。据资料和实地观察，无论是埋藏的还是出露地面的，都具有较大的膨胀-收缩性和可以辨认变性的形态特征（见第 4 章）。

在高原未隆起前的地质时期，因具有干湿季节交替的季风性气候，植被有森林-草原等，有利于岩石矿物的化学和生物风化作用，裸露的岩石风化形成的细粒，经流水搬运并沉积于低洼湖区，形成含铁质的泥状硬土/软岩，虽然上覆第四系沉积物，但新构造运动会使湖积黏性夹层出露。在 20 世纪 70 年代，中国科学院古脊椎动物学者们，先后发现三趾马化石群，其栖息地为盆地湖积物，含有蒙皂石和其他膨胀性黏土矿物。启示古变性土存在的线索。

1. 寒性雏形土

据报道，西藏高原发现三趾马动物群化石点，有聂木雄拉（海拔 4950m）、吉隆盆地（海拔 4300m）以及藏北的那曲地区布龙盆地（海拔 4500m）和札达盆地等（陈万勇等，1977；黄万波和计宏祥，1979；黄镇国等，1998；张青松等，1981），这些栖息地为不同厚度和层次的湖相沉积物。黏性露头可能具备变性现象或特征。

（1）吉隆盆地位于藏南的西夏巴马峰北侧，马拉山南麓，面积约 300km^2。三趾马动物群所在地层是"泥岩相"沉积物，属上新世（N_2）地层（卧马组），含灰色粉砂岩夹有灰色泥岩和泥灰岩，有植物化石碎屑，底部为砾岩层，不整合于侏罗系灰岩和板岩和泥岩。三趾马动物群栖息地的黏土矿物测定属蒙脱石-水云母组合。古气候较热而相对干旱，森林草原景观。吉隆盆地的三趾马动物群的属、种与我国北方三趾马动物群相当（黄万波和计宏祥，1979），地层相当于蓬蒂期（N_2）。

（2）札达盆地位于藏北阿里区札达县，是晚新生代断陷盆地，海拔 4500m。发现小古长颈鹿化石，为我国华北三趾马动物群中比较常见的成分。盆地湖相地层厚达 800m，称为札达组。

（3）布龙盆地位于藏北比如县，三趾马动物群属、种较古老，地层属上新世早期（N_1），在盆地边缘有所出露，为灰白带绿色砂岩和泥岩互层。古环境为湿热森林。

据陆景冈（1997）等资料，青藏高原上古红土分布很广，从东部高原边缘，直到珠穆朗玛峰以及昆仑山腹地都有出现。除藏东南局部外，基本上都是新近系的残余。所见到的古红土，后期除受到侵蚀外，大多数的性质变化很少，仍保留红色、黏重、未见网纹、胶膜等特征，土壤酸度近中性等。藏南古红土的颜色为灰和发绿色（郭正堂通讯）。

　　建议今后结合青藏高原的气候变迁和暖化等问题进一步研究，重视高原上已出露的古红土以及其再沉积物分布、土层厚度、机械组成、剖面形态特征、理化性质、膨胀-收缩性和利用潜力，以及藏北和藏南的现代气候环境下，古红土的外貌和性质的变化，并对比西藏高原和内地的西北和华北地区的古变性红土的异同等，则可作出较明确的鉴定和分类，以供填补空白。

　　2. 寒性干旱土

　　1）概况

　　从现有的资料中仅发现的一个土壤剖面，是分布在藏北高原西北端，阿里区班公湖的湖积高位阶地。围岩有超基性岩、侏罗系和白垩系泥质岩、石灰岩等。年降水量稀少，降雨集中于 6、7 月。冬、春季多大风，蒸发量大。干旱土壤水分和寒性土壤温度状况。土壤质地黏重，具有裂隙，开裂期相当长，寒冷季节如有雪水进入裂隙，则有加宽裂隙的作用。土壤 pH 为 7.5～8.5，自上向下增加。剖面表层为结皮层，剖面中有假菌丝状石灰淀积，泡沫反应强。还含石膏，有易溶性盐分聚积（以氯化钠为主），也有可溶性钾积于表层。该剖面土壤未达到盐成土的标准，与寒性盐化土壤或盐成土呈复区分布。

　　2）典型剖面形态特征描述[①]

　　剖面位于西藏日土县美朵，海拔 4800m 的湖盆高阶地，母质为第四系更新统早期（Qp^1）黏性湖积物。植被为垫状驼绒藜，覆盖度<5%。地面龟裂，龟裂斑直径 5～10cm，斑间裂隙宽 1cm。

　　形态特征描述如下：

　　Z 0～4cm，棕灰色（干，10YR 5/1）结皮层，重黏土，砾石含量<20%，片状结构，多海绵状孔隙，有 1cm 宽的裂隙，无根系，干，强石灰反应，pH 为 7.8。

　　AB_k 4～26cm，棕灰色（干，10Y 6/1），重黏土，砾石含量<20%，块状结构，紧实，无根，有少量假菌丝状石灰淀积，石灰反应强，pH 为 7.6。

　　B_k 26～38cm，棕灰色（干，10YR 6/1），重黏土，砾石含量<20%，块状结构，紧实，有少量假菌丝状石灰淀积，石灰反应强，pH 为 8.6。

　　C 38cm 以下，黏质湖积物，紧实，石灰反应强，pH 为 8.5。

　　以上剖面质地为重黏土，无黏化层，裂隙明显，全剖面泡沫反应强。

　　3）土壤主要理化性质

　　表 10-9 说明黏粒含量很高，达 768～725g/kg，自上向下稍降。全剖面碳酸钙相当物达到钙积标准。石膏含量低，可溶盐含量没有达到盐成土的标准。需要测定土壤膨胀-收缩性能，如线膨胀系数，黏土矿物组成等。

　　表 10-10 说明土壤有机质含量和有效 N、有效 P 低。

---

① 西藏自治区土地管理局. 西藏自治区，1994。

表 10-9　土壤主要理化性质（西藏自治区日土县）

发生层次	深度/cm	pH (H₂O)	CaCO₃ /(g/kg)	CaSO₄ /(g/kg)	全盐量 /(g/kg)	颗粒组成/(g/kg)			质地
						砂粒	粉砂	黏粒	
Z	0~4	7.83	170	5.2	10.0	72	160	768	重黏土
AB_K	4~26	7.63	189	18.6	11.3	49	204	747	重黏土
B_K	26~38	8.52	204	—	4.6	41	234	725	重黏土

表 10-10　土壤的养分含量（西藏自治区日土县）

发生层次	深度/cm	有机质 /(g/kg)	全氮 /(g/kg)	全磷 /(g/kg)	全钾 /(g/kg)	有效氮 /(mg/kg)	有效氮 /(mg/kg)	有效钾 /(mg/kg)
Z	0~4	8.5	—	0.44	17.3	32	9	116
AB_K	4~26	7.5	—	0.40	18.6	25	9	52
B_K	26~38	6.3	—	0.38	18.0	—	—	—

4）土壤分类和命名

按《中国土壤系统分类检索（第三版）》暂划归为干旱土土纲，寒性干旱土亚纲，盐化钙积寒性干旱土土类，变性-盐化钙积寒性干旱土亚类（新亚类）。

10.3　土壤利用

该土地处高寒，气温低，土性寒冷，土壤干旱，土质黏重，含有可溶性盐分。建议维持自然状况。

10.4　本章小结

（1）云南是我国变性土发生和分布的重要地区，有待进一步研究的空间多，目前认为二叠纪大规模的火山活动，玄武岩流大面积覆盖，上升为陆地以后，形成大面积红色古风化壳。在漫长的形成过程中，富含蒙皂石黏粒随水流搬运和沉积，为形成低地变性土提供了物质基础。其他基性物源有来自蒙皂石化蚀变岩和基性泥质岩残坡积物等。其次是该区多湖泊低地，有利于基性矿物蒙皂石化作用的进行。

（2）基性玄武岩形成深厚的古风化壳，侵蚀和滑坡严重其下层风化程度较弱，保持着较多的蒙皂石，当风化壳上部被剥蚀，而下部裸露地面时，因土壤具有高代换量和膨胀-收缩潜能，故能形成滑擦面而可鉴定为变性土或变性雏形土。

（3）位于云南金沙江干热河谷地区，分布有新近系-早更新统黏性湖积物和早更新统湖积物，历经古变性土化作用。出露后，仍保留明显的变性土特征，按现代气候条件，划归为干润变性土。

（4）新近系和第四系更新统、全新统及近代湖积物填充的坝区，是云南的潮湿变性土分布区。地势低平易积水，土壤有自然潜育化作用。利用上以水稻为主者，建议设立水耕潮湿变性土，以丰富我国潮湿变性土的内容。

（5）云贵高原古老坝区的胶泥田等，细粒主要来源于分水岭围岩的风化物和土壤的侵蚀-沉积作用，质地黏重，旱季开裂，耕性极其恶劣，但如果含蒙皂石少，阳离子代换量低，而缺少活性，则不属于变性土。

（6）贵州高原变性土壤形成于中性和钙积的侏罗系和白垩系的泥质岩风化物。至于发育在石灰岩风化物上的黏土，如红色或黑色石灰土，是否完全排除在变性土之外，有待进一步研究。

（7）西藏是否有变性土是一个有待调查研究的问题。现有资料证明，西藏具有三趾马化石的地层，表明古近纪和新近纪的古季风气候和生态环境，能够形成富膨胀性黏土矿物的母质和土壤，但其出露状况，黏粒含量，线膨胀系数，有无变性特征等不明，有待后人研究。其次，在漫长抬升的过程里，有更新统早期（Qp^1）的高位阶地湖积物含有77%的黏粒，其黏粒矿物组成和膨胀性有待研究。此外，西藏抬升到4300m以上的海拔高度以后，在高寒地区一般没有条件形成变性土，但通过基性矿物的热液蚀变作用，可形成蒙皂石等黏土矿物，仍有可能发现变性化土作用。

第 11 章　内蒙古高原与新疆变性土和变性亚类

内蒙古高原幅员辽阔，面积约 34 万 km^2，大致占内蒙古自治区总面积的 31%。半干旱-干旱大陆性气候，牧业为主。新生代火山活动频繁，锡林郭勒盟阿巴嘎旗火山熔岩台地，东以锡林河为界，南抵浑善达克沙地北缘，西至阿巴嘎旗查干淖尔，北至巴龙马格隆丘陵地。玄武岩台地和众多死火山锥较为集中的分布。新疆维吾尔自治区周边与俄罗斯、哈萨克斯坦、吉尔吉斯斯坦、塔吉克斯坦、巴基斯坦、蒙古、印度和阿富汗等国相邻，总面积占中国陆地面积的 1/6，处于亚洲大陆中心，境内除高山垂直气候带外，大部为干旱荒漠和半荒漠气候，伊犁盆地为地中海型气候。过去土壤学界对内蒙古高原和新疆土壤进行过广泛研究，但并未涉及土壤的变性现象或特征。20 世纪 90 年代中期以后，输气管道勘测和水利设施建设过程中，地质学界遇到了膨胀土的危害问题。吴珊眉等（2008）初步研究了我国干旱和半干润地区的变性土。本章在深入分析成土条件、前人成果及实地考察和研究的基础上，探讨内蒙古和新疆变性土的发生、特征和分类，以供进一步研究参考和指正。

11.1　内蒙古高原

11.1.1　成土条件

1. 气候

内蒙古高原中部锡林郭勒盟的阿巴嘎旗，处于中温带半干旱大陆性气候，年降水量约 300mm，集中于 6～8 月，故而干湿季节交替明显。年蒸发量 2300mm。年平均无霜期 105 天，年平均风速 3.5m/s，春秋两季多大风，蒸发量大。年平均相对湿度 59%，年平均日照时数 3126.4h。

2. 地貌

高原平均海拔 1000～1400m，起伏缓和，多宽广盆地。新生代时期火山活动，上新世为宁静式裂隙喷溢，到第四纪更新世渐变为中心式喷发形式，以锡林郭勒盟为中心的玄武岩多级熔岩台地的范围，仅次于吉林省的长白山火山群。死火山锥大致 300 余座，集中分布在中蒙边界的巴彦图嘎熔岩台地，锡林郭勒盟阿巴嘎地区和东部的大兴安岭火山区，地貌上的特点是：在高原背景下分布的熔岩台地、死火山锥、伴随火山湖和温泉。阿巴嘎呈现岗阜浑圆的丘陵状火山锥，相对高度 40～100m。在土状丘的缓坡部位，首次发现膨胀土/变性土。此外，内蒙古自治区还有赤峰的达来诺尔熔岩台地和乌兰察布盟凉城县境的岱海南部玄武岩台地等。

3. 成土母质

1）基性玄武岩残坡积物

阿巴嘎玄武岩流的形成大致可分为 3 期，各期玄武岩层次相叠，有泥质物间层。按岩性有碧玄岩、碱性橄榄玄武岩、橄榄玄武岩和橄榄拉斑玄武岩等。主要矿物成分有橄榄石、单斜辉石和斜长石斑晶及基质组成。部分玄武岩含有二辉橄榄岩等深源包体（杨建军，1985），化学成分见表 11-1。在半干润和寒冷的气候条件下，橄榄玄武岩等在温泉热液作用下，发生蒙皂石化作用有利于变性土的形成。内蒙古高原栗钙土所含结晶好的蒙皂石（熊毅和李庆逵，1987）应是来源于基性玄武岩和火山灰的蚀变作用等。

表 11-1　内蒙古阿巴嘎地区玄武岩的化学成分（杨建军，1985）

岩石名称	地质时代	化学成分/%									
		SiO_2	TiO_2	Al_2O_3	Fe_2O_3	FeO	MnO	MgO	CaO	Na_2O	K_2O
杏仁状橄榄玄武岩	β1（1）	48.58	2.81	12.15	8.63	3.49	0.15	6.40	8.83	3.50	1.20
橄榄玄武岩	β1（1）	46.87	2.80	10.55	5.21	8.78	0.17	8.57	9.91	2.60	1.70
橄榄玄武岩	N₂（1）	39.95	2.80	11.28	8.43	4.31	0.24	10.26	13.43	2.98	1.24
橄榄玄武岩	N₂（1）	49.06	3.00	12.00	8.74	4.03	0.14	7.94	9.22	3.63	1.32
橄榄玄武岩	β1（3）	46.92	2.54	11.63	3.08	8.76	0.16	7.66	10.63	2.95	1.58
橄榄辉石玄武岩	β1（3）	49.61	2.88	12.62	2.20	9.32	0.12	6.98	7.75	3.51	1.40

2）古近系（E）和新近系（N）红黏土

广泛分布在内蒙古自治区，出露或被第四系沉积物埋藏。王玉洲等（1995）对阿尔善-塞汗塔拉输油管道工程的勘察中，遇到了浅埋的红黏土，因渗入了生产和生活用水而膨胀、变形、失水收缩等，导致输油管道泵站建筑物严重开裂。X 射线衍射测定黏土矿物以伊/蒙混层为主（曲永新和王玉洲，1995）。

4. 植被状况

内蒙古高原东、中部草原辽阔，向西过渡到沙漠，天然草原植被为丛生禾本科，如大针茅、克氏针茅和羊草，退化明显，风蚀和干旱加剧。调查显示，阿巴嘎牧地草被日益稀少，过度放牧是严重退化的因素之一。退化的草地，地面覆盖度降低，土壤水分蒸发更随之加剧，而不利于草地的恢复。维持草原植被密度，在持续土壤生产力方面是十分重要的。阿巴嘎地区有变性土形成的玄武岩火山锥本身的草被，因少有过度放牧，生长状况较一般草地较好。

11.1.2　干润变性土

1. 概况

分布在内蒙古高原赛罕塔拉-阿巴嘎输油管道一带，处于 41°55′～42°01′N。正常情况下以干草原为主，剖面位于火山活动形成的土状丘的缓坡，半干润土壤水分状况。母质是更新统橄榄玄武岩，富含 Fe、Mg、Na 等成分。全剖面黏土，质地较为均一，基本不含玄武岩的碎块和角砾。变性土是由橄榄玄武岩在温泉的水热蚀变作用下形成，蒙皂石含量很高，是 20 世纪 90 年代中期发现的区域性膨胀土（王玉洲等，1995）。

2. 剖面形态特征

土壤全剖面黏土，上层呈栗褐色，团粒状结构，心土层见楔形/棱块状结构，具有网状交叉裂隙，深层为灰绿黏土（王玉洲通讯）。

3. 土壤理化性质和黏土矿物类型

1）土壤物理性质

据物理分析资料（表 11-2），黏粒含量（<2μm）大于 300g/kg，表面积巨大，塑性指数高，自由膨胀率 80%～320%。按 26 个土样测定结果判断，大部分属于强膨胀性黏土，少数因砂粒含量较高为中等膨胀性土。

表 11-2　土壤物理性质（内蒙古阿巴嘎）（王玉洲等，1995）

剖面号/分析号	取样深度/cm	黏性<2μm/(g/kg)	表面积/(g/m²)	自由膨胀率/%	塑性指数
1/1646	50～75	308.2	232.64	95.0	—
1/1647	150～175	566.2	308.31	80.0	47.9
2/1659	50～75	328.2	—	320.0	41.0

2）土壤化学性质

表 11-3　主要土壤化学性质（内蒙古阿巴嘎）（王玉洲等，1995）

剖面号/分析号	取样深度/cm	pH	代换量 cmol(+)/kg	代换性 Ca^{2+} /(cmol(+)/kg)	代换性 Mg^{2+} /(cmol(+)/kg)	代换性 K^+ /(cmol(+)/kg)	代换性 Na^{2+} /(cmol(+)/kg)	代换性 Ca^{2+}/Mg^{2+}	钠碱化度 %	CO_3^{2-} /(g/kg)
1/1646	50～75	8.42	30.99	11.37	14.04	0.53	5.03	0.81	16.49	无
1/1647	150～175	8.44	33.28	11.41	9.34	0.53	12.00	1.22	—	—
2/1659	30～75	9.45	43.47	9.98	14.81	0.96	17.72	0.67	40.76	145.10

表 11-3 的 pH 数据说明，剖面 1 的碳酸钙已被淋失，但剖面 2 碳酸钙含量达到钙积标准。土壤代换量为 31.00～43.47cmol(+)/kg，以代换性 Mg^{2+} 或 Na^+ 为主，剖面 2 的钠碱化度高达 40.76%，代换性 K^+ 含量最低。剖面 1 和 2 均有 25cm 厚的土层的代换性 Ca^{2+}/Mg^{2+} 值小于 1，其余土层的比值为 1.22。据 26 个土样测定结果的统计，代换性 Na^+ 和 Mg^{2+} 含量之和是代换性 Ca^{2+} 的 2 倍，表明富有镁质和钠质的蒙皂石，膨胀-收缩潜能大于钙蒙皂石。玄武岩基性矿物的热液蚀变作用形成的 Ca^{2+}、Mg^{2+} 和 Na^{2+} 离子被蒙皂石吸收保持。镁和钠质蒙皂石是该黏土具有高的化学活性、高膨胀势和高塑性指标的一个十分重要的原因。

3）黏土矿物

对<2μm黏粒土样的 X 射线衍射谱和差热分析结果表明，黏土矿物主要为蒙皂石，相对含量很高，其次为伊利石、同时伴生少量的高岭石、自生石英和方解石。蒙皂石、伊利石和自生石英均是玄武岩水热蚀变作用的产物。高岭石、方解石则是黏土形成后的表生作用的产物。

以上剖面形态特征和性质说明，黏粒含量＞300g/kg，具有楔形/棱块状结构和交叉裂隙。黏土矿物组成中，以蒙皂石为主，故土壤代换量大，自由膨胀率高。诸多要素综合判断，剖面 1 符合变性土的中心概念，经历过一定的淋溶过程，可能古气候较为湿润。现为温带高原半干润气候条件下由基性玄武岩在热液蚀变作用下形成的变性土的代表。

4）土壤分类和命名

按《中国土壤系统分类检索（第三版）》，剖面 1 划归为变性土土纲，干润变性土亚纲，简育干润变性土土类，钠镁质简育干润变性土亚类（新亚类）。剖面 2 划归为变性钙积碱化土。

11.2　新　　疆

新疆盆地较多，大型的准噶尔盆地处于天山山脉和阿勒泰山系之间，塔里木盆地处于天山山脉和喀拉昆仑山和阿尔金山脉之间。盆地边缘有中生代泥质岩和新生代的黏性土层出露，此与变性土分布有关。农工业生产水源主要依靠高山融雪，20 世纪跨流域引水工程、水库和渠系等水利建设发展，为当地工、矿、农和生活用水提供了更好的保证，同时，也改变了某些地方的土壤水分平衡，某些地区由于水库、渠系以及灌溉、工业和生活渗水等，出现轻型房舍、水工建筑物、坝体和渠道等开裂和变形问题，从而引起水利-地质部门的关注。在阿勒泰、准噶尔盆地和塔里木盆地边缘，以及哈密等地都有膨胀土的研究报道。以下分析成土条件，以探讨干旱荒漠气候下，土壤变性土化的缘由。

11.2.1　成土条件

1. 气候

新疆处于亚洲大陆中心，沙漠和戈壁约占全疆土地总面积的 60%。除高山外，主要属温带干旱荒漠大陆性气候（表 11-4），北疆处于中温带，南疆为暖温带，气温自北而南增加，降水量减少。北疆平原地区年均降水量 150～250mm，南疆平原地区年均降水量约为 20～70mm，吐鲁番盆地的托克逊县年均降水量仅有 7mm。年蒸发量比年降雨量大 8～103 倍。然而，伊犁盆地的气候特点不同，由于伊犁河谷向西开敞，受西风带等的影响，年雨量的季节性分配具有夏旱而冬春湿润的特点，称为夏旱型（钟骏平，1992；龚子同等，2007）。年平均气温 10.4℃，年日照时数 2870h。年均降水量 466.6mm 不等，地势高的迎风面年降水量可达 600～800mm，否则在 300mm 以上天然草场总面积约 2000 多万 hm²，水源较丰富，农业发展。表 11-4 是代表性的水平气候要素。

表 11-4　新疆维吾尔自治区有关气候要素

地点	经纬度	海拔/m	年降水量/mm	年蒸发量/mm	年均温/℃	干燥度	土壤水，热状况
布尔津	48°23′N，86°45′E	1300	139.2	1679.4	—	—	*冷冻、干旱
福海	47°7′N，87°30′E	500	121.8	1816.8	3.5	2.5～5	*冷型、干旱
昌吉	44°3′N，87°19′E	500	194.2	1757.0	6.5	4～8	*中温、干旱
乌鲁木齐	43°47′N，87°37′E	917	271.2	2161.5	5.5～6.5	4～8	*中温、干旱
昭苏	43°9′N，82°20′E	1780～1848	508～512	—	2.6～2.9	—	*冷冻、湿润
新源	43°45′N，83°30′E	928	466	—	8.5	—	*中温、夏旱
哈密	42°49′N，93°31′E	737	34	3500.0	10.0	28	中温、极端干旱
拜城	41°47′N，81°54′E	1225	95	2600.0	—	12～13	中温、极端干旱

资料来源：年降水量和年蒸发量由新疆气象局提供（1970～2010 平均值），＊钟骏平，1992

2. 地貌

1）阿勒泰和准噶尔盆地北缘

阿勒泰地区行政上包括阿勒泰市，布尔津、哈巴河、吉木乃、福海、富蕴和青河等县。地理位置：85°31′37″～91°1′15″E，44°59′35″～49°10′45″N，面积为 11.7 万 km²，约占新疆总面积的 7%，自北而南是阿勒泰山南麓山前平原，萨乌尔山北麓山前平原，额尔齐斯和乌伦古河谷地等。额尔齐斯河什巴堤以下，有 3 级阶地。乌伦古河的河谷，沿河也有阶地，曾有膨胀土分布的报道。

在乌伦古河和准噶尔盆地北缘之间及准噶尔盆地西部山地以东，是海拔 610～700m 的广阔剥蚀高平原。古近纪时，准噶尔盆地稳定沉降，到第四纪初期，该区处在长期的剥蚀过程，故第四纪沉积物很薄。中生代和古近系（E）、新近系（N）软弱的地层，经风力剥蚀和短暂暴雨冲刷作用，形成台地与洼地相间的地形，其总的地势大致是由东向西倾斜，宽度自北而南约 200km，所谓"引额济乌"长距离引水工程的主要路线经过此地。

2）天山北麓

天山北麓位于天山山脉和准噶尔盆地南缘之间，东至木垒，西至盆地以西山地的东南麓，总的地势从南向北和从东向西倾斜。水源较充足，土地资源丰富，农业历史较久，是北疆主要的农业区。行政上有博尔塔拉蒙古族自治州、乌苏、沙湾、奎屯，石河子市、呼图壁、玛纳斯、昌吉回族自治州和乌鲁木齐市县等。

该区地貌自南而北有规律的变化，从前山带→山前洪积-冲积扇（海拔约 500～1000m）→老冲积平原（海拔约 350～500m）→新冲积平原→干三角洲→湖盆三角洲→沙漠。发源于天山的水系，大多流向是北偏西，较大的玛纳斯河注入新玛纳斯湖、奎屯河注入西南角的艾比湖。前山带和冲积扇上缘见中生代高丘陵，戈壁冲积扇下接老冲积平原，农区的地块整齐，水源条件好，经营栽培业。新冲积平原一般为窄长的河谷，中游地段由河滩地和一、二级阶地组成。在冲积平原的下部，大部分小河流在平原尽头，临近沙漠边缘散流成三角洲。干三角洲的沉积物较黏重，地下水位一般较深，有龟裂土发育。天山北麓平原的西部和西北部有不少湖泊和盐沼，如艾比湖、阿兰湖（老玛纳斯湖）、新玛纳斯湖（依赫哈克湖）和艾里克湖等，是本区水分和盐分的集中地，湖水矿化度可达 130g/L 以上，虽然有黏土分布，但为盐碱土地区。

3）伊犁盆地

行政上有霍城、伊宁市，伊宁县、尼克勒县、新源县以及巩留县、特克斯县、昭苏县和察布查尔县市等。位于 42°14′～44°50′N、80°09′～84°56′E，是天山山脉西部的大型断陷盆地，伊宁凹陷位于中心。伊犁盆地南为哈尔克-那拉提中南天山山系，北为科古琴-博罗科努山等天山山系，盆地内部尚有乌孙山、阿吾拉勒山脉。山地与盆地之间分布断裂带，如喀什河北岸为活动性断裂带，古红土层暴露。伊犁河主流在中国境内长 422km、由三大支流组成、主源特克斯河发源于天山西段汉腾格里峰北坡，向西自海拔约 1500m 流向 600m 处，进入哈萨克斯坦共和国汇集于巴尔哈什湖。伊犁河谷呈喇叭形向西展开，西风气流能长驱直入；集水区内多迎风坡，降水相对丰沛。

伊犁盆地周边天山和盆地之间地貌形态，从高而低依次为：高山区、中山区、低山区、丘陵、规模较小的山前冲-洪积扇、冲-洪积平原，阶地大致有 4～5 级。

地质构造上，伊犁盆地是在天山造山带所夹持的伊犁微地块上发展演化而成的山间叠合盆地。经历了石炭纪火山活动，二叠纪裂陷（P_1）和扩展拗陷（P_2）、三叠纪萎缩性的中心拗陷（T）、侏罗纪扩展断陷拗陷（J）、白垩纪隆升剥蚀、古近纪局部断陷拗陷、新近纪扩展断陷拗陷，以及第四纪以来的相对抬升萎缩过程。自下而上的地层，基底为石炭纪裂谷火山岩系，侏罗纪沉积岩系厚度巨大，缺白垩系地层，古近纪和新近纪红层，尤其是新近系古红黏性沉积物分布普遍，厚度超过 2000m，其上为第四系黄土（张国伟等，1999），对变性土成因有主要影响。

4）哈密-吐鲁番盆地

天山的山间盆地，构造上属于地堑式的拗陷，四周山地的海拔 2000～12 500m。地势东北高而西南低，盆地底部海拔 700～800m，西南角最低为 81m。中生代以后，盆地下降幅度缓慢，故第四纪沉积物很薄。盆地南面是一系列红色剥蚀残丘。盆地的山前倾斜平原宽广达 30km，地下水埋深大于 20m，水质良好。群众有"坎儿井"水利系统。老洪积扇的下部地形平坦，为土戈壁（或假戈壁）所在，地下水埋深一般为 10～5m，径流条件好。整个洪积扇地区的地下水矿化度都小于 1g/L，是哈密绿洲所在地。洪积扇以下为古老洪积平原，地面平坦，坡度小于 0.5°，底部红土渗透性小而且距地表很近，故溢出的潜水难以下渗，导致范围很宽的溢出带，地下水埋深自北向南从 3m 降至1m，至盆地中部还有季节性的积水沼泽。围岩有石灰岩、中生代砂-泥岩等分布。古近系-新近系红黏土往往被中生代地层逆冲覆盖和第四系戈壁掩埋，但总有出露于地表的，对公路交通建设有影响。

5）天山南麓

发源于天山南坡的河流也是依靠冰雪融水补给，自西而东主要有阿克苏河、库车河、孔雀河和塔里木河等，河水矿化度都较小，为 0.3～0.5g/L。前山带从巴音郭楞蒙古自治州轮台县东面，与策大雅和阿恰之间有 500 余公里的范围的沉积物质比较黏重，常夹有红黏土。位于阿克苏渭干河的黑孜水库附近也有新近系红黏土（N）出露的危害。在三角洲有黏质龟裂性土壤，盐渍化很严重。

3. 成土母质

1）火山岩等残积物

新疆是我国地质时期火山活动地区，主要发生于晚太古-早元古代，中-晚元古代和古生代，中-新生代仅占 5%。不同类型火山岩中，玄武岩约占 30%，安山岩约占 35%。少量古生代超基性和碱性火山岩类，主要是熔岩，以准噶尔和天山地区最多；阿勒泰山、昆仑山和喀喇昆仑山地区次之。其化学成分（包含少量基性火山碎屑岩和潜火山岩）的平均值，与中国和世界玄武岩类平均值接近，但 Na、O、SiO_2 偏高，Mg 偏低。此外，基性辉长岩矿体还分布在阿勒泰市南东 38km 沙布拉克一带（新疆维吾尔自治区地质矿产局，1993）。

不同的地质时期的火山岩所含的中、基性矿物和火山灰等的水解蚀变作用，生成大量蒙皂石类黏土矿物并聚积为膨润土矿，如奇台县、哈密市西南和托克逊县城西南等地，有部分出露地表。特克斯盆地和伊犁盆地等广泛分布早石炭世大哈拉军山组一套喷发岩系，由安山岩、酸性凝灰岩、火山碎屑岩和橄榄玄武岩组成，并有蒙皂石/伊利石为主的黏土岩夹层（杨金中等，2003）。泥火山群在天山北坡丘陵地带的乌苏市南约 42km 的山区和独山子，比较典型的泥火山堆积物（Qp^3）表层为灰绿色黏土，其下为泥岩、角砾石。

2）泥质岩残积物

侏罗系和白垩系砂泥质岩，以及其风化残积物再沉积的黏性沉积层，是变性的土壤潜在成土母质和膨胀性黏粒提供者。新疆侏罗系砂泥质，有海相和陆相两种类型。海相地层分布于昆仑山及喀喇昆仑山地区，为浅海相陆源碎屑岩-碳酸盐岩建造。陆相地层广布于天山、昆仑山和喀喇昆仑的一些山间盆地和准噶尔、塔里木盆地，其中以天山南缘和北缘及准噶尔边缘发育最好，出露完整。下侏罗统主要出露于准噶尔盆地周边的山前地带，沉积物由盆地周边向中心逐渐变细、厚度增大。玛纳斯-乌鲁木齐一带为沉降中心，泥性增加，是一套灰绿泥岩和砂岩互层的河-沼相和湖相沉积。中侏罗统在乌鲁木齐的西山窑建组，以湖泊—沼泽相为主；头屯河组建于乌鲁木齐的头屯河，是一套湖泊相灰绿、紫褐、紫色泥岩、砂质泥岩夹灰绿色薄层细砂岩，都出露于准噶尔盆地边缘。上侏罗统齐古组建于呼图壁县的齐古，以湖泊相紫红色夹绿色泥岩与砂岩不均匀互层，中上部夹凝灰质砂岩，出露于准噶尔盆地南缘及克拉玛依和将军庙一带。此外，吐鲁番—哈密盆地的侏罗系红层出露最好。其中，中侏罗统西山窑组出露在吐鲁番市西北桃树园子，而塔里木区则以库车及乌恰一带出露完整。

新疆白垩系紫红色的泥质岩风化物是变性土的母质之一。海相沉积层中的石膏和湖相层中的膨润土矿床规模较大。陆相沉积大致继承了晚侏罗纪的沉积范围，主要分布在吐鲁番盆地，准噶尔盆地及其周边地带、塔里木盆地北部、西部及西南部边缘地区，一些山间洼地中也有小面积分布。

下白垩系在吐鲁番和准噶尔盆地为浅水湖泊相沉积，沉积范围涉及湖盆周围的一些山间洼地。以红色、绿色泥砂质为主，沉积环境比较稳定，属干旱或半干旱气候。

　　塔里木盆地北缘的库车洼地，下白垩纪时气候干燥，初期为河流相、湖泊三角洲相或湖滨相，中后期为浅水湖泊相。沉积物较准噶尔和吐鲁番盆地为粗。

　　上白垩统的陆相沉积：北天山-准噶尔区和天山南脉-塔里木区气候干燥，沉积物以红色为主的杂色，以砾岩、砂岩等粗粒碎屑岩为主，夹少量泥质物。岩性及厚度变化均较大，表现出冲积相和冲-湖泊相沉积特征。新疆白垩系露头分布示意图见图11-1。

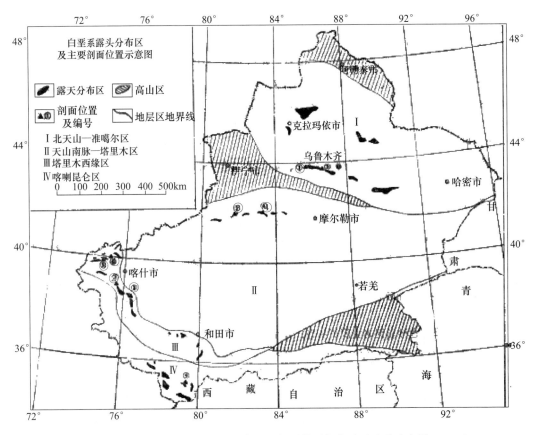

图11-1　新疆白垩系露头分布示意图（新疆维吾尔自治区地质矿产局，1993）

3）古近系和新近系红黏土

　　古近系和新近系红黏土，由于新构造运动和剥蚀作用等而出露于盆地边缘和丘陵坡地等地形部位，与研究新疆变性土成因和分布有关。红黏土露头分布在天山北麓和南麓前山和山前带，天山山间盆地、剥蚀高平原和伊犁盆地等，以剥蚀高平原，哈密-吐鲁番盆地和南疆西南角为集中（图11-2）。中新世和上新世三趾马为主的动物群化石，发现在独山子组和可买登组中，说明古热湿，并逐渐转变成温热和半干润。该河-湖相的沉积物富含蒙皂石和伊/蒙混层黏土矿物。

　　在喜马拉雅抬升过程中，塔里木盆地为沉陷中心，以湖相为主，边缘部分砂、砾成分增加，厚度加大。准噶尔盆地南北沉降幅度不一，乌伦古河一带，古近系和新近系红

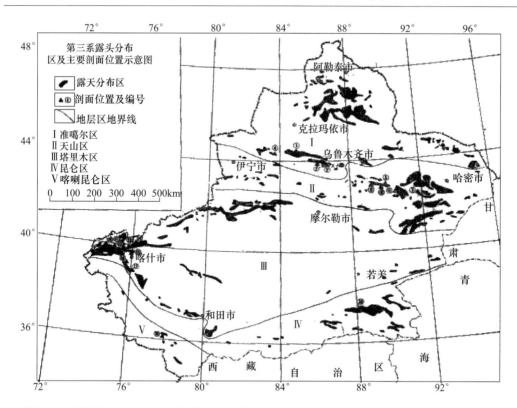

图 11-2　新疆古近系和新近系红黏土露头分布示意图（新疆维吾尔自治区地质矿产局，1993）

黏土厚度 170m 以上，夹薄层砂、砾质层，黏土紫红、砖红、浅红还有形成于紫红硬土风化物再沉积的次生红黏性土，具有膨胀性。准噶尔盆地南缘由于天山的抬升，乌苏、独山子一线强烈沉降，其沉降中心以湖相细碎屑物为主。从其中红色与绿色土层的相间出现及古哺乳动物的繁衍来看，应属潮湿与干燥交替的古气候环境，总趋势是向大陆性气候发展，但比现代温暖。新疆的红黏土层以上为第四系沉积层，如戈壁层、黄土层和近代沉积层等。

　　看来，古近系和新近系出露的红黏土及其再沉积物，对变性土形成的贡献是值得研究的。新疆土地辽阔，古气候在地理上水平的差异是存在的，进一步研究新疆各自然地理区的出露红黏土的黏粒含量、阳离子代换量、主要黏土矿物组成、相对含量以及线膨胀系数等，有助于认识其膨胀潜力，从而可以判断它们对土壤变性化作用的影响程度的差异。

　　4）第四系黄土沉积物和河湖积物

　　在天山北的沙湾南石场可见中更新统（Qp^2）的黄土沉积，常为褐、棕黄色黄土夹砂砾石薄层，上部有 1～3 层厚度 1.8m 的古土壤，棕色古土壤层以下为上更新统（Qp^1）土层。晚更新统（Qp^3）黄土沉积分布广泛，其颗粒成分、化学成分及矿物成分均与马兰黄土相当。

　　在伊犁盆地黄土厚度范围在 1.5～30m，一般不超过 30m。在 2、3 级阶地上，黄土普遍含钙质结核及褐色铁锰结核，形状多为不规则树枝状和团粒状等，一般长 15～

25cm，宽 5～10cm，在阶地坎边缘富集。而在深度 2.5～4.0m 的黄土中存在一层红褐色的、厚度 30～50cm 的古土壤（董磊，2008）

湖积物和河流的静水沉积，黏粒含量可大于或接近 300g/kg，含有较多 2∶1 型蒙皂石等黏土矿物，利于变性土的发生，但在较低位的平原，则常伴有强盐碱化过程而形成盐碱土。

4. 植被

阿勒泰地区水分条件稍佳，干草原植被多由羽茅和狐茅为主组成。准噶尔盆地北部的剥蚀高平原、残丘和山前洪积-冲积扇上是荒漠草原，由东方针茅、蒿属组成，混生准噶尔阿魏、早熟禾、苔草等短命和类似短命的植物等，植被更为稀疏的地方，地面以藻类和春生短命与类短命型为主。在植物的生长相上，春、秋季生长旺盛，开花曲线呈双峰型。天山北面属荒漠植物群落，有琐琐-白蒿、琵芭柴和猪毛菜等。天山南有琵芭柴、麻黄或合头草-麻黄等。伊犁河谷年降水量较多，草地植被则较好，但也有过度放牧和草地退化现象。

由于草地植被的覆盖度下降，土壤水分蒸发增加，保持水分的能力变低，而且，这些植物的根系发达，吸取大量土壤水分而使土层更加干旱缺水，黏性的土壤表面裂隙宽深，闭合的机会是较少的。还由于植被稀少，风蚀和砂积作用使土壤有不同程度的沙化。

5. 人为活动

新疆的干旱荒漠和半荒漠气候，年降水量和土壤蒸发量处于极其不平衡状态。因为，自然降水量低，缺少足够水分以使位于心土层的土壤层段的水分，达到潮湿而充分膨胀和显示搅动作用，故相应的形态诊断特征和危害性，处于隐藏状态。

人为活动则可以活化在干旱荒漠气候下沉睡的变性土/膨胀土，使它们的土体运动起来，促进其特征明显化并显示其危害性。研究发现变性特征或现象多会出现在灌溉农地。而且，随着水利建设等的发展，有关新疆膨胀土危害的报道增多。分析原因，是由于大量水分进入了原本干旱的土层，使得土中的蒙皂石和伊/蒙混层黏土矿物得以充分地膨胀，并又在干旱季节收缩，往返地膨胀和收缩，正是活化的象征。而此过程导致的地基危害，则是变性土/膨胀土的土体的搅动作用和抗剪力衰退的影响。例如在准噶尔盆地以北的剥蚀高平原上的古近系和新近系红黏土，可以见到干旱龟裂的表层，裂隙的宽度和深度都很大，裂隙开放持续的时期很长，但在自然状态下，不一定显现危害性。一旦开发利用水资源的力度加大，如蓄水、引水、渠系渗漏、大水灌溉、生活排水和各种渗水等，都会使出露或接近地表的变性土/膨胀土剧烈地膨胀，产生巨大膨胀压，土块之间的滑动使滑擦面显著，而在土体变干过程中，裂隙化作用更加明显。从而，在膨胀-收缩过程中，明显地增加其危害性。历史上传统的淤灌，会将某些变性土层埋藏。而次生盐碱化的范围和程度增加，使某些变性土发展成盐成土等。

11.2.2　土壤

1. 干旱变性土和变性亚类

1）形态特征理化性质和黏土矿物类型

A）剖面 1

（1）概况。分布在准噶尔盆地北部的剥蚀高平原以北，海拔 610～700m，地貌上台地与洼地相间，母质为白垩系泥质岩风化残积物（李万逵等，2003）。温带半荒漠气候。冷性土壤温度和干旱土壤水分状况（钟骏平，1992）。

（2）形态特征。土样采自西干渠一带，黏土，表层干旱龟裂，开挖的渠壁含水量蒸发变化时，出现锯齿状裂隙，纵横交错的裂隙切割表面，使土体呈碎裂，呈网格状破坏。浸水后膨胀，呈鼓起变形现象。在结构面上可观察到光滑细腻的滑动面，有碳酸钙和石膏，未见地下水（李万逵等，2003）。这些变性特征是白垩系泥质岩残积母质所赋予的，因曾经是古变性土，经长期压力而成岩，这些特征被保留和在水的作用下显现。

（3）土壤物理性质。表 11-5 说明，剖面 1 按我国的膨胀土判断标准，属于中-强膨胀势的土壤，其标准是土的黏粒含量＞300g/kg、自由膨胀率＞80%、塑性指数＞25、液限＞50%、膨胀力＞120kPa，土样多点平均值属于中-强膨胀势。杨和平等（2003），陈杰（2005）等也报道，在克拉玛依的东西和西南 100m 处有白垩系（K）泥岩的上部风化层，呈紫红和灰绿色，具较高和很高的膨胀势，蒙皂石含量高。

表 11-5　土壤物理性质（李万逵等，2003）

剖面号/地点	＜2μm 黏粒/（g/kg）	自由膨胀率/%	塑性指数	液限/%	膨胀力/kPa	母质
1/西干渠	350～500	80～360	25～33	54～62	128～987	白垩系泥质岩

B）剖面 2

（1）概况。分布在剥蚀高平原，地势相对高，上覆的第四系黄土性沉积层薄。母质为古近系（E_{2+3}）和新近系（N_1）红黏土及次生红黏土（李万逵等，2003；杨青松等，2006；邓铭江，2000）。

（2）形态特征。表层干旱，呈龟裂状。裂隙宽度一般 10cm 左右，最大宽度 15cm，最小宽度 5cm，深达 1～3m，最深 6m，向下层逐渐变窄尖灭。裂隙中填有褐红色细粒粉砂，天然状态呈稍硬半胶结状，形似砂楔，影响近地表土体的整体性而不利于工程质量（杨青松等，2006）。干燥的断面显现交叉裂隙等（李万逵等，2003）。裂隙主要是土体干旱收缩形成，冬季降雪进入裂隙，在冻融交替过程中，可能有冻胀作用使裂隙扩大。

（3）土壤化学性质和黏粒含量。表 11-6 表明，土壤 pH 约为 8，有机碳含量低，在 0～45cm 土层黏粒含量无规律的变化，并有小于 270g/kg 的土层，表明该层段具有新生的特性。以下各层黏粒含量＞300g/kg，显然是红黏土物质。剖面下层碳酸钙含量达到钙积层的标准；石膏和可提取盐类含量未达到石膏层和盐积的标准。从石膏、碳酸钙和可溶盐的沿剖面的垂直分布显示的是残余特征。

表 11-6　土壤化学性质和黏粒含量（准噶尔盆地以北剥蚀平原）[①]

深度 （采样深度） /cm	pH	有机碳 /(g/kg)	石膏 /(g/kg)	CaCO₃ /(g/kg)	烘干残渣 （水提取） /(g/kg)	＜2μm 黏粒[*] /(g/kg)
0～16 (0～8)	8.2	8.76	0.9	43	0.55	210.87
16～25 (13～23)	8.3	5.10	0.8	79	0.72	381.02
25～45 (30～40)	8.3	5.68	0.4	66	0.64	231.18
45～75 (55～65)	8.1	3.89	0.8	77	0.88	390.95
75～120 (90～110)	7.9	—	65.1	204	11.00	441.24
120～150 (130～140)	8.1	—	28.6	131	12.40	747.17

资料来源：熊毅和李庆逵，1987。[*] 由＜1μm 黏粒含量换算而来

（4）黏土矿物组成和含量。为鉴定水利枢纽工程的填土材料，研究过邻近的古近系-新近系红黏土（邓铭江等，2000），其黏粒（＜2μm）X 射线衍射结果表明，黏土矿物组成为蒙皂石、高岭石、绿泥石和伊利石。以蒙皂石为主，约占黏土矿物总量的42.5%～66.0%，高岭石次之。次生红黏土的蒙皂石含量 38.5%～59.5%（表 11-7），均是可以引起明显的膨胀-收缩性能的物质基础。那一带次生红黏土分布的地势较低，代换性钠含量较高，故膨胀性和分散性均较高。

表 11-7　黏土矿物组成和相对含量（邓铭江，2000）

土样类型	蒙皂石/%	高岭石/%	伊利石/%	绿泥石/%	石英/%	其他/%
红黏土	66.0	15.0	5.0	10.0	4.0	—
红黏土	42.5	42.5	2.5	5.0	7.5	—
次生红黏土	59.5	25.5	2.5	5.0	7.5	—
次生红黏土	38.5	31.0	15.0	6.3	6.5	2.7

C）剖面 3

（1）概况：剖面 3 位于昌吉回族自治州的部分农区，海拔 500～600m，由发源于天山的天格尔峰（海拔约 4500m）的头屯河和三屯河老冲积平原组成，地势平坦稍向西北倾斜。荒地呈半荒漠景观。出露的中生代砂-泥质岩和红黏土层，约处于海拔 850～1100m，断续分布于冲积扇部位。通过侵蚀-沉积作用，膨胀性黏粒沉积于老冲积平原

[①] 按美国土壤系统分类检索的标准，干旱变性土亚纲的标准是：如未进行灌溉，多年正常年份深 50cm 处的地温大于 8℃期间，裂隙连续关闭期少于 60 天。

（Q_{3+4}），为灌耕地或荒地。

（2）剖面形态特征描述（新疆维吾尔自治区农业厅编著，1993，1996）：

Ap 0～20cm，棕灰，壤质黏土，块状-粒状结构，稍紧，根系多。

A1 20～28cm，灰棕，壤质黏土，板块状结构，紧实，根系多。

A2ss 28～68cm，棕红，壤质黏土，棱块状结构，紧实，裂隙较多，根系少，有石灰斑纹。

C 68～100cm，黄棕，黏壤土，棱块状结构，紧实，根系甚少。

该 0～68cm 的质地为壤质黏土。28～100cm 具有棱块状结构和裂隙等变性特征。地表的变性特征明显，2012 年秋季吴珊眉、贾宏涛、张文太和王烨四人，从已城市化的昌吉市向南，垂直于天山山麓的方向行驶，在老冲积平原的灌溉旱地，观察到①秋灌后的旱地块，耕翻土垡呈巨块状，压散后为棱块状；颜色干时灰棕（5YR 5/2）；润时暗灰棕（5YR 4/2）。②是灌溉而未耕翻的苹果苗地，地表有微突的龟裂斑，斑间裂隙宽度可达 6cm（图 11-3）。③未灌溉的宽地埂上，向日葵已收获，观察到自冪层，呈碎屑结构，地面有明显的近六角形的龟裂斑，显然是土壤蒸发作用和蒙皂石黏粒的影响（图 11-4）。当地农民反映，由于头屯河和三屯河水携带悬浮的红黏粒，静水沉积于河间地段，称为"红土"。其质地黏重，耕犁费劲，灌溉水先从裂隙下渗，裂隙变小，土壤持水性能强。

图 11-3 龟裂斑之间的宽裂隙

（吴珊眉摄于昌吉，2012）

图 11-4 近六角形龟裂斑

（吴珊眉摄于昌吉，2012）

（3）土壤理化性质。表 11-8 说明，剖面 3 的 0～100cm 的黏粒含量均在 300g/kg 以上。土壤 pH 为 8.0～8.2，有机碳在 28～68cm 低至 5.28g/kg 而代换量达 23.45cmol（＋）/kg，说明主要是膨胀性黏土矿物的贡献。代换量/黏粒％的值表明，0～68cm 均大于 0.70，表明黏土矿物为蒙皂石型。蒙皂石主要来源于上、中游膨胀性黏粒的沉积（表 11-9）。心土层裂隙较多，棱块状结构，示滑擦面的存在。全剖面 100cm 碳酸钙相当物在 50～150g/kg。以上符合变性性质和黏土矿物的要求。根据分析结果统计，有效磷很低，有效钾含量较高。

张佩佩等（2014）研究资料表明，乌鲁木齐五一农场星火三队的剖面，全剖面黏粒含量≥300g/kg，CEC≥30cmol（＋）/kg，心土层 COLE 值 0.08～0.12cm/cm，并具有楔形结构和滑擦面。显然是可以划归干旱变性土。

表 11-8　土壤理化性质（新疆维吾尔自治区农业厅，1993）

剖面号/地点	深度/cm	pH	有机碳/(g/kg)	代换量/(cmol(+)/kg)	<2μm黏粒/(g/kg)	CaCO₃/(g/kg)	CaSO₄/(g/kg)	代换量/黏粒%	黏土矿物类型
剖面3/昌吉	0~20	8.0	9.05	25.07	325.5	70.8	0.07	0.77	蒙皂型
	20~28	8.1	8.24	24.40	302.5	75.8	0.15	0.81	蒙皂型
	28~68	8.2	5.28	23.45	309.8	72.9	0.01	0.76	蒙皂型
	68~100	8.1	3.36	20.25	326.4	70.1	0.14	0.62	混合型

表 11-9　天山北麓昌吉红黏土和泥质岩的黏土矿物相对含量和线膨胀系数

剖面号/采样地点	黏土矿物相对含量/%					混层比 I/S	总蒙皂石含量/%	线膨胀系数/(cm/cm)
	蒙脱石	伊蒙混层	伊利石	高岭石	绿泥石			
昌吉三工乡	16	58	13	7	6	25	30.5	0.09
昌吉硫磺沟公路侧	95	—	4	—	1	—	95.0	0.11
同上，再沉积物	92	—	6	1	1	—	92.0	0.11
硫磺沟紫色页岩	27	53	16	—	4	25	40.3	—

D）剖面 4

（1）概况。位于昌吉市南约 23km，天山北麓洪积扇部位，海拔约 800m 左右出现红黏土（EN₁），自然断面厚度 2~10m 不等，常被厚薄不一的戈壁砾石覆盖。本剖面的地表只有少量砾石散布，荒漠植被，极稀疏，有个别旱生的多年生植物根下伸（图 11-5，图 11-6）。

图 11-5　变性古干旱土断面
（吴珊眉摄，2012）

图 11-6　变性古干旱土交叉裂隙
（吴珊眉摄，2012）

（2）剖面形态特征、理化性质和黏土矿物。表层厚度 6~10cm，颜色棕灰。10~100cm 为红棕（5YR 5/4 润），层次分化不明显，但可观察到网状裂隙，与地面水平交角 30°~60°，棱块/楔形结构，表面显陈旧性光滑面，结构表面有灰白次生碳酸钙假菌状斑。室内测定表明，pH9.1，黏粒含量 22.32g/kg，代换量 30.30cmol（＋）/kg，含盐量 3.5g/kg，石膏 0.2g/kg，土壤的线膨胀系数 0.11。对剖面不同部位，及地面的瓦片状再沉积体的黏粒（<2μm）X 射线衍射测定结果（表 11-9），黏土矿物以蒙皂石占绝对优势，相对含量分别为 95%、95% 和 92%，均未发现伊/蒙混层黏土矿物，这是笔者所研究的古红黏土蒙皂石含量最大的样品，可能是古环境适宜于蒙皂石形成和保持，并且，长期处于浅层，而未向伊/蒙混层转化。喜马拉雅运动地势抬升以后，在干旱缺水的自然条件下，蒙皂石也难以转化为其他类型的黏土矿物。该土继承了红黏土母质赋有的变性特征和性质但黏粒含量低于 300g/kg。

贾宏涛等于 2008 年 9 月，在五一农场八连开垦 3 年栽培甜菜等的农地中的夹荒地，观察了一个剖面。自然植物为耐旱、耐盐或泌盐碱植物。地表有盐碱龟裂斑，干后棕灰。心土层棱块结构，显现压力膜。50cm 以下大多可见到晶族状石膏结晶。分析表明土壤表层的 pH 是 9.65，85cm 以下则达 9.9。干燥后剖面中部可见盐分结晶。土壤线膨胀系数自表层向下逐渐增加，依次为 0.054（0～20cm）→0.062（20～32cm）→0.077（32～40cm）→0.076（40～85cm）→0.11（85cm 以下），说明该土膨胀潜力较大。但碱化或苏打化程度高，已达到盐成土的标准，而划归为盐成土。北疆和南疆冲积平原的黏性土壤往往有较高的盐碱化程度，如塔里木河的黏土属于盐成土土纲（龚子同等，2007）。

（3）土壤分类与命名

我国尚未建立变性土土纲的干旱变性土亚纲，但是，将具有变性特征和性质的黏性土，从地理发生学划归的灰漠土和棕钙土等区分开来是具有理论基础和实践意义的。对于干旱变性土的诊断鉴定，借鉴《美国土壤系统分类检索（第 11 版）》的标准和原则。但有所不同的是，划分出了古老土类，因其起因、年龄、某些特征和性质等，与当地典型变性土等之间的存在差异。

① 剖面 1：按发生学分类将此土壤的分类划归为棕钙土（熊毅和李庆逵，1987）。按《美国土壤系统分类检索（第 11 版）》划归为变性土土纲，干旱变性土亚纲，钙积干旱变性土土类，艳钙积干旱变性土亚类。

② 剖面 2：按美国土壤系统分类检索原则，可划归为雏形土土纲，干旱雏形土亚纲，钙积干旱雏形土土类，变性钙积干旱雏形土亚类。

③ 剖面 3：按全国第二次土壤普查，划归灰漠土土类，灌耕灰漠土亚类，红土状灌耕灰漠土土属。按美国土壤系统分类检索，划归变性土土纲，干旱变性土亚纲，钙积干旱变性土土类，典型钙积干旱变性土亚类。

④ 剖面 4：按中国土壤系统分类检索原则，划归干旱土土纲，正常干旱土亚纲，古正常干旱土土类，变性古正常干旱土亚类（新亚类）。

2. 夏旱变性土

（1）概况。分布在伊犁河谷山前倾斜平原，属温带半干润气候，平均年降水量 417mm（新源县 466mm），具有地中海型的气候特点：夏季降雨少，冬春雨水多。自然条件下，植物生长的水分来自春季的融雪水和降雨。粮食作物以小麦、玉米为主，经济作物包括甜菜、棉花、苹果、番茄等，畜牧业以牛、羊为主。行政上涉及伊宁县、新源县、巩留县、特克斯县、昭苏县、察布查尔县、霍城县等。

全国第二次土壤普查时，发现在伊宁县的布勒开沟、霍城县伊东嘎善、巩留县东贯里乡、新源县高潮牧场等地有红色黏质土壤，母质是古近-新近系红黏土和次生红土，混杂有第四系黄土颗粒（新疆维吾尔自治区农业厅和新疆维吾尔自治区土壤普查办公室，1996）。剖面的土层厚度不一，黏粒含量低于 270g/kg 的土层（如 25～50cm），因地形和沉积作用而异。

（2）典型剖面形态特征

① 剖面 1：位于霍城县伊东嘎善的灌溉旱地。主体颜色以红为主，一般呈棕红，有耕作层、犁底层、心土层和底土层之分。45cm 以下心-底土层的土壤形态特征受到母质的影响，棱/楔结构，全剖面泡沫反应强。

② 剖面 2：（采样者：张文太，贾宏涛，杨宝和），位于伊宁县青年农场。地形部位冲积扇，母质是黏性冲积物（Q_p^{3-4}），为果园中的低产地，未见地下水位土壤剖面形态特征如下：

地表龟裂状裂隙，深度达 35cm。

0～20cm 棕（7.5YR 4/6）粉砂黏壤，团粒和块状结构，见压力膜。

20～35cm 棕（7.5YR 4/4）粉砂黏壤，楔形结构，有滑擦面。

35～40cm 棕（7.5YR 4/6）黏壤，块状结构，无滑擦面。

40～50cm 棕（7.5YR 4/6）粉砂黏土，楔形结构，有滑擦面。

50～60cm 浊红棕（5YR 5/4）粉砂黏土，棱块结构。

60～100cm 浊棕（7.5YR 5/4）粉砂黏壤，块状结构。

全剖面有泡沫反应

图 11-7　地表裂隙（左）　　　　　　图 11-8　楔形结构（特写）

（张文太摄于新疆伊宁县青年农场，2012）

（3）土壤理化性质。由表 11-10 说明，剖面 1 的黏粒含量（0～45cm）小于 270g/kg，剖面 2 全剖面黏粒含量在 300g/kg 以上。在有机碳含量低的情况下，剖面 1（45～65cm）土层和剖面 2（60～100cm）土层的代换量分别为 24.11 和 31.55cmol（＋）/kg，说明黏粒本身具有较高的代换能力，代换量/黏粒％值也说明含有较丰富的膨胀性黏土矿物，如蒙皂石和伊/蒙混层，故土壤具有较高的活性和膨胀-收缩性能，有别于当地地带性土壤。全剖面碳酸钙含量达到钙积标准。土壤 pH 为 8.3～8.7，未见碱化现象。结合形态上具有梭/楔形结构，滑擦面以及裂隙等而符合变性土的诊断条件。

表 11-10　土壤主要理化性质和黏土矿物类型

剖面号/地点	深度/cm	pH	有机碳/(g/kg)	代换量/(cmol(+)/kg)	黏粒含量/(g/kg)	CaCO₃/(g/kg)	代换量/黏粒%	黏土矿物类型	COLE
1/霍城县	0～25	8.30	10.44	18.21	237.02	134.5	0.77	蒙皂型	/
	25～45	8.50	6.21	22.01	251.01	128.2	0.87	蒙皂型	/
	45～65	8.50	4.76	24.11	300.01	119.4	0.83	蒙皂型	/
	65～120	/	4.64	21.51	300.00	128.2	0.69	蒙皂型	/
2/伊宁县青年农场	0～20	8.06	5.39	39.82	323.01	123.8	1.00	蒙皂型	0.09
	20～35	8.32	5.68	29.35	331.01	87.6	0.89	蒙皂型	0.10
	35～40	8.27	5.29	34.61	363.21	94.5	0.95	蒙皂型	0.10
	40～50	8.33	3.04	24.31	414.02	94.4	0.59	蒙皂型或混合型	0.13
	50～60	8.61	1.64	26.45	454.22	99.1	0.58	蒙皂型或混合型	0.10
	60～100	8.70	2.80	31.55	324.55	108.3	0.97	蒙皂型	0.09

剖面 1：新疆维吾尔自治区农业厅和新疆维吾尔自治区土壤普查办公室，1996。剖面 2：数据测定由张佩佩完成。

（4）土壤分类和命名

剖面 1：按全国第二次土壤普查的分类，划归灰钙土土类，棕红灰钙土亚类，灌耕棕红灰钙土土属。按《美国土壤系统分类检索（第 10 版）》（2010），划归：

变性土土纲（Vertisols）

夏旱变性土亚纲（Xererts）

钙积夏旱变性土土类（Calixererts）

新成性钙积夏旱变性土亚类（Entic Calixererts）

剖面 2：按《美国土壤系统分类检索（第 10 版）》（2010）初步划归：

变性土土纲（Vertisols）

夏旱变性土亚纲（Xererts）

钙积夏旱变性土土类（Calixererts）

艳钙积夏旱变性土亚类（Chromic Calixererts）

建议进一步实地调查研究，不但能观察更典型的剖面，还可以探求原位红黏土和其他母质的分布、特征和性质，以及其对变性土形成，肥力，缺素症的影响。

伊犁盆地的次生红黏土常有第四系黄土层覆盖或混杂，还有第四系古土壤层出露，因此，需要将它们加以区别。建议以后调查研究夏旱变性土也要包括伊犁盆地的东部，如新源县等，以探求夏旱变性土的母质类型、分布规律、特征和性质，增加对我国迄今唯一可能具有夏旱变性土地区的成土条件、膨胀性黏粒类型、含量和来源、诊断鉴定和分类的理论和实践。

11.3　土壤改良利用

内蒙古高原阿巴嘎地区的土壤日趋干旱化和沙化，人为过度放牧导致天然草场的退化，宜实行合理的分区放牧和调节牧草品种的搭配，逐步恢复草原覆盖度和质量，并注意保持死火山锥的天然植被。

　　新疆在灌溉农业、石油工业，以及生活用水和水力发电等方面需要的推动下，在艰难的自然条件下进行了跨流域长距离的引水，成就显著，修建水库，开垦荒地，灌溉农业得到很大的发展。但随着土壤水分的增加，在近潮湿水分的情况下，土壤膨胀和搅动以及滑动位移作用，不仅使原来呈隐蔽状态的干旱变性土的变性特征趋于明显，物理性质更加恶化，而且，还带来地基不稳和安全问题，给建设中的工程带来难题，已建成工程也需要经常维修，同时，可能伴随土壤盐碱化。建议以工程措施为主结合生物措施，并加强水库和渠系的管理和维修。对于灌溉农业，一定要实施适于当地的合理灌溉制度，节约用水，降低过多水分进入土体和抬高地下水位，导致土体显著膨胀和土壤盐碱化问题。在水库和渠系渗水地带植树造林，降低风蚀威胁和土地沙化，并以适合的材料覆盖边坡和地面，降低土壤水分蒸发，预防土壤开裂和返盐。

11.4　本 章 小 结

　　（1）内蒙古高原阿巴嘎的变性土的发生，是基性矿物在温泉的热液蚀变作用下，形成以蒙皂石为主的特殊类型，此一变性土的形成作用，也会发生在高寒而具有基性火山喷发遗迹和温泉的地区。

　　（2）内蒙古自治区变性土发生的潜力较大，因为，新生代火山喷发活动、基性玄武岩和其他含有膨胀性黏土矿物的母质分布较广，不仅在高原上，在其他地区也可能有等待诊断和鉴定的变性土。

　　（3）新疆干旱变性土发生学，有少量是继承地质时期软岩风化体残余变性特征、性质和黏土矿物。它们因水分增多而显示出变性特征。其次，干旱变性土多分布在古老冲积平原的相对低处，母质为黏性沉积物。在干旱和极端干旱的自然条件下，变性特征呈隐蔽状态。随着现代环境的水分平衡发生变化，水分来源增加，土壤的含水量相应增多，变性土活化作用趋于明显，变性特征加强。与此同时，也强化了土的膨胀-收缩循环和破坏作用。在其危害性增加的同时，伴随着某些地区的土壤盐碱化，建议以工程与生物功能结合，加强水分管理等可行的综合性措施，以保护现有工程的稳定性和土壤资源的质量。

　　（4）初步的研究表明，新疆具有干旱和偏旱的夏旱型气候。膨胀-收缩能力较强的沉积层有中生代软岩（泥质岩）和新生代古近系和新近系红黏土。主要母质则是次生红黏土及黏性沉积物为主，层次变化较大，但富有膨胀性黏土矿物。新疆也可能还有超干旱变性土等，这些有待进一步思考和调查研究。

　　（5）建议吸取美国土壤系统分类检索中，对干旱和夏旱变性土亚类的分类原则和标准，尤其是引用"新成"的概念和分类。

第 12 章　变性土的肥力、养分监测与培肥

我国变性土壤大部分是在耕垦利用的农业区域，有旱地、水田、林木和草场，因此，这类土壤在全国的农业生产领域的地位重要，是不可忽视的农业自然资源。其土壤肥力状况，与其分布的气候、成土的物质基础、各地耕作利用方式，施肥管理的精细和粗放程度等因素密切相关。本章涉及农业区变性土壤的肥力状况和土地利用综合评述、主要养分状况和问题、不同利用管理方式对肥力和生产力的影响以及主要养分元素的定位监测与培肥等。

12.1　土壤养分背景状况及土地利用综述

一般认为，变性土耕层的有机质中缺少新鲜的和活性的成分。土壤氮素贫瘠，磷素缺乏，成为限制因素。微量元素中有效锌、钼和硼均缺。钾素的状况稍好，因土壤母质和气候而异，一般沉积性母质含钾较多，玄武岩残积母质较少。以下仅是大致的数据，多来自第二次土壤普查等。

12.1.1　东北平原

1. 土壤肥力状况

由北而南，土壤肥力呈递减趋势。北部黑龙江地区的变性土及变性土性土，耕层有机质和全氮较高，有效磷（P）含量可达 23mg/kg，有效钾（K）达 93mg/kg；而吉林地区耕层有机碳（C）11.48g/kg，全氮（N）1.1g/kg，全磷（P）0.37g/kg，有效磷（P）1.1mg/kg；全钾（K）18.3g/kg，有效钾（K）75.68mg/kg。

2. 土地利用综合评述

总体而言，土地平坦，土层深厚，土壤肥力高，土壤保肥性能强，适宜种植大豆、玉米、高粱、小麦、甜菜和马铃薯等旱作。然而，长期以来耕作粗放，多重茬、利用多培育少，土壤的水土流失严重，使土壤肥力下降。加之，土壤黏重，干开裂，湿黏滞，还常形成上层滞水，缺苗迟发现象明显。

12.1.2　黄河-海河平原

1. 土壤肥力状况

变性土仅分布在黄河-海河平原的边缘，是全国人口密集的老农业区，裸露的红黏土旱地，土壤肥力很低，耕层有机碳多在 5.8g/kg 以下。全磷 0.39g/kg，有效磷 1mg/kg；全钾 21g/kg，有效钾 123mg/kg。种植小麦、玉米、小米、果木等旱作，或荒地。

2. 土地利用综合评述

华北平原是全国变性土壤肥力最低的区域之一，主要的问题是坡地侵蚀严重和土壤干旱，以及低地易涝和上层滞水。土壤的物理性和耕性均很差；土壤养分贫瘠，氮、磷及多种微量元素均很低。

12.1.3　黄土高原

1. 土壤肥力状况

耕层有机碳平均含量 12.78g/kg，全氮平均含量 1.1g/kg，有效磷平均含量 1.65mg/kg，有效钾平均含量为 172.98mg/kg。养分呈现出由西部陇东，经中部陕北，至晋西而逐渐降低，其中有机质和氮素，西部中等，东部偏低；磷均偏低，钾皆丰富；锌、硼、铜特缺。

2. 土地利用综合评述

本区由西而东，年降水量由少而多，暴雨频率也逐渐加大，虽然都是黄土高原，但地面冲刷切割的严重程度，明显有别。西部的陇东高原，还保留着大面积完整的塬地。中部甘陕交界处已经侵蚀成一条条的梁，地面已不完整，由于水土流失较重，土壤肥力减退。而陕北和晋西，地面已切割成峁，支离破碎，土壤肥力再降，因地制宜、退耕返牧为佳。大跃进年代，样板点曾大力开辟水平梯田，农业上效果很好，以为是找到了一条改造黄土高原最佳的途径。然而，就在此后的强暴雨和黄土易受蚀而崩塌的灾害中，90％以上的梯田都冲垮了。膨胀性红黏土在陇东、陕北-晋西和河南三门峡市都有出露，共同问题都是黏性重，物理性和耕性差，缺有机质、氮、磷、锌和硼等。

12.1.4　淮河流域岗地和低地

1. 土壤肥力状况

土壤肥力中、低等，有效碳、磷、氮较缺，钾不足。耕层有机碳平均为 11.2g/kg，少数旱地可低至 2.09g/kg，全氮平均 0.76g/kg，全磷 0.9g/kg，有效磷 1.76mg/kg，全钾 18.65g/kg，有效钾 19.05mg/kg。锌、钼等微量元素较缺。

2. 土地利用综合评述

属老旱农区，常年种植小麦、大豆、玉米、花生、油菜和芝麻等。山东利用变性土种大蒜，达到高产、高收入和改良的目的。有的地方成功地旱改水种稻。一般产量中偏低，主要是农业经营粗放。优势是大面积地势平坦，热量条件好，雨量中等，水源尚丰富，潜水位较高，但水质也好，少有次生盐碱化。问题是土质黏重，黏滞板实，耕作困难而质量差，土壤剖面中往往有砂姜层阻碍作物生长发育。加之时有旱、涝危害。土壤氮素和磷素有效性甚低，钾素含量也不足，缺少锌等微量元素，构成作物增产的限制因素。

12.1.5　汉江流域丘岗与盆地

1. 土壤肥力状况

耕层有机碳平均含量为 8.98g/kg，全氮含量为 1.0g/kg，全磷含量为 0.36g/kg，全钾含量为 18.4g/kg；有效磷含量为 1.77mg/kg，有效钾含量为 87.50mg/kg；微量元素硼和锌低，锰、铁较高，铜偏低。土壤肥力中等，磷素很低，钾丰富。

2. 土地利用综合评述

老旱农区，主要种植小麦、玉米、甘薯和棉花，产量中等偏下，岗地也有种茶、桑，有些地方还引种油橄榄，但产量低。盆地平坦连片，水利条件较好，土体深厚，土壤肥力中等，小麦产量可达 3500kg/hm² 以上；而阶地岗坡，地面有坡坎不平整，易旱，水源也缺，雨季又易发生水土流失，加之耕作管理粗放，产量低，小麦多在 2500kg/hm² 左右。这类土壤，土质黏重，保肥性能强，但土体的物理耕性很差，干湿都难耕，适耕期甚短，又易缺苗且生长弱，后劲却很足。有些地方，土体中还有砂姜，有碍耕作质量。

12.1.6　东南沿海玄武岩台地和南方丘陵

1. 土壤肥力状况

福建玄武岩台地变性土耕层有机碳平均含量为 15.90g/kg 以上，处于中等水平。全氮平均含量为 1.04g/kg，有效氮平均含量为 65.83mg/kg，全磷平均含量为 0.82g/kg，有效磷平均含量为 12.00mg/kg，全钾平均含量为 3.9g/kg，有效钾平均含量为 120.2mg/kg。（朱鹤健等，1996）。玄武岩台地之间低地耕层有机碳含量为 15.2g/kg，全氮含量为 1.16g/kg，全磷含量为 0.34g/kg，全钾含量为 1.20g/kg。

南方丘陵盆地变性土的耕层有机碳含量大致为 12.20g/kg，全氮含量为 0.18g/kg，全磷含量为 0.45g/kg，全钾含量为 8.65g/kg，有效钾含量为 13.09mg/kg，微量元素锌、硼等均缺。

2. 土地利用综合评述

本区跨越浙江、福建、海南和广西壮族自治区等省，南北气候有较大变化，但变性土分布的地势明显，在沿海玄武岩台地上的变性土的养分元素，除了硼以外，一般比当地的发育于玄武岩的砖红壤丰富，而且，代换性盐基组成中钙和镁离子占优势，加之，表层土壤通透性较好，土壤耐旱能力也较强。因此，甘薯、花生、高粱和甘蔗产量高于当地的地带性土壤，而且，花生和红麻的品量较好（朱鹤健等，1996）。也可栽培板栗、柑橘、柿子等经、果林。问题是雨季水土流失严重，并常有滑坡危害；旱季土壤裂隙助长旱象。台地间低地宜种水稻，水耕有利于变性土的磷素的活化等优点。广西变性土干旱和土壤养分不足，缺磷是农业生产的限制因素。

12.1.7　四川盆地

1. 土壤肥力状况

耕层有机碳平均含量 11.72g/kg，少数土壤低于 5.8g/kg，全氮含量 1.1g/kg，有效磷低，一般为 4mg/kg，有效钾较高，微量元素硼、钼低，总体而言，属中等水平。

2. 土地利用综合评述

本区雨量充沛，气候适宜，有利于水稻、小麦、玉米、甘薯、生姜及大头菜、辣椒、芥菜等多种经济作物的生长，尤其是加工而成的榨菜中外闻名。虽然土层深厚，养分有效性高，使小麦、玉米的套作地年产可高达 $6000 \sim 7500 kg/hm^2$，但水土流失甚重、土壤黏重，$< 2 \mu m$ 的黏粒高的可达 50% 以上。因此，土壤物理耕性很差，适耕期很短。磷、硼、钼、锌养分也较缺。

12.1.8　云贵山间盆地

1. 土壤肥力状况

耕层有机碳平均含量 19.72g/kg，全氮 2.4g/kg，有效磷 1.65mg/kg，有效钾 77.55mg/kg，微量元素中锌、硼、钼等均较低。

2. 土地利用综合评述

多数土壤有机质、氮、钾等含量尚可，适宜种植水稻、三麦和油菜等多种作物。其问题是土壤所处地势低洼，潜水位高，加之土质黏重，排水困难，干旱季节，土体又易失水受旱，保墒力差。耕性很差，适耕期短，难以取得良好的耕作质量。但是，少数土壤经过长期改良成为砂黏较为适中的易耕的土壤，这跟人为的精细培育密切相关。生产中持续增施磷、硼等肥料是必需的。

表 12-1　主要地区变性土壤的有机碳和主要养分元素

地区	有机碳（C）/(g/kg)	全氮（N）/(g/kg)	全磷（P）/(g/kg)	有效磷（P）/(mg/kg)	全钾（K）/(g/kg)	有效钾（K）/(mg/kg)	微量元素
东北平原（吉林）	11.48	1.10	0.37	1.10	18.30	75.68	硼、钼
黄河-海河平原	5.80	—	0.39	1.00	21.00	123.00	—
黄土高原	5.50	0.63	—	$1.65 \sim 6.00$	—	172.98	
淮北盆地	6.49	0.76	0.90	1.76	18.65	19.05	硼和锌
汉江丘岗与盆地	8.98	1.00	0.36	1.77	18.40	87.50	硼和锌
沿海玄武岩台地	15.90	1.04	0.82	1.002	3.90	120.20	钼
沿海台地间低地	15.20	1.16	0.34	—	1.20	—	
南方丘陵盆地	12.20	1.80	0.45	—	8.65	13.09	
四川盆地	11.72	1.10	—	4.00	—	—	硼、钼
云贵山间盆地	19.72	2.40	—	1.65	—	77.55	锌、硼、钼

由表 12-1 可见，变性土壤的有机质和养分元素储量，以及有效性均处于较低的水平，其中，以黄土高原、黄河-海河平原古近系和新近系构成的变性土壤最为贫乏。东北平原的变性土壤是黏性黑土退化过程的象征，有机质处于下降过程之中，而且，腐殖质与有机碳比值也比较小。淮河以南、汉江、东南沿海盆地和低地变性土壤的养分状况比华北较好，但相比之下，玄武岩台地变性土的有机碳和钾素最低。所有其他地区的土壤大量营养元素中，钾的含量尚可。问题是新鲜的具有活性的腐殖质不足，腐殖质与蒙皂石复合也影响腐殖质碳的有效性。土壤氮、磷元素缺乏，尤其缺磷乃是障碍因素之一。微量元素中，一般缺少锌、硼和钼。

12.2　土壤活性有机碳

研究表明（表 12-2），变性土表层腐殖质的胡/富比，在广西和云南平均为 1.26（$n=4$），淮北平均为 1.17（$n=3$），表明腐殖质以胡敏酸为主。

表 12-2　变性土可提取腐殖质的相对含量

| 地点/剖面/层次 | 有机碳/(g/kg) | 腐殖酸 | | 胡敏酸/富啡酸 | 地点/层次 | 有机碳含量/(g/kg) | 腐殖酸 | | 地点/剖面/层次 | 有机碳/(g/kg) | 腐殖质占有机质/% | 胡敏酸/富啡酸 |
		含量/(g/kg)	占有机质/%				含量/(g/kg)	占有机质/%				
广西/2/0~9	31.7	10.40	19.03	1.33	黑龙江/0-10	38.72	6.15	9.20	山东/I-1/0-20	6.59	14.61	1.02
云南/15/0~22	12.1	5.53	26.59	1.03	12-25	14.32	4.20	17.01	山东/I-1/65-85	11.86	27.38	2.27
广西/4/0~4	22.2	5.99	15.72	1.27	黑龙江/0-12	30.16	6.00	11.53	湖北/Ⅲ-1/0-17	8.66	20.91	1.47
广西/3/0~12/	24.4	6.61	15.70	1.42	10-17	21.10	4.05	11.13	河南/II-1/0.5-20	9.60	21.81	1.47
广西/5/非变性土	14.1	8.55	35.04	0.36	黑龙江/0-21	21.42	4.05	10.97	河南/II-1/28-64	9.19	22.66	1.94

资料来源：仇荣亮，1992；黄瑞采等，1989；吴珊眉等，2011

然而，表层可提取的腐殖质的含量占土壤有机质的比例只有 11%～27%，其中，广西变性土为 15%～19%、黑龙江省土样为 9%～17%、淮北的土样为 14%～22%，依气候、母质和土壤年龄而有所不同。土壤有机质中的这部分是指具有活性的腐殖质，它们所占的比例还低于非变性土。究其原因，主要是腐殖质与蒙皂石的高度复合，使腐殖质被蒙皂石所保护而使可提取的腐殖酸下降。以上研究说明，变性土表层有机质的表观含量即使达到 4%，可供矿化的活性部分并不高。研究表明，长期地有机培肥，可以使松结合和稳结合的腐殖质增加；土壤退化则使紧结合的腐殖质增加（田淑珍和姜岩 1985；宿庆瑞和迟风琴，1997）。因此，有效的办法是在轮作中加入经济价值高的经济作物，农民就会长期地向土壤投入优质的有机物源和配施化肥，繁衍土壤微生物的活动，配合合理耕作，以达到"土肥相融"的程度，则可改善变性土的有机碳素营养和不良的物理性质，以及综合性的生态功能。另外，实施水旱轮作制度，对土壤有机质和活化是有利的。通过泡田耕耙和晒垡，促进有机质分解及碳、氮素释放。在加速土壤有机质分解的同时，需配合施用速效性化肥，以补充植物的需求而形成更多的植物有机体，在水田条件下易于累积，而达到有机碳的平衡。

12.3　变性土磷素组分与缺磷机制

张叔钦（1991）和仇荣亮（1992）对山东和滇桂变性土磷素的研究表明，有效磷的含量相当低，施磷对作物有明显的增产效果。现从磷的组分含量比例和缺磷机制进行初步探讨。

12.3.1　有机磷的各组分含量与缺磷机制

Browman-Cole 将土壤有机磷分为 4 组，一是活性有机磷（AOP）与核酸和磷脂有关的成分，是易于矿化被植物吸收的组分。二是中等活性有机磷（MAOP），是较易矿化又较易被植物吸收的组分，可能与植酸钙有关。三是中等稳定性有机磷（MSOP），是较难矿化又较难被植物吸收的组分。四是高度稳定性有机磷（HSOP），是很难矿化和难以被植物吸收的组分。山东淮北和滇桂变性土有机磷分级含量如表 12-3。

表 12-3　不同组分的土壤有机磷含量

地点/剖面/层次	有机碳 /(g/kg)	活性有机磷		中等活性有机磷		中等稳定性有机磷		高度稳定性有机磷		有机磷总量 /(mg/kg)	有机磷/总磷/%
		含量 /(mg/kg)	占有机P/%	含量 /(mg/kg)	占有机P/%	含量 /(mg/kg)	占有机P/%	含量 /(mg/kg)	占有机P/%		
广西/2/ 0~9	31.7	0.27	0.09	119.39	49.51	64.19	26.62	57.36	23.79	241.13	46.41
广西/3/ 0~12	24.4	6.67	2.29	138.27	46.83	86.06	29.14	64.21	21.74	295.29	48.59
广西/4/ 0~4	22.2	5.29	2.19	106.95	44.25	56.94	23.54	72.57	30.02	241.70	69.92
云南/15/ 0~22	12.1	21.64	5.60	214.52	55.51	78.06	20.20	72.21	18.67	386.44	60.43
山东/3- 1/0~18	12.2	8.29	2.24	217.58	58.92	121.04	32.78	22.36	6.06	369.27	44.09
山东/3-3 0~20	10.3	8.08	2.89	170.67	61.04	90.79	32.47	10.07	3.60	279.61	42.61

从表 12-3 可见，耕层有机磷为主要的磷形态，占全磷的 43% ～ 70%，平均 56.5%。供试土壤的活性有机磷百分数均相当低，仅占有机磷总量的 4% 左右，有些甚至低至 0.096%。表中显示有机磷形态中，以中等活性有机磷为主，与鲁、豫地区和淮北变性土相似，占有机磷总量的 45% 以上。这部分有机磷与植酸钙有关，是较易矿化为植物吸收的部分。因此，这些土壤剖面中 Ca 的存在应该是其比例较高的原因。但应指出的是，尽管其相对含量高，但其绝对含量并未占很大优势。同时，高度稳定性有机磷与中等稳定性有机磷百分数之和，所占的比例不低，这部分是指溶于 0.5MNaOH 的与植酸铁有关的部分，因此，较好地体现了铁的影响。

土壤中磷的有机态固定是磷固定的重要部分。有机磷的矿化速率是决定土壤磷有效性的重要因子。而其速率不仅取决于土壤磷酸酶活性，同时还与黏土矿物的种类及有机质的分解速率有关。可见，变性土的有机磷矿化速率要慢得多。因此，不仅导致了有机磷形态的大量固定，同时造成变性土磷素缺乏。

促进土壤有机磷的活化要长期施用有机肥，不但能够大幅度提高有机磷的含量，而施用含有一定量溶磷细菌的肥料，则可以在不增加全磷量的情况下，显著提高土壤中的中等活性有机磷和活性有机磷的含量，促进土壤中磷的活化（孙华等，2003）。同时，要预防土壤退化。

12.3.2　无机磷的分组含量和磷的固定

从表 12-4 可以看出，滇桂变性土以闭蓄态磷（O-P）占主导地位，因此说明闭蓄态磷是无机磷固定的主要形态。它反映了氧化还原过程频繁的干湿交替水分状况。而广西剖面 O-P 百分数普遍高于云南剖面，似乎与气候尤其是湿度状况对这个过程的影响。除 O-P 外，广西变性土耕层的无机磷的次要形态为 Ca-P，而 Ca-P 中又以仅能作为潜在钙源的植物难以利用的 Ca_{10}-P 为主。这种磷主要以磷灰石类磷酸盐存在，化学活性相当低，与植物吸磷量无任何相关性。无机磷的另一形态为 Fe-P，其含量也较高。作为速效磷源的 Ca_2-P 和有效磷源的 Al-P 及 Ca_8-P 含量却相当低，导致土壤有效磷的缺乏。山东变性土表层则以 Ca-P 为主，其次为 O-P，两者之和占无机磷的 88.0% 和 89.3%，可见，它们是山东供试的旱地表层的无机磷主要固定形态。虽然，Ca-P 中应该有部分是（Ca_8-P），连同 Al-P 是有效磷源，但含量相当低，故缺磷问题相当严重。

表 12-4　土壤无机磷分组含量

剖面	层次/cm	Ca_2-P 含量/(mg/kg)	Ca_2-P 占无机P/%	Ca_8-P 含量/(mg/kg)	Ca_8-P 占无机P/%	Ca_{10}-P 含量/(mg/kg)	Ca_{10}-P 占无机P/%	Ca-P 含量/(mg/kg)	Ca-P 占无机P/%	Fe-P 含量/(mg/kg)	Fe-P 占无机P/%	Al-P 含量/(mg/kg)	Al-P 占无机P/%	闭蓄态磷O-P 含量/(mg/kg)	闭蓄态磷O-P 占无机P/%	无机磷总量/(mg/kg)
2	0～9	2.31	0.83	6.26	2.25	41.71	14.98	50.28	18.06	13.24	4.75	4.34	1.56	210.56	75.00	278.42
3	0～12	2.44	0.78	4.14	1.32	34.76	11.12	41.34	13.22	28.50	9.12	1.91	0.61	240.71	77.04	312.45
4	0～4	2.15	2.07	4.22	4.06	11.66	11.15	17.97	17.28	5.14	4.94	2.11	2.03	78.75	75.74	103.97

续表

剖面	层次 /cm	Ca₂-P		Ca₈-P		Ca₁₀-P		Ca-P		Fe-P		Al-P		闭蓄态磷 O-P		无机磷总量 /(mg /kg)
		含量 /(mg /kg)	占无机 P/ /%	含量 /(mg /kg)	占无机 P/ %	含量 /(mg /kg)	占无机 P /%	含量 /(mg /kg)	占无机 P /%	含量 /(mg /kg)	占无机 P /%	含量 /(mg /kg)	占无机 P /%	含量 /(mg /kg)	占无机 P /%	
15	0～22	13.3	5.47	8.30	3.28	17.23	6.81	39.36	15.56	94.21	37.24	13.59	5.37	105.84	41.83	253.00
3-1	0～18	0	0	0	0	0	0	227.52	48.50	33.16	7.07	22.58	4.80	185.85	39.62	469.11
3-3	0～20	0	0	0	0	0	0	180.44	48.42	20.72	5.56	19.22	5.13	152.36	40.88	372.63

12.4　变性土的钾素

除玄武岩风化残积母质外,一般来源丰富。但这些土壤固钾力强,使盐基性钾含量少而镁量多,限制了植物对钾的吸收。钾素在土壤中被固定的机理是主要被固结在黏土矿物的晶格中。对于有效钾的缺乏,当地农民的经验一是种吸钾强的作物,如十字花科的麻菜,豆科的紫云英等作物;另一是补充钾素,以钾增氮。

12.5　变性土地区土壤的养分定位观察和培肥——以河南省为例

河南省变性土壤一般归为砂姜黑土型,面积约 127.2hm²,占全省土壤总面积的 9.25%,其中耕地 124.79 万 hm²,占全省耕地总面积的 13.89%。是河南省第四大耕作土壤。主要分布在黄淮平原、南阳盆地的湖坡洼地。有普通砂姜黑土型变性土和石灰性砂姜黑土型变性土之分。前者面积 93.10 万 hm²,耕地面积为 91.47 万 hm²。

长期以来,河南省一直以增加有机肥施用量,推广秸秆还田、小麦留高茬、麦秸麦糠盖田等技术作为提高耕地质量的重要措施。年均有机肥施用总量在 3 亿 m³ 左右,平均每公顷 30m³ 以上,高产地块达 45～60m³,耕地理化性状得到改善,土壤肥力稳中有升。据全省 42 个县 84 个耕地地力长期定位监测点和 2005 年度 18 个测土配方施肥补贴项目县,土壤样品检测分析数据表明:土壤耕层有机质、全氮、速效磷、速效钾平均含量分别为 12.9g/kg、9.4g/kg、15.50mg/kg 和 118mg/kg。与第二次土壤普查时相比,土壤耕层有机质、全氮、速效磷提高 20% 以上,土壤肥力稳中有升。以下是变性土的养分状况和养分监测的结果。

12.5.1　土壤养分动态变化

1. 1998～2007 年来耕地表层养分变化

通过 10 年定点定位的耕地养分监测,施肥对土壤有机质、全氮、速效磷和速效钾含量的影响较为明显,常规施肥区的养分含量普遍高于不施肥区。施肥区耕层土壤有机质含量基本稳定,略有上升,平均值为 17.2g/kg,无肥区有机质含量呈现出缓慢的下降趋势;施肥区全氮、碱解氮、有效磷和速效钾含量经回归分析变化不显著,无肥区有下降趋势。施肥区 10 年的平均值与第二次土壤普查时对应点位相比,除速效钾含量基本变化不大外,其他各养分含量都有明显提高(表 12-5)。

表 12-5　河南省耕地养分监测点土壤耕层养分变化情况

年份	有机质/(g/kg)		全氮/(g/kg)		碱解氮/(mg/kg)		有效磷 (mg/kg)		有效钾 (mg/kg)	
	习惯施肥	不施肥	习惯施肥	不施肥	习惯施肥	不施肥	习惯施肥	不施肥	习惯施肥	不施肥
1998	16.3	16.6	1.20	1.23	100.14	103.13	19.30	17.73	138	140
1999	18.5	15.4	1.25	1.04	83.43	84.71	12.23	10.56	144	153
2000	16.8	14.9	1.04	0.93	85.71	70.00	19.77	13.69	151	141
2001	17.8	14.1	1.18	1.03	102.57	80.00	17.47	14.58	157	142
2002	16.5	14.3	1.19	1.02	89.15	59.17	16.15	7.15	147	139
2003	16.7	13.2	1.09	0.93	87.17	56.14	14.12	5.99	158	125
2004	17.3	13.9	1.15	0.98	98.85	69.23	15.41	10.22	155	141
2005	17.1	14.2	1.14	1.04	97	83.50	17.23	8.88	161	145
2006	18.6	—	1.13	—	83.86	—	16.11	—	178	—
2007	18.9	—	1.17	—	—	—	17.11	—	156	—
平均	17.2	12.4	1.16	—	92.32	—	16.3	—	153	—
1986	15.1	(n=7)	0.99	(n=7)	75.05	(n=3)	5.17	(n=7)	153	(n=7)

注：1986 年为各监测点与第二次土壤普查时对应点位的养分含量

2. 耕层土壤养分的平衡状况

分析作物对养分吸收量与肥料养分投入量之间的平衡状况，可为制定生产上的施肥综合计划，保证养分合理循环提供依据。通过土壤肥力长期定点监测，揭示不同施肥管理条件下，养分平衡对土壤肥力、土壤有机质、氮磷钾养分等的演化方向和规律，为施肥宏观管理和施肥预测预报提供理论依据。

在此，采取以肥料养分的投入量与作物养分的吸收量之间的盈亏（表观盈亏量）及肥料养分投入量与作物养分吸收量之比（平衡系数），来衡量农田施肥水平及养分平衡的统计分析方法。

从表 12-6 看出，9 年来，全省耕地平均氮素（N）盈余 30.8kg/hm²，平衡系数1.13；磷素（P_2O_5）盈余 10.2kg/hm²，平衡系数 1.10；钾素（K_2O）亏缺 105.5kg/hm²，平衡系数 0.59，也反映出河南省氮、磷肥施用量比较适中，钾肥施用量较低。其中，2003 年由于夏季洪涝灾害，秋作物大面积减产，土壤投入多，支出少。

表 12-6　1999～2007 年土壤养分盈亏状况表　　　　（单位：kg/hm²）

年份	投入量			支出（作物吸收量）			表观盈亏			平衡系数		
	N	P_2O_5	K_2O	N	P_2O_5	K_2O	N	P_2O_5	K_2O	N	P_2O_6	K_2O
1999	304.80	120.12	127.58	277.32	92.85	208.04	27.48	27.27	−80.46	1.10	1.29	0.61
2000	304.80	128.66	114.97	293.25	115.29	262.57	11.55	13.37	−147.60	1.04	1.12	0.44
2001	298.50	115.29	111.11	209.50	112.32	270.05	89.00	2.97	−158.94	1.42	1.03	0.41
2002	289.20	120.00	139.35	347.73	136.45	269.95	−58.53	−16.45	−130.60	0.83	0.88	0.52
2003	378.90	166.10	181.12	257.49	116.93	225.22	121.41	49.14	−44.10	1.47	1.42	0.80
2004	342.00	147.85	170.42	303.30	126.05	255.74	38.70	21.80	−85.32	1.13	1.17	0.67
2005	310.80	139.67	167.29	302.10	131.57	249.95	8.70	8.10	−82.69	1.03	1.06	0.67
2006	332.64	152.16	193.37	328.38	143.66	280.86	4.26	8.50	−87.49	1.01	1.06	0.69
2007	351.90	126.66	136.94	317.10	148.66	268.92	34.80	−22.00	−131.98	1.11	0.85	0.51
平均	—	—	—	—	—	—	30.82	10.23	−105.46	1.13	1.10	0.59

12.5.2　肥料投入

土壤肥力是作物高产的物质基础,而施肥则是提高土壤肥力的主要手段。固然土壤肥力水平受土壤自然属性的影响,但是耕地的利用方式和利用水平,特别是施肥对土壤肥力水平的影响更大。

据统计,河南全省砂姜黑土型变性土的 7 个监测点,近 10 年的平均每公顷总施肥量折纯养分 $(N+P_2O_5+K_2O)$ 581.55kg。其中,有机肥使用量养分含量 117.08kg/hm²,氮、磷、钾分别为 40.01kg/hm²、24.59kg/hm²、52.48kg/hm²;化肥使用量养分含量 464.47kg/hm²,化肥氮、磷、钾分别为 268.35kg/hm²、127.52kg/hm²、68.61kg/hm²。氮、磷、钾比例为 $N:P_2O_5:K_2O=1:0.49:0.39$,有机无机比为 1:3.97,化肥氮、磷分别占总施氮、磷肥量的 87.02%、83.83%,有机肥提供的钾占总钾肥量的 43.34%。10 年里肥料投入实物量有下降趋势,有机无机养分的投入结构十分不合理,有机肥投入是全省耕地土壤中投入最低的,化学钾肥用量也低;从 10 年来的监测结果看,化肥投入结构中,氮磷单质化肥所占比例呈下降趋势,高浓度复混肥和多元配方肥施用比例则呈逐年上升趋势,随着近几年配方肥料施用的大力推广,全省氮磷钾施用比例正趋于合理。从夏秋两季来看,夏收作物施肥量明显高于秋收作物,约有 90% 的有机肥和 70% 的化肥都用于夏收作物。

12.5.3　土壤改良利用

1988 年以来,河南省通过各种农业项目综合治理,共改造中低产田中的变性土 61.55 万 hm²,占该土面积的 49.5%。

由于生产条件和产量水平随着气候的变化、农业体制的改革、国家对农业的重视、农业科技水平的提高,特别是良种的全面推广、测土配方施肥的实施和病虫害防治力度的加大,以及农田水利设施建设和配套,田、林、路、沟、渠的综合治理,地下水位的降低,减少了土壤的渍涝灾害,改善土壤通透性等理化性状,使产量水平逐步得到提高。1980~1985 年,全变性土区的小麦产量仅 1500~2250kg/hm²,属低产水平。目前小麦单产在 7500kg/hm² 左右,部分达到 9000kg/hm²,达到了高产水平。同样条件下,南阳盆地变性土的小麦单产在 6000kg/hm² 左右徘徊,比淮北产量低 1500kg/hm² 以上,主要原因是种植管理粗放。

以驻马店市汝南县留盆镇大冀村委土壤剖面的理化性状变化为例:1981 年 4 月 21 日中国科学院南京土壤土所张俊民为首的全国土壤考察团在大冀村委大柴庄西南 180m,采挖了剖面(汝-豫 28 号),当地海拔 47.5m,地下水位 2m,麦田中有少量芦苇超过麦苗。耕层土样分析结果:有机质 15.4g/kg,全氮 1.01g/kg,碱解氮 102mg/kg,有效磷 (P) 6.1mg/kg,有效钾 (K) 176mg/kg。

留盆镇典型砂姜黑土型变性土 31 680hm²,黄土覆盖的面积 2844.9hm²。当时全镇的小麦单产 1702.5kg/hm²,平均施有机肥 22.5~30m³/km²,碳铵 387kg/hm²,磷肥 11.25kg/hm²;秋季大豆单产 577.5kg/hm²。"麦茬豆,豆茬麦,亩产不过二、三百市斤",是当时该土产量水平的真实写照。

1998 年，河南省土肥站在汝南留盆镇大冀村委建立省级土壤肥力监测点，目前年平均地下水位降至 10m 以下，主要是达到了 3.33 公顷（50 亩）一眼机井，做到旱能灌，涝能排，并全面实现机械化。2007 年河南省土壤肥料站对该监测点农化样分析结果：有机质 2.06g/kg，全氮 1.34g/kg，碱解氮 102mg/kg，有效磷 15.9mg/kg，有效钾 204mg/kg。有机质、全氮、有效磷、有效钾呈上升趋势。同年监测点每公顷投入纯氮 318kg，五氧化二磷 138kg，氧化钾 72kg（不包括有机肥），小麦公顷产 6760.5kg，玉米 6600kg；2008 年施纯氮 318kg，五氧化二磷 78kg，氧化钾 108kg，小麦单产 7020kg/hm^2，玉米单产 7399.5kg/hm^2。

12.5.4　土壤利用改良存在的问题及对策

全省砂姜黑土型变性土存在的问题是土壤质地黏重、通透气差、适耕期短没有得到根本治理，特别是近年来农村劳动力大量外出，旋耕机的大规模使用，造成土壤耕层变浅、种植管理粗放越来越严重，尤其是有机肥相对使用量减少，土壤肥力退化。土壤改良和利用的要点如下。

1. 增加有机投入，培肥耕地土壤

连续 10 年的监测结果表明，有机肥用量呈下降趋势，2007 年有机肥施用量与 1998 年相比下降了 40%，有机无机比（纯养分）为 1∶2.50，尤其砂姜黑土型变性土的有机肥施用量更低，有机无机比（纯养分）仅为 1∶3.97。据曹树钦等研究，在养分总投入量一定的情况下，有机、无机养分配比为 1∶1 时，可以达到既培肥土壤又能使当季农作物增产。因此，增加有机肥的投入，减少化肥用量，以促进增产增收。随着"沃土工程"的实施，有机肥积造及开发利用将得到大力发展。今后，应坚持季节积肥与全年积肥相结合，重点放在保持秸秆还田，畜、禽类粪便和城市有机废物利用，逐步开发高质量的商品有机肥。

2. 推广测土配方施肥技术，提高肥料效应，协调土壤养分

肥料中主要养分比例的协调平衡，是作物高产优质和提高肥料利用率的重要条件，也是实施无公害优质农产品生产的主要措施之一。从监测结果看，耕层氮有盈余，磷素基本平衡，钾素相对亏缺。控氮稳磷，补钾增微，是当前平衡施肥的突出问题。在当前结构调整和无公害农业生产中必须实施测土配方施肥技术，减少单一型、低浓度化肥的施用。

3. 加大中低产田改造力度，改善土壤水肥气热状况

为保障国家粮食安全，国家要加大对中低产田改良力度，其中特别是砂姜黑土型变性土改造的力度。关键是改善其水肥气热的协调能力，除健全农田水利排灌设施外，增施有机肥，坚持秸秆还田其加深耕层等是重要环节。

第13章 变性土的水分物理性质和农田水利

变性土属于中-低产土壤，但生产潜力较大，分析其原因：一是地形一般平坦，土层深厚，虽然黏重难耕，有的还含有砂姜，但大部分出现在50cm以下，不影响机械耕作与管理。二是所处气候条件较好，热量和降雨量也较丰富，尤其在淮北平原，热量条件较好，年平均气温在15℃左右，年降水量为750～900mm，年水面蒸发量只有1300～1500mm。大于10℃的积温在4600～4800℃，无霜期为200～220天，热量能满足农作物一年两熟的需求，小麦在无灌溉的条件下，也能获得相对较高的产量。三是潜水的水质好，水源丰富，矿化度多小于0.5g/L，为重碳酸-硫酸钙钠或重碳酸-氯化钙镁水，发展灌溉不至于引起次生盐渍化。淮北一般采用5～7m深的压水机井，便可取水灌溉。四是适宜于种植多种类的粮食和经济作物，主要作物除小麦、大豆、甘薯外，还有花生、油菜、芝麻、绿豆、红麻、水稻和大蒜等。特别是花生，耐涝、耐旱、耐瘠，适宜在低产的变性土上种植。五是综合治理投资少，见效快，经济效益高。因此，根据各地实际情况，因地制宜地采取综合农业措施，以改良土壤的不良物理性质，并建立配套的农田水利设施。

13.1 水分物理性质

变性土黏粒含量在300g/kg以上，富含2∶1型蒙皂石和伊/蒙混合型黏土矿物而具有明显的膨胀-收缩性，具有特殊的土壤形态特征，影响土壤容重、孔隙性、水分常数、土壤持水性能、毛管上升性和抗旱性等诸多水分物理性质。

13.1.1 土壤容重和孔隙性

黑龙江、安徽和福建等省的研究表明（表13-1），土壤容重表层较小，随着土层深度增加而增加。土壤孔隙度随土层深度增加而减小。孔隙类型的组成特点是毛管孔隙与总孔隙的差别不明显，土壤非毛管孔隙，即通气和排水孔隙度极低。土壤非毛管孔隙与毛管孔隙的比值，随着深度增加而减少。表13-1显示，此比值表层为0.20～0.27，黑龙江省克山林地仅0.13；有厚度为20～50cm心土层的孔隙比值小到0.002～0.077。虽然与使用的测定方法有关，但至少说明列举的变性土壤心土层的水分物理性质比表层更差。一般认为土壤非毛管孔隙与毛管孔隙的比值，旱地作物以0.25～0.50为宜。而表13-1中的表层比值都低于0.25，只有福建的变性土为0.27，尚适于旱地作物的生长。土壤心土或底土层的孔隙比值极低，说明土壤通气性能、渗水和排水性能。比表层更差，并在雨季或冻融期间可形成上层滞水，助长坡地土壤侵蚀和滑坡，低平地土壤出现明涝和暗渍的危害。

表 13-1　土壤容重和孔隙度

编号/地点	深度/cm	容重 g/cm³	总孔隙度/%	毛管孔隙度/%	非毛管孔隙度/%	非毛管孔隙/毛管孔隙
1/集贤兴安	0~19	1.32	50.39	42.10	8.29	0.197
	19~53	1.30	51.04	43.10	7.94	0.184
	53~87	1.44	46.43	45.05	1.38	0.031
	87~117	1.48	45.11	41.00	4.11	0.100
	117~	1.48	45.11	44.50	0.61	0.014
2/富锦农科所	0~28	1.15	56.00	46.00	10.00	0.217
	28~54	1.40	47.76	46.20	1.56	0.033
	54~86	1.48	45.11	45.00	0.11	0.002
	86~124	1.58	41.81	40.00	1.81	0.046
3/克山农场	0~10	—	57.97	52.26	5.68	0.109
	10~20	—	55.69	48.66	7.03	0.146
	20~30	—	56.86	52.90	3.96	0.075
	30~40	—	50.76	48.28	2.48	0.051
	40~50	—	44.71	43.88	0.83	0.019
	50~80	—	35.06	34.66	0.40	0.012
	80~100	—	41.10	40.68	0.42	0.010
4/安徽固镇	0~20	—	51.11	41.40	9.68	0.234
	20~34	—	47.23	41.71	5.52	0.132
	34~54	—	44.12	40.98	3.14	0.077
	54~82	—	44.36	38.95	5.41	0.139
5/福建漳浦	表层	—	58.40	45.93	12.47	0.272
	心土层	—	48.30	46.70	1.13	0.024

注：1 和 2 黑龙江省土地管理局和黑龙江省土壤普查办公室，1992；3 陈敏和冯勤亮，2010；4 孙怀文，1988；5 朱鹤健等，1996

13.1.2　土壤膨胀性

上述土壤孔隙性的特点，与多种土壤物理性质有关，其中之一是变性土壤吸水后立即膨胀，如三江平原资料表明，土壤吸水后，开始 1h 膨胀最快，膨胀量达到 15% 左右之后，膨胀趋于缓慢地增加，经 3~4h 后达到稳定膨胀量。最大膨胀量可达 25%，比黑土高 1~2 倍。2006 年测定富锦土壤剖面线膨胀系数，0~48cm 为 0.083，48~105cm 是 0.096（Wu et al.，2006），表明该土具有相当强的膨胀潜力。膨胀改变孔隙状况，非毛管孔隙再减小，毛管孔隙增加，明显与黏粒含量和多量膨胀性黏土矿物密切相关。

13.1.3　土壤渗水性

土壤渗水性，以心土层次最弱。以富锦县长安为例，耕层渗水速度为 15.5mm/h，心土层为 1.4～4.4mm/h，灰黄土层为 1.6mm/h，紫泥层为不透水层。因此，改善渗水性，特别是增强 50～100cm 土层的渗水能力，是减轻上层滞水成涝的关键所在。江苏和安徽也有类似结果。

13.1.4　土壤持水性能

土壤持水性能取决于土壤的颗粒组成、结构性和孔隙性。变性土的黏粒含量高，结构性较差，耕层 >0.25mm 的水稳性团聚体只有 20% 左右，耕层以下为稳定的棱柱状和棱块状结构体，结构表面又有定向黏粒胶膜。另外，由于土体中含有较多的砂姜，占据了一定的空间，也影响到土壤的持水能力。

据安徽水利科学研究所的资料，变性土壤质地黏重，但土壤的持水能力却不强。据测定，1m 土层内能够保持的最大水量一般为 350mm 左右，而其中能够供作物吸收利用的有效水分只不过 150mm 左右，而且低吸力段（<100kPa）所占比重较小，仅占 30% 左右（表 13-2）。土壤持水量如图 13-1 所示，其持水曲线在 5～10kPa 阶段迅速下降，超过 10kPa 以后曲线则比较平缓，说明在低吸力段随着吸力增高而释出的水分较少。

表 13-2　田间持水量和有效水含量

采土地点	土层深度/cm	田间持水量/mm	凋萎含水量/mm	有效水分含量/mm	土壤吸力<100kPa 的有效水分/mm	土壤吸力>100kPa 的有效水分/mm
安徽水利科学研究所新马桥试验站	0～20	62.7	30.5	32.2	10.2	22.0
	20～28	26.0	15.7	10.3	3.8	6.5
	28～56	110.6	64.9	45.7	12.3	33.4
	56～100	159.4	98.1	61.3	20.8	40.5
	0～100	358.7	209.2	149.5	47.1	102.4

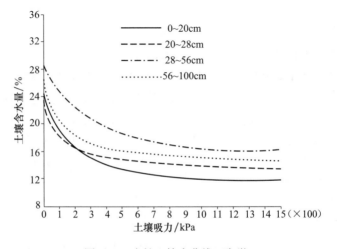

图 13-1　变性土持水曲线（安徽）

土壤持水性能可以用比水容重来表示，它是持水曲线的斜率。其大小说明相同吸力阶段植物吸收同样的水量所耗费的能量不同。比水容量越大、植物吸水耗能越少，水分对植物的有效性越大；比水容重越小，土壤持水性能越差。

耕层以下各个吸力阶段的比水容量均具有与其相同的变化规律，不过在 100kPa 吸力范围内，耕层的比水容量要比以下各层为大。这是耕层的结构性和孔隙性相对比以下各层都要好的缘故。

随着吸力的增加，土壤水分的有效性呈现出快速下降的特点，从而使土壤对作物的供水较旱地产生困难。与其他土壤相比，如红壤、棕壤以及淮北地区的坡黄土（潮棕壤）等，在有效水分范围内同一吸力下的比水容量，变性土甚低，尤其在低吸力阶段相差更大。这说明其供水能力较低，抗旱性能较弱。

为了说明低吸力阶段土壤结构对持水性能的影响，特将原状土磨细（过 1mm 筛孔）用负压计称重法测定结构破坏后的持水性能，其结果列于表 13-3。从表 13-4 可以看出，同一吸力阶段，磨细土的比水容量要比原状土高 1～2 倍。说明变性土在低吸力阶段，其结构性差对土壤持水性能产生的不良影响较为明显。

表 13-3　不同吸力段土壤的比水容量

土层深度/cm	比水容量/kPa							
	2～10	10～30	30～50	50～70	70～100	100～300	300～800	800～1500
0～20	5.96×10^{-6}	9.51×10^{-7}	4.15×10^{-7}	3.35×10^{-7}	3.07×10^{-7}	2.21×10^{-7}	5.56×10^{-8}	9.00×10^{-9}
20～28	2.56×10^{-6}	7.15×10^{-7}	3.75×10^{-7}	2.55×10^{-7}	2.30×10^{-7}	1.34×10^{-7}	4.04×10^{-8}	7.29×10^{-9}
28～56	2.85×10^{-6}	6.18×10^{-7}	2.50×10^{-7}	2.00×10^{-7}	1.83×10^{-7}	1.77×10^{-7}	8.68×10^{-8}	9.86×10^{-9}
56～100	2.16×10^{-6}	3.95×10^{-7}	3.35×10^{-7}	2.85×10^{-7}	2.30×10^{-7}	1.52×10^{-7}	4.54×10^{-8}	9.43×10^{-9}

表 13-4　低吸力段磨细土的比水容量

土层深度/cm	比水容量/kPa				
	2～10	10～30	30～50	50～70	70～100
0～20	4.18×10^{-6}	2.49×10^{-6}	1.05×10^{-6}	6.65×10^{-7}	5.53×10^{-7}
20～28	3.00×10^{-6}	1.72×10^{-6}	1.10×10^{-6}	6.70×10^{-7}	4.80×10^{-7}
28～56	3.09×10^{-6}	2.03×10^{-6}	9.00×10^{-7}	5.30×10^{-7}	4.80×10^{-7}
56～100	2.18×10^{-6}	1.33×10^{-6}	1.02×10^{-6}	4.90×10^{-7}	3.61×10^{-7}

13.1.5　土壤导水性能

采用稳定蒸发法测定土壤的非饱和导水率。从图 13-2 中可以看出：①在 100kPa 土壤吸力范围内，耕层（0～15cm）的非饱和导水率明显大于以下各层；犁底层（15～25cm）不仅明显小于耕层，而且在 <60kPa 范围以内，也明显小于以下相邻土层（25～40cm）。②非饱和导水率随着土壤吸力增大而降低，其降低的趋势，明显是以 30kPa 为转折点，<30kPa 时非饱和导水率急剧增高，>30kPa 时非饱和导水率则较低，这对土壤的及时供水影响很大。因为对一般旱作物来说，30～100kPa 吸力范围内的水分是有效度较大的水分，这部分水分移动缓慢，不能及时满足作物吸水，是造成作物容易受旱的重要原因。砂姜黑土之所以导水性能较弱，主要是由于土壤孔隙性不良所致。它虽然总孔隙度不高，但微孔隙（孔径＜0.0002mm）所占比重较大，尤以犁底层和心土层更为显著。

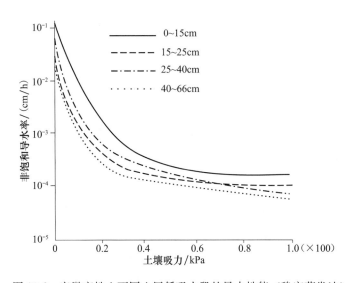

图 13-2　安徽变性土不同土层低吸力段的导水性能（稳定蒸发法）

13.1.6　土壤毛管水上升性能

由于潜水埋藏较浅（1～2m），土壤水分来源除依靠降雨和灌溉外，还依靠潜水通过毛管上升的水分予以补给。因此，毛管上升水是淮北地区作物供水的重要来源之一。潜水补给作物供水的数量取决于土壤毛管水上升的速度和高度。采用深度为 100cm、直径为 15cm 的原状土管柱，观测原状土和磨细土（磨碎后通过 1mm 筛孔）装成的管柱毛管水上升的速度和高度图 13-3 和图 13-4。观察到毛管水上升的速度极其缓慢，上升高度也很小。原状土柱在 30 天之内只上升近 5cm，从 50cm 上升到 60cm 则花费 50 天之久，而且上升已近于停止。而磨细土柱只用 5 天就已上升到 50cm，从 50cm 上升到 60cm 只用 4 天时间，40 多天就上升到 100cm。毛管水强烈上升高度达 93cm。这说明原状土经过破碎后，破坏了原来的结构体和垒结状况，使土壤毛管孔隙不仅在数量上得到提高，同时也改善了孔隙的大小分配比例，增强了土壤的毛管性能。由于毛管水上升性能较弱，故使潜水对土壤水分的补给作用产生不利影响。从原状土柱潜水蒸发测定资料（表 13-5）可看出在潜水埋深 0.6m 时，变性土的日平均潜水蒸发量在 0.4mm 以上；而当埋深增加到 1m 时，日平均蒸发量只有 0.05～0.19mm；当埋深增加到 1.5m 时，日平均潜水蒸发量几乎接近于零。因此，当遇到天气干旱时，尤其是在蒸发强烈和作物耗水较大的季节，由于毛管上升远远跟不上土壤上层蒸发蒸腾的损耗，而时常出现干旱。

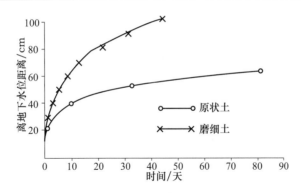

图 13-3 变性土毛管水上升速度（安徽）

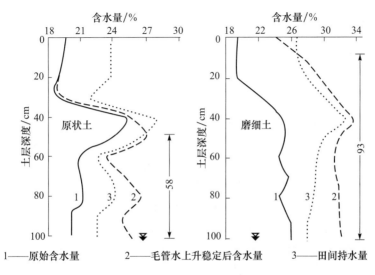

1——原始含水量　　2——毛管水上升稳定后含水量　　3——田间持水量

图 13-4 变性土毛管水上升高度（安徽）

　　根据在种植作物条件下的原状土潜水蒸发实验资料计算，不同埋深潜水对小麦、大豆和夏玉米的补给量：当埋深从 1m 增加到 1.5m 时，小麦田潜水补给量由 106.9mm 减小到 51.7mm，减少了 51.6%；大豆田潜水补给量由 85.8mm 减为 23.6mm，减少了 72.5%；夏玉米田潜水补给量由 101.3mm 减为 28.1mm；减少了 72.3%（表 13-5、表 13-6）。这说明小麦、大豆和夏玉米对潜水的利用量，当埋深下降到距地面 1m 以下后则急剧减小，降到 2m 时已极乎甚微。这显然是由于土壤毛管性能较弱所致。

表 13-5　不同埋深的潜水平均蒸发量　　　　　　　　　（单位：mm/天）

地下水埋深/m	月份												全年
	1	2	3	4	5	6	7	8	9	10	11	12	
0	1.91	2.47	2.84	3.74	4.67	6.74	4.23	5.49	4.20	2.62	2.14	2.00	3.588
0.2	1.46	1.91	2.52	3.40	4.27	5.22	4.21	4.90	3.71	2.18	2.15	1.81	3.144
0.4	0.63	0.72	0.72	0.82	1.11	1.28	1.13	1.62	1.73	1.11	0.87	0.77	1.038
0.6	0.43	0.45	0.47	0.65	0.96	0.89	0.07	0.81	0.86	0.75	0.54	0.47	0.663

地下水埋深/m	月份												全年
	1	2	3	4	5	6	7	8	9	10	11	12	
1.0	0.07	0.07	0.07	0.12	0.19	0.15	0.05	0.05	0.15	0.10	0.08	0.05	0.090
1.5	0.03	0.04	0.03	0.02	0.03	0.02	0.01	0.02	0.02	0.03	0.03	0.03	0.023
2.0	0	0	0.01	0.01	0.01	0.01	0.01	0.01	0.01	0.01	0.01	—	0.008

注：系在未种植作物条件下的测定数据五年平均值

表 13-6　不同埋深的潜水对作物的补给量　　　　　　　（单位：mm）

作物	地下水埋深/m				统计年数
	0.6	1.0	1.5	2.0	
小麦	189.8	106.9	51.7	33.7	13
大豆	142.4	85.8	23.6	6.3	8
夏玉米	242.4	101.3	28.1	14.9	2

注：系作物生长季的补给量

13.1.7　土壤水分蒸发性能

土壤蒸发性能反映着土壤的保水能力，其性能越强，土壤水分的非生产性消耗越大；反之则越小。供试土壤的水分蒸发性能如表 13-7 所示，在强烈蒸发条件下，土层上部水分损失很快，而下部则损失很慢。从田间持水量开始，耕层 0～20cm，蒸发 5 天，土壤水分损失 19.9mm，有效水分损失一半以上；蒸发 10 天，土壤水分损失 23.5mm，占有效水分 70%；蒸发 30 天，土壤水分损失 35.3mm，有效水分已全部损失殆尽。随着耕层水分的迅速损失，干土层不断加厚，蒸发 30 天后，0～40cm 土层的水分损失达 41.9mm，占有效水分 68.5%；而 40～100cm 的水分仅损失 2.8mm。这样，在田间条件下，如果潜水埋深降至距地面 1m 以下，则会因下层水分向上运行缓慢，潜水不能及时补充上层水分的损耗而使作物受旱。产生上述现象的原因，主要是由于耕层和犁底层质地黏重，结构性差，蒸发强度大。而下部土层则由于棱柱状和棱块状结构发达，干时产生裂缝，切断了结构单位之间的毛管联系；同时由于结构体表面有胶膜和土层有砂姜，也对毛细管孔隙有一定的阻隔作用，而致水分运行极为缓慢。

表 13-7　在蒸发条件下原状土柱中水分丢失

土层深度/cm	原始*储水量/mm	其中有效水储量/mm	蒸发累积量/mm				占原始储水量/mm				占有效水储量/mm			
			蒸发历时（昼夜）											
			5	10	30	60	5	10	30	60	5	10	30	60
0～20	64.3	33.8	19.9	23.5	35.3	37.2	30.9	36.5	54.9	57.9	58.9	69.5	104.4	110.1
0～40	136.4	61.2	21.8	26.8	41.9	45.1	16.0	19.6	30.1	33.1	26.1	43.8	68.3	73.7
40～100	226.8	90.8	0.3	0.5	2.8	4.7	0.1	0.2	1.2	2.1	0.3	0.6	3.1	5.2
0～100	363.2	152.0	152.0	27.3	44.7	49.8	6.1	7.5	12.3	13.7	14.5	18.0	29.4	32.8

* 即田间持水量时的储量

从上述可知，改善耕层土壤结构，破除犁底层，减弱土壤水分蒸发性能，有利于增强土壤的保水和抗旱能力。如表 13-8 所示，在蒸发过程中耕层水分的丢失量和蒸发强度，高肥土壤（有机质含量 1.3%）明显比低肥土壤（有机质含量 0.88%）为低，就是因前者的土壤结构比后者为好的缘故，＞0.25mm 水稳性团聚体含量分别为 28.06% 和 18.07%。

表 13-8 不同肥力的表层土（0～15cm）的水分蒸发丢失

肥力水平	项目	蒸发历时（昼夜）					
		1	3	5	7	10	15
高肥	土壤水分累计丢失量（占田间持水量%）	8.05	20.43	27.11	31.83	37.98	46.44
	蒸发强度（mm/昼夜）	3.64	2.33	1.39	1.02	0.81	0.73
低肥	土壤水分累积丢失量（占田间持水量%）	9.30	25.25	32.32	37.62	43.31	51.60
	蒸发强度（mm/昼夜）	4.25	3.33	1.49	1.10	0.85	0.70

13.2 土壤水分物理性质改良

由于土壤剖面通体质地黏重，黏土矿物以蒙脱石为主，有机质含量又少，土壤的胀缩性使土壤干时坚硬，湿时泥泞，难耕难耙，适耕期短，一般只有 3～5 天，对耕作质量和种子出苗都有影响。加之，通透性能差，心土层基本为不透水的滞水层，干燥时土体收缩强烈，导致土体中下部棱块状和棱柱状结构发育、垂直方向上的传导孔隙增加，储藏孔隙或自然结构体孔隙减少，形成僵土块。湿润时则由于膨胀作用及黏粒的分散致使土壤泥泞，耕性不良。耕作时太湿易形成僵块，太干则垡头大，不易耙碎，保墒作用差，不利于播种。在淮北地区气候条件下，变性土的适耕期，通常只有 3～5 天，适种期受到极大限制。通过施用有机肥、秸秆还田、深耕和深松等技术改良砂姜黑土的不良物理性状。

13.2.1 长期施用有机肥的影响

长期施用有机肥料可使土壤容重下降，各种孔隙度增加，田间持水量上升（表 13-9）。不同有机肥料处理间，容重以牛粪处理下降的最多，麦秸秆次之，猪粪最少；通气孔隙度、毛管孔隙度、田间持水量均以牛粪处理增幅最大。可见有机肥是改良变性土不良属性的最有效措施。

表 13-9 长期施用不同有机肥处理对土壤物理质的影响

处理	容重/(g/cm³)	通气孔隙度/%	毛管孔隙度/%	总孔隙度/%	田间持水量/%
1982	1.43	6.42	39.61	46.03	27.69
不施肥	1.38	6.47	41.45	47.92	29.35
NPK	1.36	8.42	40.26	48.68	29.79
低量麦秸＋NPK	1.24	12.70	40.51	53.21	32.49
麦秸＋NPK	1.22	14.26	40.46	54.72	33.40
猪粪＋NPK	1.23	13.10	40.48	53.58	34.47
牛粪＋NPK	1.10	14.75	42.98	57.23	34.63

注：1982 年为定位试验开始日期测定的土壤物理性状，其他处理为不同有机肥连续施用 20 年后测定的土壤物理性状

13.2.2　土壤全方位深松技术

在淮北变性土地区，采用东方红-75 及其配套的 ISQ-250 型全方位深松机，作业深度 40cm，工作效率 0.53～0.67hm^2/h，工作幅宽 1.44m，耕层断面积 0.328m^2，牵引阻力 16.18kN，耕作比阻 49.27kPa。深松后形成"上虚下实"、左右松紧相间、深层有鼠道的土体构造，土壤全方位深松与深耕的差别为深松不打乱土层，不破坏微生物区系，只深松土而不翻土。

根据不同土壤条件选择相应机具进行深松作业，作业时土壤含水量应在 15%～22%。局部深松时，采用带翼深松铲进行下层间隔深松，深松间隔 40～60cm，深松深度 23～30cm；全面深松时，深松深度 35～50cm，不得有漏松现象。根据土壤条件和土壤压实情况，一般 3～5 年一次。

1. 技术规范和实施要点

深松可分全面深松和局部深松。全面深松是用深松机在工作幅宽内全面耕松土地，局部深松是用杆齿、凿形铲进行间隔的局部松土。深松既可作为秋季主要耕作措施，也可以用春播前的耕地、休闲地松土和草场更新等。具体形式有全面深松、间隔深松和垄沟深松等。深松深度视耕作层的厚度而定，一般中耕深松深度为 20～30cm，深松整地为 25～35cm，垄作深松为 25～30cm。

1) 适用机具

深松作业一般要求以 36kW 以上拖拉机为动力，配置相应深松机具进行。深松机械有单独的深松机，也可以在综合复式作业机上，安装深松部件，或中耕机架上安装深松铲进行作业。通过型深松机由机架和深松工作部件构成。工作部件由铲柄和深松铲组成，深松铲有凿形、箭形和双翼形 3 种，铲柄有轻型、中型两种。

2) 注意事项

使用动力要与作业机具配套，以保证足够的动力，达到深松深翻要求；保持耕层土壤适宜的松紧度和创造合理的耕层结构为目标，合理采用深松方式方法；"三漏田"不适宜深松。

2. 土壤全方位深松效果

1) 对土壤物理性状的影响

深松能降低土壤容重，0～10cm、10～20cm、20～30cm 和 30～40cm 土层土壤容重分别比对照下降 0.18g/cm^3、0.19g/cm^3、0.07g/cm^3 和 0.06g/cm^3，平均容重比对照下降 8.4%。深松处理的土壤总孔隙度、通气孔隙度和田间持水量分别比对照提高 10.7%、45.0% 和 17.5%（表 13-10）。

表 13-10　深松土壤物理性状的影响

耕作方式	土层深度/cm	土壤容重/(g/cm^3)	总孔隙度/%	通气孔隙度/%	田间持水量/%
CK	0～10	1.32	50.2	10.5	32.2
	10～20	1.41	46.8	7.6	31.1

续表

耕作方式	土层深度/cm	土壤容重/(g/cm³)	总孔隙度/%	通气孔隙度/%	田间持水量/%
	20～30	1.39	47.6	7.7	33.5
CK	30～40	1.43	46.0	6.3	33.7
	平均	1.39	47.7	8.0	32.6
	0～10	1.14	57.0	14.1	43.2
	10～20	1.23	53.6	12.4	38.0
深松（当季）	20～30	1.32	49.8	10.1	36.7
	30～40	1.37	50.7	9.9	35.1
	平均	1.27	52.8	11.6	38.1

2）对不同土层水分含量影响

土壤全方位深松后，水分下渗能力增强，1h 内接纳 473mm 降水不出现地表积水而未深松处理降水 60mm 就产生地表径流，土壤渗透率增大 7.8 倍。0～20cm 土层深松与对照土壤含水量接近或略低于对照，而 30cm 土层深松处理土壤含水量明显高于对照。土壤深松打破犁底层，有利于水分下渗，下面土层接纳更多水分，成为作物生长的小水库，抗旱能力增强。不同时间土层含水量表明，0～10cm 土层含水量与对照接近，变化不大；随着时间延长，40～50cm 土层含水量变化大，深松处理土壤含水量远高于对照，也表明深松处理深层土壤水分增多。深松可增加土壤水的有效性。10～40cm 土层深松处理土壤水吸力均低于对照，且距地表越近差异越大，此表明深松处理水的自由度高，易为植物利用（图 13-5～图 13-9）。

3）对作物生长及产量的影响

由于深松改善了土壤结构性状，提高土壤蓄水保墒能力，对作物生长有明显的促进作用。当季深松处理顷平均每公顷增加 9 万穗，每穗粒数增加 1.6 粒，千粒重提高 2.9g，小麦增产 15.1%，第二年增产 5.4%；玉米当季，第二季分别增产 21.7% 和 4.6%；大豆第一季、第二季增产率分别为 14.0% 和 7.6%。深松有明显的后效作用。

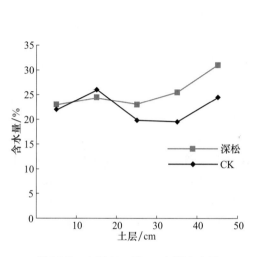

图 13-5 土深 10～50cm 土壤含水量

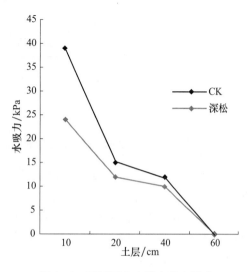

图 13-6 不同层次土壤水吸力影响

但由于耕作力的破坏作用，一般 3 年需再深松一次，每次每公顷费用 330 元。当季可增产小麦 699kg，玉米 1637kg，大豆 167kg，每公顷增加收入为小麦 944 元、玉米 203 元、大豆 533 元，产投比分别为 2.9：1、5.2：1、1.6：1。全方位深松技术是改良砂姜黑土型变性土的低产特性，提高农作物抗逆能力，增加产量和收入的有效技术措施。

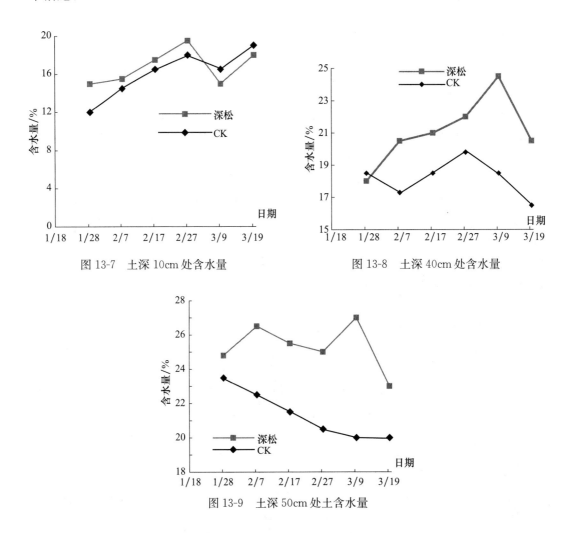

图 13-7　土深 10cm 处含水量

图 13-8　土深 40cm 处含水量

图 13-9　土深 50cm 处土含水量

3. 深耕对不良物理性状改良的效果

变性土的耕层浅，一般只有 12～15cm，犁底层厚实，严重影响作物根系下扎和对养分吸收。适当加深耕层，可以熟化土壤，有效地提高对养分和水分的调节和供应能力。安徽省宿县紫芦湖乡将耕作层每年加厚了 3cm，3 年共加厚 9cm，土壤物理性状得到明显改善，容重下降 0.08g/cm³，总孔隙度提高 2%，土壤有机质也增加 0.1%，小麦增产 9.2%（表 13-11）。

表 13-11　深耕对土壤理化性状的影响

地点	耕层/cm	容重/(g/cm³)	总孔隙度/%	有机质/(g/kg)
宿县紫芦湖乡	15	1.11	49.7	12.2
	24	1.03	51.7	13.2

13.2.3　粉煤灰对土壤不良物理性状改良效果

粉煤灰是发电厂粉煤经过高温燃烧后的残渣，是一种大小不等、形状不规则的粒状体，颗粒内有蜂窝状结构，容重为 0.61g/cm³。大量试验表明粉煤灰改良黏质土壤不良物理性状效果显著。砂姜黑土上施用粉煤灰结果表明，粉煤灰具有明显降低土壤容重，增加土壤孔隙度，提高土壤温度和保持土壤水分的作用。通过粉煤灰处理，还具有增加玉米叶面积系数，促进根系下扎和根系发育的功能，最终仅产量增加。在改土效果、在作物发育与产量等方面，均以 90t/hm² 的处理最佳（表 13-12～表 13-14）。

表 13-12　粉煤灰处理对土壤容重和土壤孔隙度的影响

粉煤灰用量/(t/hm²)	土壤容重/(g/cm³)	土壤孔隙度/%
0	1.310	50.53
30	1.264	52.31
60	1.257	52.57
90	1.213	54.23

表 13-13　粉煤灰处理对土壤温度的影响　　　　　　　　（单位：℃）

粉煤灰用量/(t/hm²)	土层深度/cm			
	0	30	60	90
5	34.07	35.12	35.62	36.00
10	31.50	32.20	32.79	32.85
15	30.90	30.10	29.57	30.33

表 13-14　粉煤灰处理对玉米生育期性状和产量的影响

粉煤灰用量/(t/hm²)	单株穗粒数/个	穗粒重/g	产量/(kg/hm²)
0	327.4	86.3	4249.5
30	380.7	90.7	4467.0
60	417.3	100.4	4939.5
90	418.0	100.3	4935.0

13.3　农田水利田间工程

按变性土的水分物理特性、当地地形和气候条件、旱涝频发的状况及作物种类和需水规律等因素，搞好农田水利是一项不可缺少的基本建设，安徽淮北地区有成功设计原则和田间工程实施。

在大型骨干排水工程初具规模的条件下，农田水利以排为重点，排、蓄、灌兼顾，涝渍旱兼治为目标，进行沟、渠、田、林路统一规划，建设大（支）、中（斗）、小（农）、毛沟和桥、涵、站完整的农田水利配套工程，乃是消除涝、渍、旱灾害，发挥各项农业技术作用，促进作物高产稳产的有力保证。

13.3.1　排水与灌水的原则

排水要满足土壤通气的要求，通过排水，使根系活动层内土壤通气容量达到10%以上；要求在短时间内排除地面积水。砂姜黑土地区旱作较多，耐淹性较差，一般为1～2天，若不排除地面积水，会造成不同程度的减产；同时要求短时间内降低地下水位，砂姜黑土区汛期地下水急剧上升至地表，若不迅速降低，则对作物十分有害。其安全深度依作物而异，小麦为1～1.5m（苗期为0.5m，越冬期为0.7m，拔节-成熟期1.5m），大豆为0.6～0.8m，玉米、甘薯为0.8～1m。

灌溉要考虑砂姜黑土吸水膨胀的特点，严格按照灌溉指标进行灌溉，采用小定额灌溉，以防止灌溉加重涝渍危害，规划灌溉时应考虑有利于排水防渍。

灌排工程规划布置，灌溉水经农、毛渠和畦沟灌入农田。大、中沟一般按五年一遇排水标准设计，农、毛渠根据其控制面积大小来设计。农渠与小沟灌排分开，大、中沟和毛、畦沟均为灌排两用沟，有利于灌溉排水，便于耕作、运输、管理以及减少输水损失，提高水和土地利用率。一般中沟间距为400～600m，农渠和小沟间距200m，毛沟间距60～100m，小畦沟间距1～2m（棉花、玉米等宽行作物在行间开沟，两行一沟）为宜，最大不超过3m，畦灌的畦宽以2～3m为宜。

13.3.2　排灌工程的设计

因为有变性土壤分布的各地自然条件、作物种类不尽相同，因此排灌工程设计标准应因地制宜，合理制订（表13-15）。

表 13-15　以除涝为目的设计的暴雨量

排水标准	最大三日暴雨（P）/mm	前期降水影响（Pa）/mm	P+Pa/mm
五年一遇	167	45	212
十年一遇	215	45	260

1. 几种主要作物需水量

根据水文、气象及作物生长情况分析，安徽淮北地区冬小麦全生长期需水量为405.2mm，而同期降雨量为308.21mm，降雨量比小麦需水量低97.1mm。小麦需水主要时间是10月中、下旬播种期，11月下旬至12月上旬冬前分蘖期，需水25mm。4月上、中旬为拔节孕穗期，需水25mm。水稻的全生育期多年平均需水726.2mm，玉米为395.3mm，大豆为389.6mm，棉花为486.8mm。

2. 渠道规划

根据不同农作物布局,对灌溉渠道的布置进行以下三种规划。

(1) 以种植水稻为主,麦稻轮作的灌区,渠道布置不必严格按干、支、斗、农、毛分级配套,可以采用一部分半地下渠,在排水小沟可以结合的地方,也可结合利用。在地形平坦的地块,也可以采用一级渠道直到田间,送水较远的采用两级渠道送水,合理分布放水斗门,一般地距长度 300~400m,宽度 200~300m。田间末级灌溉毛渠的布置与灌水,畦方向垂直,尽量做到输水方便,节省土地,减少水量损失。

(2) 以经济作物为主,且兼有水稻和旱粮的灌区,至少要保持两级渠道送水,采用沟灌和畦灌为好,在作物行间开挖灌水沟,借水流的毛管湿润土壤。

(3) 以旱杂粮为主的灌区,至少要用 2 或 3 级渠道送水,一般不宜采用半地下灌渠。灌水对象主要是小麦、玉米和大豆等。灌溉时也要把农田围成格田,小麦灌溉尽量采用畦灌,一般畦宽 3m 左右,又有利于灌水,旱作物区耕地多是大平小不平,灌水时,可试用间歇式灌水方法,以节约用水量,但要提倡平整土地。

3. 渠道设计

田间工程较好的地区一次灌水是 $600m^3/hm^2$ 渠道毛灌溉模数,旱作物地区一般为 $7.5 \times 10^{-4} \sim 9 \times 10^{-4}$ $(m^3/s)/hm^2$,水稻区一般为 $1.5 \times 10^{-3} \sim 1.8 \times 10^{-3}$ $(m^3/s)/hm^2$,考虑渠系利用系数和损失,则 $Q_农(毛) = 0.51A_农$。式中,$A_农$ 为农渠道灌溉面积 (hm^2);$Q_农$ 为农渠设计毛流量 (m^3/s)。农渠以上渠道的设计流量,视渠道的控制面积而定。

实践证明,这种配套工程排涝防渍效果很好。在安徽蒙城县小马店按此标准设计,1981 年 10 月 1~15 日共降水 88.6mm,10 月 15~21 日连续阴雨,降水 16.5mm,中小毛沟和桥涵配套并相通,地下水位有效地控制在 77mm 以下,土壤水分保持在 18%~20%,消除了涝渍灾害,而配套不完善的,则涝渍灾害严重。若在排水配套工程的基础上,辅以田间暗沟管排水(鼠道排水)措施,除涝防渍的效果更好。

第14章 膨胀土与工程建设

14.1 基本概念和膨胀机理

14.1.1 基本概念

膨胀土是一种富含膨胀性黏土矿物的黏性土。膨胀岩则是半固结-固结的岩体，极易风化成土状。浅表层膨胀土是地基，也是形成变性土壤的母质，或就称为土壤层，其深度从地表开始到大气影响层的深度。大气影响层是气候因素直接作用下，岩石和土状物质逐步风化形成土壤的土层，厚度主要因气候、地形和质地等条件而变。工程上有大气急剧影响层和大气影响层的说法，在同一地区，前者厚度较薄。地面工程考虑到地基、渠基和边坡的稳定性问题，调查膨胀土（岩）的分布、研究其形体特征和性质，就会研究土壤层和超过土壤层而达到更深的可达5m的土层。自20世纪90年代以来，有大量的关于膨胀土的报道，为研究变性土壤的地理分布，形态特征和性质等提供了许多宝贵的信息。

关于什么是膨胀土，在第二次国际膨胀土研究会议讨论的结论是："膨胀土是一种对于环境变化，尤其是对于湿变化非常敏感的土，其反映是膨胀和收缩，主要是蒙皂石影响。"

膨胀土的黏粒（$<2\mu m$）含量大于30%；黏土矿物成分中，蒙皂石或混层比高的伊/蒙等混层矿物是主要成分；土体随水分含量的增加和减少，其体积有明显的膨胀和收缩。膨胀时形成膨胀压力，体积收缩形成明显的收缩裂缝。周期性的反复干缩湿胀，使土中的裂隙发育，不仅破坏土体的连续性和完整性，而且也形成了地表水渗入的通道，土层水分的增加，加速了土体的软化，导致强度衰减，发生滑动和摩擦，使地基失稳、变形和滑坡等，不仅造成施工和营运上的困境，而且对其上的建设和生命财产都具有很大的危害性。

14.1.2 膨胀土的类型和膨胀机理

1. 富有膨胀性黏土矿物的膨胀土

蒙脱石硅氧四面体层和铝氧八面体层，因同晶置换作用而具有大量负电荷，晶层间距随环境的水分含量变化而膨胀和收缩，当干燥时，其间距 d（001）为 9.7Å。如加水于蒙脱石呈胶状时，d（001）面网间距增大至 20Å 左右。吸附性阳离子中，Na 蒙脱石在低盐度的溶液中 d（001）间距可超过 120Å，体积增大 10 倍多。故这类膨胀土的膨胀性是晶层膨胀而体积剧烈增加的缘故，非一般性的黏土颗粒表面的静电引力作用而吸水。膨胀土巨大的膨胀性是受强亲水性的蒙皂石含量所控制，在一定的临界值以上，蒙脱石含量增加，土体的膨胀性也加剧。

2. 硫酸盐类的膨胀土

当硫酸盐在空气中吸收水分子而体积增加，如无水芒硝在空气中吸收 10 个水分子后形成芒硝（$Na_2SO_4 \cdot 10H_2O$），体积增大 3.11 倍（曲永新等，2000）。自然界存在上述两者共存的土。

可见，岩土工程地质学界对于膨胀土的概念和膨胀机理，与土壤学科对变性土壤的诠释和理解是完全一致的。不过，由于土壤系统分类注意的是 0～100cm 的土壤层和母质影响层，故而忽略下层的形态和性状。其实，了解较深层次的状况，有利于探索上层与下层之间的联系，可以得到更好的认识和判断。

14.2　膨胀土的分布、成因与类别

14.2.1　分布

膨胀土在世界六大洲中的 40 多个国家都有分布。我国是世界上膨胀土分布最广、面积最大的国家之一。自 1950 年以来，我国各地先后发现膨胀土危害的地区，已达 20 多个省、市、自治区，主要有云南、贵州、四川、陕西、广西、广东、湖北、河南、安徽、江苏、山东、山西、河北、吉林、黑龙江、新疆、湖南、江西、北京、辽宁、甘肃、宁夏和海南等。

我国膨胀土主要分布在从西南云贵高原到华北平原之间各流域形成的平原、盆地、河谷阶地，以及河间地块和丘陵等地。其中，尤以珠江流域的东江、桂江、郁江和南盘江水系；长江流域的长江、汉水、嘉陵江、岷江和乌江水系；淮河流域和黄河流域，以及海河流域的各干支流水系等地区最为集中（王保田和张福海，2008）。

14.2.2　膨胀土的成因与类别

对国内外大量分布的膨胀土的研究表明，地球表面浅表层的膨胀土主要成因类型有三大类，第一类为残积型膨胀黏土；第二类为古近系、新近系和第四系的沉积型高塑性黏土；第三类是热液蚀变型膨胀土。

1. 残积型膨胀土

形成于中、基性岩浆岩和泥质岩的风化作用。前者如安山岩、闪长岩、辉绿岩、辉长岩、玄武岩和少数花岗岩等，含有的辉石、角闪石等富含镁、铁等矿物，在一定温度和微碱性水介质的地球化学环境条件下，通过水解作用等一系列过程形成蒙脱石、伊/蒙混层、绿泥石/蒙脱石混层膨胀性黏土矿物，聚集在风化残积层和坡积层中导致膨胀土的形成。而泥页岩，如侏罗纪和白垩纪的红层等，本身已含有较多的膨胀性黏土矿物，其风化的残积和坡积层，也就富含膨胀性黏土矿物，而具有膨胀土的特性。

2. 沉积型膨胀土

水流将风化后的细土物质搬运，于水流缓慢的远处或低洼处的沉积作用，使黏质颗粒沉降积聚，若沉积物质源于富含蒙脱石等膨胀性黏土矿物，久而久之，形成膨胀土。这些大都是古近系、新近系和第四系的未固结的层次，在我国分布广泛。

3. 热液蚀变型膨胀土

热液蚀变型膨胀土是由于地下热液和温泉，与中、基性火成岩中的矿物相互作用，形成蒙脱石而成，已知在我国内蒙古自治区高原火山群有所分布。

工程建设的坝堤，引水渠系，铁、公路路基，以至轻型居民点等建筑，如正好在膨胀土体上施工，便会遇上麻烦。在其上的构筑物会随气候变化，反复出现不均匀升降，而产生大量裂缝；路堑边坡脚不仅产生较大的剪应力，而且还会带来强度的应变软化，造成边坡坍滑，因此，有必要对膨胀土加以判定，才有可能预防和治理其危害。

14.3 膨胀土的主要特征和特性

14.3.1 膨胀土的特征

（1）地貌：多出现在二级及二级以上河谷阶地、垄岗、斜坡、山前丘陵和盆地边缘，以及低地和低洼地，多为第四纪更新世的黏性河湖沉积物。

（2）颜色：多呈黄褐、灰褐、棕、棕红、灰绿色等，剖面中会发现夹灰白、灰绿色条带或薄膜，或呈透镜体或夹层出现。

（3）裂隙：裂隙较发育，有高角度的竖向、斜向和低角度的交叉裂隙等；裂面光滑，可见擦痕；裂隙中常充填有灰绿色或上落的黏土；土体被浸湿后，裂隙回缩变窄、闭合；暴露在空气中，干缩龟裂。

（4）土质：黏土质、细腻、具滑感，常含有钙质，或铁锰质结核如豆石，局部钙富集成层，或形成钙盘。

（5）自然地质现象：坡面常见浅层塑性滑坡与溜坍、地裂；新开挖坑和槽壁易发生坍塌。

14.3.2 膨胀土的特性

工程领域对膨胀土特性的确定，主要是从工程地质观点出发，注意野外的宏观形态特征、室内测试及场地实验等。注意土中的膨胀性黏土矿物的含量测定，及其与膨胀势、自由膨胀率、收缩性、裂隙性，以及其他物理化学活性等（李树军，2004），主要特性如下。

（1）膨胀-收缩性：当土体浸水时，膨胀土的体积随土体含水量的增加而明显增大，因含水量的减少而明显收缩开裂。

（2）裂隙性：干缩使土壤裂隙十分发育。裂隙不仅破坏土体的连续性和完整性，而且也为地表水的渗入形成通道。而水的渗入又加速了土体的软化和洞隙生成。

（3）超固结性：在地质时期，膨胀土地层曾受过比现在更大的原始固结压力，使土体处于超固结状态。

（4）膨胀土的物理和化学性质：见表 14-1。

表 14-1　某些典型膨胀土的性质

产地	名称	液限 W_L/%	塑限 W_P/%	塑性指数 I_P	黏粒含量/%		阳离子代换量/(cmol(+)/kg)	比表面/(m²/g)	自由膨胀率/%
					<5μm	<2μm			
广西上思	灰黄褐色黏土	59.2	25.2	34.5	58	40	27.8	224.6	108
	灰黄白色黏土	54.8	24.5	30.3	65	46	38.5	222.0	119
云南鸡街	灰白—橙色黏土	79.6	31.1	48.5	61	46	50.6	463.6	145
云南蒙自	灰黄色黏土	79.1	37.6	41.5	44	34	31.1	341.8	120
四川成都	灰白—黄色黏土	54.5	22.7	31.6	35	21	34.3	252.5	82
	灰黄色黏土	51.2	22.5	28.7	45	31	30.0	236.0	72
湖北汉川	灰黄色黏土	47.4	23.2	24.2	66	44	30.0	96.4	76
安徽合肥	褐黑色黏土	47.9	24.9	23.0	49	28	39.6	231.6	64
	褐黄色黏土	55.8	28.7	27.0	49	34	38.3	259.2	83
	灰黄色黏土	61.6	29.0	32.6	58	38	43.8	296.6	99

注：资料来自谭罗荣，1994

14.4　典型膨胀土的结构特征及其性质

膨胀土的"结构"主要是指与其力学强度密切相关的宏观和微观特征，即土体中各种特定形态的地质界面，它包括物质分异软弱层面和不连续裂隙面、滑动所产生的结构面以及软弱层面等（刘特洪，1997）。从以下内容看，所谓的"结构"特征，大致是指形态特征。

14.4.1　结构特征

谭罗荣等（1994）试样采自云南、广西、广东、四川、湖北、河南、河北、山东和安徽等地有代表性的膨胀土，它们包括强膨胀势土、中等和弱膨胀势土，还有少许是非膨胀性土。所采集土样，一般土质细腻，黏性大，呈硬或硬塑状态，斜交裂隙和光滑面发育。光滑面具油脂光泽，有的具擦痕，有挤压水渍痕迹，或充填以黑褐色碳膜。裂面颜色呈灰白、黄褐等杂色交混，无明显界限。土体失水后易沿光滑裂隙面或裂隙面破裂成大小不等的块体或棱柱体。有的干裂成鳞片状碎土块。如风干后遇水淋湿，有的则形成松散的"鸡粪堆"或形成"黏胶泥"等。

14.4.2　微结构特征

研究内容包括典型膨胀土的微结构特征，及其与膨胀势的关系；光亮裂隙面的特征，如物质组成和定向性等，并将定向特征与力学强度相关联。

土样微结构特征主要是利用扫描电子显微镜观察拍照，部分样品应用透射电镜拍照，然后进行分析。光滑裂隙面的微结构特征除了电镜观测外，还利用 X 射线衍射进行扁平颗粒定向度测定。

1. 微结构单元

微结构单元是指扫描电镜照片中组成各种微结构的最小基本单元。纵观各种膨胀土样的扫描电子显微照片，可以清楚地看出，微结构单元分为三种类型，即片状颗粒、扁平状聚集体颗粒及粒状颗粒单元。片状单元又分为单片体和叠片体，扁平状颗粒单元较为复杂，它都是由片状单元以边-边、边-面或面-面接触的形式，构成较大的聚集体颗粒单元。粒状单元可分为单粒体，多为石英等杂质颗粒和聚集体复合体。土的微观结构主要是以这三种类型的颗粒单元相互搭配组合而构成各式各样的结构。

2. 微结构特征

为了易于分辨，可分出六类微结构特征（谭罗荣等，1994）。

（1）絮凝结构。其基本单元主要为扁平状聚集体和片状颗粒。它们以边-面接触为主，边-边和面-面接触为辅构成，在这种结构中，扁平状和片状颗粒无明显的取向优势（图 14-1）。

（2）定向排列结构。其基本结构单元为片状和叠片状颗粒。它们以面-面接触为主构成的高度定向排列结构。在光滑裂隙面上常可看到厚约 $10\mu m$ 的高度定向排列薄层，土体中有时也可看到这种局部高度定向排列结构（图 14-2）。

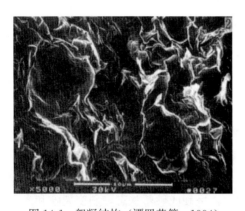　　　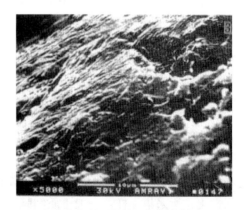

图 14-1　絮凝结构（谭罗荣等，1994）　　　图 14-2　定向排列结构（谭罗荣等，1994）

（3）紊流结构。其结构单元也以片状和扁平状颗粒为主，含有粒状颗粒，它们之间形成似山涧小溪流水似的结构。从总体看，片状、扁平状颗粒有一定的取向优势。

（4）粒状堆积结构。基本结构单元主要为聚集体和单粒体，它们构成以高岭石为主的残积土或石英等杂质含量较高的土体。

（5）胶黏式结构。其结构单元可以是单粒体和团粒体，也可以是片状体和叠片体，它们之间可以以各种形式接触，然后被一层糊状物所包裹。在扫描电镜下观察，不像前四种结构那样，单元体有明确的边界和清晰的轮廓，而是如科林斯（Collins K）说的部分可辨颗粒那样，这种结构常发生在淋滤孔、淋滤裂隙面上。

（6）复合式结构。上面叙述的几种结构都具有典型性、代表性，但对于大多数膨胀土，不可能仅有某一种结构特征，而往往是各种结构的综合，形成叠片体絮凝结构，嵌入粒状颗粒后则形成复式结构。这种复式结构可以片状颗粒为主，也可以粒状颗粒为主。

14.4.3　微结构特征与工程性质

膨胀土的胀缩特性、力学强度及各向异性特性等都与其物质组成、微结构特征等密切相关。由于土体中的不同组成矿物在扫描电镜下有不同的形态特征，因此在一定程度上，可以利用扫描电镜照片中颗粒形态特征判断土中的主要黏土矿物类型，进而对膨胀土进行初步分类。

1. 微结构单元形态与矿物组分的关系

（1）蒙脱石的形态特征。呈弯曲、卷曲片状颗粒就是典型蒙脱石矿物的形态特征（风干样）。

（2）高岭石的形态特征。呈粒状叠片体颗粒是高岭石的典型形态特征，它的单片体比较平整，与蒙脱石和伊利石相比，相对较厚，形状也较规则，厚度比较大。

（3）伊利石、蒙脱石/伊利石混层矿物的形态特征。由于伊利石的似云母结构特征，所以其扫描电镜下的形态特征也类似碎屑云母，呈薄片状，但没有蒙脱石那样的弯、卷曲边，也不如高岭石形状规则、厚实。至于蒙脱石/伊利石的不规则混层矿物，界于蒙脱石与伊利石之间，它可略有卷曲，但不如蒙脱石典型。蛭石的形态特征相似于伊利石。

2. 微结构特征与膨胀势的关系

由于膨胀土的成因类型、地区、物质组成和黏粒含量等因素的不同，使其微结构形态发生差异，导致膨胀土的膨胀势不一样。

根据自由膨胀率将膨胀土的膨胀势划分为强、中、弱三类，将不同膨胀势土的结构特征、物质组成等综合列成（表 14-2），可以看出不同膨胀势土与不同微结构特征的关系。

表 14-2　膨胀土的膨胀势与微结构特征

膨胀势	微结构单元及形态特征	主要黏土矿物	主要微结构形态特征	光滑面	土样来源
强	扁平状颗粒和片状体为主，有明显的弯曲或卷曲状片状颗粒，偶见单粒体	蒙脱石，蒙/伊混层为主，尚有伊利石等	局部定向排列结构，胶黏结构，絮凝结构等，结构紧密	发育	云南鸡街、蒙自，河北邯郸，湖北襄樊，广西上思
中	以扁平状和片状体为主，有卷曲片状颗粒，可见单粒体	伊利石，蒙/伊混层，蒙脱石，高岭石	局部定向排列结构或胶粒结构，絮凝复式结构等。结构较紧密	较发育	安徽合肥，湖北荆门

续表

膨胀势	微结构单元及形态特征	主要黏土矿物	主要微结构形态特征	光滑面	土样来源
弱	以单片体、叠片体和粒状颗粒为主，极少卷片颗粒，多见单粒体	伊利石，高岭石，少量蒙/伊混层，或蒙脱石	片架絮凝结构和复式结构为主，含粒状堆积结构等	少	广西南宁，山东宁阳等

3. 光滑裂隙面的微结构特征与力学强度

膨胀土，特别是强膨胀土往往光滑裂隙面发育，而这些光滑面又往往控制着这类土的边坡稳定性，因此，对这类土的光滑裂隙面性状的研究十分必要。

（1）光滑裂隙面及其近邻的物质组成及含水量分布特征。无论是采样时剥开的光滑面还是已发生了大位移滑动的滑面，都可观察并测试到光滑面附近很薄的薄层内天然含水量要明显高于两侧的土体，如表 14-3 所示。但其物质组成却没有这种明显的优势。例如，襄樊三干渠大滑动面上的滑面附近高含水量土与其两侧土体的物质组成比较，无论是杂质还是黏土矿物总量都无这种优势。从蒙脱石和蒙/伊混层矿物的总含量来看，光滑面上似乎略有优势，但从反映膨胀性矿物多少的风干含水量的测定表明，这种优势并不明显。荆门 207 国道地下水位线下土体中的光滑面测定结果也反映了这一点。因此，可以认为，光滑面薄层内的物质成分与其两侧土体并无明显差异。

表 14-3　光滑面物质组成（襄樊三干渠、荆门 207 国道）

项目		襄樊三干渠大滑坡的滑动面								荆门 207 国道		
物质组成	蒙脱石	28	36	23	29	23	18	20	25	34	28	36
	蒙/伊混层	0	0	14	12	11	7	15	9	12	24	12
	伊利石	26	23	14	12	26	29	24	24	18	10	12
	高岭石	8	6	11	7	4	6	8	4	7	6	5
	石英	33	30	33	34	30	33	27	33	22	27	28
	长石	0	0	0	1	1	2	2	1	2	1	2
	其他	5	5	5	5	5	5	4	5	5	5	5
风干含水量		7.3	7.9	7.3	7.3	7.3	6.8	7.4	7.1	8.2	8.2	8.2
天然含水量		28	29	29	34	26	26	26	25	—	—	—

（2）光滑面的微结构特征及其力学强度。计算定向角时，设定向薄层厚度为 $10\mu m$，采用的衍射线为 $I_{7.1}\text{Å}$ 或 $I_5\text{Å}$ 和 $I_{4.5}\text{Å}$ 等。结果显示（表 14-4），鸡街东方红土样和襄樊三干渠土样，基样的定向度都比较低，平均为 14～17，属弱定向；而定向薄层则明显较高，平均为 70%～80%。鸡街东方红的个别光滑面达到理想定向的程度（$R>$ 90），可见，光滑裂隙面的表薄层定向度都比较高，为高度定向排列结构。

表 14-4 光滑裂隙面的定向度测定

试样名称	光滑面	基样								定向薄层					
		$\left(\frac{n平}{垂垂}\right)_{10}$	$\left(\frac{n平}{垂垂}\right)_{7.1}$	$\left(\frac{n平}{垂垂}\right)_5$	$\left(\frac{n平行}{垂垂}\right)$	$R_{7.1}\sim R_{10}$	R_5	$\bar R$	$\left(\frac{n平平}{垂垂}\right)$	$\left(\frac{n平}{垂垂}\right)_{7.1}$	$\left(\frac{n平}{垂垂}\right)_5$	$\left(\frac{n平行}{垂垂}\right)$	$R_{7.1}\sim R_{10}$	R_5	$\bar R$
鸡街东方红样	1		1.44	1.39	1.42	1.81	16.3	17.2		13.42	15.70	14.66	86	88	87
	2		1.12	1.06	1.09	5.5	2.7	4.1		12.46	14.21	13.34	85	87	86
	3		1.47	1.32	1.40	19.1	13.9	16.5		4.66	4.46	4.56	65	63	64
	4		1.38	1.49	1.44	16.0	19.8	17.9		6.18	4.91	5.55	72	66	69
	5		1.44	1.88	1.66	18.0	30.7	24.0		37.5	24.70	31.10	95	92	94
	平均		1.37	1.43	1.40	16.0	17.0	17.0		14.84	12.80	13.82	81~87	79~86	80~87
襄樊三干渠样	1	1.151		1.319	1.235	7.0	13.8	11.0	6.71		6.40	6.56	74	74	74
	2	1.35		1.304	1.327	14.9	13.2	14.0	4.88		7.15	6.02	66	72	72
	3								4.61		6.34	5.48	64	69	69
	4								3.13		5.56	4.35	52	63	63
	5								6.54		7.04	6.79	73	74	74
	平均								5.17		6.50	5.84	66~68	70~71	70~71

光滑面薄层与其下部基样间的明显差异如上面所述，不是物质组成，是含水量和微结构定向性，对力学强度有一定的影响。用鸡街东方红采集的原状样做了慢剪及接触面残余剪试验，并分别测定了它们的定向度。为了比较，还专门测定了光面的定向度，有关数据已列于表 14-5。

对现场采得的襄樊丹江引水三干渠滑动土体样，做了沿天然滑面的固结慢剪试验，另做了滑动面上下两侧土体的慢剪试验，并测了相应的定向度。结果如表 14-6 所示，尽管滑动面两侧土体的物质组成相近，但含水量相差约 4%，故分别做了有关试验和测试，表 14-5 和表 14-6 的试验结果和测定表明，试验中扁平颗粒的平行定向将明显降低颗粒间的摩擦力，也即降低土体在定向面上的抗剪强度。例如，鸡街东方红土样，基样的定向度平均约为 12%，基本上是随机取向，并慢剪试验的 c 值为 30kPa，$\Phi \approx 13°$，残余剪面的 c 值仍为 30kPa，但 Φ 值降低到约 7°，而残余剪面的扁平颗粒定向度明显增加到约 50% 以上，属中等程度定向。

表 14-5　鸡街东方红样的力学强度及定向度

直剪强度试验指标				残余强度试验				光滑面定向度	
慢剪		定向度		强度指标		定向度			
c/kPa	Φ/°	$\dfrac{n\,平平}{n\,垂垂}$	R/%	c/kPa	Φ/(°)	$\dfrac{n\,平平}{n\,垂垂}$	R/%	$\dfrac{n\,平平}{n\,垂垂}$	R/%
30	13	1.28	12	30	6.8	3.15	52	13.8	86

表 14-6　襄樊三干渠样的强度试验及定向度测定

土样	含水量 W/%	干容重 γ_d/(kN/m³)	黏聚力 c/kPa	内摩擦角 Φ/(°)	$\dfrac{n\,平平}{n\,垂垂}$	定向 R/%
滑动面上侧土	29.1	15.0	12.5	16.7	1.30	13
滑动面	34.0	—	8.0	7.9	5.84	71
滑动面下侧土	25.3	16.0	53.0	16.7	1.32	14

襄樊三干渠样的强度试验结果也表明，滑动面上下侧土体的强度与滑动面也明显不同。滑动面上侧土体的 c 为 12.5kPa，$\Phi=16.7°$；滑动面下侧土体的 c 约为 53kPa，Φ 与上侧土体相似，为 16.7°；滑动面的 c 为 8kPa，Φ 约为 8°。其扁平颗粒定向度测定表明，上侧土体约为 13，下侧为 14，而滑动面则平均为 71。情况与东方红样类似。根据上述资料可以看出，强度指标中，c 与含水量 W 比较密切，而 Φ 与扁平颗粒定向度关系较为密切。例如，东方红样，慢剪与残余剪因有相同含水量，所以 c 值是相同的，但因定向度不同，Φ 值也明显不同，前者为 13°，后者仅 7°。三干渠样也是如此，滑坡面上侧、滑面及滑坡下侧土体因含量不同而有不同的 c 值，且 W 越大，c 越小；而滑坡面上侧与下侧虽有不同的含量，因其定向度相近，故其 Φ 也相同。但滑面则不然，其定向度方向的 Φ 值越小，也就是说，土体的力学强度与微结构定向度特征有密切关系。

14.5　工程建设中的膨胀土

在膨胀土上施工的渠道和交通要道等，几乎是"逢堑必滑，有堤必坍"，而且破坏具有多次反复性和长期潜伏性，是至今未能有效处理的技术难题，被称之为"工程中的癌症"。如不能在技术上予以克服，将会导致运营成本大幅度增加，道路通行能力与安全性能显著降低，生态环境恶化，以及土地资源大量浪费，以下为几个实例。

14.5.1　长江三峡库区工程建设中的膨胀土

据张加桂和曲永新（2001）研究报道，三峡库区的巫山、奉节和巴东等地广泛发育一种黏土，尤以巫山县发育的褐黄色黏土为典型，以往称为"巫山黄土"，常发生地基变形和边坡滑塌。研究发现，它具有显著的膨胀性，而且主要分布在适合于人类居住的地形平坦区。在三峡移民区，膨胀土场址的利用和处理事关重大。在三峡库区分布有一类膨胀土，其工程问题对工程质量的危害性至关重要。

该类膨胀土属于暖温带和南北亚热带沉积型高塑性，属中、晚更新统的黏土，为洪、坡积物。与江汉盆地、南阳盆地和两淮地区分布的膨胀土相当，在地貌上，分布在较宽缓的河谷斜坡地带，与江汉平原西缘和山前洪积平原上枝江、荆门一带广泛发育的膨胀土相似。

沉积物质来源于泥质灰岩、泥岩溶蚀、风化后的残积物经流水搬运堆积形成。以库区广泛出露的三叠系巴东组三段（T_2b^3）泥质灰岩为例，经溶蚀、风化后，不仅发生由泥质灰岩变为泥灰岩—钙质泥岩—角砾层的变化，而且膨胀土充填物存在着由水流搬运后形成黏土堆积的变化。

库区膨胀土主要分布在三叠系巴东组（T_2b）泥灰岩类岩石分布区。巴东组（T_2b）分 4 段，尤以第三段（T_2b^3）泥灰岩和泥质灰岩区最为发育。在巫山县新城址，膨胀土主要成片分布在泥质灰岩形成的滑坡和碎屑流堆积区，大地形上位于坡麓地带、洪积台地顶部和剥蚀台地的低凹处，高度介于海拔 180～500m，在由陡变缓的坡麓地带厚度最大，达 13m。

另在三叠系嘉陵江组（T_{1j}）灰岩区和须家河组（T_{3x}）砂岩和黏土岩区也有分布。在裂缝发育的碎裂岩体区，膨胀性黏土物质通过水的淋溶作用而残留在裂缝和层间。

1. 膨胀土的形态与成分

（1）膨胀土的颗粒状况和形态特征。根据室内分析，膨胀土小于 $2\mu m$ 的黏粒占 32.63%～39.69%，并普遍含有 5% 呈次棱状的砾石，砾径以 1～10cm 为多，成分为附近的母岩。含有沉积型膨胀土特有的锰质结核，含量最高达 10%，这与豫、鄂、苏、皖和鲁南等地中、晚更新世膨胀土相似。在水平方向上，三峡库区的膨胀土常与沟谷中的冲洪积含黏土砾石层呈相互过渡关系。膨胀土也残存颗粒粒径 2mm 的棱角状碎屑颗粒。在扫描电镜下发现，土样（3 号）中有长石颗粒被磨圆的现象，高倍放大时发现有大量高分散弯曲的片状蒙/伊混层矿物。充填在溶蚀裂缝中的黏土（4 号样），在电镜下可见大量伊/蒙混层矿物的叠片体和细分散的高岭石，片状矿物具有选择定向现象（说明有剪切滑动），并伴生非晶质的游离氧化物。不同条件下形成的膨胀土的颜色有所不同，为褐黄色、黄褐色。

（2）膨胀土的物质成分。膨胀土特殊的工程性质来自其特殊的物质组成，特别是膨胀性黏土矿物。测试表明，不同颜色的膨胀土黏土矿物成分大同小异。由于蒙脱石对次甲基蓝有机染料有选择吸附作用，通过此原理测得有效蒙脱石含量为 13.86% ～ 15.70%。

对土样（1号）<2μm 粒组提纯样、提纯样品乙二醇处理样和 550℃加热处理样进行精细 X 射线衍射分析和定量计算，结果是主要膨胀性黏土矿物是中等混层比（40%～50%）的 I/S 和 K/S 混层矿物，含量与次甲基蓝法和比表面积法的结果相一致。

（3）膨胀势的判别。采用我国膨胀土判别方法和指标，三峡库区膨胀土的自由膨胀率（F_S）为 40～60，为弱膨胀土。但是，按照 20 世纪 80 年代以来国外流行的 Williams 黏土膨胀势判别图，三峡库区膨胀土介于中等膨胀土与强膨胀土之间。

14.5.2　南水北调中线的膨胀土

1. 中线工程的新近系硬黏土

南水北调中线和东线都有膨胀土的问题（张永双等，2002；訾剑华，2005），以中线更为普遍和严重。据张永双等（2002）研究，南水北调中线工程规划从丹江口水库引水，沿线经南阳盆地西北缘，横跨豫西平原，穿越黄河，经太行山东麓至北京，全长 1246km。沿线经过膨胀土地区的挖方渠道约 180km，其中从陶岔渠首至宝丰间（南阳盆地、方城-宝丰地区），以及邯郸-永年地区有近 80km 的渠段开挖在新近系硬黏土中，在南阳盆地潦河一带还有上新世三趾马红土的分布。新近系硬黏土等地质的不良工程特性及渠道开挖运营中的开挖效应，干湿交替变化引起的硬黏土强度衰减和大变形等工程问题给渠道施工和正常运营造成重大影响，成为南水北调中线工程中最难解决的重大工程地质问题之一。

（1）物质组成及物理性质。粒度成分、黏土矿物组成以及胶结物成分是决定工程性质的物质基础，黏土矿物组成的不同，尤其是有效蒙脱石含量的差异，使之具有不同的物理化学活性。上第三系硬黏土的物质组成和物理化学性质的统计结果，如表 14-7 所示。

表 14-7　新近系硬黏土的物质组成和物理化学性质（张永双等，2002）

地区	类型	黏粒<5μm/%	黏粒<2μm/%	黏土矿物	蒙脱石/%	伊利石/%	阳离子代换量/(cmol(+)/kg)	比表面积/(m²/g)
南阳盆地	三趾马红土	40.5～26.9 (53.22)	33.7～52.5 (44.19)	M、I、K	31.09～46.03 (38.76)	9.80～23.19 (17.39)	36.90～46.38 (40.93)	283.98～398.20 (337.60)
	褐黄色硬黏土	34.1～59.7 (45.83)	27.7～47.7 (39.28)	M、I、I/S、K	17.16～37.36 (28.36)	12.72～27.43 (16.49)	26.30～42.81 (33.72)	175.52～294.93 (244.49)

续表

地区	类型	黏粒 <5μm/%	黏粒 <2μm/%	黏土矿物	蒙脱石/%	伊利石/%	阳离子代换量 /(cmol(+)/kg)	比表面积 /(m²/g)
南阳 盆地	灰绿色 硬黏土	33.3~70.9 (54.12)	28.25~64.9 (48.61)	M、I、K	24.6~50.57 (40.09)	8.87~ 22.14 (13.34)	29.95~ 60.05 (43.48)	216.75~ 432.15 (330.06)
方城 — 宝丰	黄色硬 黏土	32.9~47.3 (39.43)	28.9~35.3 (33.03)	Ca-M、 I/S、L、K	20.19~36.22 (26.55)	8.42~ 12.55 (10.59)	26.42~ 56.91 (39.80)	167.86~ 320.66 (247.51)
	灰绿色 硬黏土	32.5~67.7 (45.99)	28.1~58.5 (39.31)	Ca-M、 I、K	21.2~55.51 (33.33)	4.73~ 15.1 (9.55)	30.31~ 56.91 (42.05)	210.76~ 461.25 (294.79)
邯郸 — 永年	紫褐色 硬黏土	39.7~58.5 (50.66)	33.3~49.7 (40.2)	M、I/S、 K 或 M、I/S、 I、K	23.29~37.09 (29.57)	6.87~ 12.16 (9.93)	30.41~ 43.63 (36.31)	204.85~ 311.11 (261.71)
	灰绿夹棕 色硬黏土	46.5~67.3 (58.3)	37.7~58.5 (50.0)	Ca-M、 I、K	37.81~50.79 (43.68)	2.99~ 11.59 (7.26)	45.61~ 54.07 (49.40)	349.65~ 483.68 (411.52)

注：①黏粒黏土矿物成分为测定结果；②M—蒙脱石，I—伊利石，I/S—伊/蒙混层矿物，K—高岭石，Ca-M—钙-蒙脱石；③括号内为平均值

表 14-7 说明，黏粒（<2μm）平均含量都在 33%~50%。由于沉积环境的差异，不同类型的硬黏土黏粒含量在垂直和水平方向上常有一定变化，即使同一层硬黏土也会出现这种现象。

（2）黏土矿物组成对黏土性质的影响相当显著。以工程地质和岩土力学为目的的黏土矿物学研究，不仅要研究黏土矿物的成分及其组合关系，更要测定黏土矿物含量。在对大量样品进行 XRD 和 DTA 定性测定的基础上，对各类代表性上新近系硬黏土的<2μm 天然样、乙二醇处理样、550℃加热处理样采用 XRD 法进行精细的黏土矿物定量研究，取得非常有意义的结果。

黏土矿物组成综合测定结果表明，各个地区不同类型硬黏土的黏土矿物组成大体相似，即以蒙脱石和伊/蒙混层矿物为主，以及伊利石、高岭石的共生组合，见表 14-7、表 14-8。

表 14-8 南阳盆地膨胀土（新近系硬黏土）**的黏土矿物定量分析结果**（张永双等，2002）

编号	名称	黏土矿物相对含量/%					混层比/%		
		S蒙皂石	I/S伊/ 蒙混层	I伊利石	K高岭石	C蛭石	K/S高/ 蒙混层	I/S伊/ 蒙混层	K/S高/ 蒙混层
2590	三趾马红土	—	82	13	5	—	—	60	—
2548	褐黄色硬黏土	—	70	14	3	1	12	35~40	40
2542	灰绿色硬黏土	93	—	4	3	—	—	—	—

注：① C 为蛭石；K/S 为高岭石/蒙脱石混层；其余符号同前；② 执行标准：SY/T 5163-1955 3.2.2

（3）膨胀性。它是世界各国硬黏土的重要属性之一，以往中国国家标准通常采用粉末样品自由膨胀率指标来判别膨胀土的膨胀势。虽然自由膨胀率在一定程度上反映黏土矿物、粒度成分和代换阳离子成分等基本特性，但与国外较流行的威廉姆判别法相比，常出现结果偏低的现象。为此我们也采用了国外判别法进行判别（表 14-9）。通过膨胀势判别与膨胀性测试，新近系的灰绿色硬黏土都具有强和很强的膨胀势，属于典型的膨胀性土。南阳盆地的三趾马红土为中等-强膨胀，南阳、方城—宝丰及邯郸—永年地区褐黄色硬黏土和紫褐色硬黏土均为弱-中等膨胀，灰绿色硬黏土则以强膨胀为主。

（4）收缩性。由于天然硬黏土含有较高的水分特别是层间分子水，因此硬黏土干燥失水后都具有显著的收缩性。根据南水北调中线工程沿线风干条件下的体缩测定结果，新近系硬黏土体缩率平均值都在 10％以上，最高可达 27.85％，说明其具有较高的收缩性。收缩性常随天然含水量增大而增加，因此灰绿色或灰绿夹棕色硬黏土的体缩率普遍高于其他类型的硬黏土。强烈的体缩将导致表层开裂、形成密集的收缩裂隙，为雨水的渗透及水、土间相互作用提供条件（表 14-9）。

表 14-9　新近系硬黏土膨胀和收缩性（张永双等，2002）

地区	硬黏土类型	垂直线缩率/%	水平线缩率/%	体缩率/%	自由膨胀率/%	干燥饱和吸水率/%	天然状态		风干状态	
							无荷膨胀量/%	膨胀力/MPa	无荷膨胀量/%	膨胀力/MPa
南阳盆地	三趾马红土	2.40~8.00 (2.54)	3.68~5.79 (4.62)	9.45~16.81 (13.21)	65~105 (82.14)	51.70~63.69 (56.98)	—	—	40.00~55.75 (48.80)	0.40~0.90 (0.68)
	褐黄色硬黏土	2.30~7.22 (4.63)	2.51~7.05 (4.87)	8.57~19.85 (12.24)	40.00~100.00 (70.63)	38.27~65.50 (49.21)	1.15~16.10 (5.60)	0.05~0.15 (0.09)	15.7~67.3 (39.83)	0.25~1.70 (0.75)
	灰绿色硬黏土	3.07~7.60 (6.07)	4.00~7.71 (6.15)	9.15~22.80 (16.70)	48.0~118 (83.55)	40.40~73.76 (53.72)	2.56~19.40 (10.19)	0.06~0.35 (0.17)	41.65~72.10 (59.45)	1.0~2.10 (1.73)
方城—宝丰	褐黄色硬黏土	1.16~6.66 (3.56)	1.46~5.67 (3.18)	4.20~20.12 (11.57)	35.00~73.00 (54.25)	36.94~83.90 (48.60)	7.95~30.1 (17.06)	0.15~1.30 (0.34)	25.08~52.80 (41.45)	0.35~1.40 (0.71)
	灰绿夹棕色硬黏土	1.57~11.5 (5.76)	1.19~10.12 (5.61)	6.08~27.85 (16.41)	40.00~83.00 (65.65)	37.60~96.90 (52.25)	5.20~25.65 (14.74)	0.15~0.28 (0.20)	47.90~82.90 (63.07)	0.50~2.30 (1.40)
邯郸—永年	紫褐色硬黏土	0.80~5.00 (3.28)	1.84~5.95 (3.90)	4.40~17.40 (10.34)	45.00~70.0 (56.67)	23.84~52.60 (41.49)	1.25~8.60 (4.90)	0.10~0.15 (0.125)	20.60~60.65 (42.70)	0.70~1.60 (1.24)
	灰绿夹棕色硬黏土	7.00~10.25 (8.26)	6.19~9.09 (7.78)	10.90~20.30 (15.73)	67.00~140.00 (102.30)	44.30~68.70 (52.79)	4.95~6.70 (5.83)	0.075~0.13 (0.10)	50.40~72.90 (57.95)	1.20~1.90 (1.52)

注：括号内数据为平均值

（5）强度特性。硬黏土因受含水量高、密度低、黏粒含量高和无明显成岩等因素控制,而具有强度低和变形显著的特征。对于裂隙化硬黏土来说,由于裂隙的复杂性及其对硬黏土变形破坏的控制作用,因而成为工程上极难对付且常引起工程问题的地质介质。在多数情况下,裂隙频率、产状变化,既有一定的规律性,又存在随机变化的特点。另一方面,硬黏土的性质又极易受到环境条件(如荷载、围压、湿度、温度等)变化的影响,使裂隙化硬黏土实际抗剪强度的测定和评价,变得十分复杂。

由于中国东部大部分地区的新近系硬黏土出露少,且多数埋深较大,因此,只能借助钻孔样品采用天然样的室内三轴试验来获取。结果表明,几种新近系硬黏土的强度均较低。同一地区褐黄、紫褐色硬黏土的抗剪强度明显高于灰绿色或灰绿夹棕色硬黏土,主要是由于在湿度、密度、物质组成、胶结作用及裂隙发育程度上的区别。

2. 环境对膨胀土工程质量的影响

工程深开挖和运营所引起的岩土体赋存环境(应力、湿度、温度等)变化,常造成土/岩体工程性恶化,进而导致各种工程问题和地质灾害的发生,因此硬黏土性质的工程环境效应研究具有重要意义。

(1) 干湿交替对膨胀性的影响。伴随工程的开挖暴露,硬黏土干燥收缩和大气降水影响产生的干湿交替作用,成为硬黏土膨胀性显现的重要外部环境条件。根据硬黏土天然样和风干样的测试结果,干燥失水作用对该硬黏土的膨胀性有极显著的影响(表 14-10)。

表 14-10　新近系硬黏土天然及风干样品膨胀性(张永双等,2002)

地区	硬黏土类型	天然状态		风干状态	
		膨胀力/MPa	无荷膨胀量/%	膨胀力/MPa	无荷膨胀量/%
南阳盆地	灰绿色硬黏土	0.06~0.35 (0.173)	2.56~19.40 (10.19)	1.00~2.10 (1.73)	41.65~72.10 (59.45)
方城一宝丰	灰绿夹棕色硬黏土	0.15~0.275 (0.196)	5.20~25.65 (14.74)	0.50~2.30 (1.40)	47.90~82.90 (63.07)
邯郸一永年	灰绿夹棕色硬黏土	0.075~0.125 (0.10)	4.95~6.70 (5.83)	1.20~1.90 (1.52)	50.40~72.90 (57.95)

(2) 直接浸水和干湿交替作用对强度和变形性质的影响。大量试验结果表明,直接浸水和干湿交替对硬黏土强度和变形性质的影响十分显著。中线工程沿线三个地区新近系硬黏土天然样浸水后,无侧限(单轴)抗压强度的降低幅度为 30%~58%,变形模量的降低幅度为 55%~65%,浸水软化效应明显(表 14-11)。如果硬黏土风干后再浸水(即一次干湿交替作用),无侧限抗压强度和变形模量降低幅度更加显著,如南阳盆地灰绿色硬黏土的无侧限抗压强度降低了 55.6%,变形模量降低了 76%。这些数据虽然仅是经过一次干湿交替所测得的结果,但足以说明浸水软化效应和干湿交替作用对硬黏土强度和变形模量的重要影响,也预示着在工程实践中的危害。

表 14-11　浸水及干湿交替作用对土的强度和变形性质的影响（张永双等，2002）

地区	硬黏土类型	无侧限抗压强度/MPa			变形模量/MPa		
		天然样	天然饱和样	风干饱和样	天然样	天然饱和样	风干饱和样
南阳盆地	灰绿色硬黏土	0.16~0.42 (0.27)	0.11~0.35 (0.19)	0.04~0.26 (0.12)	2.68~12.79 (7.84)	1.90~4.77 (2.75)	0.92~3.43 (1.88)
方城—宝丰	灰绿夹棕色硬黏土	0.15~0.89 (0.38)	0.09~0.29 (0.16)	0.05~0.14 (0.09)	2.05~24.0 (7.69)	1.70~4.14 (2.78)	0.95~2.25 (1.53)
邯郸—永年	灰绿夹棕色硬黏土	0.14~0.33 (0.19)	0.07~0.14 (0.102)	0.07~0.10 (0.085)	2.54~19.66 (11.11)	2.17~7.35 (5.01)	2.00~4.44 (3.09)

（3）围压对土的抗剪强度的影响。试验结果反映，如邯郸—永年地区新近系硬黏土在大气影响层内（<5.0m）由于已遭受地质过程中的干湿交替作用对该膨胀土工程特性的影响，由同一类型硬黏土风化样和未风化样，经过干湿交替的反复影响试验，其结果是结构联结被破坏、密度降低、含水量增高，裂隙、劈理频率增大，进而抗剪强度明显降低。处于大气影响带以下的硬黏土胶结作用较好，且密度相对较大，抗剪强度普遍高于风化带黏土（表 14-12）。

表 14-12　邯郸—永年地区硬黏土在干湿交替试验条件下抗剪强度变化（张永双等，2002）

硬黏土类型	饱和固结抗剪强度		残余强度	
	$\varphi/(°)$	c'/MPa	$\varphi/(°)$	c'/MPa
黄色夹灰绿色黏土（大气影响层）	20.5~22.5 (21.64)	0.03~0.15 (0.069)	9.0~20.0 (14.22)	0~0.005 (0.0085)
灰绿夹棕色硬黏土	30.1~32.5 (31.83)	0.015~0.098 (0.064)	15.0~28.5 (23.33)	0.001~0.015 (0.008)
紫褐色硬黏土	27.0~38.5 (32.17)	0.015~0.205 (0.108)	19.0~25.0 (22.88)	0.001~0.06 (0.009)

总之，南水北调中线工程中，由于穿越膨胀土，特别是灰绿色硬质黏土，它是一种区域性的特殊土（或称问题土），因其性质介于典型的硬土和软岩之间，在工程处理上问题更为复杂。

硬黏土的工程特性，具有随季节和环境变化，其强度和变形性质等也随之改变，均说明了边坡工程浅表层破坏和大变形的潜在危害。

14.5.3　中小型水利建设中的膨胀土

若干中小型水利水电工程是在膨胀土区进行，有的要依其为地基而穿越之，有的在修建土石坝和土坝时，需应用膨胀土作坝料。这在东北地区的松嫩平原，四川盆地，新疆引水工程的西干渠等，均出现膨胀土区工程质量的问题。

1. 松嫩西部平原引嫩的水利工程

为满足工业、民用和灌溉的需要，如修建渠系发展灌溉，建设水库蓄积水分，以及建造排水系统等的筑堤、打坝和建渠工程等，都是在当地的地基上进行，并均要利用当地的土料。其中不少工程，就与膨胀土相关，如部分南引干渠就通过了土质黏重、湿时强烈膨胀、干时收缩的特殊性能的土壤，均给工程质量带来危害，有的需要重点换土、重建堤坝（田壮飞等，2000）。

2. 四川膨胀土的筑堤问题

在紫色膨胀土区的小水库建设，用膨胀土作坝料，导致工程发生裂缝、漏水、滑坡等危害，屡见不鲜（刘麟德，1991）。

14.5.4　大丽铁路工程沿线的膨胀土

据桂金祥和杨英报导（2005），位于云南省北部的大理至丽江铁路，南起广大铁路的大理车站，向北沿洱海东岸经上关、西邑、鹤庆至丽江，全长 168.39km，系国家级西部重点铁路干线。沿线地形地质条件十分复杂，具不良的地质和特殊岩土发育，地质灾害较多。

该铁路沿线有玄武岩风化的残坡积膨胀土，二叠系上统玄武岩组地层，在 1～6 段均有分布。其物理力学性质相似，颜色有所差异，都是柱状节理发育，主要矿物成分为斜长石、橄榄石和辉石，风化后易形成蒙脱石等。受地形地貌控制，风化层厚度分布不均，风化差异大，沟谷处较薄，坡面较厚。全风化带一般厚 4～20m，最厚达 30m。

（1）宏观形态。黏性土，颜色以黄、灰黄、灰绿色为主，有滑感，裂隙发育，含有较多钙质、铁锰质结核，自然坡面有浅层溜坍，新开挖的公路边坡易坍塌。

（2）膨胀性。按自由膨胀率、蒙脱石含量和阳离子代换量等三项中，有两项指标符合铁路部门关于膨胀土规则来判定等级。表明该类土大部属中—强膨胀土，少数属弱膨胀土，其中强膨胀土的蒙脱石含量、阳离子代换量满足相应等级标准（表 14-13）。

表 14-13　铁路沿线膨胀土的主要特性、蒙脱石含量和膨胀潜势

试验编号	自由膨胀率/%	蒙脱石含量（M）/%	阳离子代换量/(cmol(+)/kg)	膨胀潜势分级
CK LZ-38-1-1a	41	15.60	29.90	弱膨胀土
CK LZ-38-1-1b	62	25.86	38.40	中膨胀土
CK LZ-38-1-1c	59	32.56	47.25	强膨胀土
CK LZ-38-1-1c	42	17.72	40.35	中膨胀土
DZ-05-27	35	11.87	30.70	弱膨胀土
DZ-05-33	62	49.64	50.60	强膨胀土
DZ-05-69-1a	41	16.33	35.05	弱膨胀土
DZ-05-69-1b	64	36.28	55.75	强膨胀土
土-22-1	55	32.43	51.45	强膨胀土
土-22-2	50	28.84	44.20	强膨胀土
土-22-4	50	21.80	35.35	中膨胀土
DZ-06-09	47	85.16	45.25	强膨胀土
DZ-06-12a	52	55.26	38.40	强膨胀土
DZ-06-12b	58	89.67	65.30	强膨胀土

试验编号	自由膨胀率/%	蒙脱石含量（M）/%	阳离子代换量/(cmol(+)/kg)	膨胀潜势分级
DZ-06-12-01	66	61.38	54.40	强膨胀土
DZ-06-12-03	38	38.11	44.30	强膨胀土
DZ-06-19a	72.5	43.94	48.00	强膨胀土
DZ-06-19b	45	21.54	28.60	中膨胀土
DZ-06-19-1	46	17.69	29.95	中膨胀土
DZ-07-01	45	53.75	58.30	强膨胀土

（3）物理力学特征。对玄武岩全风化带不同地段分别取代表性样进行试验，其分段物理力学特征见表 14-14。

表 14-14　玄武岩全风化带膨胀土物理力学特征（桂金祥和杨英，2005）

里程	长度/m	物理力学特征	膨胀潜势分级
路基、隧道、桥 DK43+877～DK46+200 （断线分布）	2323	玄武岩全风化带（W$_4$），厚 2～15m 不等，分布于测段斜坡地段，经取样化验，自由膨胀率为 35%～65%，阳离子代换量为 307mmol(+)/kg，蒙脱石含量为 11.8%	弱膨胀土
路基、桥 DK46+200～DK47+415	1215	玄武岩全风化带（W$_4$）厚 2～22m，经取样化验，8m 以上自由膨胀率为 41%，阳离子代换量为 350.5mmol(+)/kg，蒙脱石含量为 16.33%。8m 以下自由膨胀率为 35%～72.5%，阳离子代换量 299.5～653mmol(+)/kg，蒙脱石含量为 17.69%～89.67%	8m 以上弱膨胀土；8m 以下中—强膨胀土
路基、隧道、桥 DK47+415～DK63+900 （断续分布）	8480	玄武岩全风化带（W$_4$）厚 2～15m，经取样化验，自由膨胀率为 35%～72.5%，阳离子代换量为 299.5～653mmol(+)/kg，蒙脱石含量为 17.69%～89.67%	中—强膨胀土

（4）抗剪强度和边坡稳定性。由天然快剪试验统计值显示，该土具有较高的抗剪强度。边坡的稳定性主要取决于土质的均匀性及各向异性，全风化带中，原生裂隙及次生裂隙对边坡失稳起了决定性作用。因此，抗剪指标的选取，应视工程特性、矿物成分、暴雨时间和场地均匀性等因素综合考虑。

（5）水化学特征。二叠系玄武岩组节理裂隙较为发育，加之地形陡峭和风化层较厚，故排泄较快，储水量小。主要接受大气降水补给，向低洼沟槽处排泄。经取地表水、地下水及该地层上游水，绝大多数水样对混凝土无侵蚀性。少量具侵蚀性。相关工程应采用抗侵蚀性材料。

总之，玄武岩风化残、坡积物具弱—强膨胀性，对路基工程具有严重的潜在破坏作用，重要的是在设计、施工中采取合理的处理方案，以防出现路堑边坡变形及路基基床变形。

14.6　膨胀土危害的预防和处理

膨胀土地基和边坡的处理是很重要的环节，此处简介主要的工程措施以防治其危害

（刘特洪，1997；王保田和张福海，2008；丁玉祥，2004）。

14.6.1　建筑物地基

（1）基础埋深。平坦场地上的砖混结构房屋，以基础埋深为主要防治时，基础埋深应取大气影响急剧层深度，或通过变形计算确定。大量的实测资料表明，气象因素的变化，对膨胀土中含水量和土层变形量的影响有一定的深度范围，在此深度之下，土层的含水量和变形量均趋于较稳定的状态，人们称此深度为地基急剧胀缩变形层，它综合反映了一个地区膨胀土变形的内、外因条件。急剧胀缩变形层的深度，因各地区的土质情况、地貌、水文地质条件及当地的气象因素不同而具有不同的数值。建筑物地区干旱年份和季节地裂深度的观测统计，也可决定地基土急剧胀缩变形层的深度，这是最直观的。地基土急剧胀缩变形层深度较浅的地区，若建造轻型建筑时，可将建筑物基础埋深适当增大，使其穿过急剧胀缩变形层，在胀缩性强的建筑场地，还应辅以适当的防水保湿措施和结构措施。若建造多层、荷重较大的建筑物时，将建筑物基础穿过地基急剧胀缩变形层。

我国部分地区地基急剧胀缩变形层的深度（m）：邯郸平坦 1.5，郧县坡地 3.0，邢台平坦 1.5，汉中平坦 1.5，合肥平坦 1.5，安康平坦 1.5，鸡街平坦 2.0，南阳坡地 2.5，蒙自平坦 2.0，叶县平坦 1.5，曲靖平坦 1.8，荆门平坦 1.5，宁明坡地 4.0，当阳平坦 1.5，南宁平坦 2.0，枝江平坦 1.0；上思平坦 2.0，广州平坦 1.5，湛江平坦 1.5。

国外许多国家在膨胀土研究工作中，十分重视有关深度的确定，有的国家称此为气候作用层深度或气候影响深度，也有的称膨胀土活动层等。国家气候影响层深度，如美国为 1.2～1.8m，罗马尼亚为 2.0m，英国为 0.9～1.5m，南非为 1.8m，印度为 2.5～3.6m。

（2）换土及砂石垫层。换土地基就是把地基主要胀缩变形层内的膨胀土全部和部分挖除，换以非膨胀土、石灰土或砂、砾石等，以消除或减少地基的胀缩变形。

（3）墩基或柱基。隔一定的距离，设置独立墩基或柱基加地基梁的基础形式，要比条形基础为好。因为墩基或柱基可减少基础与土的接触面，而如为条型基础，膨胀土对条基有侧向压力，常常造成条基的转动，从而引起房屋产生水平裂隙。

（4）垂直隔水屏障。与地面水泥地板连接，以稳定土的含水量变化；以及其他地面防水措施。

14.6.2　边坡的防护与处理措施

1. 预防为主

膨胀土挖方渠道在施工和运行过程中产生大量滑坡，是水利工程膨胀土处理的重点。渠坡防护与处理，一是预防为主，即采取有效手段，预防尚未破坏的渠坡不产生过大的剪应力或变形而导致破坏；二是整治，对已破坏的渠坡进行合理可靠的修复或加固。根据国内已建的膨胀土渠道经验，渠坡治理方法首先应该防止雨水直接冲刷，同时减少雨水渗入土体，引起大幅度强度的滑坡。

　　2. 边坡防护与处理措施

　　可归纳为表水防护、坡面防护和支挡防护。具体说，要遵循如下基本原则。

　　（1）严格按设计坡度从上而下逐级进行渠坡开挖。如遇土体软弱结构面发育，易于风化的强膨胀土，要快速施工，并在渠坡竣工时立即进行防护与处理措施。

　　（2）设置排水系统。水是膨胀土产生胀缩变形和降低强度的重要因素，不论地表水或地下水对渠坡都有严重影响。对地表水防护措施主要是截排坡面水流，防止表水渗入土体与冲刷坡面。对于强膨胀土与中膨胀土可以分级设置排水沟，建立地表排水网系。诸如渠顶纵向排水沟，渠坡平台侧向排水沟，以及横向排水沟，并相互连通构成地表排水网系统。各排水沟以采取浆砌块石或混凝土块衬砌为宜。

　　（3）合理堆放弃土。若堆土在渠顶处，这种堆土会形成积水层向渠坡渗水，同时还会增加渠坡上的荷载和侧向应力，以致渠顶产生过大拉应力而开裂，使雨水沿拉开裂缝渗入渠坡内，导致土体强度降低。至于弃土堆放距离可根据渠道规模和坡高而定，一般应离开挖线 5～10m。

　　（4）对已发生滑坡的渠坡的处理措施：应根据滑坡体的深度和范围、所处位置、受力条件和危害程度及时采取处理措施。治理滑坡特别强调及时治理，但尽可能安排在旱季。因为膨胀土滑坡一般属牵引式，随时间的推移而不断地扩大。处理措施有：①换土。是将膨胀土部分挖除，用非膨胀黏性土或粗粒土包盖。渠道换土的厚度要考虑因降雨而引起土体含水量急剧变化带的深度，一般可采用 1.0～2.0m，即强膨胀土换土厚度可用 2.0m，中膨胀土用 1.0～1.5m。②湿度控制。湿度控制法包括预湿和保持含水量稳定。为了控制膨胀土含水量的变化，保持渠坡或地基土的含水量少受蒸发及防止运行期渠水的渗入。如施工过程中预留保护层，衬砌预湿膨胀土，控制临界湿度等，有时采用塑料膜或沥青盖在膨胀土的坡面上；加强基础排水和止水，防止黏土层吸水膨胀变形。③化学固化。用化学添加剂，如石灰和水泥等材料，对膨胀土进行化学固化。石灰固化作用是由于盐基交换、胶结性、黏土颗粒与石灰的相互作用而固结。具体如下：

　　一是掺石灰。主要作用是使膨胀土的液限与膨胀量降低，增大固结强度。然而，采用这种处理的成败，取决于所掺石灰的技术指标和施工工艺。它使液限稍有减少的效果，但变化不太大。使塑限有大幅增加，增加量随加石灰量的增加而增大。塑性指数大则为减小，且掺石灰量越多，减小量越大，自由膨胀率锐减。掺灰比例以 10% 为好，超过 10：100，则没有多大效果。但不同类型膨胀土所施加石灰量也不同。变形监测表明，膨胀土掺入一定数量石灰可以降低膨胀势，减小渠坡隆起变形，提高膨胀土固结强度，使渠坡具有良好的抗冲蚀能力和一定的稳定作用。

　　二是水泥土。是由土料、水泥和水经过拌和的混合物，用作渠道衬砌。水泥固化作用是水泥中的硅酸钙和土料相互间的胶结作用，胶结物逐渐脱水和新生矿物的结晶作用，从而降低液限和体变，增大了缩限和抗剪强度。在水泥土中，水泥含量一般为 7%～10%，视工程类别重要性而定。土料可用黏性非膨胀土或膨胀土，一般来说，黏粒含量不宜太多，$<5\mu m$ 粒级不超过 20%，通过 5mm 筛的土粒应达到 80%，且不允许有大于 5mm 粒径的土团存在。此外，土料中盐分及有机质含量不宜太高，其中盐分总量不应超过 2%，特别是碳酸盐类，以免与水泥水化作用生成膨胀物质。实践证明，水泥土的抵抗变形和强度，耐久性和抗干湿循环，抗渗性和抗冲耐磨性等，都可以达到工程的质量要求。

水泥土还具有液限略有减少的效果，如荆门膨胀土的减小量比安康膨胀土的减小量来得大，塑限有很大提高，塑性指数明显地减小，自由膨胀率锐减，无荷线膨胀量减少，但掺水泥比例不超过 3∶100，水泥掺和量的增加不能使效果增加。根据一些工程的尝试，膨胀土掺水泥衬砌的效果较好。

三是矿渣复合土。铁道部科学研究院西北研究所的李妥德、赵中秀等采用膨胀土、矿渣、水泥、石灰、砂等组成"矿渣复合土"，配制成砂浆作为护坡材料。通过矿渣复合料改良后的膨胀土基本上丧失膨胀性。矿渣复合土的无侧限抗压强度，随加固剂掺入量的增加而增大，但过峰点以后，随固剂掺入量的增加而减少。这与灰土相似，是由于石灰掺入量超过了与土和矿渣中活性物质的反应所需时，多余的部分不但不起作用，反而降低了团粒间的黏着力。矿渣复合土的有效期约 84～224 天。复合土与坡面的黏着强度，在无垂直应力下进行浸水快剪，其值为 17～52kPa。而且抗干缩湿胀性能好。矿渣复合土的耐久性好，一年后的强度还在增加，而水泥土的强度在竣工后 8 个月即达到恒定状态。因此矿渣复合土作膨胀土护坡是可行的。

四是混凝土衬砌。浇筑的混凝土衬砌厚度，要根据膨胀土工程性质、温度变化、渠道规模及重要性等具体情况而定，一般采用 5～15cm。

五是使用土工织物。土工织物在国内外水利工程上作为护坡、防渗、反滤、防洪抢险与地基加固等方面应用很广泛。土工织物不但用于护坡，也用以治理滑坡。土工膜可作防渗和反滤，效果良好。铺设渠坡的土工薄膜厚度一般采用 0.12～0.38mm，保护层可用素土夯实或块石、混凝土板，厚度一般不小于 30cm。此外，化纤模袋还可以代替灌注混凝土模板，用高压泵把混凝土或砂浆灌入模袋中形成连续的板状结构，应用于护坡工程。

六是支挡结构。它是为了防止边坡的坍塌失稳、确保边坡稳定的构筑物。其主要应用于：①开挖的强膨胀土或中等膨胀土的边坡采取必要的预防支挡措施，以便防止滑坡的发生；②对于已发生滑动的边坡进行治理支挡措施，使工程运行正常。根据具体情况采取不同的支挡措施。

总之，克服浅表层膨胀土对地面工程的障碍和危害，必须因地制宜选用适当的措施。在勘测过程中，建址和线路最好尽量选择非膨胀土或弱膨胀土地区。

第 15 章　膨胀土区坡地的固地保土

盆地中的阶地及丘岗是重要的农业区，是粮、棉、油料及果、林的主要产区。然而，由于这些区域的地层，具有较大面积的基性火成岩、泥质岩、石灰岩、第三系未固结红黏土和黄土性黏质土等。由这些物质风化形成的土体及基质，多具有不同程度变形特性，伴随着土体水分的消长，便呈现出强度不等的膨胀收缩性能，它们对坡地农地的冲蚀、塌陷和水土流失，构成威胁和破坏。为此，有必要对它们产生破坏的原因和机制，以及如何采取抑制的措施，予以研究。由于土体变形很复杂，给治理措施带来诸多问题，本章拟以长江中游和陕南等地的丘岗为主要对象进行讨论。

15.1　膨胀土区农地塌陷与水土流失的原因

15.1.1　引起土体塌陷与水土流失的内部机理

1. 土体及基质的高度黏重和膨胀性黏土矿物

基性火成岩、泥质岩、石灰岩和第四系更新统黄土性黏质土等，经长期的物理和化学风化，所产生的风化物，其$<2\mu m$的粒径可高达 30％或以上，这是构成土体变形的物理性基础。上述各类岩体风化产生的黏土矿物，多是 2∶1 型蒙脱石类占优势，土体及基质中 2∶1 型的蒙脱石类黏土矿物含量高，无疑便构成土体变形特性的另一物质基础。

2. 土体水分的干湿交替，成为变形特性显现的重要介质

土体的高度黏重性和蒙脱石类黏土矿物占优势的物质基础，一经水分作用，便会产生强烈的胀缩性能，土体吸水后强烈膨胀，可突出地面，呈环状凸起；但在失水时，土体又可急剧收缩，形成坚硬的块状、柱状、棱柱状等，使土体向纵横等不同方向断裂，特别是向纵深处发展，是地块崩塌、陷落的重要原因。下面讨论水分对土体膨胀变形和膨胀压力的影响。

1) 不同自然含水量下膨胀土的变形

通常膨胀土的自然含水量多在 18％～26％，与土体的塑限含水量相近（表 15-1）。在自然含水量情况下，土体吸水后产生的膨胀变形量很小（表 15-2），而一旦失水收缩后，再与水作用，便会表现出较强的膨胀性（表 15-3）。

表 15-1　4 种膨胀土含水量测定结果（朱建强，1999）

项目	土样			
	1	2	3	4
天然含水量/％	21.50～23.50	18.50～22.80	20.50～24.50	24.00～25.22
塑限含水量/％	21.00	20.60	20.30	20.70

表 15-2　4 种原状膨胀土无荷载膨胀试验结果（朱建强，1999）

项目	土样			
	1	2	3	4
天然含水量/%	20.80~21.50	19.34~22.40	20.45~21.00	24.30~25.20
膨胀含水量/%	0.09~0.13	0.35~0.65	0.40~0.45	0.15~0.20

表 15-3　4 种膨胀土经风干处理后无荷载试验结果（朱建强，1999）

项目	土样			
	1	2	3	4
风干含水量/%	6.67	6.82	6.60	6.52
膨胀变形量/%	5.38	4.90	4.88	4.62

2）含水量对膨胀土膨胀量与膨胀压力的影响

由表 15-4 和表 15-5 可以看出，对每一种膨胀土样而言，其无荷载膨胀量和膨胀压力均随试前土样含水量呈显著的线性负相关，即试前含水量越小，测得的无荷载膨胀量和膨胀压力则越大。而膨胀压力与无荷载膨胀量之间呈显著线性正相关。

表 15-4　4 种膨胀土无荷载膨胀量与膨胀压力测试结果（朱建强，1999）

1 号土			2 号土			3 号土			4 号土		
ω/%	V_H/%	P_E/kPa	ω/%	V_H/%	P_E/kPa	ω/%	V_H/%	P_E/kPa	ω/%	V_H/%	P_E/kPa
21.70	0.36	16.36	19.55	0.50	33.35	15.75	2.91	98.10	15.56	0.70	20.11
16.06	2.35	61.31	18.74	1.10	40.71	12.53	3.39	105.00	12.60	2.97	49.50
14.74	3.97	94.18	17.74	1.16	50.03	12.46	3.90	106.36	9.52	3.15	110.36
12.61	4.06	102.22	15.18	1.54	90.74	9.40	4.64	110.36	6.52	4.62	117.72
8.60	4.90	123.00	13.18	2.61	127.53	6.60	4.88	119.36			
6.67	5.38	134.89	11.29	3.20	147.15						
4.73	5.46	137.34	9.53	3.70	163.83						

注：ω—天然含水量，V_H—无荷载膨胀量，P_E—膨胀压力，P_a—塑限值

表 15-5　4 种膨胀土无荷载膨胀量、膨胀压力和含水量之间的统计分析（朱建强，1999）

土样	V_H-ω	P_E-ω	P_E-V_H
1	$V_H = 7.40 - 0.30\omega$	$P_E = 182.80 - 7.17\omega$	$P_E = 6.01 + 23.70V_H$
	$r = -0.956$	$r = -0.970$	$r = 0.998$
2	$V_H = 7.22 - 0.39\omega$	$P_E = 292.06 - 13.23\omega$	$P_E = 13.21 + 39.78V_H$
	$r = -0.950$	$r = -0.995$	$r = 0.983$
3	$V_H = 7.00 - 0.36\omega$	$P_E = 133.06 - 2.22\omega$	$P_E = 72.91 + 8.86V_H$
	$r = -0.961$	$r = -0.989$	$r = 0.938$
4	$V_H = 6.94 - 0.33\omega$	$P_E = 203.98 - 11.72\omega$	$P_E = 1.25 + 25.61V_H$
	$r = -0.994$	$r = -0.965$	$r = 0.874$

15.1.2　引起土体塌陷与水土流失的外部因素

1. 地形

农地的坡度和形态，往往导致地边坎坡塌陷和地面水土流失。我国大面积农地，多分布在山坡和丘陵岗坡，其地面坡度可大至 $10°\sim15°$ 或以上，坡面多由上而下延伸且宽广，使地面径流畅通无阻，并呈加速倾泻之势。

2. 区域性暴雨强度大，持续时间长

我国若干地区，是季风气候，干湿季节明显，旱季万里晴空，滴水难求；雨季暴雨强烈，使坡地土体大量冲失，坡边塌陷，导致严重灾害。

3. 人为耕作管理不良

当地农民鲜有固地保土的防护措施，多是广种薄收，靠天吃饭，一旦自然灾害来袭，束手无策。

15.2　膨胀土区农地固地保土的普遍措施

在全国范围内，处于岗坡的农地（田），其中有不少是在 15° 以上，本应退耕返林或返草，但目前，这些地区的粮食生产仍占重要地位。现对长江流域区域调查、规划，并结合群众从坡地治理上取得的固地保土成功经验，予以综合概述。其中有膨胀土，也有非膨胀土。

15.2.1　适地开展以坡改梯为主的工程措施

工程措施对降低陡坡耕地坡度、截短坡长、改变地表形态，效果明显且快，很适用于长江中上游等水土流失严重的区域。其内涵有坡改梯、水平沟、拦水坝和鱼鳞坑等。其中以坡改梯的保水保土功能与增产效益最为显著。其减沙效果平均达 70% 左右，减少地表径流 42%～47%。为此，建议本区域之陡坡耕地治理应以坡改梯为主。但目前本区域 15° 以上的坡耕地中的坡改梯面积仅占 35% 左右，因此，改造任务还很繁重。

坡改梯的步序，首先应做好规划，选择靠近水源、土层深厚、植被覆盖好和土壤保水能力强的 15°～25° 坡耕地；而后沿等高线设计梯地（田）走向和地块形状；再按地块面积，设计道路条数及位置，以适应农事活动之需求；还要根据当地的降雨特点来设计防洪等各项水利设施。

至于坡改梯的方法有拍板法和挡板法，在膨胀土区，还要掺沙或添加土壤固化剂，或采用塑料袋充土，以修筑堤埂，而后用熟土铺于地表，并配置水利、农业等实施，以获取好收成。

15.2.2　推行以等高固氮植物篱为代表的生物措施

建成后的坡耕地（田），应根据坡度、土质、岩性和气候等条件，沿等高线设置多

年生植物篱。虽然生物措施在起始阶段，控制水土流失效果不如工程措施明显，但其后效是稳定而持久的。

在诸多生物措施中，尤其要注意推广等高固氮植物篱技术，即在坡面上每隔数米种植一行植物篱，待其长到约 1m 高度时剪枝，将枝叶覆盖在带间土壤上，以保持水土。经定位长期观测表明，植物篱坡耕地的地表径流减少 50％～70％，土壤侵蚀减少97％～99％，土壤有机质和全氮量均有较明显增长，最终也促进了农作物产量和经济收益的增长。

15.2.3　进行作物结构和耕作技术改革

1. 改变作物种植结构

种植结构改革主要是粮食和经济作物比例的调整。在提高粮食单产的同时，逐步增加水土保持效果好、经济价值高的经济作物比重，如豆科油料作物，棉、麻纤维作物等。同时，还可由目前的二年三熟逐渐转变成一年二熟或三年五熟，以增加地面覆盖，保持水土。

2. 改进耕作措施

（1）增加地面覆盖。诸如间作套种，宽行密植，草粮轮作等。

（2）提高土壤抗蚀力和增强水分入渗。诸如覆盖，少、免耕，增施有机肥等。

（3）改变小地形，增加地面粗糙度。诸如横坡耕作，等高耕作，筑等高沟垄等。

3. 增长物质能量投入

这些地区，由于陡坡耕地，地处边远，交通不便，历来社会经济条件差，广种薄收，物质能量投入少。因此，应利用国家对鼓励山区坡耕地发展农业生产的优惠政策，适时增加物质能量投入，并逐步推行农业科学技术，合理施肥，合理种植，科学管理。如上述耕作技术得以逐步实施，可以预测，本区域的农业生产，不但不会因退耕而使经济效益和粮食生产受损失，反而还会有显著增长，取得区域性的良好的社会效益和生态效益。

15.3　膨胀土坡耕地土坎梯地的建造

在陕南的农地膨胀土区，群众已较多地采用土坎梯地（田）建设，以固地保土。这实际上是一项工程措施，在实施上要求有严格的规格，并在建造后，要防止可能出现垮坎等一系列复杂问题。

15.3.1　梯地建设的原则

膨胀土的胀缩变形和强度衰减都与水密切有关，解决这些地区土坎梯地垮坎的关键是治水。陕南膨胀土区土坎梯地垮坎有明显的时间规律性，即以雨季最为集中，特别是经历较长时间干旱后的第一个雨季，或第一场大暴雨，是土坎梯地垮坎最重要时期。所以，为确保土坎梯地埂坎稳定，必须解决好梯地排水问题。

再从膨胀土分布区土坎梯地坎坡变形破坏的 4 种类型看，共同特征是发生在坎坡浅表土层，故大气营力对其影响很大，从而，还必须采取防风化的其他措施。可以认为，膨胀土区土坎梯地建设应遵循的原则是防水固坎和防风化固坎。

15.3.2　土坎梯地建造的规格

1. 规格化的前提条件

修建反坡排水式梯地的实践表明，在膨胀土分布区，不宜修建田面水平的蓄水式土坎梯地。否则，既不利于埂坎稳定，又易使耕层土壤板结。若遇到连续阴雨或大暴雨，还会造成耕层滞水，使作物受渍害。下面是修造的规格要求（图 15-1）。

（1）梯地宽度（B）：旱作梯地田面宽度不宜过小，最小宽度一般以 3m 为宜。

（2）最大阶差（H）：相邻两级梯地之间的高差称为阶差。其值大小主要取决于田面宽度。但对膨胀土而言，阶差过大不安全，易陷塌。根据调查对比，以 2m 为宜。

（3）设计雨强（Ip）：按排水式梯地规格化时，采用的雨强作为设计标准，是规划设计中十分重要的前提条件。从降雨和膨胀土边坡变形来看，在降雨大于 100mm/24h，即出现严重溜塌、滑坡，故可依此值选择相应的设计雨强，可在 1～3mm/min 范围内适地取用，建议 2mm/min 是保险的。

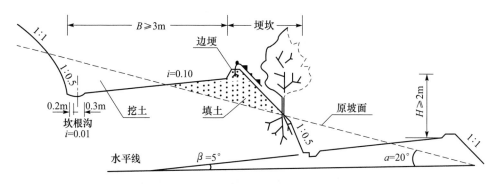

图 15-1　反坡排水土坎梯地（旱作）横断面示意图（朱建强，2001）

2. 规格化的有关参数及其取值

（1）梯地横坡值：此值若按反坡设计，使雨水向内流，再沿坎根沟汇至地头排水沟。根据实地调查对比，以采用 10％为宜。

（2）坎根沟值。坎根沟是按坎坡脚沿等高线设计，其断面应取宽浅型，最大挖深不宜超过 0.2～0.25m，以免影响埂坎安全。坎根沟的底坡可在梯地条块长度的 1/100～1/150 的范围内选定。

（3）埂坎的构造。田坎在平整时，先将坡上部的原状土挖取至坡下部，填在低陷处，使整个坡面大致持平，坡上下挖和填土的分界线大致在坎坡中线。由于坡上下部的抗滑力不同，则宜取不同坡比，上部 1：1、下部 1：0.5 为宜。对地面内倾的反坡梯地，考虑到外侧填土的沉陷变形，应筑地边埂，但宽度应小于水平梯田。通常埂高 0.2～0.3m，宽度 0.3m 左右。为了防止暴雨直接打击边埂和坎坡，在边埂上可种植黄花菜和瓜类作物，生土上种耐瘠的经济作物，如核果、桑树等，既保持水土，又增加收益。

（4）改梯的限额坡角。如设定的梯地长为 3m，梯地高差为 2m，即可定出界限坡角约为 20°左右，即坡比为 1∶2.75～1∶3.00。

（5）界区截水沟。在梯地与其上部陡坡地衔接部位需修截水沟、排水沟，以防降雨时坡上径流泻入梯地。截水沟末端的流量可按下式计算，即 $Q = 1.67 YIF10^{-5}$。式中，Q 为截水沟末端流量（m^3/s）；Y 为暴雨径流系数，通常取 0.90；I 为设计雨强，采用 2mm/min；F 为集水面积（m^2）。通常界区截水沟的流量设计以 0.25～0.30m^3/s 为宜，这样截水沟末端横断面一般不超过 0.2m^2。若上方集水面积过大，则需分段布设多道截水沟。为防止截水沟冲刷下切，可以砌石保护。

（6）梯地条块的尺寸。由于梯地沿平行等高线方向有排水要求，因此，每个条块梯地的纵向长度不宜过大。否则，将使坎根沟深度过大，则会影响埂坎的稳定。每个条块梯地的纵向长度以不超过 100m 为宜。对于较长的田块，可采用从中间向两头排水的办法。

（7）加强坎。对于连续布设的多级土坎梯地，为防止由于暴雨引起的连续垮坎，每隔 5～8 个梯阶，设置一道高出田面 0.5m、埂顶宽 0.5m 的边埂，作为加强坎，非常必要。加强坎最好是石质。

15.4 土坎梯地的垮坎及其治理

15.4.1 土坎梯地垮坎的原因

（1）膨胀土区土坎梯地存在严重的垮坎问题，陕西南部膨胀土区实地调查，认为膨胀土区土坎梯地垮坎破坏的根本原因是土壤性质问题。在黄色膨胀土、黄褐色膨胀土和棕红色膨胀土分布区修的土坎梯地普遍垮坎严重，即使坎高不大（小于 10m），垮坎毁坏仍不可避免。说明梯地埂坎稳定性，很大程度上取决于筑坎土料的性质。如黄褐色膨胀土小于 2μm 的黏粒含量高达 40% 左右，含膨胀性黏土矿物，其胀缩性能强，遇水后土粒膨胀，孔隙堵塞，土壤透水性极差，使土体严重滞水，若连续降水，地表径流加剧，土体崩解的压力加重。

（2）降雨多，强度大。在多年来的年均降雨量 700～1100mm 的研究区域，其间连续降雨和暴雨的概率大，给土壤的物理性状变化带来了许多问题。如群众所称的黄泥巴土，遇水浸泡 5min 即开始解体，30min 出现崩塌，120min 全部崩垮。为此，当梯地排水不畅时，出现垮坎是难免的。

（3）地面坡度大，平整土体的搬运量大。在地面坡度大的地段，修梯地时，需填方的土体量大，这些新土，极易塌方。

（4）梯地修筑质量不高。在发生垮坎的一些地区，地面多为 10°～15° 的坡度，并不算大，而主要是修建质量不高，一是修坎时清基不彻底，使原状底土和新填土未吻合紧密；二是没有夯实，久之必垮塌。

（5）梯地排水系统不完善。没有设置田间排水沟，使梯地中上部易发生垮坎，以浅表土体崩塌或滑塌为主。

（6）梯地地面过于平整。这样，易导致排水困难，以坡面中下部垮坎较为严重。

（7）未用植物护埂，甚至破坏地边埂。在这些地区，修梯地时，多无植物保埂措施，甚至将坎面和地埂原有植被刮光，也有连边埂都毁掉，一到雨季，后果不堪设想。

15.4.2　土坎梯地垮坎的类别

土坎梯地坎坡破坏是坎坡土体变形发展到一定阶段的必然现象。在坡改梯的过程中，引起了自然土体环境条件和状态的改变，是诱发变形发展的主导因素，降水则对边坡变形发展起了促进作用。在陕南膨胀土地区大致有 4 种类别。

（1）剥落。剥落指坎坡表层土受物理风化作用，棱块解体、碎裂成松散状态，在重力作用下沿坎坡面滚落、滑溜，最后堆积于坎坡坡脚的现象。这种情况多发生于蒸发作用强的旱季，一般旱季越长，剥落物积聚越多。但剥落物多出现于地表 0.1～0.2m 的范围，且其体积较小。

（2）鼓胀。在连阴雨过后，膨胀土边坡局部出现膨胀而突出现象，在旱季，使边坡土体易剥落，雨季易受冲蚀或流塌。对石坎梯地，鼓胀使砌石变松，有的石坎垮塌。鼓胀有两个特征：①多产生于坎坡局部坡面，规模不大；②与降雨有关，其出现一般滞后于降雨。

（3）溜塌。在干湿交替作用下，膨胀土的梯地坎坡表土层被裂隙切割，并逐步变为松散的土块，在雨水作用下，不断吸水后呈流塑状态，顺坡面下滑。其特征是：范围较小，长宽多在 0.2～2.0m；发生溜塌的土层较薄，一般为 0.05～0.10m，最厚 0.40m；土体移动缓慢，多呈流塑状态；一般无明显滑带，滑面上方的土体，常形成弧形小陡坎。溜塌体大都从坡脚开始顺坡面堆积。溜塌无从边坡基部崩坏之势，而与坍塌不同。

（4）微型坍塌。梯地坎坡下部受雨水或泉水作用导致软化，从基部崩塌，但其破坏规模很小，长宽仅在 0.5m 左右。

15.4.3　土坎梯地垮坎的治理

研究地区的梯地垮坎普遍而严重，为了防治垮坎，巩固修地成果，当地干群和水利部门，进行了长期的探索研究，取得了许多卓有成效的结果。他们摸索出了多项固坎方法，有效的水利措施和生物护坎技术。

1. 固坎方法

（1）挡板法。将挖起的土移到划定的地坎位置，而后将松土打实，如此反复进行，达到所设计的地坎标准为止。这种方法简便易行，速度快，但它往往经不住大暴雨打击，垮坎状况比较严重。后经群众改进，先用木板固定在地坎线位置，将挖下的土填充在挡板内侧，层层击实以形成梯地坎。此改进法用工较多，但垮坎轻。然而，对膨胀土中的黄褐土，成梯地后的表面要有植被保护，否则，即使土体已击实，也会垮坎。

（2）土中掺沙法。在黏重的膨胀土中加入不同比例的沙子，使变形减弱，再压实土体，垮坎便会减缓。问题是沙源有困难，不易普遍取得。

（3）塑料编织袋充土堆坎法。对土壤膨胀和收缩变形大的地区，应是一种很好的办法。其做法是将土充入袋内，再将袋堆积成坎。问题是塑料袋易老化变质，导致地坎失效，而且成本高。当然，最理想的是用石坎，也存在普遍推行的困难。

（4）辅助性固坎增稳措施。它包括生物护埂，增设田间蓄排水工程等。理论上这些措施都是有效的，但在普遍推行上，还有许多的艰巨工作要做。

2. 垮坎的综合治理

根据长江中上游山区，其中特别是陕南地区多年来对土坎梯地治理的经验，欲取得牢固而比较持久的效果，还是要采用综合治理的办法。要推行工程措施和生物措施相结合，治理和开发相结合。具体措施是：

（1）建立完善的梯地排水系统，有效地排除田间径流。

（2）营造和保护梯地上部陡坡地的植被，拦蓄、阻滞雨水，确保梯地防洪安全。

（3）原状土坎坡的坡度可以稍陡至 $65°\sim70°$，新填土坎坡的坡度可稍缓至 $45°\sim55°$，这种复式断面，可增加土坎的稳定性。

（4）在保证建造坎坡质量的基础上，提高土地利用效益，立体开发梯地。田面种植农作物；坎坡边沿种植果树、药材，诸如梨、枣、杜仲、香椿等；埂坎边坡种黄花菜、三叶草等。这样，既增加了生物保护埂、坡效果，又提高了经济收益，一举两得。

参 考 文 献

艾传井，尹镇龙，吴怀义，等. 2010. 荆门变电站膨胀土裂隙带发育深度及成因研究. 人民长江，41（1）：21-83.

安徽省土壤普查办公室. 1990. 安徽土壤. 北京：科学出版社.

北安市土壤普查办公室. 1986. 北安土壤. 内部刊印.

常庆瑞，冯立孝，安韶山，等. 1998. 陕西省南部地区土壤黏粒特性研究. 西北农业大学学报，26（4）：49-54.

陈必河，贾宝华，刘耀荣，等. 2004. 湘南中生代火山岩中尖晶石二辉橄榄岩包体 Sm-Nd 等时线年龄及地质意义. 地质论评，50（2）：180-183.

陈孚华著，石油化学工业部化工设计院等译. 膨胀土上的基础. 1979：北京：中国建筑工业出版社，1-268.

陈宏洲，杨金山，程宇，等. 2007. 黑龙江省新生代火山活动分期. 东北地震研究，23（1）：55-61.

陈杰. 2005. 新疆膨胀岩、土的工程地质问题探讨. 新疆水利，（4）：15-19.

陈敏，冯勤亮. 2010. 典型黑土水分物理性质的垂直变化规律研究. 安徽农业科学，38（13）：6847-6848.

陈淑钦. 1991. 山东省沂沭河地区暗色变性土的肥力及培肥机制的研究. 南京：南京农业大学硕士学位论文.

陈万勇，范贵忠，于浅黎. 1977. 西藏吉隆盆地上新世沉积相、黏土矿物特征及古气候. 古脊椎动物与古人类，（1-4）：261-271.

陈志强，陈健飞，陈松林. 2005. 基于 SOTER 的漳浦样区土系主要理化性状空间自相关分析. 福建师范大学学报，2（3）：78-83.

丁鼎治. 1992. 河北土种志. 石家庄：河北科学技术出版社.

丁玉祥. 2004. 浅谈黑北公路膨胀土填筑路基的处理方法. 黑龙江交通科技，（7）：33.

董磊. 2008. 新疆伊犁地区黄土的成因及分布规律探讨. 山西建筑，34（19）：95-96.

邓铭江. 2000. "635" 水利枢纽大坝心墙防渗土料工程特性及防渗结构设计. 新疆水利，05.

段乔文，李燚，唐跃明，等. 2007. 云南文山普者黑机场膨胀土处治方案及效果浅析. 岩土工程学报，10（3）：68-72.

方洪宾，赵福岳，姜琦刚. 等. 2009. 松辽平原第四纪地质环境与黑土退化. 北京：地质出版社.

房迎三，Matsufuji K，Danhara T，等. 2010. 江苏三处旧石器遗址中发现的火山玻璃. 第四纪研究，30（2）：385-392.

冯玉勇，张永双，曲永新，等. 2001. 南昆铁路百色盆地膨胀土路堤病害机理研究. 岩土工程学报，（4）：463-467.

冯玉勇. 2005. 现浇混凝土薄壁管桩复合地基技术研究. //铁路客运专线建设技术交流会论文集. 北京：长江出版社.

福建土壤普查办公室. 1991. 福建土种志. 福州：福建科学技术出版社.

高文信. 王赭. 2006. 丽江某变电所膨胀土特性及填筑适宜性分析. 土工基础，22（3）：36-38.

高锡荣，吴珊眉，黄瑞采. 1989. 鲁豫鄂部分地区变性土的发生学特征和系统分类试拟. 南京农业大学学报，12（2）：58-65.

高锡荣. 1986. 鲁豫地区暗色黏性土的发生分类问题研究. 南京：南京农业大学硕士学位论文.

龚子同，陈志诚. 1999. 土壤系统分类的理论·方法·实践. 北京：科学出版社.

龚子同，张甘霖，陈志诚，等. 2007. 土壤发生与系统分类. 北京：科学出版社.

广东省地质局. 1981. 1：20 万区域水文地质普查报告.

广西土壤肥料工作站. 1993. 广西土种志. 南宁：广西科学技术出版社.

贵州省地方志编纂委员会. 1988. 贵州省志-地理志（下册）. 贵阳：贵州人民出版社.

桂金祥，杨英. 2005. 大丽铁路玄武岩全风化带膨胀土的工程特性及治理. 铁道勘察，(1)：13-14.

郭鸿裕. 2004. 台湾地区主要土壤分布与特性. 农家要览增修订三版. 台北：丰年社.

何万云，颜春起. 1979. 关于三江平原土壤"哑叭"涝问题的探讨. 东北农业大学学报，(2)：26-34.

何毓蓉，徐建忠，黄成敏. 1995. 金沙江干热河谷变性土的特征及系统分类. 土壤学报，32（增刊）：102-110.

何毓蓉，赵燮京，田光龙，等. 1987. 紫色土的矿物组成特点及对土壤肥力的影响. 土壤通报，(6)：251-255.

何毓蓉，佐藤辛人，田秀德. 1990. 紫色土土色的研究. 土壤通报，21 (6)：247-288.

河南省土壤肥料工作站，河南省土壤普查办公室. 1995. 河南土种志. 北京：中国农业出版社.

黑龙江省土地管理局，黑龙江省土壤普查办公室. 1992. 黑龙江土壤. 北京：中国农业出版社.

黑龙江土壤普查办公室. 1990. 黑龙江吉林土壤. 内部刊印.

黑龙江土壤普查办公室. 1990. 黑龙江土种志. 内部刊印.

胡连英，孙寿成，杨绍武. 1989. 茅山新生代含幔源橄榄岩包体玄武岩与溧阳地震关系新探. 地震学刊，(2)：47-53.

黄健敏，段海澎. 2006. 江淮膨胀土自由膨胀率特征. 工程地质学报，14 (6)：776-780.

黄瑞采. 1979. 淮北老黑土与美国腐殖质黑黏土的比较//一九七九年年会筹备委员会论文审查组. 中国第四次代表大会暨学术年会论文摘要第一辑. 南京：中国土壤学会.

黄瑞采，吴珊眉. 1981. 我国某些暗色黏性水稻土的分类和利用. 南京农业大学学报，(1)：1-28.

黄瑞采，吴珊眉. 1987. 中国变性土和变性土性土壤的地理分布，南京农业大学学报，(4)：63-68.

黄瑞采，吴珊眉，高锡荣，陆长青. 1989. 变性土的腐殖质特性与暗色起源探讨. 南京农业大学学报，12 (4) 72-78.

黄瑞采，吴珊眉，熊德祥，等. 1988. 关于中国土壤系统分类中变性土分类研究的商榷. 南京农业大学学报，11 (1)：65-69.

黄万波，计宏祥. 1979. 西藏三趾马动物群的首次发现及其对高原隆起的意义. 科学通报，24 (19)：885-888.

黄小龙，徐义刚，杨启军，等. 2006. 滇西莴中新生代高镁富钾火山岩中橄榄石斑晶及其尖晶石包裹体的岩浆成因动力学意义. 云南地质科技情报，22 (6)：1553-1564.

黄镇国，张伟强，陈俊鸿. 1998. 中国的红土期. 热带地理，18 (1)：34-41.

吉恩斯·卡斯叶提. 2006. 阿勒泰地区膨胀土工程特性的初步探讨. 甘肃农业，(7)：214.

吉随旺，陈强，刘兴德. 2000. 川中地区岩土工程地质特性浅析. 成都理工学院学报，27（增刊）：202-204.

江苏省土壤普查办公室. 1995. 江苏土壤. 北京：中国农业出版社.

江苏省土壤普查办公室. 1996. 江苏土种. 南京：江苏科学技术出版社.

江西省土地利用管理局，江西省土壤普查办公室. 1991. 江西土壤. 北京：中国农业科技出版社.

江西省土地利用管理局，江西省土壤普查办公室. 1991. 江西土种. 北京：中国农业出版社.

康卫东，杨小荟，张俊义，等. 2007. 安康罗家梁膨胀土滑坡特征与成因分析. 西北大学学报（自然科学版），37 (1) 91-95.

柯夫达 B A. 1960. 中国之土壤与自然条件概论，北京：科学出版社：132.

雷加容，何毓蓉，余敖. 2004. 紫色土无机胶体与土壤肥力. 四川农业大学学报，（3）：233-238.

李承绪. 1990. 河北土壤. 石家庄：河北科学技术出版社.

李德成，张甘霖，龚子同. 2011. 我国砂姜黑土土种的系统分类归属研究. 土壤，43（4）：623-629.

李洪奎，刘明渭，张成基. 1996. 鲁东地区白垩纪早期非金属矿含矿火山-沉积建造. 山东地质，
　　12（2）：62-76.

李俊涛，陈玉华，徐建军. 2007. 湖北省湿地演化的地质地貌背景. 河北师范大学学报（自然科学
　　版），31（4）：539-543.

李树军. 2004. 膨胀土的判别及其危害防治. 吉林水利，（10）：24-25.

李双应. 1996. 安徽巢县南陵湖组火山碎屑流沉积物的发现. 地层学杂志，（04）：277-279.

李守定，李晓，张年学，等. 2004. 三峡库区侏罗系易滑地层沉积特征及其对岩石物理力学性质的影
　　响. 工程地质学报，第 04 期.

李万迭，海来提，刘孝勤. 2003. 新疆引水工程西干渠的特殊岩土. 岩土工程技术：268-271.

李卫东. 1991. 我国砂姜黑土的形成及分类的研究. 武汉：华中农业大学硕士学位论文.

李卫东，王庆云. 1993. 砂姜黑土形态特征的观察. 华中农业大学学报，（1-6）：245-249.

李卫东，王庆云. 1994. 砂姜黑土的黏粒矿物组成和蒙皂石来源的探讨. 北京农业大学学报，
　　20（2）：192-196.

廖群安，王京名，薛重生，等. 1999. 江西广丰白垩系盆地中两类玄武岩的特征及其与盆地演化的关
　　系. 岩石学报，（1）：116-123.

廖世文. 1993. 中国成都平原膨胀土的工程特性//蒋忠信，陈国亮，地质灾害国际交流论文集. 成
　　都：西南交通大学出版社：155.

林世如，杨心仪. 1986. 广西膨胀土形成发育的环境条件及其性态观察. 广西农业科学，6（2）：20-24.

林西生. 1997. 伊利石/蒙皂石混层 I/S 和它的 X 射线鉴定. 内部资料.

刘良梧. 1995. 变性土年龄的研究. 土壤，27（2）：274-248.

刘良梧，茅昂江. 1986. 钙质结核放射性碳断代的研究. 土壤学报，23（2）：106-112.

刘麟德. 1991. 四川膨胀土筑坝试验研究. 四川水力发电，（3）：34-37.

刘汝明. 2006. 云南昭通膨胀土工程地质特征及路基处理. 中国地质灾害与防治学报，17（2）：23-27.

刘特洪. 1997. 工程建设中的膨胀土问题. 北京：中国建筑工业出版社.

刘特洪. 2005. 长江流域膨胀土工程地质特征及工程处理. 人民长江，36（3）：13-15，28.

刘新卫，张定祥. 2004. 长江流域陡坡耕地持续利用研究. 人民长江，35（11）：7-10.

刘友兆. 1991. 江淮丘陵黏盘黄棕壤、黄褐土中黏盘层的起源、特征与障碍机制. 南京：南京农业大
　　学博士学位论文.

陆景岗. 1997. 土壤地质学. 北京：地质出版社.

吕伯西. 1995. 北澜沧江、金沙江-哀牢山、红河走滑断裂体系新生代碱性、偏碱性火山岩. 云南地
　　质科学情报，2：1-19.

罗静兰，张云翔. 1999. 黄河中游三趾马红黏土的岩石学研究及古气候意义——以陕西府谷老高川三
　　趾马红黏土剖面为例. 沉积学报，（2）：214-220.

罗汝英. 1978. 江苏省地质地貌和林业土壤. 土壤学报，15（1）：23-31.

罗筱青. 1999. 成都黏土的工程地质特性及其评价. 地质灾害与环境保护，10（2）：60-62.

南京地质矿产研究所. 2006. 华东地区地质调查成果论文集（1999—2005）. 北京：中国大地出版社.

欧钊元，王金建，张玉群，等. 2008. 南水北调东线. 山东境内裂隙黏土研究. 南水北调与水利科
　　技，6（1）：85-91.

潘根兴，黄瑞采. 1986. 中国热带和亚热带变性土研究. 中国土壤研究进展，452-462.

潘根兴. 1984. 华南某些暗色低地土壤的发生分类及利用状况. 南京农业大学硕士学位论文集.

钱让清，刘波. 2008. 合肥市膨胀土试验研究. 安徽地质，18（2）：151-157.

钱迎倩，王亚辉. 2004. 20世纪中国学术大典-生物学. 福州：福建教育出版社.

青藏高原东缘第四纪地质环境调查与评价重要进展（2003-2005）. old. cgs. gov. cn/NEWS/Geology%20News/2006/20060710/25. pdf.

青长乐，牟树森，王定勇，等. 2009. 紫色土再研究（Ⅰ）紫色土的母质——红层，西南大学学报（自然科学版），31（7）：120-125.

仇荣亮. 1992. 滇桂地区低地黏性土壤的发生、分类及利用. 南京：南京农业大学博士学位论文.

仇荣亮，熊德祥，黄瑞采. 1994. 变性土的膨胀收缩特点及其影响因素. 南京农业大学学报，17（1）：71-77.

仇荣亮，熊德祥，黄瑞采. 1994. 滇桂地区变性土的发生特性和系统分类研究. 土壤学报，31（4）：387-395.

曲永新. 1993. 攀枝花昔格达层滑坡//姚宝魁，孙广忠. 地面岩体处理及加固研究新进展. 北京：中国科学技术出版社：215.

曲永新，时梦熊，于锁龙，等. 1990. 渡口市的膨胀土//廖世文，曲永新，朱永林，首届膨胀土科学研讨会论文集. 成都：西南交通大学出版社：323.

曲永新，张永双，覃祖森. 1999. 三趾马红土与西北黄土高原滑坡. 工程地质学报，7（3）：257-265.

曲永新，张永双，杨俊峰，等. 2000. 中国膨胀性岩、土一体化工程地质分类的理论与实践//中国地质学会工程地质专业委员会. 中国工程地质五十年. 北京：地震出版社：273.

全国土壤普查办公室. 1993. 中国土种志（第一卷）. 北京：中国农业出版社.

全国土壤普查办公室. 1998a. 中国土壤. 北京：中国农业出版社.

全国土壤普查办公室. 1998b. 中国土种志（第六卷）. 北京：中国农业出版社.

全国土壤普查办公室. 1998c. 中国土种志（第五卷）北京：中国农业出版社.

砂姜黑土综合治理研究编委会. 1988. 砂姜黑土综合治理研究. 合肥：安徽科学技术出版社.

山东省土壤肥料工作站. 1993. 山东土种志. 北京：农业出版社.

山东省土壤肥料工作站. 1994. 山东土壤. 北京：中国农业出版社.

山西省土壤普查办公室. 山西省土壤工作站编. 1992. 山西土种志. 太原：山西科学技术出版社.

陕西省土壤普查办公室. 1987. 陕西土种志. 西安：陕西科技出版社.

陕西省土壤普查办公室. 1992. 陕西土壤. 北京：科学出版社.

史密斯 G D. 1988. 土壤系统分类概念的理论基础. 李连捷，张风荣，郝晋民，等译. 北京：北京农业大学出版社：451.

四川省农牧厅，四川土壤普查办公室. 1994. 四川土种志. 成都：四川科学技术出版社.

宋谢炎，侯增谦，汪云亮，等. 2002. 峨眉山玄武岩的地幔热柱成因. 矿物岩石，22（4）：27-32.

苏森. 1992. 成都黏土的工程特性与评价. 工程勘察，（2）：5-11.

宿庆瑞，迟风琴. 1997. 黑龙江几种主要土壤结合态腐殖质特性的研究. 土壤通报，28（5）：215-216.

隋尧冰，曹升赓. 1992. 我国主要变性土的微形态研究. 土壤学报，29（1）：18-25.

孙华，张桃林，熊德祥. 2003. 退化砂姜黑土有机磷特性及活化研究. 山东农业大学学报（自然科学版），（02）：214-216.

孙怀文. 1988. 淮北砂姜黑土的水分物理性质与旱涝渍害的关系//张俊民. 砂姜黑土综合治理研究. 合肥：安徽科学技术出版社：104-112.

孙剑. 2007. 江汉平原膨胀土基本特性研究. 资源环境与工程，（S1）：68-70.

孙振堂，秦小林，刘尧军. 1993. 石灰改良膨胀土的研究——试验设计及南京下蜀土的工程地质性质. 石家庄铁道学院学报，6（3）：31-38.

单树模，王维屏，王庭槐，等. 1980. 江苏地理. 南京：江苏人民出版社.

梭颇. 1936. 中国土壤地理. 南京：南京地质调查所.

谭罗荣，张梅英，邵梧敏，等. 1994. 灾害性膨胀土的微结构特征及其工程性质. 岩石工程学报，16（2）：48-57.

田淑珍，姜岩. 1985. 有机培肥和黑土腐殖质的结合形态. 吉林农业大学学报，7（1）：46-49.

田壮飞，王铁，龙显助，等. 2000. 引嫩对工程环境的影响与土壤次生盐碱化防治研究. 北京：中国科学技术出版社.

王保田. 2005. 土工测试技术. 南京：河海大学出版社.

王保田，张福海. 2008. 膨胀土的改良技术与工程应用. 北京：科学出版社.

王春裕. 2004. 中国东北盐渍土. 北京：科学出版社.

王国强. 1999. 安徽省江淮地区膨胀土的工程性质研究. 岩土工程学报，21（1）：119-121.

王茂和. 2007. 安徽省江淮地区膨胀土对公路工程建设的影响. 交通标准化，167（7）：193-196.

王庆云，徐能海. 1997. 湖北省土系概要. 武汉：湖北科技出版社.

王深法，俞建强，陈和平，等. 2002. 玄武岩台地滑坡与土壤发生学类型研究. 浙江地质，18（1）：76-81.

王献礼，曲永新，蒋良文，等. 2007. 云南大理洱海东缘早全新世软黏土的工程特性研究. 地质力学学报，（3）：261-269.

王秀艳，王成敏. 2004. 石家庄市膨胀土的工程特性及处理措施. 地球科学进展，19（增刊）（2）：279-282.

王玉洲，曲永新，潘树成，等. 1995. 内蒙中部玄武岩残坡积膨胀土的研究. 工程地质学报. 3（2）：12-20.

韦玉春，黄春长. 2000. 汉中盆地全新世沉积物成因研究. 干旱区地理，（1）：37-43.

魏克循. 1995. 河南土壤地理. 郑州：河南科学技术出版社.

吴克宁，魏克循. 1994. 豫南黄棕壤和黄褐土的基本属性与系统分类研究//中国土壤系统分类研究丛书，481.

吴克宁，徐盛荣，黄洽业，等. 1994. 黄褐土土种划分的研究//《中国土壤系统分类研究丛书》编委会. 中国土壤系统分类新论. 北京：科学出版社，481.

吴珊眉，邵东彦，龙显助，等. 2011. 松嫩平原北部寒变性土的研究. 南京农业大学学报，34（4）：77-84.

吴珊眉，易淑棨，黄瑞采. 1988. 我国变性土黏土矿物组成和土壤系统分类. 南京农业大学学报，11（2）：60-66.

吴珊眉等. 2014. 我国变性土地理分布研究的新进展. 待刊于南京农业大学学报.

吴跃东，刘家云，汪德华. 2002. 安徽明光盆地第三系层序地层学分析. 现代地质，16（4）：374-381.

席承藩. 1996. 学习黄瑞采教授锲而不舍的伟大科学精神//南京农业大学自然资源和环境科学系. 黄瑞采教授与我国土壤科学的发展. 10-12.

肖荣久，赵强，邓媛华. 陕西三趾马红土工程地质特性初步研究//1992第四届全国工程地质大会.

肖荣久，赵强，王桂增，等. 1993. 陕南安康盆地膨胀土工程地质特性研究. 西安地质学院学报，15（增刊）：79-84.

新疆维吾尔自治区地质矿产局. 1993. 中华人民共和国地质矿产部地质专报——区域地质第32号-新疆维吾尔自治区区域地质志. 北京：地质出版社.

新疆维吾尔自治区农业厅，新疆维吾尔自治区土壤普查办公室. 1996. 新疆土壤. 北京：科学出版社.

新疆维吾尔自治区农业厅. 1993. 新疆土种志. 乌鲁木齐：新疆科技卫生出版社.

熊毅，李锦. 1986. 中国土壤图集. 北京：地图出版社.

熊毅，李庆逵. 1978. 中国土壤. 北京：科学出版社.

熊毅，李庆逵. 1987. 中国土壤（第二版）. 北京：科学出版社.

徐博会，丁述理. 2009. 伊/蒙混层黏土矿物研究现状与展望. 河北工程大学学报（自然科学版），(4)：57-60.

徐盛荣，黄瑞采，熊德祥. 1980. 江苏里下河地区脱潜型水稻土性状的演变及其改良途径. 南京农学院学报，12 (2)：58-69.

徐盛荣，吴珊眉. 2007. 土壤科学研究五十年（变性土、人为土、盐成土、淋溶土、老成土）. 北京：中国农业出版社.

许德如，贺转利，李鹏春，等. 2006. 湘东北地区晚燕山期细碧质玄武岩的发现及地质意义. 地质科学，(2)：311-322.

薛祥煦，赵景波. 2003. 陕西旬邑新近纪红黏土微形态特征及其意义. 沉积学报，21 (3)：448-451.

燕守勋，曲永新，韩胜杰. 2004. 蒙皂石含量与膨胀土膨胀势指标相关关系的研究. 工程地质学报，(01)：74-82.

杨长秀，刘振宏，武太安，等. 2004. 河南平顶山地区第四纪地层序列划分. 地质调查与研究，27 (1)：52-57.

杨和平，曲永新，郑健龙，等. 2003. 中国西部公路建设中膨胀土工程地质问题的初步研究长沙交通学院学报，19 (1)：19-24.

杨和平，曲永新. 2004. 南宁-友谊关高速公路宁明段膨胀土土性研究. 长沙理工大学学报（自然科学版），(21)：1-7.

杨建军. 1985. 内蒙锡盟新生代玄武岩的岩石学研究. 岩石学报，(2)：13-31.

杨金中，赵玉灵，王永江，等. 2003. 新疆西天山大哈拉军山组的沉积环境及其与成矿的关系. 地质与勘探，(2)：218-222.

杨晋臣. 1990. 邢台土壤. 邢台：河北省邢台地区行政公署农业局和河北省邢台地区土壤普查办公室.

杨青松，李万逵，崔东. 2006. 新疆长距离引水工程地质勘察与试验. 第一届中国水利水电岩土力学与工程学术讨论会论文集（上册）.

姚建平. 1992. 江苏盱眙玄武岩开发利用探讨. 矿产开发利用，3：15-17.

殷坤龙，简文星，汪洋，等，2007. 三峡库区万州区近水平地层滑坡成因机制与防治工程研究. 武汉：中国地质大学出版社.

游宏，姚令侃. 2007. 施工期昔格达地层失稳机理分析. 重庆交通大学学报（自然科学版），26 (4)：90-94.

余心起，舒良树，邓国辉，等. 2005. 江西吉泰盆地碱性玄武岩的地球化学特征及其构造意义. 现代地质，19 (1)：134-140.

云南省土壤普查办公室. 1994. 云南土种志. 昆明：云南科技出版社.

张国伟，李三忠，刘俊霞，等. 1999. 新疆伊犁盆地的构造特征和形成演化. 地学前缘，6 (4)：203-214.

张加桂，曲永新，余祖湛，2008. 三峡库区秭归县膨胀土研究. 水文地质工程地质，(1)：28-31.

张加桂，曲永新. 2001. 三峡库区膨胀土的发现和研究. 岩石工程学报，23 (4)：724-727.

张加桂，张永双，曲永新. 2010. 对滇藏铁路三江段工程地质问题的深化认识. 工程地质学报，

18（5）：781-789.

张俊民. 1988. 砂姜黑土综合治理研究. 合肥：安徽科学技术出版社.

张科强，薛丽皎，林友军，等. 2006. 汉中膨胀土特性及改良试验研究. 陕西理工学院学报，22（2）：81-83.

张立强，罗晓容，刘楼军，等. 2005. 准噶尔盆地南缘新生界黏土矿物分布及影响因素. 地质科学，40（03）：363-375.

张民，曹升庚，龚子同. 1992. 莎纶树脂包膜土块法测定土壤线膨胀系数//中国土壤系统分类探讨. 北京：科学出版社：258-262.

张民，龚子同. 1992. 中国变性土的分布、特性和分类. 土壤学报，29（1）：1-17.

张佩佩，贾宏涛，吴珊眉，等. 2014. 新疆昌吉州土壤变性特征研究. 土壤学报，待刊.

张青松，王富葆，计宏祥，等. 1981. 西藏札达盆地的上新世地层. 地层学杂志，5（3）：216-220.

张叔钦. 1991. 山东省沂沭河地区暗色变性土的肥力及培肥机制的研究. 南京：南京农业大学硕士学位论文.

张永双，曲永新，刘景儒，等. 2007. 滇藏铁路滇西北北段蒙脱石化蚀变岩的工程地质研究. 岩土工程学报，29（4）：531-536.

张永双，曲永新，吴树仁，等. 2004. 秦岭北缘仙游寺黏土（膨胀土）的发现及初步研究. 现代地质，18（3）：383-388.

张永双，曲永新，周瑞光. 2002. 南水北调中线工程上第三系膨胀性硬黏土的工程地质特性研究. 工程地质学报，10（4）：367-377.

张之一，翟瑞常，蔡德利. 2006. 黑龙江土系概论. 哈尔滨：哈尔滨地图出版社.

赵大升，肖增岳，王艺芬. 1983. 郯庐断裂带及其邻近地区新生代火山岩岩石学特征及成因探讨. 地质学报，(2)：129-141.

赵其国. 1964. 昆明地区不同母质对红壤发育的影响. 土壤学报，12（3）：253-265.

赵玉琛. 1992. 宁芜盆地边界断裂带及邻区玄武岩特征和意义. 岩石矿物学杂志，11（3）：225-238.

浙江省土壤普查办公室. 1993. 浙江土种志. 杭州：浙江科学技术出版社.

郑建平，李昌年. 1996. 江西灵山花岗岩中玄武岩包体的成因. 地质科技情报，15（1）：19-24.

中国科学院成都分院土壤研究室. 1991. 中国紫色土（上篇）. 北京：科学出版社.

中国科学院南京土壤研究所. 1976. 中国土壤图. 北京：科学出版社.

中国科学院南京土壤研究所. 1978. 中国土壤. 北京：科学出版社.

中国科学院南京土壤研究所土壤分类课题组. 1985. 中国土壤系统分类初拟. 土壤，6：290-318.

中国科学院南京土壤研究所土壤分类课题组. 1987. 中国土壤系统分类（二稿）. 中国土壤系统分类研讨会.

中国科学院南京土壤研究所土壤系统分类课题组，中国土壤分类课题研究协作组. 2001. 中国土壤系统分类检索（第三版）. 合肥：中国科学技术大学出版社.

中国科学院南京土壤研究所土壤系统分类课题组，中国土壤系统分类课题研究协作组. 1991. 中国土壤系统分类（首次方案）. 北京：科学出版社.

中国科学院青藏高原综合科学考察队. 1985. 西藏土壤. 北京：科学出版社.

中国科学院新疆综合考察队，中国科学院土壤研究所. 1965. 新疆土壤地理. 北京：科学出版社.

中国土壤普查办公室. 1998. 中国土壤. 北京：中国农业出版社.

钟骏平. 1992. 新疆土壤系统分类. 乌鲁木齐：新疆大学出版社.

周池绪，陈晓群，吴会生，等. 1999. 新疆几种特殊土的工程地质特征及对工程建设的影响. 石河子大学学报（自然科学版），3（3）：229-233.

朱鹤健，江用锋，谭炳华. 1996. 福建变性土肥力特征和农业生产特性的研究. 土壤学报，33（1）：46-47.

朱鹤健，江用锋. 1994. 福建变性土的农业利用与管理. 土壤，（2）：61-76.

朱鹤健，谭炳华，陈健飞. 1989. 福建省变性土特性的研究. 土壤学报，26（3）：287-297.

朱建强. 1994. 陕南土坎梯地垮坎的原因分析及其防治对策. 水土保持通报，14（3）：44-47.

朱建强. 1999. 水分对膨胀土膨胀变形与膨胀压力的影响研究. 湖北农学院学报，（1）：59-61.

朱建强. 2001. 膨胀土地区土坎梯地建设研究. 湖北农学院学报，21（1）：62-65.

朱培立，黄东迈，蔡志良，等. 1997. 变性土不同耕作方式对稻后麦产量的影响. 土壤通报，（2）：66-67.

朱庆忠. 1988. 济宁市砂姜黑土//张俊民. 砂姜黑土综合治理研究. 合肥：安徽科学技术出版社.

訾剑华. 2005. 南水北调东线徐州段泵站膨胀土地基工程性质研究. 南水北调与水利科技，3（5）：18-20.

Blokhuis W A. 1996. Classification of Vertisols//Ahmad N，Mermut A. Vertisols and Technologies for Their Management. Lausanne-NewYork-Oxford-Shannon-Tokyo，115-200.

Buol S W，Hole F D，McCracken R J. 1980. Soil genesis and classification（2nd edition），Ames：Iowa State Press.

Buol S W，Southard R J，Graham R C，et al. 2003. Soil Genesis and Classification. Iowa State Press.

Chadwick O A，Graham R C. 2000. Pedogenic Processes//Malcolm E. Sumner Handbook of Soil Science. Boca Raton：CRC Press：2148.

Chesworth W. 2008. Encyclopedia of soil science. Canada. Springer. 902.

Coulombe C E，Wilding L P，Dixon J B. 1996. Overview of Vertisols：Characteristics and Impacts on Society in Advances in Agronomy. Academic Press.

Coulombe C E，Dixon J B，Wilding L P. 1996. Mineralogy and chemistry of Vertisols//Ahmad N，Mermut A. Vertisols and Technologies for Their Management. Ahmadand N，Mermut A. Eds. Elsevier Lausanne-NewYork-Oxford-Shannon-Tokyo，15-200.

Coulombe C E，Wilding L P，Dixon J B. 1996. Overview of Vertisols：Characteristics and Impacts on Society //Sparks D L. Advances in Agronomy. Volume 57. Waltham：Academic Press：289-375.

Dasog G S，Shashidhara G B. 1993. Dimension and volume of cracks in a vertisol under different crop covers. Soil Science，156：424-428.

Duchaufour P. 1998. Handbook of Pedology. Translated by VAK Sarma，Balkema，Brookfield：1-274.

Dudal R. 1965. Dark clay soils of tropical and sub-tropical regions. FAO Agricultural Department Paper，No. 83，Rome.

Dudal R，Eswaran H. 1988. Distribution，properties and classification of Vertisols. 1-22. //Wilding L P，Puentes R. Vertisols their distribution，properties，classificatin and management. College Station. Taxas A and M University Printing Center. college station，TX，USA.

Eswaran H，Rice T，Ahrens R. 2002. Bobby Stewart Soil classification：a global desk reference. Boca Raton：CRC Press.

FAO/UNESCO. 1977. Soil Map of the World，sheet Ⅷ-3 Asia.

FAO/WRB. 2006. World Reference Base for Soil Resources（2nd）. World Soil Resources Reports No. 103，Rome：PP132.

Harpstead M I, Sauer T J, Bennett W F. 2001. Soil Science Simplified (4th edition). Iowa State University Press.

Huang R C, Wu S M. 1980. On the classification and use of some dark clayey paddy soils in China. Nanjing: International Symposium on Paddy Rice Soils.

Huang R C, Wu S M. 1981. On study of geographical distribution of Vertisols and Vertic soils in China. India: Transactions of the 12th International Congress of Soil Science.

Kovda I V, Wilding L P, Dress L R. 2003. Micromorphology, submicroscopy and microprobe study of carbonate pedofeatures in a Vertisol gilgai soil complex, South Russia. CATENA, 54 (3): 457-476.

Lal R. 2002. Encyclopedia of soil science. New York: Marcel Dekker Incorporated.

Ma L F, Liu N L. 2002. Geological Atlas of China. Beijing: Geology Publishing House Press.

McGarry D. 1996. The structure and grain size distribution of Vertisols//Ahmad N, MERMUT A. Vertisols and Technologies for their Management. 231-259. Elsevier Lausanne-NewYork-Oxford-Shannon-Tokyo.

Oakes H, Throp J. 1950. Dark-clay soils of warm regions variously called Rendzina, Black Cotton Soils, Regur and Tirs. Soil Science Society of America Proceedings, 15: 347-354.

Pai C W, Wang M K, Wang W M, et al. 1999. Smectite in Iron-rich Calcareous Soils and Black Soils in Taiwan. Clays and Minerals, 47 (4): 389-398.

Paton T R. 1974. Origin and terminology for gilgai in Australia. Geoderma, 11 (3): 221-242.

Schafer W M, Singer M J. 1976. A new method of measuring shrink-swell potential using soil pastes. Soil Science Society of America Journal, 40: 805-806.

Wu S M, Jia H T, Li Y J. 2008. Vertisols and Vertic Soils in Arid and Semiarid Climate Regions in China. ASA, CSSA, and SSSA International Annual Meetings. San Antonio, TX.

Wu S M, Jia H T, Zhang W T, et al. 2013. Advanced study on suborders of vertisol in China, Western SSSA Annual Meetings, at Tucson, University of Arizone, U. S. A.

Wu S M, Long X Z, Fu J H. 2006. Preliminary study on Vertisols and Vertic soils in Heilongjiang province, NE China. transaction of the 18th World Congress of Soil Science. Philadelphia, U. S. A.

Wu S M, Shao D Y, Long X Z. 2010. Study on Cryerts on North Heilongjiang Plain, China. ASA-CCSA-SSSA International Annual Meeting. Long Beach, California.

Wu S M, Zhang W T, Jia H T. 2013. Advances in Study of Vertisol Suborders in China at the ASA, CSSA and SSSA Annual Meetings in Tampa, FL. November, 3-6.

Shaw C F. 1931. The soils of China—A Preliminary Survey. Soil Bulletin No. 1, December, Beijing: The Geological Survey of China.

Sheldon N D. 2005. Do red beds indicate paleoclimatic conditions? A Permian case study. Palaeogeography, Palaeoclimatology, Palaeoecology, 228 (3-4): 305-319.

Soil Conservation Service, US Department of Agriculture, 1960. Soil Taxonomy.

Soil Survey Staff. 1960. Soil Classification, a comprehensive system (7th Approximation) Washington D C: USDA.

Soil Survey Staff. 2003. Keys to Soil Taxonomy. Washington D C: USDA.

Soil Survey Staff. 2010. Key to Soil Taxonomy (11th Edition). Department of Agriculture and Natural Resources Conservation Service. Washington D C: USDA.

Thorp J. 1936. Geography of the soils of China. Nanjing: National Geological Survey of China.

USDA-NRCS. http://soil. usda. gov/technical/classification/orders/vertisols_map. html

Wilding L P, Tessier D. 1988. Genesis of Vertisol: shrink-swell phenomena//Wilding L P, et al. Vertisols. Texas A&M Printing Center. 58-81.

Wysocki D A, Schoeneberger P J, LaGarry H E. 2000. Geomophology of Soil Landscapes//Malcolm E. Sumner Handbook of Soil Science. Boca Raton: CRC Press.

Yang X M, Jia S G. 1990. A Friged Vertic soil in Northeast China. Tokyo: Transaction of 14th ICSS.

索　引

后　记

南京农业大学中国变性土的研究，是黄瑞采先辈于 1979 年至 20 世纪 80 年代开拓领导至 1995 年告一段落，又于 2006 年始，由吴珊眉和徐盛荣等，在中国科学院自然科学基金委员会的支持和有关单位合作下，继续开展和扩大研究范围。继承和综合国内外土壤学科和跨学科领域的有关成果，以及国际上对于变性土的有关动向，注重实地考察，历经七八载，数度修改，最后完成《中国变性土》专著。它是土壤科学发展长河中的一叶阶段性学术成就，被印记在科学文献里。作者们，尤其是吴珊眉赴多个省和新疆维吾尔自治区进行野外土壤补查和室内研究等验证工作。而全国第二次土壤普查所完成的全国和各省、区土壤著作，以及《土种志》等，对本书颇有裨益。概括了变性土的地理分布和规律性，结合土壤发生学原理和系统分类的定量化标准、发掘和诊断鉴定了中国变性土的新亚纲、新土类和新亚类等。但仍有不足之处，敬希予以指正并发展。

在此，要特别述及的是，由龚子同教授主持的"中国土壤系统分类检索（2001）"研究的成就，已被载入国际和中国土壤科学的史册。而《中国变性土》的成书过程中，该检索是重要的依据，对变性土诊断的条件、定量指标等给予了启迪和应用等。龚先生还为此书写了序，诚致衷心感激！

本著作还只是中国土壤系统分类中的一个土纲，可以比喻为抛砖引玉。衷心期望龚子同教授及其同辈和后继者们，能够持续不断地进行此项研究，逐步完善《中国土壤系统分类检索》和全国所有"土纲"、"土系"的学术专著，以更丰实中国土壤科学的光辉篇章。

对中国科学院科学出版基金委员会，以及编写过程中，科学出版社南京分社编辑们予以的支持和帮助，表示深切的感谢！

彩　　　版

图版1　潮湿变性土
分布:淮南丘岗
母质:玄武岩风化残坡积物
土地利用:水旱轮作

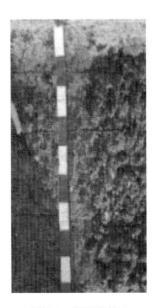

图版2　潮湿变性土
分布:淮北平原
母质:湖阶地黏性沉积物
土地利用:水旱轮作

图版3　湿润变性土
分布:淮南丘岗
母质:第四系下蜀黄土(Qp^2)
土地利用:旱作

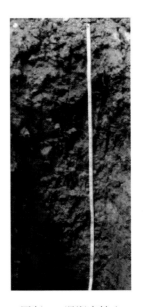

图版4　湿润变性土
分布:淮北平原和南阳盆地
母质:第四系湖积物(Qh)
土地利用:旱作物或水旱轮作

图版 5 湿润变性土
分布：广西百色盆地
母质：新近系-第四系黏性湖积物（N-Qp¹）
土地利用：旱地

图版 6 干润变性土（自然剖面）
分布：黄土高原边缘（河南新安）
母质：新近系红黏土（N₂）
土地利用：旱地或弃荒地

图版 7 寒性变性土（自然剖面）
分布：东北平原北部
母质：第四系河湖相黏性
沉积物（Qp²）、混页岩（K）风化物
土地利用：弃荒地

图版 8 干旱（干热）变性土
分布：天山北麓老冲积平原
新疆昌吉回族自治州
母质：第四系黏性沉积物（Qp³）
土地利用：灌溉农地

图版 9　第三系红黏土断面(一)

位于新疆维吾尔自治区

天山北麓昌吉市三屯河

流域硫磺沟一带

图版 10　第三系红黏土断面(二)

位于新疆维吾尔自治区

天山北麓昌吉市三屯河

流域硫磺沟一带